DE L'EAU POTABLE AU ROBINET ?

Sociologies et environnement

Collection dirigée par Salvador JUAN

Le « progrès » est aussi progrès d'une menace de plus en plus exportée vers les pays les plus dépendants. Trop peu de travaux sociologiques émergent pour rendre intelligibles les tendances profondes d'une société à la fois plus inhumaine, plus dangereuse pour les équilibres du milieu et plus riche. La collection *Sociologies et environnement* est née de ce constat. Certes, selon le mot du poète Hölderlin, *avec la menace croît ce qui sauve*, mais seule une conscience informée des risques et de ce qui provoque la dégradation tant de la qualité que des conditions de vie est susceptible de se concrétiser en réformes humainement supportables et socialement admissibles...
Dans une perspective socio-anthropologique et critique tant des ques-tions d'environnement global que d'écologie urbaine, en articulant les interprétations théoriques et les résultats empiriques, la collection *Sociologies et environnement* entend participer à l'émergence de cette conscience sociale. Elle présente aussi les alternatives portées par les mouvements sociaux et les pratiques de résistance contestant le productivisme ou la domination des appareils technocratiques.

Ouvrages parus

Jean-Michel PANOFF (dir.), *Le risque biologique. Une approche transdisciplinaire,* 2013.
Frédéric GOULET, Danièle MAGDA, Nathalie GIRARD et Valeria HERNANDEZ (dir.), *L'agroécologie en Argentine et en France. Regards croisés*, 2012.
Abdelhamid ABIDI et Jacques FIALAIRE (dir.), *Quelle gouvernance au service de la mobilité durable ?* 2011.
Michelle DOBRE et Salvador JUAN (dir.), *Consommer autrement*, 2009.
Igor BABOU, *Disposer de la nature : enjeux environnementaux en Patagonie argentine*, 2009.
Sylvia BECERRA et Anne PELTIER, *Risques naturels et environnement. Recherches interdisciplinaires sur la vulnérabilité des sociétés*, 2009.
Corinne BERGER et Jean-Luc ROQUES, *La terre comme objet de convoitise*, 2007.
Salavador JUAN (dir.), *Actions et enjeux spatiaux en matière d'environnement*, 2007.
Maxime PREVEL, *L'usine à la campagne : une ethnographie du productivisme agricole*, 2007
Denis DUCLOS (dir), *Pourquoi tardons-nous tant à devenir écologistes ?*, 2006
Salvador JUAN, *Critique de la déraison évolutionniste*, 2006
Céline VIVENT, *Chasse Pêche Nature Traditions, entre écologisme et poujadisme ? Socio-anthropologie d'un mouvement des campagnes*, 2005.

Aurélie ROUSSARY

DE L'EAU POTABLE AU ROBINET ?

Santé, environnement et action publique

Préface de Bernard Barraqué
Postface de Marc Benoît

L'Harmattan

5-7, rue de l'École-Polytechnique ; 75005 Paris
http://www.librairieharmattan.com
diffusion.harmattan@wanadoo.fr
harmattan1@wanadoo.fr
ISBN : 978-2-343-01047-2
EAN : 9782343010472

REMERCIEMENTS

Cet ouvrage est la résultante de mon travail de thèse, c'est pourquoi je tiens tout d'abord à exprimer ma reconnaissance à mon directeur, Denis Salles, pour son appui et ses conseils.

Je remercie le laboratoire CERTOP (UMR 5044, Université Toulouse Le Mirail) et les énergiques membres du pôle Politiques Environnementales et Pratiques Sociales pour les multiples ressources et la dynamique scientifique.

Des remerciements particuliers vont à Sylvia Becerra, Didier Busca et Christelle Manifet pour leur soutien, ainsi qu'à Jean-Yves Nevers et Bernard Barraqué pour leur regard aiguisé et leurs suggestions avisées. Je tiens à dire un grand merci également à Julia Barrault, Olivier Notte, Audrey Parron et Marion Vidal pour la forte solidarité dans ce trajet commun.

Je remercie aussi profondément mes proches pour leurs encouragements tout au long de mon parcours.

Ce travail s'inscrit dans différents programmes de recherche conduits au sein du CERTOP :

- « EVEC » (CNRS, PIDUD, Politiques territoriales et développement durable) en partenariat avec le LATTS et IRSTEA, sous la direction de Denis Salles, Bernard Barraqué, Didier Busca et Patrice Garin.
- « Pratiques agricoles phytosanitaires améliorées » (GIS-ECOBAG, FEDER, GRAMIP, Agence de l'eau Adour Garonne) en partenariat avec l'École d'ingénieur de Purpan.
- « AQUADEP » (programme Eaux et Territoires : IRSTEA, CNRS, MEDDTL) en partenariat avec l'ENGEES, IRSTEA Bordeaux, AgroParis Tech-Engref Montpellier, ART'Dev (UMR 5281/Univ. Montpellier 3), sous la coordination de Rémi Barbier (ENGEES).
- « ACT'eau » en partenariat avec l'Agence de l'eau Adour Garonne.

Je remercie vivement les membres des équipes de recherche ayant participé à ces projets pour les nombreux échanges et pour l'enrichissement apporté par ces expériences interdisciplinaires.

Mes remerciements vont également à l'Agence de l'eau Adour Garonne pour son soutien financier, les diverses ressources documentaires et les observations qu'il m'a été permis d'effectuer au sein de ses instances de décision. Je remercie également le groupe de travail Santé-Environnement de l'Agence Régionale de Santé Midi-Pyrénées pour l'accueil reçu.

Par ailleurs, ce travail de thèse a pu être réalisé grâce à l'accueil et à la disponibilité de l'ensemble des personnes rencontrées dans le cadre de mes investigations de terrain. Je les en remercie vivement.

PRÉFACE

These experiences have demonstrated that investing in natural capital rather than built capital can make both economic and policy sense...

James Salzman[1]

Le livre d'Aurélie Roussary est un aboutissement, et un approfondissement sociologique, de la problématique *Eau des villes, Eau des Champs*, du nom d'un partenariat financé par le CNRS et le ministère de l'écologie (Plan Urbain – Service de la Recherche) : ensemble le CERTOP (Toulouse), l'UMR G-Eau (Montpellier) et le LATTS (Marne-la-Vallée), ont étudié une douzaine de cas où des collectivités distributrices d'eau ont essayé de faire baisser les taux de nitrates et/ou de pesticides dans les nappes où elles s'alimentaient, en négociant avec les agriculteurs une réduction de l'usage d'intrants. Presque tous ces cas n'avaient obtenu que des résultats limités.

Nous étions partis d'une question simple : comment se fait-il qu'en métropole, il n'y ait pratiquement pas d'arrangements coopératifs de ce genre ayant réussi, alors qu'il y en a plus de 400 en Allemagne ; on trouve aussi de bons exemples bien que moins nombreux en Suisse et aux Pays-Bas, mais beaucoup moins en Angleterre. Donc dans certains pays d'Europe, les mesures réglementaires de protection des captages, ainsi que les mesures agro-environnementales (MAE) encadrées par la PAC, tendent à être complétées par des arrangements volontaires locaux compensés à partir d'augmentations de prix des services publics d'eau potable. Aux Etats-Unis, en Australie, il y a également des politiques de protection de la biodiversité et des milieux aquatiques naturels, qui s'appuient sur des paiements pour services environnementaux. En France, diverses expériences de ce type ont été réalisées, et elles ont été suivies et analysées par certains chercheurs de l'INRA comme Marc Benoît. Mais dans la littérature internationale, on ne mentionne guère la France que pour la protection des eaux minérales et en particulier avec le cas de Vittel, initié en 1987. Or, malgré un prix très inférieur, les volumes d'eau produits par les réseaux publics, (autrement plus importants que dans le cas des eaux minérales ou de source), permettraient de compenser en partie le différentiel de prix entre l'eau potable et l'eau en bouteilles. De toute façon, la valeur économique de l'eau du robinet est incommensurablement plus grande que le surcroît de revenu apporté aux

[1] J J. Salzman (2005), 'Creating markets for ecosystem services: notes from the field', in *New York University Law Review,* Vol. 80-3, pp 870-961. L'auteur, après avoir passé en revue les cinq types de mesures envisageables pour protéger la biodiversité ou des ressources naturelles (Prescription, Pénalité, Persuasion, Propriété, et Paiement), légitime le recours à ce dernier outil, du moins d'une manière temporaire, pour accompagner le changement de pratiques agricoles.

agriculteurs des bassins d'alimentation des captages par l'emploi d'intrants qui de plus, leur coûtent cher. Alors, pourquoi la récupération des captages reste-t-elle largement bloquée en France ?

Une première réponse peut être donnée en rappelant l'émiettement des unités de production d'eau potable, et le nombre de puits où l'on capte celle-ci : plus de 30 000 ! Le Grenelle de l'Environnement a identifié environ 500 captages prioritaires, mais dans les nouveaux SDAGE correspondant à la Directive Cadre sur l'eau, les 6 agences en ont compté plus de 1750 ; et rien que dans le bassin Seine Normandie, il y en a plus de 1700 qui sont sérieusement menacés à moyen terme par les nitrates ! La capacité d'action de la plupart des maires français est nécessairement plus limitée que celle de leurs collègues européens : un éclatement en une multitude de petites entités de captage et de distribution d'eau ne leur permettrait pas de contrebalancer le poids politique de l'agriculture, organisée en quelques dizaines d'entités très structurées. Une deuxième réponse, plus agricole, se trouve dans la conception différenciée, de la PAC et de ses contraintes, que se font les acteurs de différents pays. En France, y compris dans les agences de l'eau pourtant créées pour soutenir une amélioration de l'environnement aquatique de façon mutualisée, on se persuade que donner des aides aux agriculteurs allant au-delà des mesures agro-environnementales, contrevient au principe d'égalité dans le marché unique ; le second pilier de la PAC serait la seule possibilité, bien que limitée, d'aider les agriculteurs à respecter la Directive Nitrates (CE 91/676) et la Directive Cadre (CE 2000/60). Et on ne comprend donc pas pourquoi les pays où ces pratiques d'arrangements coopératifs locaux se sont multipliées, ne sont pas sanctionnés par Bruxelles ; et en tout cas on prétend que ce n'est pas possible chez nous.

Tout au contraire, en Allemagne, on considère que ces arrangements vont bien au-delà de la problématique de la PAC, qui vise à maintenir le niveau de contamination des nappes en dessous de 50 mg/l de nitrates. Outre-Rhin, il s'agit de descendre en dessous de 25, c'est-à-dire en dessous du nombre-guide, et dans ce cas, on est dans le principe de précaution, pas dans la PAC … les Allemands sont nombreux à vouloir boire une eau naturelle avec aucun traitement, comme garantie de santé à long terme ! Et cette volonté ne souffre pas d'opposition bruxelloise.

Mais cette deuxième réponse appelle un commentaire sur la notion de subsidiarité, qui constitue un principe politique et social très important en Allemagne, en Suisse, en Autriche, mais aussi aux Pays-Bas. Ce principe, popularisé à la fin du XIXe siècle par un évêque allemand, et vite adopté par les protestants, puis sanctionné par une encyclique papale de 1931, permettait aux partis religieux de se situer par rapport au grand débat entre les libéraux défenseurs de la liberté et du Marché, et les socialistes défenseurs de l'égalité et de l'Etat. L'Eglise prenait alors une position en décalage par rapport à cette discussion, et s'est contentée de défendre l'autonomie de l'individu ou du groupe local lorsqu'il est capable de réaliser ce qu'il a à faire sur terre. C'est donc un principe qui laisse de côté la discussion sur le Sujet, pour se concentrer sur l'efficacité de l'action des personnes. Si une personne ou un groupe (famille, corporation ou syndicat, collectivité locale etc.) n'arrive pas à exécuter sa tâche, alors d'abord les êtres de même niveau doivent lui venir en aide ; et si cela ne suffit pas, on confie la responsabilité de l'action au niveau supérieur. On voit bien ainsi comment la subsidiarité se relie à l'équité entre des êtres semblables mais différents au sein d'une communauté. Et inversement, on comprend que les pays centralisés et libéraux qui fondent leur principe démocratique sur la citoyenneté individuelle, ne peuvent pas fonctionner selon cette subsidiarité ascendante, mais selon une unicité de l'action publique et un principe d'égalité entre citoyens, avec toutefois la possibilité pour le pouvoir central de décentraliser certaines tâches. Typiquement, en France, le seul outil du pouvoir souverain et arbitraire qui est décentralisé au niveau des agences de l'eau (institutions communautaires qui fonctionnent selon un principe de mutualisation), c'est la fiscalité environnementale des redevances, et ce n'est ni le pouvoir de police, ni un pouvoir fort de planification ou de maîtrise d'ouvrage publique[2]. De surcroît, depuis que les redevances sont prélevées, les adversaires des agences clament leur inconstitutionnalité[3]. Donc elles ne sont pas soutenues dans ce qui pourrait constituer une dynamique positive en matière de lutte contre la pollution diffuse, d'autant plus que les agriculteurs ne payent pratiquement pas de redevances sur les excédents de nitrates. Elles ne peuvent donc pas compenser la faiblesse de la police de l'eau, ni rebondir sur des menaces de sanctions et de pénalités de l'Etat. Ce dernier en particulier ménage les agriculteurs, ne veut pas appliquer sérieusement la Directive Nitrates Agricoles (91/676 CE), et on peut s'attendre à une condamnation par la cour européenne de justice à la demande de la Commission européenne. On a même vu un cas où le Préfet a mis son véto à la signature d'un contrat entre Eau de Paris et certains agriculteurs exploitant dans le bassin d'alimentation de la Voulzie, arguant du rôle de la France dans l'alimentation mondiale (argument typique de la FNSEA).

---

[2] Alors que les Wateringues hollandaises et les Genossenschaften de la Ruhr disposent de tous ces attributs à leur échelle, bien que les unes et les autres soient administrées par des conseils où siègent des usagers de l'eau, pas seulement des élus du suffrage universel.

[3] Ils considèrent ces redevances comme des impôts qui, selon l'article 34 de la Constitution doivent être votés annuellement par le Parlement. Ce n'est qu'en 2006 que la LEMA a organisé ce contrôle parlementaire.

De plus, comme à plusieurs reprises, le ministère de l'Environnement a cherché à inclure le budget des agences dans le sien[4], la Commission européenne est toujours tentée de considérer que les aides des agences sont des aides d'Etat qui contreviennent aux règles du marché unique, en tant que subventions allant au-delà de la PAC. Pour plusieurs raisons donc, les agences sont réticentes à faire autre chose que de monter des 'contrats globaux', dans lesquels la réduction de la pollution diffuse représente une faible partie. On peut alors bien comprendre pourquoi, lorsqu'il s'agit de trouver un arrangement entre collectivités distributrices et agriculteurs, cela se fait spontanément en Allemagne et avec l'assentiment, voire le discret soutien financier du Land, alors qu'en France, on commence par demander à l'Etat si c'est bien raisonnable, si c'est possible, et en quelque sorte tout le monde s'attend. On rencontre aussi beaucoup d'élus qui préfèrent dénoncer une prétendue dérive des agences de l'eau à l'encontre des citoyens et au profit des industriels et des agriculteurs, et donc demander une baisse des redevances au lieu d'avoir une attitude offensive en proposant d'offrir des compensations pour reconquérir la qualité de l'eau de leurs captages (problématique des Paiements défendus par Salzman et bien des économistes 'coaséens'). Il y a dans notre pays comme une concurrence, entre des élus, des écologistes, des associations de consommateurs et des alter-mondialistes, dans une quête de légitimité construite sur la baisse du prix de l'eau pour mettre fin à un scandale obscur … qui en fait les affaiblit face aux autres usagers de l'eau.

En définitive, dans notre recherche comme dans l'ouvrage d'Aurélie Roussary, tous les cas présentés ont un point commun : la prise de conscience est tardive et la décision hâtée par une pollution avérée des captages d'eau potable. Pour reprendre la classification de Brouwer & al. (2003)[5], nous n'avons trouvé que des arrangements de reconquête, par opposition aux accords purement préventifs passés avant que la pollution des captages ne se manifeste, comme en Allemagne. Et encore, cette reconquête ressemble à une politique de la « terre brûlée ». En effet, de 1998 à 2008, la France a fermé définitivement 878 captages (506 pour pollution par les nitrates, 183 pour

---

[4] C'est pourquoi on qualifie alors les agences de l'eau « d'établissements publics de l'Etat » ce qui est inexact, puisque leur budget ne provient pas du Trésor Public (mais au contraire, y contribue par le biais de la TVA).

[5] Brouwer F., Heinz I. Zabel T. (2003), *Governance of water-related conflicts in agriculture*, Dordrecht: Kluwer. Les auteurs distinguent trois cas : là où on dépasse les normes de potabilité de façon récurrente, on doit reconquérir le captage ou l'abandonner ; là où on atteint les 40 mg/l avec éventuellement des pics au dessus de 50, on doit engager des programmes préventifs sous la contrainte d'avoir peu de temps pour réussir ; et enfin lorsque la pollution du captage reste faible, on peut s'engager dans un programme de changement important des pratiques agricoles, car l'arrangement dans ce cas se fait sans la contrainte des normes de potabilité.

pollution par les pesticides, et 189 pour ces deux causes conjointes)[6]. Le temps nécessaire à l'apprentissage collectif et donc au changement en profondeur a presque toujours manqué.

Il semble que l'interférence, qui résulte de cette situation d'urgence relative, avec la procédure des périmètres de captage, est contre-productive, parce que cette procédure se conduit dans une approche, traditionnelle en France, de confrontation entre servitudes d'utilité publique et propriété privée. L'Etat compense très mal les servitudes qu'il impose aux particuliers, arguant que symétriquement, il ne récupère pas une part significative des plus-values générées par les travaux publics. Mais par ailleurs, l'Etat protège fondamentalement un monde agricole qui a réussi à moderniser son activité tout en limitant l'exclusion des petits producteurs. On peut faire l'hypothèse qu'à la suite de la grande Révolution, la légitimité politique s'est construite sur une sorte d'antagonisme réglé entre l'Etat et la Propriété privée (« un droit inviolable et sacré »). Les agriculteurs sont parmi les plus sérieux défenseurs du Code civil, qui notamment a repris du droit romain l'idée de laisser la propriété des eaux souterraines ordinaires aux propriétaires surplombants. Réciproquement, l'Etat estime ne pas avoir à compenser sérieusement les servitudes sur les périmètres de captage, donc il le fait à l'économie et sur des périodes de temps beaucoup trop courtes (surtout quand on compare avec d'autres pays). Or les agriculteurs attendent une protection ou de fortes aides. La difficulté à négocier conduit celles des distributions d'eau qui en ont les moyens à chercher à acquérir des terrains afin de « sanctuariser » les captages. A l'inverse, la politique de protection générale des 'zones vulnérables' proposée par les MAE conduit trop souvent à se contenter d'un passage à une agriculture raisonnée, ou à un saupoudrage peu cohérent de mesures prises dans un vaste catalogue, dont les résultats en termes de reconquête de la qualité des eaux ne sont pas évidents.

Une autre contradiction majeure des politiques publiques est celle de la temporalité. Aucune action n'est déclenchée sérieusement avant d'approcher la non potabilité des ressources, alors que la plupart des ressources menacées en France ont vu très progressivement leurs qualités se dégrader lentement pendant des décennies. Cette lente dégradation n'a jamais, sauf exceptions, été utilisée par les acteurs pour anticiper les crises ultérieures. Enfin, comment prétendre protéger des ressources permanentes, avec des relations entre acteurs construites sur des accords très brefs. Ainsi, les contrats territoriaux d'exploitation, puis les contrats d'agriculture durable, puis les MAE, puis les MAET ne durent que 5 ans, ce qui laisse les agriculteurs dans l'incertitude par rapport au changement demandé et à l'aide correspondante.

[6] Secrétarait d'Etat chargé de la Santé, 2012. Abandons de captages utilisés pour la production d'eau destinée à la consommation humaine. Situation Février 2012. 22 pages.

Nous avons vu que cela pouvait créer des situations de découragement[7]. Protéger une ressource pérenne nécessiterait une pérennité des moyens juridiques de protéger.

Dans ces conditions, c'est paradoxalement dans les départements où ces deux politiques (périmètres de captage et MAE) sont peu dynamiques, que des opportunités seraient ouvertes pour des arrangements coopératifs incluant une mobilisation temporaire des factures d'eau, en particulier si les Agences de l'eau construisaient une dynamique collective dans le cadre d'un contrat rural ou global. Mais si l'objectif est de descendre à 25 mg/l, il faut aller au-delà des MAET[8] classiques, remise en herbe, agriculture biologique, plantations de végétaux pérennes extensifs sont alors nécessaires, tout au moins sur les secteurs les plus vulnérables. Mais étant donné la résistance forte des syndicats d'agriculteurs, des coopératives et négociants privés qui distribuent les intrants, et même de bien des chambres d'agriculture, il faudrait que les agences de l'eau puissent profiter du nouveau contexte de la PAC : le nouveau Règlement de Développement Rural permet aux Etats-membres de forcer les agriculteurs à la reconversion ou au changement de pratiques, en leur apportant des aides substantielles mais autorisées en dérogation aux contraintes de la PAC. L'article 39 du RDR a été traduit dans l'article 21 de la LEMA qui crée ainsi des zones soumises à contraintes environnementales. Mais depuis les cas de rivières polluées en Bretagne à l'origine d'algues vertes côtières qui nous ont valu une condamnation en CJCE, et où il fallait absolument faire quelque chose, il n'y a pratiquement pas de cas où le Préfet a mobilisé cet article de façon efficace pour les ressources en eau. Les préfets ne sont pas assez engagés sur une politique agricole plus respectueuse de l'environnement. Et les exemples présentés par Aurélie Roussary montrent à la fois l'efficacité des démarches volontaires, y compris avec des coopératives, donc des acteurs privés comme en Tarn-et-Garonne, mais en même temps aucun cas de 'paiements pour services environnementaux', de la part de collectivités distributrices d'eau envers des agriculteurs acceptant de changer de pratiques.

En définitive, que nous ont appris les études de cas ? C'est une banalité de dire que plus l'unité de distribution d'eau est importante, et plus elle a de possibilités de gérer un problème de pollution des captages. Les petites communes rurales n'ont en général pas beaucoup de possibilités : si leurs habitants-agriculteurs ne décident pas de changer de pratiques culturales volontairement[9], elles doivent se tourner vers des ressources de substitution,

---

[7] Dans le livre dirigé par Brouwer & al. (2003), le chapitre sur la France fait état d'un budget annuel moyen pour les programmes fertimieux, qui, divisé par le nombre d'hectares concernés, donne €3,75/ha. Que peut-on raisonnablement obtenir pour cette obole ?

[8] Mesures agro-environnementales territorialisées

[9] Et cela peut arriver, même si ce n'est pas très fréquent.

comme l'approfondissement des forages existants, la recherche de nouveaux forages ou des interconnexions avec des services dont les ressources sont de bonne qualité (solution que nous appelons *palliative*). Les petites villes, ainsi que les syndicats ruraux plus importants, peuvent s'offrir une sophistication croissante des procédés de traitement de l'eau pour atteindre les normes sanitaires requises par la réglementation, du fait qu'ils vendent assez d'eau (solution que nous appelons *curative*). Au passage, ils peuvent également délaisser des puits trop contaminés, et se tourner vers l'eau de surface, que l'on doit de toute façon traiter, mais qui n'est pas polluée avec les mêmes paramètres que l'eau souterraine. Seules les plus grandes unités de distribution peuvent imaginer une action financière sur le territoire pour protéger les ressources destinées à faire de l'eau potable (solution que nous appelons *préventive*). Mais ici on distingue deux possibilités : soit se concentrer sur les meilleurs points de captage parmi ceux qui existent, puis 'sanctuariser' les alentours par une acquisition foncière volontariste[10], soit entrer en négociation avec les agriculteurs. La première solution peut être considérée comme une approche préventive radicale. Elle peut être accompagnée, voire conduite par les Conseils généraux chargés de réaliser les schémas départementaux d'alimentation en eau potable, qui seraient amenés à pousser à une concentration des unités de gestion, et ainsi résoudre certains problèmes des petites unités. Cette intervention croissante des départements a fait l'objet d'une recherche collective dirigée par Rémi Barbier, le programme Aquadep. Aurélie Roussary analyse le cas de l'Ariège, mais elle montre aussi que cette concentration à l'échelle départementale peut avoir lieu pour des raisons politiques et partisanes plutôt que pour faire face à la dégradation des ressources ou même à la rationalisation véritable des unités de gestion et des réseaux d'eau.

Mais lorsque ce sont des villes qui se lancent dans cette voie pour leur compte, elles risquent toujours de se heurter à l'hostilité du territoire rural où elles prennent leur eau, qui les accuserait de les désertifier, de se comporter en riches prédateurs de territoires pauvres. C'est semble-t-il ce qui s'est passé à Vittel au début de la phase de contractualisatiuon avec les agriculteurs. Et c'est alors que l'approche des arrangements coopératifs avec le monde rural prend tout son sens. Même si la question de la propriété des terrains reste essentielle, le maintien d'usages agricoles compatibles avec la qualité de l'eau destinée à la consommation humaine peut constituer un jeu à somme positive, come c'est semble-t-il le cas de Grenoble avec ses captages de Rochefort (protégés dès avant le mouvement d'intensification de l'agriculture, et donc

[10] C'est ce qu'a fait le maire de Saint Ivy en Bretagne : acquisition des terrains du périmètre rapproché et boisement. C'est donc éventuellement possible même pour une petite commune, si le terrain n'est pas trop cher.

où les efforts de non-contamination de l'eau par les agriculteurs étaient moindres, comme en Allemagne).

Pour conclure, il convient de proposer une réflexion sur deux des mots qui forment le titre de ce livre : santé et environnement. Le lien entre les deux politiques correspondantes me parait compliqué. En effet, même si le génie de l'environnement est né, aux Etats-Unis, par filiation du génie sanitaire, il y a une nette différence entre les deux : d'abord, on ne peut prendre aucun risque avec la santé, parce que la vie humaine est en jeu, et aussi parce que les politiques de santé publique sont apparues à une époque où l'administration n'avait guère à sa disposition que l'outil de la réglementation, souvent appliquée à des obligations de moyens (ex. obligation de filtrer et de chlorer l'eau). Apparues bien plus tard, les politiques d'environnement se caractérisent par une gestion du risque et non une élimination de celui-ci, ce qui légitime l'emploi d'outils incitatifs et économiques ; d'autant plus que c'est aussi la nature et non plus les seuls êtres humains qui sont la cible. Or, chaque fois qu'on veut reprendre la question de l'environnement par une approche de santé publique, on risque inconsciemment d'appeler des politiques centralisatrices et autoritaires (*command-and-control*), non participatives, et particulièrement en France. Et comme, face à la pollution diffuse, ces politiques seront bien trop coûteuses en personnel de police (en coût de transaction devraient dire les économistes) elles ne seront pas appliquées, sauf à être rabattues sur les démarches de type technologique portées historiquement par le génie sanitaire : le traitement de l'eau plutôt que la reconquête de la qualité de la ressource. Non seulement on a de plus en plus conscience que cela conduit à une impasse coûteuse de sur-complexification, mais c'est justement cette problématique que nous nous sommes engagés collectivement à dépasser en adoptant la Directive Cadre sur l'eau.

Bernard Barraqué, DR CNRS

INTRODUCTION

En France, 40 ans de politiques de l'eau (1964-2006), souvent présentées comme emblématiques d'un modèle de gestion intégrée à l'échelle des bassins hydrographiques, et 20 ans de politique agri-environnementale européenne (Politique Agricole Commune de 1992) conduisent à un constat paradoxal en matière d'eaux destinées à la consommation humaine[11]. En effet, si la qualité des eaux au robinet des consommateurs n'a globalement cessé de s'améliorer, en revanche, la qualité des eaux brutes[12] servant à sa production n'a cessé de se dégrader, principalement sous l'effet de pollutions diffuses d'origine agricole (nitrates, pesticides). C'est donc davantage les progrès technologiques, en matière de traitement des eaux que la préservation de l'eau à la source qui expliquent cette situation où la conformité sanitaire tend à l'emporter sur la qualité des eaux puisées dans les milieux (eaux de surface et eaux souterraines).
Cette logique institutionnelle, plutôt techniciste et hygiéniste, a prévalu dans la période de raccordement systématique des ménages au réseau d'eau potable dans l'après-guerre, et s'est renforcée avec la complexification croissante des normes européennes de potabilité exigées durant ces dernières décennies (de 5 paramètres au début du siècle à 59 aujourd'hui). Toutefois, elle semble désormais être à un tournant.
Du point de vue institutionnel, un des évènements marquant de la décennie en matière de qualité de l'eau a été l'adoption en 2000 de la Directive Cadre européenne sur l'eau (n°2000/60/CE). Elle impose, à l'horizon 2015, le bon état des eaux[13] et introduit une obligation de résultat environnemental[14]. Concernant plus particulièrement l'eau potable, elle impose aux États membres de préserver aussi la qualité des eaux brutes afin de réduire le degré de traitement nécessaire à leur consommation (art. 7). Cette disposition conduit notamment à adjoindre à une gestion sectorielle et

[11] Les termes « eaux destinées à la consommation humaine » (DCH) désignent, les eaux fournies par un réseau de distribution public ou privé, eaux conditionnées et eaux utilisées dans les entreprises alimentaires (...), à l'exception des eaux minérales naturelles et des eaux médicinales. Pour des raisons de clarté, les termes « eau potable » leur sont substitués dans le texte.

[12] Les termes « eaux brutes » désignent les eaux souterraines et superficielles destinées à la consommation humaine avant tout traitement.

[13] Pour les eaux superficielles, le « bon état » est jugé atteint si, d'une part, l'état chimique est bon (au regard du respect de normes de qualité environnementale des eaux concernant 41 substances polluantes) et, d'autre part, si l'état écologique est bon (essentiellement selon des critères biologiques et des critères physicochimiques soutenant la biologie). Pour les eaux souterraines, le bon état est évalué en fonction de la qualité chimique de l'eau et de la quantité d'eau (équilibre entre prélèvements et alimentation de la nappe).

[14] Sous certaines conditions, des dérogations pourront être obtenues par les États membres avec des reports possibles en 2021 et en 2027.

essentiellement curative de l'eau potable, une gestion des territoires de l'eau et des pollutions agricoles diffuses. À une qualité basée sur des normes d'émission (paramètres de potabilité) et une logique de moyens (solutions techniques et palliatives, effectivité des dispositifs), se superposent une exigence de qualité des eaux brutes et une logique de résultat (solutions préventives, efficacité des dispositifs). Du point de vue juridique, ces exigences européennes de conformité sanitaire, de qualité environnementale et de transparence vis-à-vis du public[15], engagent la responsabilité des États membres[16]. Elles ont donné lieu, depuis le début des années 2000, à l'échelle nationale, à la définition de nouveaux cadres d'action publique ainsi qu'un arsenal d'instruments : une succession d'évaluations des politiques de l'eau et des services d'alimentation en eau potable, un débat national en 2003, le Plan National Santé Environnement 1 en 2004, une nouvelle Loi sur l'Eau et les Milieux Aquatiques en 2006, le Grenelle de l'environnement en 2007, le Plan national Santé Environnement 2 en 2009, la Loi Grenelle 1 en 2009… À chaque nouveau programme national sont associés des objectifs de résultats assortis d'une échéance : protection de 100 % de captages de l'eau potable en 2010 (PNSE 1), réduction de 50 % de la population alimentée par une eau non conforme (microbiologie et pesticides) d'ici 2008 (Loi de Santé publique), atteinte du bon état des eaux en 2015 (Directive cadre sur l'eau), réduction de 50 % de l'usage des pesticides d'ici 2018 (ECOPHYTO 2018)…

D'un point de vue économique, le maintien de la conformité des eaux distribuées, par le recours à des solutions techniques curatives, a mobilisé des budgets importants (coût d'investissement et de fonctionnement) et des compétences qui sont souvent hors de portée de communes autonomes ou de petits syndicats d'eau. De plus, si aujourd'hui la quasi-totalité de la population française est desservie par un réseau public d'eau potable, la question du renouvellement de nombreux réseaux d'eau potable déficients se pose, parallèlement à une pression réglementaire sur la mise aux normes des réseaux d'assainissement (Directive Eaux Résiduaires Urbaines n°91/271/CEE). La conjonction de ces phénomènes, participe d'une augmentation régulière du prix moyen de l'eau potable. Elle est la source d'une mobilisation croissante des usagers sur les questions de transparence des services -

---

[15] La Directive cadre sur l'eau prévoit une consultation du public sur la politique de l'eau décidée à l'échelle de chaque bassin hydrographique, cette mesure visant à informer et intéresser le citoyen-usager aux enjeux concernant l'eau potable.

[16] Depuis 2000, la France a été condamnée à plusieurs reprises par la Cour de justice des communautés européennes pour manquement aux obligations communautaires imposées par les directives dans le domaine de l'eau. Récemment, elle a été condamnée par un arrêt du 31 janvier 2008 suite à la non-conformité de réseaux d'eau potable aux limites de qualité pour les paramètres « nitrates » et « pesticides » dans les départements de Vendée, des Deux-Sèvres et de la Charente-Maritime. Cet arrêt n'est pas assorti, à ce jour, de sanctions financières.

en particulier dans le cas de délégation à des entreprises privées - et de préoccupations relatives à l'accès à l'eau potable pour les foyers aux revenus modestes. Quelles sont les incidences sur les modes de gouvernance de l'eau ?

L'organisation du service et la qualité sanitaire des eaux distribuées sont depuis la Révolution française sous la responsabilité de la commune. Ce choix répondait à un impératif financier, technique et sanitaire, mais aussi identitaire, d'une exploitation au plus proche des communes. Depuis l'après-guerre, l'échelon intercommunal s'est largement imposé (70 % des communes en 2004), parallèlement à la délégation à des sociétés privées (55 % des communes en 2004) (données IFEN). Cette tendance se confirme et se matérialise par des intercommunalités de plus en plus élargies, parfois départementales, pour prendre en charge une gestion de l'alimentation en eau potable toujours plus exigeante en termes de normes de qualité, de coûts d'investissement, de technicité, mais aussi de gestion (indicateurs de performance) et de responsabilités juridiques (sanctions administratives et pénales) pour les maires ou présidents de syndicats (Canneva, Pezon, 2008).

Dans ce contexte, la question des modalités d'organisation de la politique de l'eau et des territoires de gestion « pertinents » (Mermet, Treyer, 2001), pour assurer une gestion intégrée des eaux potables, prend une place croissante dans la gouvernance de l'eau potable (Grandgirard, 2007). Des logiques de gestion concurrentes se confrontent : une logique « subsidiaire-communautaire » de bassin versant (Barraqué, 1997), visant à positionner les Agences de l'eau[17] comme plaques tournantes de l'intégration et du financement des politiques de l'eau ; et une logique de « départementalisation », basée sur un renforcement du rôle des Départements, en tant que soutiens financiers et techniques primordiaux aux communes rurales dans le domaine de l'alimentation en eau potable.

Parallèlement, les niveaux d'exigences de la qualité promus par l'Europe sont de plus en plus en décalage avec un modèle d'agriculture intensive qui s'est développé dans l'après-guerre s'appuyant notamment sur l'emploi massif de produits phytosanitaires (la France avec 78.600 tonnes en 2008 est le premier utilisateur européen et le quatrième mondial). Si l'institutionnalisation d'une politique agri-environnementale depuis les années 1990

[17] Les six Agences de l'eau françaises sont des établissements publics du ministère du développement durable chargés de mettre en œuvre dans les sept bassins hydrographiques métropolitains, les objectifs et les dispositions des schémas d'aménagement et de gestion des eaux (plans de gestion français de la directive cadre sur l'eau) et de leur déclinaison locale par bassin versant, en favorisant une gestion concertée, équilibrée et économe de la ressource en eau et des milieux aquatiques, l'alimentation en eau potable, la régulation des crues et le développement durable des activités économiques (art. L213-8-1 Code de l'environnement ; Loi sur l'eau et les milieux aquatiques de 2006 - article 82). Elles exercent leurs missions dans le cadre de programmes d'actions pluriannuels dont l'objectif doit être l'atteinte du bon état des eaux. La loi Grenelle 1 a fixé comme objectif d'avoir deux tiers des masses d'eau en bon état dès 2015.

s'est vue explicitement attribuer la prise en charge de la problématique des pollutions d'origine agricole, le déficit de résultats environnementaux significatifs des dispositifs agri-environnementaux constitue un constat largement partagé. L'introduction par la Directive cadre sur l'eau d'une obligation de résultat à échéance 2015 remet sur l'agenda politique de manière plus pressante la régulation des pollutions diffuses agricoles.

Du point de vue de l'opinion publique, même si les enquêtes d'opinion et les consultations du public (consultation 2003) semblent indiquer l'expression d'une préférence collective pour une protection de l'eau potable à sa source, force est de constater que le caractère technique de la gestion de l'eau potable a tenu depuis des décennies le consommateur éloigné d'arbitrages politiques construits à l'interface de l'influence des notables locaux, de l'ingénierie publique, du contrôle sanitaire de l'administration et des intérêts des opérateurs privés de distribution d'eau. L'audience sociale et politique de la problématique des risques sanitaires, ou de celle des enjeux environnementaux, tend à réactualiser la qualité de l'eau en question démocratique. De même, la mise en cause des logiques de gestion par le marché réinterroge la place de l'usager dans la gouvernance de la qualité de l'eau potable.

Si l'on considère que ces nouvelles injonctions de résultat et de participation ont un impact avéré sur les modes de gouvernance de l'eau, on peut de fait s'interroger sur la capacité des systèmes locaux (monde agricole et politique) à répondre au pari d'une gestion de l'eau plus intégrée et soucieuse de résoudre les problèmes de pollutions de la ressource en eau brute et d'améliorer ainsi la sécurisation de l'approvisionnement en eau potable.

L'ouvrage s'attache à montrer, en mobilisant principalement des études de cas, que la gouvernance territoriale de la qualité de l'eau potable fait l'objet d'un processus de recomposition s'appuyant sur un renforcement de mécanismes de mise en interdépendance et en co-responsabilité d'un réseau d'acteurs « partie prenante » (publics, privés) dans le pilotage des politiques publiques, et vis-à-vis de l'obligation de résultat, promue par l'Europe, au nom de l'intérêt des usagers.

Pourquoi aborder la question de la gouvernance de la qualité de l'eau potable à partir des dynamiques d'interdépendance et de co-responsabilité ?

À la croisée de ces différents enjeux environnementaux, sanitaires, mais aussi juridiques, économiques et démocratiques, le pilotage par objectifs en cours d'émergence depuis les années 2000 est de plus en plus explicitement justifié par les autorités publiques comme un mécanisme de responsabilisation des acteurs « partie prenante » (services de l'État, collectivités, usagers, profession agricole, distributeurs...), vis-à-vis des résultats de l'action collective et vis-à-vis de possibles sanctions financières européennes ne pesant, pour le moment, que sur l'État. Quel sens donner à ces évolutions ?

L'institutionnalisation de la mise en interdépendance des politiques de santé et d'environnement s'inscrit dans un processus continu de modernisation politique. Le contexte politique actuel de *late-modernisation* (Leroy, Arts, 2006) se caractérise par une dimension plurielle. Les modes de pilotage de la société contemporaine se redéfinissent au travers de dynamiques telles que la globalisation, l'européanisation, d'une incitation à la décentralisation, d'une affirmation du local et d'une référence à l'autonomie de l'individu.

La notion de pilotage correspond à la problématique de la gouvernance entendue « *comme un processus de coordination d'acteurs, de groupes sociaux, d'institutions pour atteindre des buts propres discutés et définis collectivement dans des environnements fragmentés et incertains* » (Le Galès, 1995). Elle renvoie « *aux dynamiques multi-acteurs et multiformes qui assurent la stabilité d'une société et d'un régime politique, son orientation et sa capacité à fournir des services et à assurer sa légitimité* » (Lascoumes, Le Galès, 2009, p. 21). Elle donne à voir qu'à chaque échelle territoriale de production et d'opérationnalisation des politiques publiques, émergent de nouvelles configurations politiques où les relations entre État, marché et société civile sont moins hermétiques. Les compétences, les ressources, le pouvoir, l'autorité, et, de ce fait, la responsabilité de gérer les problèmes environnementaux se diffusent ainsi au travers de systèmes politiques et sociaux multi-niveaux dont les interconnexions et les interdépendances sont multiples (Jessop, 2004). Au sein de ces systèmes s'opèrent des *arrangements politiques* plus ou moins stabilisés qui à leur tour vont agir sur la structuration de l'action publique environnementale (Van Tatenhoven, Arts, Leroy, 2000). Ainsi, on peut dire que les interactions et les relations multi-niveaux sont constitutives d'un processus de renforcement des interdépendances et de la mise en co-responsabilité des institutions territoriales, qui se développent dans la prise en charge des problèmes publics et dans la mise en œuvre des politiques publiques (Faure, Muller, 2007).

La crise environnementale a joué un rôle décisif dans l'émergence d'une « modernité politique réflexive » (Beck, 2001). Le champ des politiques d'environnement est considéré à ce titre comme un domaine précurseur, un « laboratoire » d'invention de nouvelles formes de gouvernance (Theys, 2003). Elles connaissent ainsi deux évolutions majeures supposées permettre le développement d'une action publique plus concertée et collaborative et venant renforcer le caractère démocratique et l'efficacité des politiques environnementales : un processus de territorialisation et un processus de responsabilisation individuelle et collective dans la mise en œuvre des actions environnementales (Salles, 2006).

La responsabilité est un principe historiquement constitutif du pouvoir politique et intégré, depuis son émergence, à la doctrine de la gouvernance. Qu'ils soient exigés, revendiqués ou subis (Borraz, 1997), les recours croissants au principe de responsabilité (juridique, publique, politique, morale, individuelle ou collective) et à des mécanismes de responsabilisation (participation, évaluation, contrôle, sanction), sont présentés comme une tendance lourde, à la fois conséquence et vecteur d'une évolution des modes de régulation classiques des systèmes démocratiques et d'une restructuration de l'espace public contemporain et de la responsabilité politique.
Dans le domaine environnemental, ce processus de responsabilisation trouve son origine dans la conjonction de trois éléments significatifs (Salles, 2009). Premièrement, il intervient face au constat, malgré la constitution d'un véritable arsenal juridico-normatif depuis les années 1970, d'un triple déficit : un déficit de transposition des directives européennes dans le droit national, un déficit d'application des principes dans les instruments d'action publique et leur opérationnalisation et un déficit d'efficacité environnementale des politiques environnementales de première et de seconde génération (Weale *and al.*, 2000). En second lieu, les mécanismes de responsabilisation seraient apparus comme des instruments de pilotage de l'action publique, mieux adaptés que les procédures standardisées pour résoudre des problèmes environnementaux complexes, du fait de leur transterritorialité, de leur transversalité, de leur transectorialité, des phénomènes de désynchronisation des causes et des impacts et des incertitudes scientifiques et techniques. Enfin, ils s'inscriraient dans un triple processus plus global propre au référentiel démocratique contemporain de perte de centralité de l'État, d'intrusion de la sphère marchande dans le champ politique et du processus continu d'individualisation, valorisant les capacités d'action individuelle des « usagers-citoyens consommateurs ».
Les évolutions et les enjeux précédemment décrits de la politique de l'eau potable, marquée par une multiplication des acteurs, des coalitions d'intérêts (publics, privés) et des procédures (réglementaires, collaboratives), sont particulièrement représentatives de l'impact de ces changements structurels et conjoncturels. Ils sont aussi significatifs de la diffusion des principes de responsabilité et d'imputabilité dans les trois grands principes qui sous-tendent la Directive cadre européenne sur l'eau : l'obligation de résultat environnemental (« bon état » des eaux en 2015) ; l'internalisation des coûts économiques et une exigence de participation du public.
Toutefois, ces recompositions ne revêtent pas le même sens ni la même interprétation selon le paradigme dans lequel s'inscrit leur analyse : paradigme de la domination, *versus* paradigme de la coopération.

La mise en responsabilité peut être assimilée à une nouvelle « *technique de gouvernementalité néolibérale* » (Hache, 2007b) - dont l'État reste le vecteur privilégié - c'est-à-dire un instrument de domination permettant de justifier la pratique politique du néolibéralisme et d'en intégrer plus profondément les principes dans l'action politique et l'ensemble du champ social. Cette technique de pilotage s'appuie pour cela sur la confusion entre allocation de pouvoir (décisionnel, exécutif, participatif) - soit la promesse pour les destinataires d'une « mise en capacité (collective) à agir (« *empowerment* ») » - et la menace d'être accusé d' « irresponsabilité » (Hache, 2007a).

Dans les années 1980, au nom de l'intérêt général et d'une plus grande performance de l'action collective et individuelle, les élus locaux ont vu s'accroitre leurs pouvoirs et les fonctionnaires territoriaux, à défaut de moyens, s'étendre leur compétence et leur responsabilité (Crozet, 2001). La révision générale des politiques publiques (RGPP) en cours depuis juin 2007 et la réforme des collectivités territoriales de 2010 affichent la même orientation. Par une rationalisation des échelons hiérarchiques - réorganisation des administrations déconcentrées à l'échelon régional et réduction des structures départementales –, la RGPP vise à réaliser des économies structurelles, à mutualiser les ressources et à améliorer l'efficacité des politiques publiques. Ce projet politique de « modernisation » du service public passe par six objectifs dont : « *responsabiliser par la culture des résultats* »[18]. Les mécanismes de « rationalisation bureaucratique » sont les composantes de la doctrine du nouveau management public (*new public management*), fondée sur l'application des principes du choix rationnel et de la micro-économie classique à la gestion publique (Faucher-King, Le Galès, 2007). La diffusion de ces instruments - de contrôle, de rationalisation, de mesure de la performance, d'information et de communication – contribue à la technicisation et à la dépolitisation de l'action publique (Lascoumes, Le Galès, 2004). Selon un principe de « *Blame Avoidance* » (éviter de porter le chapeau) (Weaver, 2004), les élus et gouvernants ont délibérément choisi de se prémunir des mobilisations contestataires et de dégager leur responsabilité des dynamiques complexes de la mise en œuvre de l'action publique. L'État, par la délégation accrue de la régulation d'activités et de risques à des acteurs non étatiques, sans renforcement de ses capacités de contrôle, devient ainsi lui-même un facteur de risque (Borraz, 2008). On rejoint ici l'idée que la responsabilité en tant que technique de gouvernement néolibéral peut conduire à des formes de déresponsabilisation (Hache, 2007a).

La responsabilisation en tant que processus de transformation de la responsabilité politique, n'est pas seulement interprétée comme un mode de régulation strictement néolibéral et un instrument de domination. Il peut être inversement interprété comme un moyen de contrer le « désenchantement démocratique », en renforçant la légitimité démocratique et la responsabilité

---

[18] 2ème rapport d'étape au président de la République par Eric Woerth, ministre du Budget, des Comptes publics et de la Fonction publique, 13 mai 2009, p.3.

politique. La responsabilisation s'appuie alors sur le renouvellement de la réactivité politique (*responsiveness*), le développement des procédures collaboratives et l'institutionnalisation de mécanismes d'imputabilité (*accountability*) à l'égard des conséquences et de l'efficacité de l'action individuelle et collective. Le développement durable s'inscrit justement dans la logique de modernisation de l'action publique qui prétend instituer une nouvelle culture de management, plus participative et concertée, présentée comme fondamentale du fait que la « *« participation » permettrait une socialisation aux principes et enjeux du développement durable* » (Goxe, 2007). Mais l'avènement de cette « démocratie représentative » nécessite par ailleurs de se prémunir des effets de communication politique qui tendent à formater les préférences collectives et à dessiner une opinion publique et une demande sociale conformes aux préférences des gouvernants et, par ce biais, à conditionner l'attribution des responsabilités. Si les préférences collectives ne sont pas authentiques, la réactivité des gouvernants est imparfaite ; le mécanisme de « reddition des comptes », à la base de l'exigence de résultat assigné à l'action publique, devient alors un « *simulacre de responsabilité* » (Gerstlé, 2003a, 2003b).
Une troisième interprétation du processus de responsabilisation renvoie à une volonté de réappropriation d'un principe qui aurait été confisqué par les thèses néolibérales. La responsabilisation devient un moyen de gouvernance innovant des problèmes d'environnement : la « *responsabilité solidaire comme construction de capacité d'action et de lien social* » (Salles, 2009, p.4). Cette interprétation cherche moins à nier une institutionnalisation du principe de responsabilité inscrite dans un paradigme néolibéral, qu'à en prendre acte pour renverser la contrainte en opportunité démocratique. Il s'agit de favoriser par cette voie, l'émergence d'une responsabilité active, solidaire entre individus, nécessitant, pour que les rapports de force soient équilibrés, des outils et des mécanismes (de participation, d'information, de suivi et d'évaluation) garantis par les pouvoirs publics.

Au final, il semble que ces différentes approches de la gouvernance par la responsabilisation se nourrissent plus qu'elles ne se contredisent. Elles renvoient aux transformations de l'action publique en tension entre deux paradigmes : celui d'une « cage de fer » où le rôle de l'Etat-régulateur se renforce conjointement au modèle de l'économie de marché via des instruments réglementaires, de contrôle et d'évaluation de la performance des acteurs en fonction des priorités publiques ; et celui d'une « cage de verre » pour pallier la crise de la représentativité politique et de la légitimité démocratique (Lascoumes, Le Galès, 2009). Elles offrent une clé de lecture stimulante de la dynamique de recomposition de l'action publique contemporaine marquée par la transversalité des enjeux et des problèmes publics, la multiplication des échelles d'action, la multiplication et la multipositionnalité des acteurs, la diversité des sources d'influence et la diffusion des mécanismes de régulation de la sphère privée dans la sphère publique. Le modèle classique de pilotage de politiques publiques sectorielles par un État centralisé et homogène a ainsi laissé place à un cadre de structuration au sein duquel les régimes de responsabilité, tout en demeurant asymétriques, se redéfinissent. Ce jeu multi-niveaux amène à s'interroger sur les conditions de la diffusion d'un « *pouvoir responsable* » (Costa *et alii*, 2001) au regard des « résistances nationales » et de la « grande flexibilité » de nombreuses lois européennes dans le domaine environnemental (Smith, 2008), du « poids des inerties » et des phénomènes de routinisation (Lascoumes, 2008), ainsi que des activités d'appropriation au cours des processus de mise en œuvre des politiques publiques.

La gestion de la qualité de l'eau potable apparaît dans ce contexte, comme un champ d'observation particulièrement pertinent des dynamiques de changement dans l'action publique environnementale.

Dans le domaine de l'eau potable, les phénomènes de mise en interdépendance inhérents aux évolutions de l'action publique contemporaine sont renforcés par la nécessité – de plus en plus difficile à différer - d'une prise en charge conjointe des questions sanitaires et environnementales dans la gestion des services d'eau potable. Les gouvernants et les institutions territoriales sont en effet rendus de façon croissante interdépendants et co-responsables vis-à-vis l'obligation de l'atteinte des objectifs de qualité (sanitaires et environnementaux) assignés par les directives européennes sous peine de contentieux européens et de sanctions financières pour l'État français.

Relever ce défi implique de reconfigurer une gestion publique de l'eau potable traditionnellement organisée en deux volets abordés de façon distincte : la gestion des services d'alimentation en eau potable et la gestion des pollutions agricoles diffuses. Le projet politique de gérer l'eau potable de façon « durable et intégrée », suppose donc d'une part, une recomposition des cadres traditionnels (territoriaux, institutionnels, instrumentaux) au sein des deux filières de gestion ; et d'autre part, cela conduit au développement de mécanismes visant à faire coopérer dans une même action collective, des logiques gestionnaires, des intérêts d'acteurs disparates (publics, privés, individuels, collectifs), des enjeux de territoires, des cadres normatifs qui orientent plus qu'ils n'imposent, des systèmes de représentations contradictoires, et des choix d'instruments d'action très diversifiés.

La diffusion d'un référentiel de « gouvernance par les objectifs de résultat et la responsabilité », appuyé sur des instruments de pilotage de plus en plus élaborés, se confronte donc à un héritage de multiples configurations de gestion de l'eau potable, créant des régimes de gouvernance territoriale, qu'il s'agit de caractériser, d'interpréter et de soumettre à une analyse critique.

Pour une sociologie politique de la gouvernance territoriale de la gestion de l'eau potable…

Pour embrasser cette réalité hybride et fragmentée de la gestion publique de l'eau potable, la notion de gouvernance apparait comme un outil pertinent d'observation et d'analyse permettant d'interroger les implications de principes de pilotage typiques de la politique européenne fondés sur la mise en « co-responsabilité ». La notion d'interdépendance permet par ailleurs d'englober des chaines d'interrelations (coopération/concurrence) allant des interactions directes entre individus et/ou entre institutions territoriales, à des relations transectorielles, transterritoriales et avec des institutions telles que les normes issues des directives européennes ou l' « économie de marché » (Corcuff, 2009).
Une approche classique et normative par les outils conceptuels de la gouvernance conduirait *a priori* à considérer la mise en interdépendances et en co-responsabilité des acteurs « partie prenante », des niveaux et des territoires de gestion comme l'avènement d'une pacification et d'un rééquilibrage des rapports de domination, et d'une forme aboutie de dépolitisation des instruments d'action publique. Dans cet univers, le paradigme de la coopération est une nouvelle forme d'expression et d'interprétation des rapports de force qui se substitue au conflit. Dans une perspective critique, articulant divers paradigmes plus qu'en les opposant, la sociologie de la gouvernance de la qualité de l'eau potable défendue interprète le processus de « décloisonnement », comme autant de moyens de pression et de possibilités d'interaction des rapports de pouvoir entre acteurs, intérêts corporatistes et institutions, et *a posteriori*, ouvre autant de champs des possibles en termes de recomposition de la gouvernance de la qualité de l'eau potable. Aborder l'objet en appui de la gouvernance était de ce fait adapté au souci de rendre compte « concrètement » des configurations territoriales auxquelles donne lieu l'opérationnalisation de la Directive cadre sur l'eau, postulée *a priori*, comme un dispositif co-construit de l'échelon européen, aux échelons national et local.

Pour tenir ensemble ces exigences de l'objet - tant du point de vue de son caractère hybride et fragmenté, de ses principes de gouvernance basés sur la co-responsabilisation que de son inscription dans des territoires - le parti pris a été d'adopter une posture marquée par son caractère pluraliste (Dubar, 2008) plus que systématique. Le dispositif d'investigation sociologique articule ainsi différentes approches tant du point de vue théorique, que méthodologique.
Du point de vue théorique, le recours à diverses approches - des arrangements politiques, des systèmes d'action locaux, de la sociologie des instruments, de la sociologie des risques…- vise à changer de focale tout en

demeurant inscrit dans une sociologie politique de l'action publique, c'est-à-dire une sociologie qui « *prend en compte la plasticité des interprétations des enjeux sociaux et du rapport aux instituions, mais qui considère en contre-point qu'il existe des cadres cognitifs et normatifs qui orientent souvent de façon décisive les significations attribuables et les actions possibles* » (Lascoumes, Le Galès, 2009, p.112).
Du point de vue des échelles d'analyse, les recompositions sont développées depuis la transposition des principes du référentiel européen de la Directive cadre sur l'eau dans les cadres normatifs nationaux, jusqu'à leur appropriation à l'échelle des bassins hydrographiques, régionale, départementale et locale. Toutefois, l'angle privilégié pour analyser des recompositions de la gestion publique de l'eau potable, est celui des dynamiques d'action collective « *par le bas* ». Le niveau des territoires de gestion de l'eau potable, à l'articulation entre politiques publiques, ordres locaux et contexte territorial (social, politique, géographique), apparaît comme une entrée pertinente pour analyser les recompositions à l'œuvre dans la gouvernance de la qualité de l'eau potable. Ainsi, les dynamiques verticales et horizontales complexes constitutives de la gouvernance multi-niveaux de la qualité de l'eau potable et de l'action publique contemporaine - telles que l'européanisation, la territorialisation, le marché, la réforme des institutions, la régulation par les usagers-destinataires – sont principalement interprétées à travers leur impact sur les processus organisationnels et les dynamiques d'opérationnalisation des politiques publiques, à l'échelle des territoires de gestion des services d'eau potable (communes, syndicats, départements) et des dispositifs de préservation de la ressource en eau des pollutions agricoles diffuses. Cependant, ces processus ont été replacés systématiquement dans le contexte politique, social et territorial de leur émergence et de leur mise en œuvre.

Cette investigation variée a nécessité un travail de documentation large, pour cerner l'objet complexe de la gouvernance de l'eau potable et dans un souci d'intégrer ses multiples dimensions. Mais le cœur des données récoltées repose sur la réalisation de près de 150 entretiens semi-directifs entre 2004 et 2009 auprès d'acteurs – politiques, administratifs, professionnels, économiques, associatifs - du monde de l'eau et du monde agricole. Les avancées d'un groupe de travail des services déconcentrés du ministère de la Santé, ainsi que d'instances de décision de l'Agence de l'eau Adour Garonne, ont été également suivies, *in situ*, durant plusieurs mois à chaque fois. Enfin, un corpus hétérogène de sources écrites, formelles et informelles, internes et externes aux institutions territoriales, a été mobilisé pour parfaire cette connaissance des terrains (Encadré 1).

Une méthodologie qualitative et monographique est privilégiée pour saisir les ressorts fins et complexes de la dynamique d'interdépendance multi-niveaux et de ses effets en termes de recomposition de la gouvernance de la qualité de l'eau potable. La démarche consiste à porter le regard à trois niveaux :

→ *Premier niveau, celui de la construction des cadres normatifs nationaux* par l'analyse du corpus des débats parlementaires de la dernière Loi sur l'eau et les milieux aquatiques de décembre 2006 (LEMA) et la synthèse de nombreux rapports parlementaires.

→ *Second niveau, celui de la transcription des principes nationaux dans les outils de planification régionaux :*

- La coordination de l'action 10 du Plan Régional Santé Environnement Midi-Pyrénées par un suivi des réunions de groupe de travail alimentation en eau potable des services déconcentrés du ministère de la Santé (DRASS-DDASS) de Midi-Pyrénées pendant 18 mois (dizaine de journées) (2006-2008).
- La traduction des principes de la LEMA dans la planification de l'Agence Adour Garonne par l'observation de 7 réunions d'instances (Comité de Bassin, Conseil d'Administration, Commissions Interventions et Finances sur une période de 9 mois (2006-2007).

→ *Troisième niveau, celui des territoires de gestion des services d'eau potable et des pollutions diffuses :*

- La réalisation de près de 150 entretiens semi-directifs : agents des services déconcentrés de l'État (DDASS, DRASS, DDEA, MISE, SRPV), agents des services de l'Agence de l'eau Adour Garonne (siège et délégations), agents des services techniques des collectivités territoriales (Services d'assistance, Conseils Généraux, communauté de commune, syndicats mixtes départementaux), élus (maires, Présidents de syndicats d'eau potable, conseillers municipaux, conseillers généraux, Sénateur et Député), agriculteurs, techniciens de Chambre d'agriculture, techniciens de coopératives agricoles, membres d'associations locales, usagers, experts hydrogéologues, agents d'instituts techniques agricoles et représentants des sociétés privées (distributeur d'eau, distributeurs de produits phytosanitaires).

Ces entretiens ont principalement été conduits dans le cadre de la réalisation de monographies au sein du bassin Adour Garonne : monographie de la création d'un syndicat intercommunal en Hautes-Pyrénées en 2004-2005, monographies de trois bassins versants agricoles expérimentaux (Gers et Tarn) en 2005, monographie de la création d'un syndicat départemental en Ariège en 2007-2008, monographies départementales de la politique de protection des captages d'eau potable (Charente et Tarn-et-Garonne) en 2008-2009.

- L'organisation de mises en débats (réunions et journées de restitution) de trois recherches sociologiques conduites au sein du CERTOP en partenariat avec l'Agence de l'eau Adour Garonne et la DRASS Midi-Pyrénées (étude GRAMIP, Accompagnement du Plan régional Santé Environnement et étude ACT'EAU).

Les discussions formelles (entretien, comités de suivi, réunions de travail) et informelles (hors enregistrement, de couloir, pause café et déjeuner, échanges téléphoniques et mail) ont permis le recueil de nombreuses données territoriales et différents types de documents : rapports, courriers internes, notes de service, compte-rendu de réunions, documents de travail…

Encadré 1 – Méthodologie d'enquête sociologique

L'intérêt de ce dispositif sociologique est de pouvoir articuler des explications d'ordres différents en termes de rapports de pouvoir, de conflits d'intérêts, de facteurs organisationnels et de facteurs cognitifs, tant au niveau collectif qu'individuel. Il permet ainsi de donner à voir des arrangements politiques à différents niveaux d'action publique et de caractériser des régimes différenciés de gouvernance territoriale de l'eau potable.
L'ouvrage est composé de plusieurs chapitres permettant de mieux saisir les conditions d'émergence et les modalités concrètes de mise en œuvre de la gouvernance territoriale de la gestion de l'eau potable.
Un travail préalable consiste à cerner les dynamiques complexes de structuration des enjeux de la gestion publique de l'eau potable et de tension-intégration des niveaux d'action publique, du local à l'Europe (Chapitre 1).
Au niveau national, un premier focus porte sur les débats parlementaires de la dernière loi sur l'eau et les milieux aquatiques (LEMA) de 2006. Il s'agit de saisir les conditions de formalisation juridique et les discours de justification des arrangements politiques produits, tantôt en faveur de l'option européenne d'une gouvernance par bassin versant, tantôt en faveur d'une option plus localiste promouvant l'institutionnalisation du rôle du Département dans la gouvernance de l'eau (Chapitre 2).
Dans un contexte où le département est présenté comme affaibli par le projet de réforme territoriale, un second focus aborde justement un élément fort de la recomposition de la gouvernance de la qualité de l'eau potable : la départementalisation de la gestion de l'eau potable (Grandgirard, Barbier, Tsanga Tabi, 2009 ; programme AQUADEP[19]). Une monographie d'un processus de départementalisation (dans l'Ariège) permet d'entrer dans les dynamiques des configurations territoriales et d'analyser comment les autorités d'un Conseil général interprètent la triple exigence de rationalisation des coûts, de prévention sanitaire et environnementale (Chapitre 3).
L'occurrence des crises sanitaires, de leur médiatisation et de leur potentielle judiciarisation peut être considérée comme un des éléments importants de recomposition de l'action publique de ces deux dernières décennies (Borraz, 2008). En particulier concernant un bien courant et vital comme l'eau potable, l'idée d'être confronté à un éventuel risque en la consommant parait socialement irrecevable. Un troisième focus se centre sur les effets de recomposition de la gouvernance créés par une crise sanitaire très médiatisée dans les années 2000, qui a conduit- en raison de la présence de pesticides dans l'eau - à l'interdiction de consommation d'eau potable. De manière emblématique, cette crise a eu lieu sur le territoire politique d'un ministre de

[19] Programme de recherche « AQUADEP : *Caractérisation, évaluation et accompagnement des politiques départementales de l'eau destinée à la consommation humaine* » (2008-2011), ENGEES, CEMAGREF, CERTOP, AgroParisTech, Art'DEV, programme « Eaux et territoires » Ministère de l'Environnement, CEMAGREF, CNRS.

l'agriculture. Il s'agit d'observer comment les mécanismes supposés de responsabilité sont mobilisés dans un contexte de risque sanitaire et de crise politique (Chapitre 4).

Dans un second temps, le rôle décisif des instruments d'action publique (Lascoumes, Le Galès, 2004) dans le processus de recomposition de la gestion l'eau potable par la mise en interdépendance et la responsabilisation, est abordé par l'analyse successive de l'implémentation sur le territoire du bassin Adour Garonne (Sud-ouest de la France) de plusieurs dispositifs qui prétendent répondre aux enjeux de la préservation de l'eau potable.
Le premier dispositif est celui des périmètres de protection de captage d'eau potable (PPC). Ce dispositif réglementaire de type préventif, créé il y a plus d'un siècle, s'est vu assigner, durant des décennies, diverses fonctions de protection de la ressource, sans toutefois ne jamais trouver les conditions de mise en œuvre (Salles *et alii*, 2006 ; Barraqué *et alii*, 2007). La relance volontariste de la procédure en 2004 (loi de Santé publique) vise à marquer une volonté d'en faire un garant d'une « responsabilité retrouvée de l'État ». Elle offre une occasion d'analyser la mise à l'épreuve territoriale de cet instrument réglementaire d'État, vis-à-vis des objectifs de résultats exigés par la réglementation européenne (Chapitre 5).
En contrepoint idéologique aux outils réglementaires, se sont développés divers dispositifs volontaires – défendus notamment par la profession agricole - fondés sur l'expérimentation et la démonstration technique de changements de pratiques agricoles. Le second dispositif étudié s'inscrit dans ces instruments incitatifs mobilisés dans les politiques agri-environnementales des années 1990. Ces dispositifs qui privilégient l'auto-régulation de la profession agricole ont été beaucoup étudiés et critiqués du point de vue du détournement de leur finalité environnementale (Salles, 2006 ; Bourblanc, 2007 ; Daniel, Perraud, 2009 ; Busca, 2010). Jusque-là essentiellement soumis à des objectifs de mobilisation de moyens, certains dispositifs agri-environnementaux intègrent désormais plus explicitement la finalité d'exigence de résultats. L'originalité du dispositif analysé est qu'il croise l'adoption volontaire de pratiques phytosanitaires innovantes et expérimentales avec les principes d'obligation de résultat, caractéristiques des politiques des années 2000. À ce titre, une évaluation sociologique des actions expérimentales et présentées comme innovantes permet d'observer tant au plan du pilotage local du dispositif, qu'à celui des conditions d'application par les agriculteurs de « pratiques améliorées de traitements phytosanitaires », les processus différenciés d'appropriation de « l'obligation de résultat environnemental » (Chapitre 6).
Enfin, il s'agit d'observer l'émergence et la mise en place d'un dispositif innovant, les Aires d'Alimentation de Captages (AAC), qui incarne, à ce jour, le modèle le plus abouti et le plus explicite de la gouvernance de la qualité de l'eau par la responsabilisation. Ce dispositif, en visant la

normalisation potentiellement drastique des pratiques agricoles au niveau des aires d'alimentation de captages, ouvre la voie à une forme originale de planification systématique des territoires de l'eau. Il crée, en théorie, des interdépendances explicites entre les territoires de la ressource en eau (à préserver des pollutions diffuses), et ceux de la consommation d'eau (les aires urbaines notamment). Il s'agit de voir en quoi cette mise en relation contrainte entre agriculture et consommation d'eau potable recompose la gouvernance de l'eau (Chapitre 7).

CHAPITRE I - LA POLITIQUE DE L'EAU POTABLE : ENJEUX, EUROPEANISATION ET TERRITORIALISATION

L'objectif de ce premier chapitre est de poser le cadre contextuel de la problématique de la gestion publique de la qualité l'eau destinée à la consommation humaine (DCH) en France. La question de l'alimentation en eau potable (AEP) des populations comporte de multiples dimensions sanitaire, sociale, environnementale, économique, technique et politique. Après avoir exposé la dynamique de structuration des enjeux de la gestion de la qualité de l'eau DCH (1.), il s'agira de montrer que ces différentes dimensions s'inscrivent de façon croissante dans un processus de mise en interdépendance des politiques de santé et des politiques d'environnement au niveau européen (2.). Leur traduction dans le contexte politique et social français sera abordée au prisme de l'évolution socio-historique de la territorialisation de la politique de l'eau DCH (3.).

1. L'alimentation en eau potable confrontée à de multiples enjeux

Les eaux souterraines et superficielles sont primordiales à la vie humaine pour satisfaire des usages sanitaires, sociaux et économiques. Aujourd'hui, en France, contrairement à d'autres pays paneuropéens[20], l'accès à une eau potable à volonté est un service maintenant généralisé et intégré au quotidien[21]. Le risque de rupture du service AEP n'est pas une préoccupation centrale des usagers plus attentifs au prix de l'eau. Et pourtant, malgré une prise de conscience politique de près de 30 ans de l'impact des activités humaines sur l'état qualitatif et quantitatif des ressources en eau et la santé, un certain nombre d'indicateurs indiquent que la situation tend à se dégrader.

---

[20] « *Plus de 100 millions de personnes dans la région paneuropéenne n'ont toujours pas accès à l'eau potable et à des installations sanitaires appropriées. Dans l'Europe orientale, Caucase et Asie centrale et l'Europe du Sud-Est, la qualité de l'alimentation en eau et des services sanitaires n'a cessé de se dégrader au cours des 15 dernières années, touchant en majorité les populations rurales.* » (Agence européenne pour l'environnement, 2007, p.9)

[21] En 1930, seuls 23 % des communes disposaient d'un réseau de distribution. En 1945, encore 70 % des communes rurales en étaient dépourvues. Aujourd'hui, plus de 99% de la population est connectée à un réseau public d'eau potable.

Selon le bilan de l'institut français de l'environnement[22] (IFEN) de 2006, « *un tiers des volumes prélevés pour l'alimentation en eau potable (AEP) nécessite un traitement poussé. Ce volume a augmenté de 5 % entre 1998 et 2001. Environ une centaine de captages (0,3 %) sont fermés annuellement à cause de la détérioration de la qualité de l'eau et de l'impossibilité de mettre en place une politique efficace, mais aussi parce qu'ils ne fournissent plus un débit suffisant* » (IFEN, 2006, p.199). Ces chiffres interrogent les limites des modes de gestion de l'AEP actuels principalement centrés sur une gestion technique et administrative de l'eau DCH qui, trop longtemps déconnectée d'une gestion préventive de la ressource en eau brute, s'avère de plus en plus coûteuse.

Afin de rentrer progressivement dans la problématique du cloisonnement entre ces deux volets de la gestion de qualité de l'eau DCH, quatre aspects seront abordés dans cette section. Après un point sur l'état quantitatif et qualitatif de la ressource en eau DCH (1.1), il s'agira de décrire les dispositifs réglementaires de gestion de l'AEP existants (1.2.), puis les modes d'organisation de l'AEP (1.3) et enfin de voir dans quelles logiques économiques, sociales et politiques ils s'inscrivent (1.4).

Quels sont les ressorts en termes de mode de gestion, d'organisation et d'enjeux sociétaux du paradoxe d'une dégradation continue de la qualité des ressources en eau concomitamment à une qualité des eaux distribuées en amélioration constante ?

1.1. L'état de l'eau destinée à la consommation humaine : des ressources en dégradation et une qualité au robinet en amélioration

1.1.1. La gestion quantitative de la ressource et des réseaux AEP sous surveillance

En France, au sein de la sphère domestique, chaque habitant consomme en moyenne 150 litres d'eau par jour pour les usages sanitaires et domestiques, 7 % seulement concernent les usages alimentaires, dont 1 % pour la boisson[23]. Si les prélèvements industriels ont diminué depuis les années 1970, ceux destinés à l'adduction d'eau potable ont été en progression jusqu'au début des années 2000, avec toutefois un ralentissement de la croissance depuis une vingtaine d'années. A compter de 2003, ils amorcent

---

[22] L'IFEN est depuis le 10 juillet 2008 intégré dans le service de l'Observation et des Statistiques (SOeS) du Ministère de l'Ecologie, du Développement Durable, des Transports et du Logement (MEDDTL).

[23] Répartition de la consommation moyenne d'eau potable par type d'usage : toilette 20-40% ; sanitaires 20% ; lave-vaisselle 10-15% ; lave-linge 10% ; autres usages 5-6% ; voiture-jardin 5-6% ; cuisine 5-6% ; boisson 1% (Ministère de la Santé, 2005).

une baisse. Cette tendance serait attribuée à la compensation de la hausse des besoins – due à la croissance démographique et du niveau de confort - par l'utilisation d'équipements plus économes.
En 2006, 32,6 milliards de m³ d'eau douce[24] ont été prélevés pour satisfaire les activités humaines (Tableau 1). 81 % des volumes prélevés sont extraits des eaux de surface (rivières, canaux, lacs, retenues...), mais pour la production d'eau potable, le recours aux eaux souterraines est plus fréquent avec près de 62 % des volumes prélevés dans les nappes. 59 % des volumes prélevés sont consacrés à la production d'énergie (refroidissement des centrales de production d'électricité), 93 % de cette eau est restituée aux milieux après utilisation. À l'inverse, l'irrigation des cultures prélève 15 % du volume total principalement en période d'étiage et n'en restitue qu'une faible part[25].

	France*		Europe**
Usage	**Volume** (millier de m³)	**%**	**%**
Eau potable	5 861 665	18 %	21 %
Industrie	2 861 254	9 %	11 %
Irrigation	4 757 040	15 %	24 %
Production d'énergie	19 072 157	59 %	44 %
Total	**32 552 116**	**100 %**	**100 %**

**Agences de l'Eau - SOeS, 2008, données de 2006.*
*** European Environmental Agency - Eurostat, 2009.*

Tableau 1 - Répartition des volumes d'eau prélevés par usage en France et en Europe

Les sécheresses survenues en 1976, puis en 2003 et 2005, et leur impact sur l'AEP, principalement au niveau des petites communes, ont montré que la menace de rupture du service d'eau pour des raisons de pénuries d'eau, sans être un risque global, est d'actualité[26]. Selon l'état des lieux de la Directive Cadre Européenne, « *10 % des masses d'eaux souterraines ne pourront atteindre le bon état quantitatif en 2015 sans mesure nouvelle pour enrayer la surexploitation* » (IFEN, 2006, p.199). Pour gérer ce risque, le Plan national de gestion de la rareté de l'eau de 2005 propose trois orientations :

---

[24] L'IFEN estime que la composante « eaux souterraines » est sous-estimée. En effet « *on est incapable de connaître les volumes prélevés par les captages industriels, agriculteurs et particuliers qui ne sont pas soumis à déclaration* » (2006, p.201).
[25] En Europe du Sud, l'agriculture utilise 60 % du total de l'eau prélevée, cette proportion peut atteindre 80 % dans certaines régions (EEA, 2009).
[26] En 2005, d'après une communication de Nelly Olin, ministre de l'Environnement, au Conseil des ministres du 26 octobre 2005, la population ravitaillée par citernes du fait du manque d'eau s'élève à environ 3000 personnes situées dans des petites communes isolées. Chaque année sur les huit dernières années, une vingtaine de départements connaissent des limitations de consommation. Ce nombre double les années relativement sèches (1998, 2004), et atteint plus de soixante départements les années les plus sèches (2003, 2005).

une priorité donnée à l'eau potable sur les autres usages, un partage de l'eau entre les différents usages et une meilleure valorisation de l'eau[27].
Au niveau des services AEP, le principal enjeu a longtemps été d'assurer la continuité du service. A l'heure où la quasi-totalité de la population française est raccordée à un réseau public[28], c'est maintenant la question du renouvellement des canalisations qui se pose. En 2004, sur les 6 milliards de m³ d'eau prélevés, traités et distribués, seuls 4,45 milliards ont été consommés. Ce différentiel de 26 % correspond principalement aux fuites dans les réseaux AEP (21 % des volumes distribués) et dans une moindre mesure aux utilisations pour la lutte contre les incendies et l'entretien du réseau.
Du fait de l'impératif de sécurisation des approvisionnements, la généralisation de l'inventaire de l'état du « patrimoine » (ouvrages), de sa surveillance (géo-référencement) et des schémas directeurs visant le développement des interconnexions (permanentes et de secours) apparaît comme un enjeu fort dont se saisissent les collectivités (syndicats, conseils généraux et régionaux…). L'évaluation et la planification des investissements auxquels elles devront consentir en découlent directement. De plus, le manque d'eau ou la dégradation des conduites peuvent conduire à une dégradation de la qualité de l'eau distribuée.

1.1.2. Une dégradation continue de la qualité des eaux brutes

Concernant les milieux aquatiques, le dernier bilan de l'IFEN fait état, selon les domaines, de progrès, de stagnation, mais aussi de l'émergence de nouveaux problèmes. Les améliorations concernent la baisse ces vingt dernières années des pollutions organiques dues principalement aux progrès dans le traitement des rejets ponctuels urbains (Directive ERU) et industriels. Même si la tendance semble s'être stoppée depuis le début des années 2000 pour les matières phosphorées et organiques, un tiers des points de mesure ont toujours une qualité moyenne à mauvaise. Concernant les micropolluants, aux préoccupations liées à la présence chronique de métaux lourds[29] et autres substances toxiques s'ajoutent les risques liés aux rejets de nouvelles substances provenant des stations d'épuration (résidus médica-

---

[27] Orientations déclinées en 26 mesures (législatives, réglementaires, incitatives, étude et communication) (http://www.ecologie.gouv.fr/article.php3?id_article=7458, page consultée le 19 février 2010).

[28] « […] *il reste environ 165 900 logements regroupant un peu moins de 1 % de la population, qui ne sont pas desservis par le réseau public en 2004. Ces logements sont soit dans des communes qui n'ont pas organisé de service public d'eau potable (moins d'une centaine de petites communes de montagne), soit des logements non desservis au sein du territoire de communes par ailleurs alimentées. Ces logements ne sont pas raccordés, le plus souvent, pour des raisons techniques liées à la topographie des lieux qui ne permettent pas un raccordement à un coût acceptable.* » (IFEN, 2007b, p.8)

[29] Hydrocarbures aromatiques polycycliques (HAP), polychlorobiphényls (PCB) dont la production est pourtant stoppée depuis 20 ans ainsi que le tributylétain (TBT).

menteux, cosmétiques, dioxines…) qui n'étaient pas mesurés dans l'eau jusqu'à présent.
Les pollutions d'origine agricole restent les premières responsables de la dégradation de la qualité d'une grande partie des eaux superficielles et souterraines DCH, ces dernières étant particulièrement vulnérables. Les nitrates et les pesticides sont souvent longs à être détectables (dizaine d'années) puisqu'ils se manifestent généralement après un temps d'accumulation dans le sol, contrairement aux eaux de surface qui sont rapidement touchées par des pollutions ponctuelles et accidentelles. En France, pour la première fois depuis des décennies, les nitrates tendent à se stabiliser dans les eaux superficielles alors que leur concentration continue d'augmenter dans les eaux souterraines, où, une fois la pollution constatée, la restauration de la qualité est d'autant plus difficile et longue (quelques années à quelques dizaines d'années) (Miquel, 2003). Ces constats ne sont pas récents en Europe où malgré plus de 30 directives concernant l'eau depuis 1973, la qualité des eaux brutes s'est fortement dégradée depuis 20 ans[30].
En France, l'état des lieux réalisé fin 2004 dans le cadre de la DCE[31] indique que sans effort supplémentaire, sur les 3 522 masses d'eau superficielle de type cours d'eau, 900 atteindraient très probablement le bon état en 2015, 863 présenteraient un risque potentiel et 847 un risque fort de ne pas atteindre ce bon état (912 masses d'eau fortement modifiées ou artificielles n'étaient pas encore classées). Concernant les 553 masses d'eau souterraine identifiées, 237 atteindraient très probablement le bon état en 2015, 108 présenteraient un risque potentiel et 208 un risque fort de ne pas atteindre ce bon état.

---

30 « *S'agissant des nitrates, dans 15 des 25 pays disposant d'informations, plusieurs stations de surveillance des cours d'eau ont relevé un dépassement de la concentration indicative fixée dans la directive relative à la qualité des eaux destinées à la consommation humaine à 25 mg NO3/l, et dans trois de ces pays, des stations ont mesuré un dépassement de la concentration maximale admissible de 50 mg NO3/l. […] Les concentrations moyennes en nitrates dans les eaux souterraines en Europe sont supérieures aux niveaux de base (< 10 mg/l pour le NO3), mais ne dépassent pas 50 mg/l pour le NO3. […] les concentrations moyennes annuelles en nitrates dans les eaux souterraines sont restées relativement stables depuis le début des années 1990, mais les niveaux varient selon les régions. En raison d'un très faible niveau de concentrations en nitrates (< 2 mg/l pour le NO3) dans les pays nordiques, la concentration moyenne en nitrates en Europe présente une distribution asymétrique. […] En moyenne, en raison de pratiques agricoles particulièrement intensives, c'est dans les eaux souterraines d'Europe occidentale que l'on trouve les concentrations en nitrates les plus élevées. Elles sont deux fois supérieures à celles d'Europe orientale, où l'agriculture est moins intensive. Les concentrations en nitrates dans les eaux souterraines norvégiennes et finlandaises sont généralement faibles.* » (Agence européenne pour l'environnement, 2005, p.332-333)

31 Les Agences de l'eau devaient produire dans chaque district hydrographique une caractérisation initiale des « masses d'eau superficielles et souterraines », et la définition, pour chacune d'elle, du risque de non-atteinte du bon état en 2015.

Si la politique agricole tend à évoluer dans le sens d'une agriculture assumant les externalités négatives qu'elle peut entraîner sur l'environnement, la traduction de ces changements d'orientation en termes de pratiques agricoles et d'impact sur la qualité de la ressource est moins visible (Busca, 2010). En France, les chiffres sur la consommation des pesticides et l'ampleur de la contamination des eaux qui en découle sont, à ce titre, très significatifs.

1.1.3. Une contamination généralisée des eaux DCH par les pesticides agricoles

La France, en tant que premier producteur agricole européen, est le premier consommateur européen et le quatrième consommateur mondial de pesticides (derrière les États-Unis, le Brésil et le Japon). C'est pourquoi, dans la quasi-totalité des cas pour les nappes et dans la très grande majorité des cas pour les rivières, les pesticides détectés dans les eaux sont d'origine agricole. Appelés de façon moins stigmatisante produits phytosanitaires ou encore produits phytopharmaceutiques[32], ils sont commercialisés après avoir reçu une homologation et une autorisation de mise sur le marché. Celle-ci est délivrée par le ministre chargé de l'Agriculture, après une procédure d'évaluation du risque pour le consommateur, l'utilisateur et l'environnement.

En France, avec 78.600 tonnes de matières actives destinées à l'agriculture (principe actif des produits) commercialisées en 2008 (pour un chiffre d'affaires de plus de 2 milliards d'euros)[33], les usages agricoles représentent 90 % de la consommation totale (Aubertot *et al.*, 2005). À elles seules, quatre types de cultures (maïs, autres céréales, colza et vigne) occupant moins de 40 % de la Surface Agricole Utile (SAU), consomment près de 80 % des pesticides commercialisés chaque année[34].

La quantité totale de pesticides commercialisés destinés à l'agriculture depuis 1997, connait une diminution d'environ 20 %, avec une inflexion très

---

[32] Dans le cadre des contrôles sanitaires ou de la surveillance environnementale de la qualité des eaux, le paramètre pesticide inclut « *toutes les substances permettant de lutter contre les organismes nuisibles, qu'ils soient utilisés en agriculture ou dans le cadre des activités d'équipement et de transport des collectivités locales et des particuliers* ». (IFEN, 2006)

[33] Données de l'Union des industries de la protection des plantes (UIPP), organisation professionnelle regroupant 21 entreprises et représentant environ 96% du marché (http://www.observatoire-pesticides.gouv.fr/index.php?pageid=381, page consultée le 19 février 2010).

[34] La vigne (moins de 3% de la SAU) représente 20% des utilisations (à 80% des produits de fongicides). La fréquence et les doses appliquées sur ces cultures participent fortement à la dose annuelle moyenne appliquée (5,4 kg/ha/an en France). C'est notamment pourquoi des pays européens avec des taux d'occupation des sols par la vigne élevés (Italie, France, Portugal) présentent les consommations les plus importantes (http://www.observatoire-pesticides.gouv.fr/index.php?pageid=378, page consultée le 19 février 2010).

nette à partir de 2002 attribuée à la baisse des doses autorisées de fongicides minéraux (99 600 tonnes en 2001, 74 500 tonnes en 2003)[35]. Elle tend à remonter légèrement par oscillation entre 2004 et 2008. Si les niveaux 2008 demeurent largement au-dessous des niveaux moyens de 1996 à 2001, il faut tenir compte du fait que ces tonnages ne sont pas les seuls indicateurs de pression sur l'environnement à prendre en compte. Les différentes substances actives et leur accumulation dans les différents compartiments de l'environnement (air, sol, eau, sédiments, etc.) - et notamment dans les denrées alimentaires[36] - représentent des niveaux de danger très hétérogènes pour l'homme et les écosystèmes (IFEN, 2006). En plus de leurs effets intentionnels sur les parasites ou organismes visés, elles peuvent avoir un impact toxicologique immédiat ou sur le long terme. Par ailleurs, les effets de synergie entre les différentes substances actives sont à ce jour peu étudiés. En dépit de la baisse relative de consommation de pesticides, l'IFEN fait état depuis près de 10 ans d'un accroissement de la contamination des milieux aquatiques[37]. En 2006, le bilan indique que la présence de pesticides a été détectée sur 90 % des points de mesure des cours d'eau[38] et 53 % des points de mesure des eaux souterraines[39], traduisant « *une dispersion importante des pesticides et une présence généralisée dans les milieux aquatiques* » et « *dans une part significative des eaux souterraines* ». Par ailleurs, le nombre de substances recherchées dans les eaux superficielles et souterraines est en

[35] Néanmoins, il faut relativiser la portée de ces chiffres. Cette diminution concernait les fongicides minéraux, les fongicides de synthèse et les herbicides. Or, en 2008, les ventes de produits phytosanitaires affichent une croissance de 14 %, (+6 % en 2007). Les ventes de fongicides ont augmenté de 17 % et les ventes d'herbicides de 16 % alors que les ventes d'insecticides sont en retrait de 23 % (Données UIPP, http://www.observatoire-pesticides.gouv.fr/index.php?pageid=380, page consultée le 19 février 2010).

[36] Pour l'année 2007, les limites maximales en résidus de pesticides (LMR) recherchées par la Direction générale de la concurrence, de la consommation et de la répression des fraudes (DGCCRF) dans un échantillon de 3742 fruits et légumes ont été dépassées dans 7,6 % des cas. Le taux de non-conformité était de 6% en 2006. (http://www.dgccrf.bercy.gouv.fr/actualites/breves/2009/brv0109_pesticides.htm, page consultée le 19 février 2010)

[37] Depuis 1998, l'IFEN (actuel SOeS) a développé un système de suivi et d'information des pesticides dans l'hydrosystème et l'environnement.

[38] Au niveau des eaux superficielles, sur les 1097 points interprétables des réseaux de connaissance générale et phytosanitaires, respectivement 37 % et 48 % ont une qualité moyenne à mauvaise. 10 % des points du réseau de connaissance générale et 15 % des points des réseaux phytosanitaires ont « *une mauvaise qualité qui peut affecter de manière importante les équilibres écologiques. Les cours d'eau correspondants sont, au regard de la réglementation, impropres à l'approvisionnement en eau potable* ».

[39] Au niveau des eaux souterraines, sur les 1507 points interprétables des réseaux de connaissance générale, 24 % sont de qualité médiocre ou mauvaise. S'ils étaient utilisés pour produire de l'eau potable, ils nécessiteraient un traitement spécifique d'élimination des pesticides et pour 10 % d'entre eux une autorisation exceptionnelle du Ministère chargé de la Santé.

évolution constante[40], le nombre de substances différentes quantifiées dans les eaux augmentant logiquement lui aussi.
Sur la base de ces constats sanitaires et environnementaux, à l'issue du Grenelle de l'environnement, un plan ECOPHYTO 2018 a été défini. Il comporte deux volets : la suppression progressive des 53 molécules les plus dangereuses (dont 30 d'ici fin 2008) et la réduction de 50 % de l'usage des pesticides « *dans la mesure du possible dans un délai inférieur à 10 ans* ».
Néanmoins, en l'état actuel, ces données interrogent directement la qualité des eaux distribuées au robinet du consommateur.

1.1.4. Une qualité des eaux au robinet globalement conforme

Si la contamination des ressources en eaux brutes par les polluants chimiques est avérée, les suivis réguliers de la qualité des eaux distribuées indiquent que celle-ci est globalement conforme aux standards, et tendrait même à s'améliorer.

- En 2006, pour le paramètre microbiologique, la population ayant potentiellement été exposée à des eaux au moins une fois non-conformes est estimée à plus de 2,5 millions de personnes (4,4 % de la population dont l'eau a été contrôlée). Ces dépassements, en diminution, sont généralement attribués à la vulnérabilité des ressources, un système de traitement défaillant ou la contamination des réseaux intérieurs. Ils concernent à 80 % les réseaux les plus petits (moins de 500 habitants) situés plus particulièrement dans les zones de montagne et prélevant en eaux souterraines (Ministère de la Santé, 2008).
- En 2006, pour les nitrates, les taux moyens de conformité étaient de 98 % pour les eaux distribuées[41] (94 % dans les eaux brutes). Des phénomènes de dilution des pollutions diffuses opérant davantage dans les eaux superficielles, ces dépassements concernent à 97 % les eaux souterraines et les installations de production les plus petites (moins de 2000 m^3/j).
- Pour les pesticides, en 2008, 8,1 % de la population française (4,98 millions d'habitants) a été alimentée par une eau du robinet dont la qualité a été au moins une fois non-conforme vis-à-vis des pesticides (Ministère de la Santé, 2010) : 4,92 millions de personnes ont été alimentées par de l'eau non conforme n'ayant pas nécessité une restri-

[40] En eaux superficielles, 473 substances différentes ont été recherchées en 2006, contre 459 en 2004 et 408 en 2002 ; en eaux souterraines, 443 substances différentes ont été recherchées en 2006, contre 417 en 2004 et 373 en 2002.

[41] Néanmoins, des teneurs en nitrates comprises entre 40 et 50 mg/L ont été constatées dans 5 % des installations de production. Elles indiquent une forte dégradation de l'état de ressources susceptibles de devenir à court terme impropres à la consommation (Ministère de la Santé, 2008).

ction des usages alimentaires de l'eau (situations B1) et 61.600 ont été touchées par des restrictions de consommation d'eau pour des usages alimentaires (situations B2)[42]. Cette dernière proportion était de 416.200 personnes en 1999-2001. Les petites installations de production (moins de 2000 habitants) prélevant en eaux souterraines sont les plus concernées par les dépassements des limites réglementaires.

*

* *

Le paradoxe de la distribution d'une eau conforme au robinet des consommateurs parallèlement à la dégradation de la qualité des eaux brutes s'explique par un recours de plus en plus systématique aux techniques de potabilisation sur les eaux brutes et un degré d'exigence croissant en termes de normes de qualité sanitaire des eaux distribuées. Les petites installations, disposant d'une moindre capacité d'investissement dans des solutions techniques coûteuses, sont les plus concernées par les dépassements de limites réglementaires.

La définition des normes de qualité a historiquement été l'affaire des médecins, puis des ingénieurs et des chimistes. L'accroissement des connaissances scientifiques et de la prise en compte des risques dans le domaine de la santé publique a logiquement conduit à renforcer cette logique de gestion par la complexification des normes de qualité (*normes d'émission*) et le perfectionnement des solutions techniques (*normes de moyen*). C'est pourquoi, en France, ces deux types de normes constituent les principaux instruments de gestion de la qualité des eaux DCH, au détriment des objectifs de qualité sur les eaux brutes (*normes d'immission)* et plus particulièrement sur la qualité des eaux souterraines (Barraqué, 2007).

1.2. Assurer un approvisionnement en eau de qualité et en quantité : un impératif sanitaire et un enjeu technique

La directive (75/440/CEE) du 16 juin 1975, relative à la qualité des eaux superficielles destinées à la production d'eau alimentaire, et la directive (98/83/CE) du 3 novembre 1998[43], relative à la qualité des eaux DCH, constituent le cadre réglementaire européen en matière d'eau potable. La première combine les objectifs de qualité des eaux brutes et de qualité des

42 75% des situations de restriction des usages alimentaires de l'eau concerne deux départements (Seine-et-Marne et Eure-et-Loir).

43 Cette directive, qui révise une première directive de 1980 (80/778/CE), a été transposée en droit français par le décret n° 2001-1220 du 20 décembre 2001. Ce décret abrogé a été codifié, depuis mai 2003, dans le code de la santé publique aux articles R. 1321-1 à R. 1321-66. Des arrêtés d'application complètent le dispositif réglementaire. Depuis le 25 décembre 2003, l'ensemble de ces dispositions réglementaires s'applique.

eaux distribuées en interdisant la production d'eau potable avec des eaux de surface trop polluées. La seconde fixe les normes de potabilité de l'eau distribuée au robinet des consommateurs qui doivent être respectées dans chaque État membre de l'Union européenne.

En France, elles sont transposées dans le code de la santé publique dont l'application et le rôle de police (normes de *command and control*) relèvent des services du ministère chargé de la santé[44].

La gestion de l'AEP (Figure 1) doit ainsi répondre à 5 types de règles administratives et techniques :

- des règles techniques de protection et de prévention afin d'assurer le fonctionnement du réseau, du point de captage jusqu'au robinet du consommateur (R1) ;
- des procédures administratives faisant souvent appel à la consultation d'experts au niveau national (ANSES) ou local (CODERST, hydrogéologue agrée)[45] (R2) ;
- des « exigences de qualité[46] » (normes de qualité) pour 59 paramètres pour les eaux distribuées, mais également des limites de qualité pour les ressources en eau (R3) ;
- des modalités (paramètres, fréquence, ...) du suivi permanent par les responsables de la distribution des eaux délivrées au consommateur et des modalités du « contrôle sanitaire » des eaux assuré par les autorités sanitaires (R4) ;
- des dispositions et des obligations en matière d'information entre les autorités sanitaires et les responsables de la distribution d'eau, mais aussi envers des consommateurs en cas de non-conformité, dérogation, ou risque de non-respect de la qualité de l'eau et cela même si ce risque n'est pas lié aux installations publiques (R5). Des bilans d'information doivent aussi être envoyés de façon périodique à la Commission européenne.

Deux points concernent plus particulièrement la qualité des eaux DCH, la protection des points de prélèvement d'eau et la gestion des « exigences de qualité ».

---

[44] Le Ministère chargé de la Santé s'appuie sur l'expertise scientifique du Conseil supérieur d'hygiène publique de France (CSHPF) crée en 1852. Depuis 1998, l'ensemble du dispositif d'évaluation des risques et de veille sanitaire a par ailleurs été renforcé par la création des Agences de sécurité sanitaire.

[45] Agence Nationale de Sécurité Sanitaire de l'alimentation, de l'environnement et du travail ; Conseil départemental de l'environnement et des risques sanitaires et technologiques.

[46] La réglementation distingue deux types d'exigence : les limites de qualité (susceptibles de générer des effets immédiats ou à plus long terme pour la santé) et les références de qualité (sans incidence directe sur la santé aux teneurs habituellement observées dans l'eau, mais qui peuvent mettre en évidence une présence importante d'un paramètre au niveau de la ressource et/ou un dysfonctionnement des stations de traitement) (Ministère de la Santé, 2005).

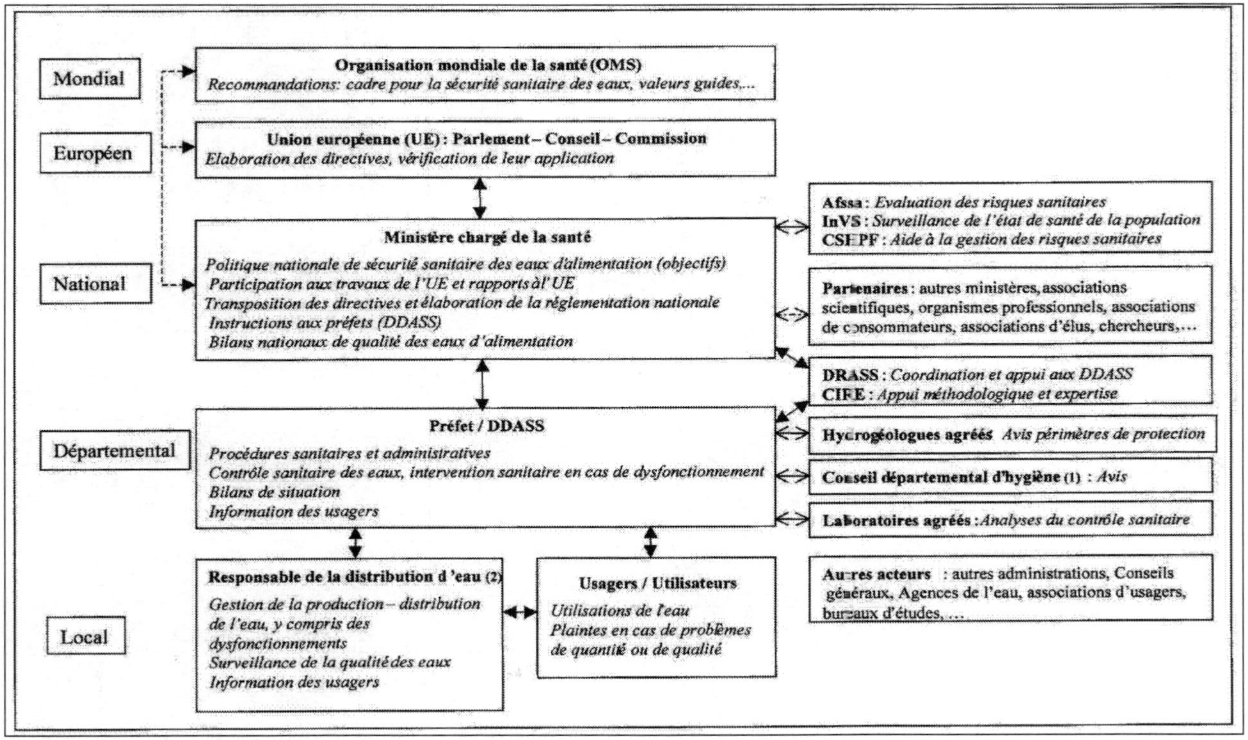

Source: Ministère de la Santé, 2005, p. 33.

Figure 1 – Schéma simplifié des relations entre les différents acteurs du domaine de l'AEP avant la RGPP

1.2.1. La sécurisation des points de prélèvement des eaux DCH

À l'échelon national, l'eau potable est produite à partir de 33 820 captages, ouvrages sur lesquels s'effectue le contrôle sanitaire des eaux brutes. Leur production totale est estimée à plus de 18 millions de m^3/j. Ils sont très inégalement répartis sur le territoire du fait principalement du contexte géographique (habitat dispersé en zone de montagne et plaine urbanisée). À titre d'exemple, le département de Paris ne possède aucun captage puisqu'il est alimenté par des ressources extérieures, alors que des départements tels que la Savoie ou l'Isère en possèdent près d'un millier. Les eaux superficielles (rivières, canaux…), ayant des capacités beaucoup plus importantes, sont privilégiées pour alimenter des zones fortement urbanisées (Ile-de-France, Bouches-du-Rhône). C'est pourquoi, si 96 % des captages prélèvent en eaux souterraines, ils ne produisent que les 2/3 des volumes prélevés (Ministère de la Santé, 2009).

L'exploitation des captages et des stations de traitement est soumise à une autorisation préalable du préfet. La vulnérabilité des captages et l'adéquation des traitements nécessaires à mettre en œuvre sont alors examinées. De façon à prévenir et diminuer les causes de pollution locale, ponctuelle et accidentelle pouvant altérer la qualité des eaux prélevées, la réglementation prévoit depuis 1964 la mise en place de périmètres de protection de captage (PPC) au sein desquelles les activités peuvent être réglementées. Ces périmètres correspondent à trois zonages : immédiat (PPI), rapproché (PPR) et éloigné (PPE) établis autour des points de prélèvements en vue d'assurer la préservation de la qualité de l'eau DCH (Figure 2).

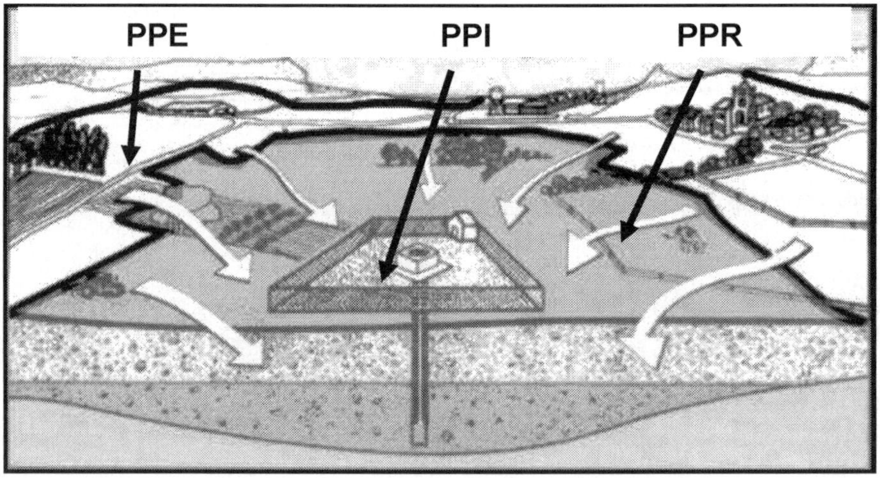

Figure 2 - Les périmètres de protection de captage d'eau potable (Ministère de la Santé, 2005, p.30)

Les collectivités, ayant la responsabilité de la délivrance d'une eau conforme aux normes sanitaires, doivent assurer la maîtrise d'ouvrage de la procédure. Cependant, malgré une obligation légale étendue à l'ensemble des captages depuis 1997, récemment réaffirmée par un objectif de 100 % de captages protégés en 2010 (Plan National Santé Environnement 1), seuls 56,6 % des captages d'eau potable (66,1 % du volume prélevé) bénéficiaient en 2009 d'une protection au stade de la déclaration d'utilité publique (Ministère de la Santé, 2009).
Les raisons de ce déficit ne seront pas développées dans cette section, la question des dispositifs protection des points de captage étant l'objet du chapitre 5. Cependant, il permet de montrer la faible place accordée aux dispositifs préventifs - tant dans les dispositions réglementaires que dans les solutions mises en œuvre par les collectivités - pour distribuer une eau conforme aux normes de potabilité.

1.2.2. Un renforcement continu des normes et des contrôles de potabilité

De façon concomitante aux progrès des connaissances scientifiques, les paramètres descriptifs de la qualité des eaux de boisson ont changé de nature et leur nombre a considérablement augmenté.
Les premiers critères, strictement esthétiques et organoleptiques du 18ème siècle (couleur, odeur, goût), ne sont devenus quantitatifs qu'au début du 20ème siècle (Barraqué, 2007). À compter de cette période, avec la montée des préoccupations sanitaires, le nombre de paramètres quantitatifs passe de 5 à une vingtaine dans les années 1950. À partir des années 1980, l'amélioration des connaissances scientifiques (épidémiologiques), des techniques d'analyse chimique et bactériologique et bien sûr la prise de conscience de l'évolution des contaminations chimiques des ressources en eau, ont conduit à renforcer les exigences de qualité jusqu'à atteindre aujourd'hui 59 paramètres en France[47] (83 paramètres aux États-Unis).
Ces évolutions s'inscrivent dans celle de la rationalité décisionnelle et de la prise de conscience de la complexité des risques sanitaires ; il ne s'agit plus seulement d'éviter de prendre des risques, mais de les gérer. Cette gestion s'est opérée tout d'abord par des normes de procédés à employer à l'efficacité avérée (*the best available technology*), tels que l'obligation de mettre en place des dispositifs de filtration. Puis, afin de permettre une meilleure adaptabilité aux contextes spécifiques et de favoriser l'innovation (technique), des normes de concentrations maximales admissibles dans l'eau ont été fixées en laissant aux opérateurs le choix des moyens (techniques) à

[47] Les critères de qualité peuvent être regroupés en 6 groupes de paramètres : organoleptiques, physico-chimiques, substances indésirables, substances toxiques, pesticides et microbiologiques (arrêté du 11 janvier 2007 relatif aux limites et références de qualité des eaux brutes et des eaux destinées à la consommation humaine).

mettre en œuvre pour atteindre ces seuils (Barraqué, 2007). La place de l'ingénierie pèse sur ces stratégies de normalisation. En France où l'industrie de l'eau est constituée de puissants groupes privés qui peuvent assurer à la fois l'ingénierie, les travaux et la prestation de service, les normes de résultats à atteindre convergent avec les intérêts des sociétés délégataires.
Les normes de qualité sont principalement fondées sur des « valeurs guides »[48] établies par l'Organisation mondiale de la santé (OMS) entre 1994 et 1998. Néanmoins, pour certains paramètres tels que les pesticides, la directive 98/83/CE, au titre du principe de précaution, fixe comme objectif « *de réduire la présence de ces composés au plus bas niveau de concentration possible* »[49]. Elle impose ainsi une valeur limite de qualité plus stricte que les recommandations de l'OMS (Encadré 2).

Limites de qualité des eaux distribuées :
- Nitrates = 50 mg/L
- Pesticides = 0,10 µg/L pour chaque pesticide (à l'exception de l'aldrine, la dieldrine, l'heptachlore et de l'heptachloroépoxyde : 0,03 µg/L) et 0,50 µg/L pour le total des substances mesurées[50].

Limites de qualité des eaux brutes non traitées :
- Nitrates = 50 mg/L pour les eaux superficielles (directive 75/440/CEE) et 100 mg/L pour les eaux souterraines (pas de valeur fixée actuellement à l'échelon européen) ;
- Pesticides = 2 µg/L pour chaque pesticide mesuré et 5 µg/L pour le total des substances mesurées.

Paramètres microbiologiques :
La recherche de la totalité des micro-organismes potentiellement dangereux est, pour des raisons techniques et économiques, estimée irréaliste. La stratégie de contrôle consiste donc à rechercher la présence de bactéries dites « germes témoins de contamination fécale » (faciles à détecter, non directement pathogènes) permettant de supposer l'existence de germes pathogènes pour l'homme. Des limites de qualité sont ainsi fixées pour des paramètres microbiologiques indicateurs tels qu'*Escherichia coli* et les entérocoques. *(Source : Ministère de la Santé, 2005)*

Encadré 2 – Limites de qualité des eaux DCH et paramètres microbiologiques

En 2006 en France, les agents habilités des Agences Régionales de Santé ont réalisé 310.000 prélèvements d'échantillons[51], afin de s'assurer que les eaux

[48] « [...] *estimation de la concentration d'une substance dans l'eau de boisson qui ne présente aucun risque pour la santé d'une personne qui consommerait cette eau pendant toute sa vie.* » (Ministère de la Santé, 2005, p.6)
[49] « [...] *considérant qu'il fallait tenir compte du fait que la présence, même en quantité très faible, de substances issues d'activités agricoles, industrielles ou humaines, traduit une contamination de la ressource et que d'autres substances plus ou moins détectables avec les moyens analytiques actuels peuvent les accompagner.* » (*Ibid*., p. 39)
[50] L'OMS a défini des valeurs guides en fonction des substances actives (exemple : atrazine : 2µg/L, terbuthylazine : 7 µg/L, isoproturon : 9 µg/L).

mises en distribution sont conformes aux exigences de qualité réglementaires. Ils ont été réalisés principalement sur le réseau de distribution et ont donné lieu à près de 8 millions d'analyses, réalisées en grande majorité par des laboratoires agréés. Près de 800 paramètres appartenant à une quarantaine de familles différentes ont été mesurés au moins une fois, les principaux étant les paramètres microbiologiques (20 %) et physico-chimiques (pesticides 25 %) (Ministère de la Santé, 2008). Ces chiffres ont pratiquement doublé depuis le même état des lieux sur les données de 2002, où une quantité équivalente de prélèvement d'échantillons avait donné lieu à 4,6 millions d'analyses, 666 paramètres mesurés (33 familles différentes), dont 12,5 % pour les pesticides (Ministère de la Santé, 2005).

La gestion des situations de non-respect des exigences de qualité de l'eau est encadrée. Les autorités sanitaires peuvent interdire l'usage ou interrompre la distribution. Cependant, au regard du niveau de dépendance des populations et des activités économiques, les mesures se limitent généralement à des analyses de confirmation, des mesures de correction par le responsable de la distribution (ajustement des traitements, interconnexion, dilution, ...) et l'information des usagers. De même, dans certaines situations de dépassement limitées dans le temps, des dérogations subordonnées à l'absence de risque sanitaire pour la population et la mise en œuvre de travaux peuvent être accordées par le Préfet de département.

Les normes de qualité visent donc à protéger le consommateur de risques sanitaires de nature microbiologique et chimique à moyen-long terme qui pourraient être liés à l'absorption d'une eau contenant des substances indésirables ou toxiques. Or, pour être conforme à ces exigences, l'eau brute captée nécessite des traitements de plus en plus sophistiqués avant d'être distribuée (Ministère de la Santé, 2008)[52].

1.2.3. Un traitement généralisé des eaux brutes

En 2006, plus de 15 000 stations de traitement assurent chaque jour la potabilisation de près de 16 millions de m³ d'eau brute. Seuls 4,5 % des installations sont dépourvues de système de désinfection, ce qui représente en fait moins de 1 % des débits produits (Ministère de la Santé, 2008). À l'image des captages, beaucoup de stations sont de petite taille et traitent les

[51] En 2006, 9% au niveau des ressources (eaux brutes des captages), 21% au niveau de la production (de la sortie des stations de traitement à la mise en distribution) et 70% au niveau de la distribution (Ministère de la Santé, 2008).

[52] La direction générale de la Santé distingue quatre types de traitements (directive européenne n°75/440/CEE du 16 juin 1975) : Catégorie A1 : traitement simple et désinfection ; Catégorie A2 : traitement normal physique, chimique et désinfection ; Catégorie A3 : traitement complet, physique, chimique poussé, affinage et désinfection (ozone, chloration finale) ; Catégorie N : pas de désinfection. Elle concerne 1 % de la population. (IFEN, 2007b, p.22)

eaux d'origine souterraine avec des traitements simples. Moins de 2 % des stations traitent la moitié des débits d'eau produits avec des eaux généralement d'origine superficielle qui nécessitent des systèmes de traitement plus complexes parfois complétés par des procédés d'élimination des pesticides et des nitrates. Pour illustration, la part des volumes facturés par les communes distribuant une eau ne nécessitant qu'un traitement simple (de catégorie A1 maximum) continue de diminuer : ils représentent 35 % des volumes facturés en 2004, contre 48 % en 1998 (IFEN, 2007b). La solution curative est une solution parmi d'autres moyens techniques à disposition des collectivités pour pallier à la contamination des eaux brutes.
La substitution de ressource et l'interconnexion avec un autre réseau d'adduction d'eau sont des solutions palliatives communément utilisées. D'autant plus qu'elles sont financièrement encouragées par les institutions financières (Agences de l'eau et Conseils Généraux) comme moyen de sécuriser qualitativement et quantitativement l'approvisionnement en eau potable. Elles permettent en effet l'abandon de captages trop pollués ou la dilution d'eaux médiocres avec une eau de meilleure qualité. Les abandons de captages tendent justement à se multiplier en raison de la baisse de la qualité et de la quantité des prélèvements d'eau et des fermetures imposées[53]. Dans le bassin hydrographique Loire-Bretagne, sur les 55 captages abandonnés en 1997, 15 l'ont été en raison d'une teneur excessive en nitrates. Cependant, ces fermetures sont un signal d'alerte révélateur d'une dégradation sensible de la ressource qu'il est difficile d'évaluer puisque les captages abandonnés ne sont plus suivis par les autorités sanitaires et qu'il n'existe, à ce jour, aucune réglementation relative aux abandons de captage.
C'est bien grâce au recours plus systématique à ces solutions et aux traitements (dénitratation, désinfection, filtrage) que la qualité de l'eau distribuée s'est mécaniquement améliorée ces dernières années dans certaines régions. Au niveau de la Bretagne, où la situation de dégradation des ressources en eau est importante, la population ayant reçu une eau non conforme une fois ou plus vis-à-vis des nitrates, est tombée de 13,3 % en 1999, à 4,4 % en 2001 puis à 1,3 % en 2004 (Ministère de la Santé, 2005).

Après ce tour d'horizon des dispositions réglementaires de la gestion de l'AEP, on comprend en quoi la qualité des eaux au robinet des consommateurs est un indicateur inadapté de l'état des milieux aquatiques. D'une part, du fait que des moyens curatifs et techniques sont mis en œuvre tout au long du cycle de distribution. D'autre part, parce que l'objectif des analyses réalisées dans le cadre du contrôle sanitaire étant de connaître l'état de la contamination des ressources en eau utilisées pour produire de l'eau

[53] Par exemple, le long du corridor garonnais, le nombre de captages est en baisse constante depuis 1994 au profit des interconnexions entre plusieurs unités de distribution (UDI) (Becerra, Lefelle, 2006)

potable, elles ne sont opérées qu'au niveau des captages d'eau en fonctionnement.

*

* *

Les autorités publiques (État puis Europe), par la production et le renforcement de normes de moyens techniques, de normes d'émission, et plus récemment de normes de « bonne gestion » (indicateurs de performance) d'une part, et au titre de leur rôle de police d'autre part, ont historiquement cherché à influencer les modes de gestion des services AEP des communes (Pezon, 2000). Ces dernières, au titre de leur responsabilité de garant de l'hygiène et de la sécurité publique, sont en effet tenues d'appliquer les réglementations en vigueur. Elles conservent néanmoins la possibilité de choisir leur mode d'organisation en demeurant autonome (régie directe), en impliquant des opérateurs privés (par la délégation de toute ou partie de la gestion du service) et/ou en transférant leur compétence à un groupement.

1.3. Les modes de gestion et d'organisation des services d'eau potable

1.3.1. La distribution d'eau potable : un service public local sous l'autorité de la commune

Les premiers systèmes d'approvisionnement en eau apparaissent au 18ème siècle. Mais c'est véritablement depuis la Révolution française de 1789 (loi de 1790), que les communes ont la responsabilité de la salubrité et de la qualité des eaux distribuées ainsi que de l'organisation de l'AEP. Les distributions d'eau potable et d'assainissement commencent à se développer à l'échelle communale suite à la loi municipale de 1884, fixant le cadre de l'administration territoriale, et à la loi de 1889, fixant les pouvoirs de la police de l'eau. Celle-ci confirme la responsabilité des communes, elle a été renforcée plus récemment par les lois de décentralisation de 1982. De même, le code général des Collectivités territoriales (articles L 2212-2, L 2224-1 et suivants et R 2224-34 et 35) qualifie le service des eaux et de l'assainissement comme une prérogative communale. La loi de santé publique de 2004 a, en ce sens, confirmé la responsabilité pénale des maires ou présidents de syndicats en matière de santé publique[54]. Enfin, la dernière

---

[54] La Loi du 9 août 2004 relative à la politique de santé publique définit « *la personne responsable de la production ou de la distribution de l'eau au public ou, à défaut, le propriétaire de l'installation de production, de distribution des collectivités* » comme garant de la délivrance d'une eau conforme aux normes sanitaires (article L1321-1 du Code de la santé publique). Il encourt maintenant à titre individuel des sanctions administratives et

Loi sur l'Eau et les Milieux Aquatiques (LEMA) du 30 décembre 2006 vient conforter la compétence et la responsabilité de la commune, la distribution d'eau (non la production) devenant un service public communal obligatoire à l'image de l'assainissement.
Historiquement, le choix du cadre communal pour la gestion des eaux répondait à un impératif d'exploitation de la ressource proche du lieu de consommation afin de limiter d'une part, les coûts de transport de l'eau (réseaux de canalisations, énergie nécessaire à l'acheminement et entretien) et d'autre part, le stockage de l'eau dans les canalisations et les réservoirs source de contamination bactériologique. Ce choix de proximité fut rendu possible par l'absence de déficits régionaux de ressource en eau brute qui, à l'image des services publics d'électricité ou de gaz, aurait pu contraindre à la construction d'un réseau d'interconnexion transrégionale et justifier un transfert de responsabilité de la commune vers l'État (Pezon, 2000).
L'organisation du service public d'eau potable, la production et la distribution d'eau, tout comme l'assainissement des eaux usées, constituent aujourd'hui des services publics à caractère industriel et commercial (SPIC). « L'eau doit payer l'eau », c'est-à-dire que les dépenses engagées pour la fourniture de ces services doivent être couvertes par les recettes perçues auprès des usagers, le service rendu ayant un caractère commercial[55].
De la station de traitement - ou du captage (en l'absence de traitement) - au robinet de l'usager, l'eau est acheminée par un réseau de distribution comprenant des réservoirs (châteaux d'eau, ...), des canalisations et divers équipements (surpresseurs...). La notion d'unité de distribution (UDI) désigne le réseau (ou la partie de réseau physique) de distribution ayant une même unité de gestion (propriétaire et gestionnaire uniques) et délivrant une eau de qualité homogène (même origine).
On recense 26 037 unités de distribution en France en 2007 (Ministère de la Santé, 2008). À l'instar des captages, il existe des disparités géographiques importantes. Le nombre d'UDI par département varie de moins de 10 à près de 900 (zones de montagne), sachant que 80 % des communes sont alimentées par une unique UDI et une centaine par plus de 10 (IFEN, 2007b). La distribution d'eau potable se caractérise par un très grand nombre de petites UDI[56] (60 %) alimentant 3,5 % de la population totale et une minorité d'UDI de taille importante[57] (3,8 %) alimentant 59,8 % de la population totale.

---

pénales en cas d'absence de déclaration d'utilité publique de périmètres de protection de captage.

[55] Sauf dispositions particulières, le service de l'eau doit faire l'objet d'un budget annexe et distinct de celui de la commune. Ce principe a notamment été réaffirmé par l'instruction comptable M49 de 1991.

[56] UDI alimentant une population inférieure à 500 habitants.

[57] UDI alimentant une population supérieure à 10.000 habitants.

Qu'elle soit alimentée par une ou plusieurs UDI, une commune peut avoir un réseau autonome ou interconnecté à une ou plusieurs autres communes. En effet, une municipalité peut choisir de mutualiser ses moyens et de transférer ainsi sa compétence à un groupement (intercommunalité). La gestion quotidienne du service d'eau renvoie à de multiples activités : surveillance et gestion de sa qualité (traitement, ...), de son réseau (entretien), de son stockage, de sa sécurisation (protection du captage, interconnexions éventuelles...), gestion des équipements (renouvellement...), ainsi que la gestion administrative et financière qui en découle (procédures, redevances, équilibre budgétaire, facturation...). À ces différents postes correspondent des situations très variables selon les collectivités.
En effet, en fonction de l'état de la ressource, du réseau, du nombre d'abonnés, de la problématique territoriale..., cette gestion est plus ou moins complexe, coûteuse et de ce fait implique le recours à des compétences particulières. Ces facteurs influencent directement le choix des collectivités en matière d'organisation du service. Si la responsabilité reste communale, l'échelle intercommunale s'est imposée comme l'échelle pertinente pour la gestion technique, administrative et financière des services d'eau potable.

1.3.2. L'unité organisationnelle de gestion : de la commune vers la généralisation de l'intercommunalité

En 2004, près de 70 % des communes (IFEN, 2007b) étaient regroupées pour la production ou la distribution d'eau dans des structures intercommunales (syndicats de communes ou groupements à fiscalité propre), alimentant 40 millions d'habitants. Le nombre de communes n'ayant aucune interconnexion, principalement rurales, continue de diminuer. En 2001, 12 500 communes déclaraient ne pas avoir de réseau interconnecté contre 9400 en 2004. L'intercommunalité est plus fréquente dans les petites et grosses communes, les départements de l'ouest de la France se caractérisant par un pourcentage de communes en intercommunalité plus important. Comment s'est opéré ce développement massif de l'intercommunalité ?
Les premiers services de distribution remontent au 19ème siècle. Ils sont urbains et communaux et se limitent à la distribution d'eau collective. Dès cette période, les caractéristiques technico-économiques de la distribution d'eau potable posent le problème de l'exiguïté du territoire communal et du manque de moyens des communes (Pezon, Petitet, 2004b). Peu de temps après la grande loi municipale du 5 avril 1884, la loi du 22 mars 1890 jette les bases de la coopération intercommunale en introduisant le syndicat[58].

[58] Il constitue, jusqu'en 1959, l'unique organisation à laquelle les communes peuvent transférer une compétence et une seule (Canneva, Pezon, 2008).

Celui-ci est rapidement employé pour organiser de nouveaux services. Le premier syndicat intercommunal d'eau potable est créé en 1907 en Ardèche. L'adduction d'eau dans les communes rurales ne débute véritablement qu'au début du 20ème siècle. Jusqu'au milieu des années 1930, c'est dans ces espaces que les syndicats, promus par les ingénieurs du Génie rural, vont principalement se développer[59]. À travers l'octroi de subventions, la loi de santé publique y contribue dès 1902 (Cosandey *et al.*, 2003). Elle vise à développer la distribution dans les campagnes, initialement sous forme collective puis à domicile en 1934[60]. À la fin des années 1940, *« 70 % de la population rurale n'est pas desservie en eau courante et 29000 communes restent à équiper »*, ces chiffrent concernent principalement les départements de faible densité ou ne possédant pas de ressource en eau brute de bonne qualité (Pezon, Petitet, 2004a).

Le Fonds national pour le développement des adductions d'eau (FNDAE) est créé en 1954, il assure au Ministère de l'Agriculture la fourniture de moyens financiers indépendants des lois de programmation budgétaire de l'État afin de planifier l'achèvement de l'adduction des communes rurales en eau potable. À l'échelle de chaque département, indépendamment des demandes des communes, ses ingénieurs déconcentrés sont alors chargés de dessiner « *les contours des services d'eau à créer selon une logique purement technico-économique* », les travaux sont estimés à l'échelle de services intercommunaux. Ces documents conditionneront l'octroi des subventions aux communes.

Il en découle qu'en 1966, la desserte de la moitié de la population rurale est assurée par des syndicats intercommunaux (1/3 dans les années 1950). Cette proportion est d'autant plus marquée dans les départements où la distribution de l'eau nécessite un traitement impliquant un coût de production plus important.

Afin de pallier les insuffisances des syndicats d'eau, les services déconcentrés de l'État (notamment ceux du ministère de l'Agriculture) et les

---

[59] Après la nationalisation du secteur énergétique en 1946, la compétence eau occupe la première place en nombre de syndicats et constitue, jusqu'à la fin des années 1980, le principal moteur de l'intercommunalité. De 290 syndicats d'eau potable (1641 communes) en 1936 ; en 1988, on recense plus de 15 400 EPCI, dont près de 14 500 syndicats intercommunaux (un quart sont compétents en eau potable dont 88% à l'exclusion de toute autre compétence. (*Ibid.*)

[60] Les critères de subvention sont déterminés dans un premier temps par le Comité consultatif d'Hygiène Publique (CCHP), ils ne retiennent que les eaux de source ou souterraines. Dès 1918, les ingénieurs du Génie rural sont chargés de réaliser des plans de partage des eaux, inventaire départemental des ressources disponibles dont tient compte le ministère de l'Agriculture afin que les prélèvements ne nuisent pas aux usages en aval (agricoles) et que les collectivités coordonnent leurs approvisionnements. Leur mission continue de s'étendre au cours du temps. Dans les années 1940, dans un objectif de rationalisation des coûts, ils sont « *chargés d'établir des programmes de travaux indépendamment des demandes de subvention des communes* ». (Pezon, Petitet, 2004a)

Conseils Généraux peuvent assurer le conseil technique, la maitrise d'œuvre et négocier les contrats d'affermage. Parallèlement, des structures de gestion élargies (syndicats intercommunaux élargis, districts), départementales (13 services d'eau départementaux dans l'Ouest et le Sud-ouest) et la délégation de services publics (externalisation de la gestion technique) émergent pour répondre à une demande en matière de conception, de maitrise d'œuvre, mais surtout d'exploitation des équipements (Pezon, Petitet, 2004a).
La période récente montre l'amorce d'une réorganisation des services d'eau et d'assainissement autour des nouvelles formes de coopération intercommunale proposées par la Loi Chevènement de 1999[61]. Dans un contexte européen de mise en concurrence des territoires, les communautés à vocation urbaine ont su s'imposer[62], contrairement aux précédentes tentatives (SIVU et SIVOM, districts, Communauté urbaine) qui visaient pourtant à accompagner l'urbanisation du 20ème siècle (Tableau 2).

Organisation	Commune	CC	CA et SAN*	CU	SIVU	SIVOM	SM	Total
Nb de services AEP	8 074	207	85	14	2 949	374	143	11 846
Nb de communes	8074	2 281	1 242	358	19 762	3 003	2 060	36 780
Population (millions)	17,8	2,75	9,9	6,25	17,9	3,6	5,4	63,6*

* La surpopulation est due au double comptage de certaines communes dont les services sont transférés en cascade à plusieurs EPCI.
Source : PEZON, CANNEVA, 2008.

Tableau 2 - Organisation des services d'eau potable en 2007[63]

Cette évolution récente se démarque des périodes antérieures par deux tendances : le nombre de services AEP décroît (moins 20 % entre 2001 et 2007) et les communautés prennent des compétences intégrées. La diminution du nombre de services AEP s'accompagne d'une augmentation du nombre de syndicats mixtes compétents en eau potable. On assiste à un

[61] « *Cette réforme touche essentiellement les zones urbaines et périurbaines, autour de la création de communautés d'agglomération, tandis que dans les zones rurales les formes traditionnelles d'organisation du service, la commune ou le syndicat intercommunal, restent prépondérantes* » (Canneva, Pezon, 2008)
[62] 2 588 communautés au 1er janvier 2007 soit 33 413 communes représentant 54,2 millions d'habitants. En zone rurale, les communautés de communes rassemblent en moyenne 12,5 communes et plus de 11 000 habitants. (*Ibid.*)
[63] Communauté de Commune (CC), Communauté d'Agglomération (CA), Syndicat d'agglomération nouvelle (SAN), Communauté Urbaine (CU), Syndicat intercommunal à vocation unique (SIVU), Syndicat intercommunal à vocation multiple (SIVOM), Syndicat Mixte (SM).

processus conjoint de départementalisation des services ruraux et d'organisation communautaire des services urbains (Canneva, Pezon, 2008 ; Grandgirard, 2007). D'autant que l'interconnexion est soutenue par les services de l'État, Agences de l'eau et Conseil Généraux en tant qu'outil de mutualisation financière et de sécurisation de la ressource en cas de problème.
Le changement d'échelle permet aussi aux collectivités de gagner en autorité auprès des délégataires : « *taille critique et capacité de gestion mettent communautés et syndicats mixtes en position, soit d'exercer un meilleur pilotage des contrats de délégation de service public, soit de rendre plus crédible la menace d'un changement de mode de gestion* » (Pezon, 2006)[64]. En effet, historiquement, la gestion déléguée s'est renforcée conjointement à la mise en œuvre progressive de la règle de l'équilibre budgétaire et de l'intercommunalité (Pezon, 2006).

1.3.3. La délégation de service public : l'imposition d'une « vision marchande » du service d'eau

Bien que de nombreuses communes fonctionnent en régie directe, des formes de gestions déléguées par le biais du secteur privé se mettent en place dès le 18ème siècle. La première Compagnie des eaux de Paris est créée en 1778 par les frères Périer. La Compagnie générale des eaux et la Société lyonnaise des eaux seront créées respectivement en 1853 et 1867. Elles obtiendront des concessions de services publics. Certains syndicats intercommunaux se sont d'ailleurs constitués dans les grandes agglomérations urbaines (banlieues parisiennes en 1923, lyonnaise en 1928, bordelaise en 1949) dans l'objectif de contrôler les délégataires organisés d'emblée sur une échelle supra-communale (Pezon, Petitet, 2004a).
La gestion déléguée s'accroit fortement à partir des années 1960[65] traduisant une logique de construction des territoires des services d'eau s'appuyant sur l'organisation territoriale des compagnies d'eau, pouvant permettre une réduction des coûts, plutôt que l'« *organisation politico-administrative du territoire national* » et ainsi palier notamment au manque de « *structures intercommunales intégrées* ».
La fin du 20ème siècle est marquée par sa généralisation et son inscription dans une double dynamique territoriale et institutionnelle - élargissement de l'échelle de production de l'eau et harmonisation des modes de gestion au sein des structures intercommunales en faveur de la délégation - favorisée

[64] Cette tendance est confortée par la possibilité (Loi du 13 août 2004 relative aux libertés et responsabilités locales) pour les EPCI à fiscalité propre (communautés) de déléguer aux départements ou aux régions tout ou partie de leurs compétences, dans des conditions prévues par une convention. (Canneva, Pezon, 2008).
[65] 900 communes/an entre 1962 et 1974 contre 285 entre 1952 et 1962.

par l'assujettissement des services d'eau au principe de la vérité des prix[66] et par la montée en puissance de la politique environnementale européenne[67]. La gestion déléguée[68] pour l'AEP concerne 55 % des communes françaises en 2004[69]. La proportion est d'autant plus marquée que la taille de la commune est importante. La régie n'étant véritablement dominante que dans les communes de moins de 500 habitants, en 2007, la régie concerne 66 % des UDI, mais seulement 29,5 % de la population. Ces communes tendent à conserver une gestion communale, en 2004, 74 % des communes en organisation communale étaient en régie pour la production ou la distribution, contre 35 % en intercommunalité.
Christelle Pezon (2000) s'est attachée à retracer, de 1850 à 1995, l'évolution des modes de gestion et d'organisation du service d'eau potable en France. Selon leur statut, rôle, intérêts relatifs au service d'eau, elle montre comment chacun des acteurs du triptyque « communes, opérateurs privés, État » tente d'imposer un modèle de gestion AEP relevant d'une gestion marchande ou non-marchande. Leur « conception » de ce modèle de gestion pouvant évoluer au cours du temps, du contexte technico-économique et politique, elle indique comme les gestions marchande ou non-marchande s'opérationnalisent selon différentes modalités organisationnelles.
Les communes, en particulier en milieu rural, ont eu tendance à adopter une vision non-marchande en subventionnant le service dans l'objectif de maintenir des tarifs inférieurs aux coûts de production. À l'inverse, les opérateurs dont la rémunération dépend du niveau de responsabilité qui leur est délégué, ont adopté le principe d'un recouvrement total des coûts par les abonnés leur permettant de se prémunir de l'intervention des communes. De son côté, l'État, souhaitant concilier efficacité économique et mission de service public, a glissé d'un modèle non-marchand (subvention aux com-

[66] Principe selon lequel les communes doivent équilibrer les budgets d'exploitation et d'investissement de leurs services d'eau potable grâce aux redevances perçues sur les abonnés. Appliqué dans un premier temps aux seules villes de plus de 1000 habitants, il est généralisé à la totalité des communes suite aux lois de décentralisation. Il subira des assouplissements législatifs en 1988 et 1991.

[67] Les directives européennes ont conduit à étendre les contrôles qualitatifs et éliminer des ressources potabilisables celles ne respectant pas les valeurs paramétriques établies. Par ce biais, l'abandon de captage, la concentration des sites de traitement et l'interconnexion se généralisent afin de sécuriser les approvisionnements.

[68] La gestion déléguée recouvre aujourd'hui trois principaux types de contrats : l'affermage (plus fréquent) (la collectivité finance les ouvrages et l'exploitation est déléguée à un fermier) ; la concession (le délégataire finance les équipements et les exploite sur la durée du contrat), la gérance (la collectivité finance les ouvrages et gère le produit des factures, mais en confie l'exploitation à une société spécialisée qu'elle rémunère forfaitairement).

[69] « *La délégation est particulièrement forte dans les départements d'outre-mer, d'Île-de-France ainsi que dans l'ouest de la France. Le taux de communes utilisant ce mode de gestion pour l'alimentation en eau potable y dépasse souvent 80 %. À l'opposé, la régie prédomine dans les régions alpines ou du Massif central et plus généralement dans l'est de la France et le nord.* » (IFEN, 2007b, p.9)

munes) vers un modèle marchand en imposant progressivement la notion d'équilibre budgétaire des seules charges d'exploitation à l'ensemble des coûts du service (investissement).
Dépassant la dichotomie entre une organisation publique (gestion directe) jugée « inefficace et mal organisée » et une organisation privée (gestion déléguée) jugée « efficace », l'analyse historique débouche sur une division des modes d'organisation, qui serait fonction de « *leur compatibilité avec une gestion déficitaire* ». En conséquence, sous l'impulsion de l'État, si les deux modèles s'enrichissent de nouveaux modes d'organisation (régie autonome, affermage, régie personnalisée…) ou se départissent d'anciens (régie simple), depuis les années 1970, c'est au détriment du modèle de gestion non-marchand. Il en découle que les choix organisationnels des communes semblent être « *des compromis locaux opérés dans un contexte stratégique largement déterminé par l'État* ».
En effet, dans l'affermage ou la gérance, les communes sont responsables des investissements principaux, et peuvent subventionner le budget annexe à partir du budget général en cas de crainte d'une trop forte augmentation du prix de l'eau. Les stratégies successives des opérateurs privés relèvent en définitive de leur capacité d'adaptation à cette condition en proposant des services à la carte : depuis l'ingénierie (réalisation de travaux), à l'exploitation (production d'eau potable) et au regroupement de communes pour réaliser des économies d'échelles.
L'efficacité économique de ces modes de gestion serait conditionnée par la façon dont le « régulateur » traite les problèmes « *d'asymétrie d'information, de partage des risques, et d'incomplétude des contrats* ». Le nombre restreint d'opérateurs sur le marché pose en amont la question de leur contrôle[70]. Ces aspects ont été fortement régulés par la Loi Sapin (1993) et renforcés notamment par la loi Barnier (1995).
Le modèle non-marchand aurait donc aujourd'hui « *officiellement disparu et les communes partagent désormais la même conception du service d'eau que les opérateurs privés* », mais c'est sans compter sur les mobilisations à venir des abonnés (Pezon, 2000, p. 363). Effectivement, dans la lignée des grandes affaires de corruption d'élus locaux, de manque de transparence dans la gestion des entreprises privées[71] (illégalité des tarifs, négociation des droits d'entrée, trop perçus…) et d'augmentation du prix de l'eau, on assiste ces dernières années à un mouvement de mobilisation d'usagers réunis en associations et en collectifs en faveur d'un contrôle voire d'une remunicipalisation des services d'eau (Grenoble en 1999, Castres en 2003,

[70] 3 entreprises se partagent près des trois quarts du marché de l'eau en France : Veolia Eau, la Lyonnaise des eaux et la Saur.
[71] En 2006, Suez-Lyonnaise a été contrainte à rembourser 233 millions d'euros (sous forme d'investissements) de trop-perçu aux usagers de l'eau de la communauté urbaine de Bordeaux dans le cadre du contrat de distribution signé par M. Jacques Chaban Delmas et M. Jérôme Monod, alors PDG de la Lyonnaise.

Cherbourg en 2005…). Dans le contexte des élections municipales de 2008, on a vu émerger des « batailles de l'eau » dans plusieurs grandes agglomérations (Paris, Bordeaux, Toulouse, Grenoble, Rouen, Carcassonne…).

*

* *

La généralisation de l'emploi de mesures curatives et palliatives, pour répondre à l'impératif sanitaire de distribution d'une eau conforme à des normes de qualité de plus en plus exigeantes, produit aujourd'hui de nombreux effets pervers.

Du point de vue économique, la dégradation des ressources en eau brute et des réseaux AEP implique pour les collectivités distributrices, des investissements de plus en plus élevés. Les stations de traitements se doivent d'être de plus en plus perfectionnées ; les interconnexions (mutualisation des coûts et sécurisation des approvisionnements) se généralisent ; et à terme même les solutions préventives se révèleront « *d'autant plus chères que l'eau est polluée* » (Villey-Desmeserets *et al.*, 2001).

Les degrés de technicité et les budgets que représentent les solutions techniques (coût d'investissement et de fonctionnement) poussent les communes ou les syndicats au changement d'échelle et/ou à la délégation de service à des grands groupes. Ils sont dans le même temps un facteur d'accroissement du prix du service facturé à l'usager.

Dans un contexte de montée des préoccupations économiques et sanitaires, la capacité des élus à assurer la maitrise du service AEP (qualité, gestion et information) est de plus en plus mise en doute (Tavernier, 2003) ; ces éléments supposant par ailleurs une implication croissante de leur responsabilité pénale et politique dans la gestion de l'AEP. Cette complexification de la gestion AEP, qualifiée d'« explosive » ou d'« incompatible » (Barraqué, 2007), pose la question de la durabilité économique, sociale et environnementale du service AEP.

1.4. Vers une remise en cause de la durabilité économique, sociale et environnementale de la gestion des services AEP ?

1.4.1. Un prix de l'eau qui continue d'augmenter

Le prix de l'eau a globalement doublé depuis les années 1990[72]. En 2004, le tarif moyen (métropole et départements d'outre-mer) dans les communes dotées d'un assainissement collectif était de 3,01 €/m³ (la part eau potable était de 1,46 euro contre 1,55 pour l'assainissement) (IFEN, 2007a). Même si sa croissance tendrait à s'être stabilisée à la fin des années 1990, il demeure en constante augmentation[73]. Entre 2001 à 2004, le tarif moyen a augmenté annuellement de 2,4 %. Notons que la progression est plus rapide pour l'assainissement. Il n'en demeure pas moins que ces évolutions tarifaires sont plus fortes que l'évolution générale des prix sur cette même période (2 %/an).

On attribue cette progression à la croissance de la consommation depuis les années 1970 et à la hausse des coûts de gestion. Notons cependant que l'on observe depuis le début des années 1990 une baisse sensible et durable des consommations dans la majorité des grandes villes européennes[74]. Or, de façon contre-intuitive, une baisse radicale des consommations et donc des recettes des services d'eau, du fait du poids des charges fixes (remboursement d'emprunt, entretien), induit une augmentation du prix unitaire de l'eau (Barraqué, 2005, 2007). Dans un contexte de crise économique sévère, ce phénomène risque d'amplifier les situations de détresse financière des populations appauvries, d'où la nécessité d'une articulation entre gestion économe et gestion sociale de l'eau (Barbier, 2011).

---

[72] Sur le bassin Adour Garonne, qui se situe dans la moyenne nationale, il est passé d'une moyenne de 1,57€/m³ TTC en 1991 à 3,09€/m³ TTC en 2006. (Observatoire du prix de l'eau, Agence de l'eau Adour Garonne, 2007)

[73] « *Entre 1975 et 1985, le prix moyen a progressé de 170 % en francs courants. Entre 1985 et 1990, le prix de l'eau a augmenté, certes plus vite que l'inflation, mais à un rythme raisonnable d'environ 5 % par an (inflation de 3,2 %) ; entre 1991 et 1994, la hausse atteint en revanche 11 % par an, avant d'être ramenée à 6 % par an en 1995 et 1996. Entre 1997 et 1999, elle s'est à nouveau réduite, passant de 3 % à moins de 2 % par an.* » (Tavernier, 2001, p 8).

[74] « *Ce renversement de tendance a d'abord été imputé à l'augmentation du prix du mètre cube d'eau et à des « comportements citoyens ». Les études du CRÉDOC montrent que la baisse observée depuis quinze ans est imputable principalement à la tertiarisation des activités dans les grandes villes et aux efforts de compression des charges des gestionnaires des immeubles d'habitation, de bureaux et des établissements publics.* » (Poquet, Maresca, 2006, p.1)

De grandes disparités du prix de l'eau existent entre les régions, les départements et les communes en fonction du contexte géographique et des modes d'organisation et de gestion.
Selon l'IFEN (2007a) en 2004, pour une moyenne nationale par habitant de 177 euros et 165 litres par jour, la consommation et le prix de la facture par habitant sont plus élevés dans le Sud[75] (modes de vie plus consommateurs d'eau, flux touristique). Elle est de 270 euros en Provence-Alpes-Côte d'Azur et 190 euros ou plus dans les DOM, en Aquitaine, en Languedoc-Roussillon et en Corse contre de 140 à 150 euros en Franche-Comté, Nord-Pas-de-Calais, Auvergne et Limousin. Cette dispersion tarifaire est encore plus marquée entre les communes : « *dix pour cent facturent le m^3 d'eau moins de 1,30 euro, et autant le font payer plus de 4,02 euros. Le prix médian est de 2,99 euros le m^3* [...] ».
L'état et l'origine de la ressource en eau sont aussi des facteurs de disparité. Les eaux superficielles sont certes généralement plus accessibles que les eaux souterraines, mais aussi plus polluées et impliquent de ce fait des traitements plus complexes et plus coûteux. Elles étaient tarifées en moyenne 1,75 €/ m^3 d'eau potable en 2004 pour une moyenne nationale de 1,46 €/m^3.
L'intercommunalité et la délégation, pourtant source de mutualisation de moyens, tendraient à faire croitre le prix de l'eau (Tableau 3). Dans une gestion communale comportant un traitement des eaux usées, le prix moyen est de 2,59 €/m^3 contre 3,19€/m^3 euros dans une organisation intercommunale. Ces dernières tendraient en fait à investir davantage dans la mise aux normes et l'emploi de technologies plus complexes.

En €/m³	**Organisation**			
	Communale	**Intercom-munale**	**Mixte***	**Ensemble**
Gestion en régie	2,19	2,85	2,48	2,54
Gestion en délégation	2,93	3,44	3,25	3,28
Gestion mixte*	2,6	3,04	2,97	2,97
Ensemble	2,59	3,19	2,99	3,01

**Avec une gestion ou une organisation différente pour l'eau potable et l'assainissement.*
Source : Ifen-Scees, Enquête Eau 2004 - Insee, Recensement 1999 de la population.

Tableau 3 - Prix 2004 de l'eau (€/m³) selon l'organisation et la gestion des services dans les communes avec assainissement collectif (IFEN, 2007a, p. 3)

[75] « *Le climat, le développement de l'habitat individuel, des piscines et jardins, les revenus des ménages ou l'âge des occupants, l'augmentation du nombre de ménages conditionnent les consommations d'eau. Le tourisme est un autre facteur explicatif des consommations par habitant* [...] » (IFEN, 2007a, p.1)

De même, l'écart moyen entre les tarifs des collectivités en régie et en délégation est de 74 centimes d'€/m³ en faveur des régies. Selon une étude de l'INRA menée au niveau des communes de moins de 10 000 habitants, cette différence serait due en partie à des conditions d'exploitation supportées par les opérateurs privés en moyenne plus difficiles (INRA, 2004). Les communes tendraient en effet à déléguer davantage la gestion de leur service d'eau lorsque les conditions techniques d'exploitation sont complexes (nombre d'interconnexions élevé, densité du réseau, mise en œuvre de traitements élaborés...).
Au regard de ces constats, l'application concrète du « *droit à l'eau* » introduit par la Loi sur l'eau de 2006[76] se pose avec acuité. De même que la progression du prix de l'eau, les alertes et les restrictions d'usage sont des indicateurs de la dégradation des milieux pouvant avoir un impact sur la santé. Or, dans une société médiatique, ces enjeux mobilisent un nombre croissant d'usagers.

1.4.2. Une crise de confiance des usagers envers le service AEP

Ceci conduit à un autre paradoxe, alors même que l'eau potable est l'un des produits alimentaires les plus contrôlés, on assiste aujourd'hui à une certaine crise de confiance des usagers à l'égard des services de distribution et de la qualité de l'eau du robinet.
L'exigence croissante en matière de transparence du prix du service et de détermination des responsabilités se matérialise déjà concrètement par des recours juridiques de plus en plus fréquents. Des associations de consommateurs ont remporté des procès contre les distributeurs d'eau (Compagnie générale des Eaux à Trégueux en 1994, Compagnie générale des Eaux à Romans-sur-Isère en 1996) et des plaintes sont régulièrement déposées auprès de la Commission des Communautés européennes pour usage ou distribution d'eau dépassant les valeurs seuils européennes. L'État français a été condamné le 8 mars 2001, par la Cour de Justice Européenne, pour la mauvaise qualité des eaux de Bretagne. Le 18 avril 2001, il est condamné par le Tribunal Administratif de Rennes, à la demande de La Lyonnaise des eaux, à rembourser l'indemnité versée par cette même société à des consommateurs des Côtes-d'Armor en 1995.
Les sous-produits des procédés de traitement chimique sont eux-mêmes de plus en plus mis en cause en tant que risque sanitaire. La chloration par exemple, tout en ayant été employée avec modération en France du fait des exigences organoleptiques des consommateurs, a été mise en cause (surtout aux États-Unis) pour son caractère cancérigène (Barraqué, 2007).

---

[76] « *Dans le cadre des lois et règlements ainsi que des droits antérieurement établis, l'usage de l'eau appartient à tous et chaque personne physique, pour son alimentation et son hygiène, a le droit d'accéder à l'eau potable dans des conditions économiquement acceptables par tous.* » (Article 1)

La méfiance des consommateurs à l'égard de l'eau distribuée s'est répercutée sur la consommation d'eaux embouteillées qui a évolué de 103 litres par habitant et par an en 1992, à117 litres en 1998 et à 135 litres en 2001[77]. Parallèlement à cela, les systèmes individuels de traitement (adoucisseurs, purificateurs d'eau, filtre après compteur, carafes filtrantes) se développent fortement. Le secteur de l'eau embouteillée réalise donc un important chiffre d'affaires qui pousse les grands groupes commerciaux à racheter ou creuser des nouveaux forages pour embouteiller l'eau captée. Il faut cependant noter qu'en France, à l'inverse de la tendance internationale, les chiffres de ventes globaux des eaux embouteillées de ces dernières années sont en baisse régulière. Cette tendance semble confirmée par les résultats de l'édition 2009 du baromètre C.I.EAU/TNS-SOFRES[78]. Une inflexion dans les déclarations de consommation en faveur de l'eau du robinet se confirme pour la deuxième année consécutive :

- 71 % (+4) déclarent consommer de l'eau du robinet au moins une fois par semaine, 54 % (+2) « plusieurs fois par jour ».
- 52 % (- 4) déclarent boire de l'eau plate en bouteille au moins une fois par semaine, 33 % (- 7) « plusieurs fois par jour ».

L'affrontement en 2007 sans précédent entre distributeurs d'eau et embouteilleurs suite à la campagne publicitaire pour l'eau Cristalline du groupe Neptune, est symptomatique de l'enjeu commercial que représente la consommation d'eau potable et de l'impact de campagnes de communication axées sur les enjeux de santé et d'environnement.

L'histoire commence en 2004 avec une tout autre campagne de communication menée par Veolia et le syndicat des eaux d'Ile de France (SEDIF). Celle-ci ventait les mérites de l'eau du robinet en mettant en avant son moindre coût, son caractère « écologique » (déchets plastiques) et la garantie sanitaire qu'elle représente, au contraire des risques de transfert de molécules chimiques dans les eaux embouteillées (composition de l'eau, condition de stockage). Alors qu'une seconde campagne est prévue au printemps 2007, en janvier, le groupe Neptune lance une campagne dans l'agglomération parisienne avec le slogan « *qui prétend que l'eau du robinet a toujours bon goût ne doit pas en boire souvent !* » avec des affiches associant l'eau du robinet à l'eau des toilettes ou encore sous-entendant que celle-ci contient du plomb et des nitrates. Elle déclenche de vives réactions d'associations de protection de l'environnement, mais aussi de la ministre de l'Environnement, Nelly Olin.

---

77 On distingue trois types d'eaux embouteillées : les eaux minérales naturelles (commercialisée sans traitement de désinfection microbiologique), les eaux de source (microbiologiquement saines, commercialisées sans traitement de désinfection microbiologique), les eaux rendues potables par traitement.

78 http://www.cieau.com/toutpubl/actu/index.htm, site consulté le 7 juillet 2009.

En effet, reconnaître la possibilité pour parer aux effets nocifs sur la santé de la dégradation des ressources en eau, de boire uniquement de l'eau en bouteille aurait été une démission évidente de la part des pouvoirs publics de la préservation de la qualité de la ressource en eau. D'autant plus que si l'accès à l'eau en bouteille ou le recours au traitement individuel devaient se généraliser, les ménages à faible revenus ou isolés seraient lésés.

1.4.3. Des actions préventives de préservation des ressources en eau DCH qui restent minoritaires

Le niveau d'exigence des normes de qualité des eaux distribuées est de plus en plus en décalage avec des pratiques agricoles qui se sont intensifiées en généralisant l'emploi des produits phytosanitaires. Aujourd'hui, en termes de gestion de la qualité des eaux DCH, le principal problème pour les collectivités distributrices est la pollution par les activités agricoles[79]. En ce sens, la préservation des ressources en eau DCH devrait être un objectif des services AEP et un moteur important de la préservation de la qualité des milieux aquatiques dans leur globalité en tant qu'enjeu environnemental et sanitaire.
Cependant, dès lors que la réglementation fait porter l'exigence de qualité sur l'eau distribuée et tolère une contamination (relative) des eaux brutes sous condition d'un traitement curatif et/ou d'une solution palliative, les solutions préventives réglementaires (périmètres de protection) ou incitatives à destination des pollutions agricoles n'apparaissent pas comme prioritaires pour les collectivités distributrices responsables de la qualité sanitaire. Les solutions techniques permettent de réduire le risque sanitaire dans l'immédiat alors que les solutions de prévention ou de reconquête de la qualité de l'eau s'inscrivent à plus long terme.
Certes, certaines collectivités territoriales acquièrent des parcelles de la zone d'alimentation des points de prélèvements afin d'y supprimer l'activité agricole, ou adoptent une politique contractuelle basée sur le volontariat, la subvention, la sensibilisation et l'information, dans le but de modifier les pratiques agricoles. Le problème est que les mesures curatives et préventives impliquent des acteurs différents (collectivités territoriales, délégataires, services de l'État, agriculteurs) dont les intérêts (économiques et politiques) ne sont pas toujours convergents. De plus, « *l'efficience et la durabilité de la protection constituent des critères peu mis en avant […]. Aucune méthode susceptible de faire l'analyse coûts/avantages n'est aujourd'hui diffusée* » (Villey-Desmeserets *et al.*, p. 331). C'est pourquoi les actions préventives demeurent encore minoritaires bien qu'elles soient estimées moins coûteuses

[79] Les rejets des collectivités, des industries et des pisciculteurs sont plus facilement maîtrisables que les pollutions d'origine agricole qui sont les conséquences de pratiques individuelles.

que les opérations de reconquête du milieu dont le bilan ne se révèle pas toujours à la hauteur de l'objectif de qualité fixé (Salles *et al.*, 2006). L'allocation des fonds publics a été pointée à plusieurs reprises – notamment par la Cour des comptes - comme participant à ce *hiatus*. La décomposition FNDAE, sur la période 1995-1999, indique que les investissements destinés à l'amélioration de la ressource (29 % des 27 millions de francs destinés à l'eau potable) ont été essentiellement consacrés à l'installation ou au perfectionnement de stations de traitement et à la création de nouveaux points de prélèvements alors que 20 % seulement ont été destinés aux périmètres de protection des captages. Certes, ces taux s'expliquent en partie par le fait que la France accuse un important retard en matière d'assainissement (Directive ERU) qui lui impose d'investir considérablement dans le domaine de la collecte et de l'assainissement des eaux usées constituant des travaux plus coûteux. Néanmoins, l'Inspection générale des finances observe qu'en 1999, le montant total des investissements de dépollution subventionnés par les Agences de l'Eau et susceptibles de contribuer de façon significative à la préservation de la ressource en eau DCH était de 4,7 milliards. Alors que le montant consacré la même année à des actions de protection de la ressource en eau *stricto sensu* était de 350 millions de francs et 1,4 milliard pour la lutte contre les pollutions diffuses. La conclusion est que « *les trois quarts de ces dépenses publiques proviennent de travaux de dépollution des eaux résiduaires urbaines ou industrielles. En d'autres termes, la principale contribution à la préservation de la ressource en eau potable provient d'une politique qui ne poursuit pas cet objectif* » (Villey-Desmeserets *et al.*, p. 168). Encore récemment, la Cour des comptes (2010) constate que les montants financés par les Agences de l'eau pour des actions sur l'eau potable souvent curatives sont 1,8 fois supérieurs à ceux consacrés à l'action préventive (changement de pratiques agricoles ou protection de la ressource), soit 1,29Md'€ contre 712M€ pour le 9ème programme (2007-2012)[80].

*

* *

La gestion de la qualité de l'eau DCH en France nécessite d'opérer des arbitrages complexes entre de multiples logiques (sanitaires, techniques, économiques, sociales, politiques et environnementales). Au niveau des services AEP, ces arbitrages s'opèrent encore majoritairement au profit des solutions curatives et ne débouchent que minoritairement sur la mise en place de solutions préventives pour préserver la qualité des eaux brutes. Or, la DCE (2000/60/CE), en imposant à l'horizon 2015 le bon état des eaux (Art.4), introduit un objectif de qualité des eaux brutes et une obligation de résultat. Elle rend donc impérative la définition d'« *une véritable politique*

---

[80] Annexe budgétaire « Agences de l'eau » du PLF 2010 (Cour des comptes, 2010).

de préservation de la ressource en eau destinée à la consommation humaine, constituant un élément cohérent de la politique de l'eau » (Villey-Desmeserets *et al.*, 2001).

La gestion de la qualité de l'eau DCH serait ainsi tenue d'articuler deux référentiels :

- un référentiel « anthropocentriste » - fortement institutionnalisé du fait du poids historique de l'ingénierie dans la gestion des risques sanitaires (santé publique) - fondé sur des exigences de qualité sur les eaux distribuées et le couplage de normes d'émission (normes de potabilité) avec l'emploi de solutions techniques (curatives et palliatives) ;
- et un référentiel « écocentriste » - en cours d'institutionnalisation à l'échelle européenne – fondé sur une gestion des risques sanitaires (santé publique) par la limitation des risques environnementaux (santé environnementale) et le couplage d'exigences de qualité sur les eaux brutes et des actions de préservation ou de restauration des milieux aquatiques.

Comprendre de quelle dynamique sociétale relève ce déplacement de référentiel assigné à la gestion de l'eau DCH nécessite de revenir sur le processus de mise en « interdépendance » croissant des politiques d'environnement et de santé opérant dans le domaine de la politique de l'eau en Europe depuis les années 1990.

2. L'européanisation de la politique de l'eau à la croisée des questions de santé et d'environnement

La prise de conscience des enjeux sanitaires liés à la qualité de l'eau potable en France comme en Europe est ancienne alors que celle relative à la dégradation des ressources en eau s'est installée plus récemment depuis les années 1990. Progressivement, des politiques européennes et nationales de type sectorielles puis de « gestion intégrée » de la ressource en eau se sont bâties, produisant et mettant en œuvre un arsenal d'instruments d'action publique. L'enjeu est de façonner des dispositifs réglementaires (directive nitrates, PMPOA[81]), contractuels (CTE/CAD[82]) ou incitatifs intégrants à la fois les outils de planification européens (directives européennes), nationaux (Lois sur l'eau), régionaux (SDAGE[83]) et les enjeux locaux. L'objectif étant de conduire l'ensemble des acteurs (institutionnels, élus, économiques, ...) à

[81] Programme de Maitrise des Pollutions d'Origine Agricole.

[82] Contrats Territoriaux d'Exploitation, créés par la loi n°99-574 d'orientation agricole du 9 juillet 1999, et remplacés en 2004 par les Contrats Agriculture Durable.

[83] Schéma Directeur d'Aménagement et de Gestion des Eaux.

développer des modes d'action, des pratiques permettant de préserver la qualité de la ressource en eau.

2.1. La politique européenne de l'eau : une mise en interdépendance des questions de santé et d'environnement

Dès les années 1970, la Communauté européenne a pris des mesures dans le domaine de la préservation de l'environnement[84], qui ont conduit à renforcer les dispositions existantes des Pays membres. Elles ne seront véritablement formalisées qu'à la suite du traité de Maastricht et l'instauration du marché unique. Sous la double pression d'une Commission et de relais médiatiques se faisant de plus en plus l'écho des préoccupations en matière d'atteintes environnementales, l'Union Européenne est depuis les années 1990 la principale source d'orientation des politiques environnementales.
Effectivement, depuis une dizaine d'années, on peut parler d'une internationalisation de l'action environnementale orientant les choix des décideurs non pas exclusivement par « la force », la réglementation, mais également par la diffusion d'idées et de normes (Lascoumes, 2008). Les acteurs politiques et économiques se sont largement appropriés par exemple la « référence globale » de « développement durable », en tentant de l'opérationnaliser dans des « *programmes finalisés soumis à évaluation* ». De même, les préoccupations relatives au couple « santé-environnement », telles que l'impact des substances chimiques, sont à l'origine de mobilisations internationales (scientifiques et ONG) visant à faire appliquer le principe de précaution lui-même un des objectifs du « développement soutenable ».
Au niveau européen, le principe du « développement soutenable » a été introduit dans le traité d'Amsterdam. L'enjeu d'une politique environnementale « intégrée » a été réaffirmé à la suite du processus de Cardiff et du Conseil européen de Göteborg en 2001. Le financement de la politique communautaire environnementale est principalement assuré par le programme LIFE[85] (640 millions d'euros entre 2000-2004), le fonds de cohésion et le programme ISPA[86] de soutien aux pays adhérents (environ 9 millions d'euros/an pour les douze nouveaux entrants) (Lascoumes, 2008).
La politique de lutte contre la pollution de l'eau est la plus ancienne des politiques environnementales. En Europe, elle émerge en 1972 lors du sommet de Paris, par l'adoption d'un programme commun d'actions contre

---

[84] Le premier programme d'action communautaire pour l'environnement a été adopté en 1972.
[85] L'Instrument Financier pour l'Environnement (LIFE) est un programme de financement européen qui a pour objectif de soutenir le développement et la mise en œuvre de la politique européenne de l'environnement et du développement durable.
[86] *Instrument for Structural Policies for Pre-Accession* (ISPA).

la pollution[87]. Depuis 1975, une trentaine de directives ou décisions dans le domaine de la pollution de l'eau douce et de l'eau de mer se sont succédées.
L'histoire de la politique européenne de l'eau se caractérise par la succession de trois vagues de législation montrant l'intégration progressive de l'enjeu environnemental par une approche de gestion intégrée (Kaika, 2003).
Les premières directives ont émergé dans les années 1970. Dans la lignée des préoccupations des pays industriels d'Europe du Nord composant à ce moment-là la Communauté économique européenne (CEE), elles étaient focalisées sur les questions de santé publique. Elles imposaient des normes de qualité des eaux superficielles destinées à la production d'eau alimentaire (Directive 75/440/CEE du 16 juin 1975) et des eaux DCH (Directive 80/778/CEE du 15 juillet 1980). L'approche en termes de gestion des pollutions organiques et chimiques, était la fixation de normes d'émission (rejets polluants en rivière ou contamination de l'eau potable), s'imposant de façon uniforme à chacun et ne perturbant pas une construction européenne basée sur la libéralisation des échanges (Barraqué, 2003).
La décennie 1980 est marquée par l'entrée dans la communauté européenne de la Grèce, de l'Espagne et du Portugal. Ces pays sont porteurs de problématiques relatives à la gestion de la ressource en eau et impliquent une nouvelle législation, le premier pas étant une Charte européenne de l'eau signée en 1986. Si la fin des années 1980 voit le recul des pollutions toxiques industrielles, c'est pour mieux rendre visible l'eutrophisation résultant de la combinaison des phosphates et des nitrates d'origine agricole.
Dans les années 1990, une seconde vague de directives s'est attachée à uniformiser les services publics d'eau et d'assainissement et à renforcer les normes d'émission des substances polluantes dans des zones identifiées par chaque pays membre comme sensibles ou vulnérables sur la base de leur degré de contamination préoccupant (Directive Eaux Résiduaires Urbaines, Directive Nitrates Agricoles, 1991 ; Directive eau potable, 1998). Cette relance répondait notamment à l'inquiétude des Néerlandais, des Allemands et des Danois concernant l'eutrophisation de la mer du Nord. Mais du fait d'un refus de remettre en cause la politique agricole européenne, la responsabilité de l'agriculture dans ce phénomène est minimisée et les impacts économiques des directives se concentrent sur les usagers des services d'eau et d'assainissement (Barraqué, 2007). Si une forme d'approche combinée se dessine durant cette période entre normes d'émission (de rejets) et d' « immission » (néologisme désignant la qualité du milieu aquatique et « humain » récepteur), elle reste relative[88].

---

[87] La même année que la conférence des Nations unies pour l'environnement à Stockholm (Ghiotti, 2007, p246)

[88] Une directive visant la reconquête de la qualité écologique des rivières et basée sur ce type d'approche n'a finalement pas vu le jour du fait des investissements massifs à mettre en œuvre et des craintes de certains pays membres de voir s'accentuer le mécontentement des

Une évaluation de la politique européenne de l'eau commandée en 1995 par le Parlement européen pointe en ce sens de nombreux dysfonctionnements : multiplication de politiques sectorielles non intégrées aux autres politiques communautaires et qui plus est posant des problèmes d'efficacité et d'efficience. Le constat est que « *les objectifs, les normes et les valeurs guides varient d'un milieu et d'un usage à l'autre, rendant l'édifice réglementaire européen complexe, peu lisible, et de ce fait, peu mobilisateur* »[89]. Au regard de l'importance des engagements financiers à mettre en œuvre pour remplir les objectifs des directives de 1991, une réflexion sur l'harmonisation des directives s'engage, la construction politique européenne[90] donnant le ton par l'introduction du principe de développement durable.
Dans une troisième phase de législation, elle se matérialise par l'élaboration de la DCE en décembre 2000, qui entend proposer à la politique communautaire de l'eau et aux États membres « *un cadre législatif transparent, efficace et cohérent* ».

*

* *

À l'issue d'un demi-siècle de politique de l'eau, aidée par les budgets de l'État et de l'Union Européenne visant essentiellement la permanence d'un modèle agricole productiviste, des grands travaux hydrauliques et de la consumérisation des services AEP, la DCE est présentée comme la recherche d'un compromis entre économie et environnement (Barraqué, 2003, 2004). La politique européenne s'inscrit elle-même dans un cadre politique mondial qui promeut également le « développement durable » et la « bonne gouvernance » comme référentiel de la politique de l'eau. Cette dernière s'est formalisée autour de deux tendances : « *l'intégration de l'eau dans la sphère des rapports marchands, et la confiscation de cet élément devenu patrimoine, par les grandes instances internationales sous prétexte de sa rareté* » (Ghiotti, 2007, p. 73). Dans un contexte de marchandisation des biens publics (privatisation des services publics de distribution et de gestion de l'eau), elle est dominée par une représentation de l'eau comme « bien économique »[91]. Le Conseil mondial de l'eau milite depuis sa création en 1996 pour promouvoir « *le rapprochement entre autorités publiques et investisseurs privés avec l'aide de la banque mondiale, de certains gouvernements (Canada, Pays-Bas, France...) et d'entreprises multina-*

---

consommateurs d'eau précédemment mobilisés contre l'augmentation du prix à la suite des précédentes directives (Barraqué, 2004).

[89] « La directive cadre européenne sur l'eau. Une nouvelle ambition pour la politique de l'eau », Ministère de l'Écologie, DREAL, Agences de l'eau.

[90] Acte unique européen, 1986 ; Traité de Maastricht, 1992 ; Traité d'Amsterdam, 1997.

[91] Conférence internationale sur l'eau et l'environnement de Dublin, 1992 ; Conférence internationale sur l'eau et le développement durable de Paris, 1998.

tionales du secteur de l'eau », « *l'augmentation des financements publics pour la recherche et l'innovation* » et « *l'accroissement massif des investissements dans les infrastructures hydrauliques* », comme seuls à même de gérer la problématique de l'amélioration de l'accès à la ressource en qualité et en quantité (AEP et assainissement) (Ghiotti, 2007, p. 74).

2.2. La DCE : une opportunité pour une gestion durable de l'eau ?

2.2.1. Les grands principes de la DCE

La DCE se veut la combinaison d'une approche « intégrée par bassin hydrographique »[92] et d'une approche combinée (valeurs limites d'émissions et normes de qualité environnementale). Ses grands principes sont basés sur les trois piliers du développement durable.

- Du point de vue environnemental, elle fixe un objectif de résultat à atteindre basé sur les principes « de précaution », « d'action préventive » et de « correction par priorité à la source » : le « bon état écologique »[93] de tous les milieux aquatiques en 15 ans (horizon 2015), des « dérogations motivées » pourront cependant être obtenues selon les des États membres avec des reports possibles en 2021 et 2027[94].

L'article 7, concernant les eaux utilisées pour le captage d'eau potable, spécifie notamment aux États membres, de recenser les masses d'eau[95] actuelles ou futures, de veiller à ce qu'elles répondent aux objectifs et aux normes communautaires, d'assurer « *la protection nécessaire pour les masses d'eau recensées afin de prévenir la détérioration de leur qualité de*

[92] Elle reconnaît les besoins de planification (définition des objectifs à atteindre dans des plans de gestion), de programmation (définition des actions nécessaires dans des programmes de mesure) et de gestion déconcentrée par grands bassins hydrographiques (adopté en France dès la Loi sur l'eau de 1964 puis renforcé en 1992). Elle demande aussi une intégration plus approfondie des approches économiques et des autres politiques sectorielles d'aménagement du territoire.

[93] Pour les eaux superficielles, l'état est bon si d'une part l'état chimique est bon (au regard du respect de normes de qualité environnementale des eaux concernant 41 substances prioritaires et prioritaires dangereuses) et d'autre part si l'état écologique est bon (essentiellement selon des critères biologiques et des critères physicochimiques soutenant la biologie). Pour les eaux souterraines, le bon état est évalué en fonction de la qualité chimique de l'eau et de la quantité d'eau (équilibre entre prélèvements et alimentation de la nappe).

[94] Justification par des raisons économiques (coût disproportionné), techniques, des conditions naturelles ou des usages existants ne pouvant être remis en cause et ayant un impact ne permettant pas d'atteindre le bon état.

[95] Une masse d'eau est un volume d'eau aux caractéristiques physiques homogènes et sur lequel les pressions urbaines, agricoles et industrielles sont identiques. Il existe 5 sortes de masses d'eau : les cours d'eau, les plans d'eau, les eaux côtières, les eaux de transition et les eaux souterraines. (IFEN, 2006)

manière à réduire le degré de traitement de purification nécessaire à la production d'eau potable. ». Si la directive ne modifie pas les pratiques comptables et les exigences aux usagers des services de distribution d'eau et d'assainissement, elle associe au nécessaire financement des équipements et des services d'eau une stratégie de maîtrise de la demande (incitation aux économies d'eau) et de dépollution à la source.

Ceci implique la nécessité d'une politique générale de protection des ressources en eau dans leur globalité afin d'assurer la préservation des ressources actuelles ou qui pourraient être utilisées dans le futur pour la production d'eau DCH.

- Du point de vue économique, elle pose le principe « *pollueur-payeur* » - ou plutôt « *bénéficiaire-payeur* » - et le principe de la « récupération des coûts » des services liés à l'utilisation de l'eau : des politiques financées par leurs bénéficiaires au plus près possible du « coût complet ».
- Du point de vue de l'éthique et de la transparence, elle induit une prise de décision « *à un niveau aussi proche que possible des lieux d'utilisation ou de dégradation de l'eau* » (subsidiarité) et la « *participation des usagers* » - en amont, dans l'élaboration des politiques, et en aval, par leur discussion.

Le présupposé étant que la mobilisation de l'ensemble des acteurs au plus près des lieux de décision conditionne le renforcement du partage des responsabilités vis-à-vis des conséquences de leurs actions impactant négativement ou positivement les milieux aquatiques.

Les grands principes énoncés dans la DCE répondent à des constats collectifs partagés et posent des exigences nouvelles en matières d'environnement et de démocratie participative, qui ont déjà été appropriés et opérationnalisés de façon stratégique par les États membres et les différents échelons de mise en œuvre (parlementaires, régionaux, locaux). Pour autant qu'elle soit saisie, il y a là pour divers observateurs ou partie-prenantes, une « *véritable opportunité* », une chance historique pour la France[96] d'améliorer la qualité de l'eau.

Toutefois, elle ne doit pas être idéalisée comme une injonction communautaire porteuse de l'intérêt général et dont les effets de filtrage qui s'exercent lors du processus d'opérationnalisation seraient les seuls responsables de son inefficience et à terme de son inefficacité. Une directive européenne est le fruit d'un processus législatif s'exerçant dans un contexte de gouvernance multi-niveaux.

---

[96] Déclaration de Jean-Claude Lefeuvre, Professeur émérite au Muséum National d'Histoire Naturelle, chercheur en écologie des milieux aquatiques et circulation de l'eau, membre de nombreux instituts, comités et conseils scientifiques (OPECS, CNE, IFEN…), lors d'un cycle de cafés-débats à Marciac (32), séance du 3 novembre 2005. J-C Lefeuvre a alerté sur la dégradation des eaux à travers plusieurs rapports sur la qualité des eaux brutes françaises destinées à l'alimentation humaine (1981, 2000, 2005).

2.2.2. Les dessous de l'élaboration de la DCE

Le processus complexe de développement de la DCE a été abordé par Maria KAIKA. Dans cette analyse néo-institutionnelle, la DCE apparaît comme « *une réponse aux récents changements économiques, politiques et sociaux relatifs à la gestion de l'eau, incluant le passage du gouvernement à la gouvernance, la libéralisation du marché de l'eau et l'émergence de nouvelles institutions, acteurs, etc., et leurs relations respectives* [...] » (2003, p. 299). La multiplication des acteurs, des centres de pouvoir, des échelles de décision dans le secteur de la gestion de l'eau, parallèlement à l'accroissement des préoccupations environnementales à tous les degrés de gouvernance (organisations gouvernementales et non gouvernementales, corps de régulation, société civile, ...) met en confrontation constante des discours et des agendas de nature (environnementaux, politiques, économiques) et de niveaux (international, national, local) différents. À l'encontre des arguments en faveur de la mort de l'État, elle démontre au contraire l'accroissement du rôle important de l'État nation dans le processus de décision et la mise en œuvre de la DCE.

La période de consultation officielle de l'« *ensemble des partie-prenantes* »[97] se révèle une période d'intense lobbying. Elle est aussi l'apogée d'un conflit social économique, politique entre différents intérêts nationaux[98] et un nombre d'acteurs de différents échelons géographiques et administratifs. Trois principaux points de controverse se dégagent : le prix de l'eau, les substances hasardeuses et l'implantation d'une « *timeline* ».

Certains groupes d'acteurs se déchargent sur leurs représentants tels que les autorités locales – qui reviendront dans l'arène durant la phase de mise en œuvre après la prise de conscience d'une perte potentielle de pouvoir en faveur de nouvelles structures – ou sur le secteur public de l'approvisionnement en eau. À l'inverse, les firmes et les industries de l'eau, du fait de leur structuration, exercent un double lobbying à l'échelle nationale et européenne. Si elles trouveront un accord avec les organisations non gouvernementales sur l'intérêt de restaurer la qualité de l'eau à la source (réduction des coûts de traitement), elles seront en désaccord avec le principe de l'utilisateur-payeur préférant renvoyer l'imputabilité sur le changement climatique. Ce conflit se matérialise dans une opposition entre le Parlement européen et le Conseil des ministres, vis-à-vis des propositions de la Commission. Le Parlement, plus détaché des réseaux nationaux d'influence, s'est attaché à la question de la protection de l'environnement

---

[97] Maria Kaika montre bien que le choix des interlocuteurs et leur influence dans la construction de la DCE sont largement une question de capacité de transfert d'information et de représentation entre les niveaux et au sein du niveau européen (par exemple un bureau à Bruxelles). Celles-ci ne sont évidemment pas uniformes entre les États, les organisations, qu'elles soient gouvernementales ou non gouvernementales... .

[98] La directive est notamment accusée d'être une directive d'Europe du Nord, puisqu'à nouveau davantage focalisée sur les questions de qualité que de quantité.

et de la « *timeline* » alors que le Conseil des ministres, détenant un pouvoir législatif plus important, jongle entre les conflits d'intérêts locaux et nationaux, et adopte une position plus « *indulgente* ».
En juin 2000, après deux ans de controverses et d'un processus de conciliation entre Commission, Parlement et Conseil, contraint par le traité d'Amsterdam (procédure de codécision), un « compromis » sur les principaux points est finalement trouvé. La négociation de la DCE a été marquée par un accroissement significatif de l'influence du lobbying des environnementalistes et des consommateurs dans la politique européenne de l'eau, conséquence de changements internes au sein des structures de gouvernement de l'Union Européenne, mais aussi d'une orientation prônée par la DG Environnement. Néanmoins, au sein du lobbying vert de Bruxelles, les doutes sont restés importants sur la robustesse de la Loi et la « sincérité » de l'engagement des États[99].
A l'issue de l'adoption de la DCE en 2000 ; les États disposent de trois ans pour interpréter (« transposer ») la directive dans leur législation nationale et la mettre en œuvre à l'échelle des « bassins hydrographiques ». À ces deux niveaux, les acteurs qui seront invités à « participer » et auront à nouveau à se positionner lors de cette phase de matérialisation, disposeront à leur niveau d'un véritable pouvoir exécutif dans la mise en œuvre de la DCE (Kaika, 2003).

*

* *

Au travers de l'objectif de « bon état », à une logique de « *construction d'action publique* » (Duran, Thoenig, 1996) et une obligation de moyens vient donc se substituer une exigence d'efficacité concrète de la politique de l'eau DCH. Si l'obligation de résultat imposée par la DCE n'est pas une véritable innovation - puisque des directives précédentes l'imposaient déjà –, l'idée de « performance écologique » l'est davantage. Les marges de manœuvre des États membres sont par ailleurs fortement encadrées même si la DCE apparaît comme « *un texte complexe qui est exemplaire de la stylistique juridique communautaire visant à gérer une grande diversité de droits nationaux sans imposer leur harmonisation* » (Bouleau, 2008).
Dans le domaine de l'AEP, l'exigence de résultat implique l'intégration d'une logique préventive à une gestion curative des pollutions d'origine agricole. Elle se traduit donc par un renforcement des interdépendances multi-niveaux et multi-sectorielles et par une recomposition des responsabilités entre institutions concernées par la gestion des services AEP et de la préservation de la qualité des ressources. De ce fait, les normes DCE s'avèrent plus complexes à traduire en actions que des normes de moyens ou

[99] Pour une analyse approfondie, nous renvoyons aux deux articles complémentaires de Kaika et Page (2003).

de qualité des eaux distribuées, et principalement dans des contextes territoriaux d'important lobbying agricole comme la France. De plus, cette obligation de résultat environnemental arrive dans un contexte de contentieux pour non-respect des directives antérieures[100]. Si les acteurs qui ont négocié cette directive ont bien pris conscience des conséquences possibles du pouvoir accordé aux particuliers (citoyens, associations, organisme de droit public ou privé, ...), les acteurs nationaux en découvrent les ressorts et l'ampleur potentiels avec les recours croissants en justice d'usagers et d'associations. En ce sens, la DCE peut-être vue comme un « *top-down effort* » pour créer du « capital social ». Toutefois, les expériences précédentes ont montré que décréter la création de capital social, peut créer des formes de résistances et conduire à l'échec (Kaika, 2003). De plus, la DCE n'étant pas la seule source d'innovation dans la politique européenne de l'eau, les changements sont conditionnés à l'accroissement du secteur privé dans la gestion de l'eau et au rôle de l'État.

C'est pourquoi les interactions entre les principes, les institutions et les normes créées par la DCE, avec les cadres de gestion existants au niveau des États membres apparaissent comme déterminantes dans la mise en œuvre de la DCE. En ce sens, l'approche socio-historique de la territorialisation de la gestion de l'eau en France va permettre d'éclairer le contexte politique et social de ces interactions.

3. La territorialisation de la gestion de l'eau potable en France

La territorialisation de la gestion de l'eau débute au 18ème siècle, l'échelle d'intervention est alors la communauté où l'eau est une source de solidarité informelle et un « *outil de production agricole au service de l'économie locale* » (Ghiotti, 2004). Après la révolution industrielle (1870), l'accroissement des besoins et leur diversification institutionnalisent l'appropriation de la ressource qui se voit confrontée à des conflits d'usage croissants (agriculture, industrie, eau potable) à de multiples échelles territoriales. La première grande loi sur l'eau date du 8 avril 1898, elle visait justement à organiser les différents usages de l'eau. Elle se proposait de les réglementer

[100] Depuis 2000, la France a été condamnée six fois pour manquement aux obligations communautaires imposées par les directives dans le domaine de l'eau (eaux résiduaires urbaines, eaux de baignade, eaux potabilisables, eau souterraine et nitrates). L'Espagne a été condamnée sept fois et le Royaume-Uni 5 fois (Cour des comptes, 2010). Cependant, ces condamnations ne donneront lieu à des sanctions financières qu'en cas de deuxième condamnation pour « manquement sur manquement » comme ce fut le cas dans le domaine de la pêche maritime.

par un système d'autorisation de type police des eaux. Les principaux enjeux étaient de concilier les usages liés au développement industriel et les impératifs de salubrité, et d'assurer la disponibilité de la ressource pour les usages agricoles. C'est l' « âge du génie civil[101] » et du développement de l'adduction d'eau à distance pour alimenter quantitativement les villes en forte croissance. La gestion est alors fondée sur des logiques d'aménagement « a-territoriales ». L'émergence de la problématique de la qualité (découvertes pastoriennes) au 19ème siècle, ouvre l'ère du « génie sanitaire et chimique », qui en permettant de relocaliser la gestion de l'eau potable, assure le développement de la gestion municipale (Barraqué, 2006). De façon importante en France, le rôle de l'État se renforce et parallèlement l'eau acquiert un prix et donc une valeur marchande qui interfère avec sa valeur d'usage.

Puis, au cours du 20ème siècle, les problèmes de contamination des ressources en eau par les pollutions agricoles, d'épuration, de renouvellement des réseaux, suscitent l'avènement de l'« ère du génie de l'environnement ». En effet, à partir des années 1970, la dimension de l'eau en tant que « milieu » vient s'imposer au côté de sa dimension de « ressource » dans les politiques de gestion de l'eau. Si les deux premières périodes étaient focalisées sur l'amélioration de l'offre, la troisième période se caractérise d'une part, par une gestion « par la demande » et d'autre part, par l'exigence d'une meilleure répartition des ressources qualitativement et quantitativement, d'une gestion patrimoniale et enfin plus récemment de la référence à la participation des citoyens.

Les enjeux économiques, territoriaux et environnementaux cohabitent, de façon plus ou moins polarisée au cours du temps, dans un système de régulation où s'organisent des rapports entre « sphère publique », « sphère privée » et « sphère communautaire ». Le « concept » de bassin versant censé intégrer ces dimensions sociales, patrimoniales, territoriales et environnementales s'impose progressivement sur les plan institutionnels et législatifs (Loi sur l'eau de 1964, 1992, DCE et LEMA) comme le territoire de la gestion de l'eau à toutes les échelles (locales, nationales, européennes) (Ghiotti, 2004). Or, le découpage territorial n'est jamais neutre, et cela, même quand il revêt un caractère « naturel ». L'avènement du bassin versant marque la dissociation entre les territoires politiques (politico administratifs) et les territoires des politiques (Duran, 1999). D'autant plus que ce territoire ne s'impose pas pour la gestion de l'eau potable, qui fait l'objet d'une concentration sur des territoires plus administratifs.

---

[101] Selon B. Barraqué (SALLES *et al.*, 2006), l'histoire contemporaine des services de l'eau peut être divisée en « trois âges de l'industrie de l'eau », correspondant à l'adaptation des techniques et de l'ingénierie aux grandes problématiques qui se sont succédées ou complétées durant cette période.

Pour ces raisons, on constate une certaine permanence dans la confrontation et/ou l'articulation de plusieurs logiques de gestion : une logique de bassin versant - véritable cadre institutionnel de la gestion territoriale de l'eau depuis les années 1960, porteur d'un « modèle français » qui s'exporte en Europe[102]- et d'autres logiques territoriales (communales, intercommunales, départementales et régionales), plus ou moins en adéquation, issues de la décentralisation.

3.1. Du 18ème siècle à la Loi sur l'eau de 1964 : L'ère du génie civil, chimique et sanitaire au service du développement économique et des services d'eau

Le concept de « bassin hydrographique », formalisé par Philippe Buache en 1752, acquiert une dimension politique à la Révolution au sein de débats (la réorganisation institutionnelle, réglementaire et politique des eaux courantes et le re-découpage du territoire) liés à la mise en œuvre de la départementalisation du territoire national. Dans un contexte où l'eau est un enjeu économique et sanitaire essentiel (mouvement hygiéniste), l'État, afin de maitriser la ressource et l'uniformisation de son territoire, s'appuie sur un triptyque de centralisation : l'action législative et réglementaire, l'expertise des ingénieurs des Ponts et chaussées et le Département. L'échelle communale étant, dès cette époque, « *jugée inopérante et trop soumise aux particularismes locaux* » (Ghiotti, 2004). La question des limites naturelles comme découpage départemental pertinent se pose lors de la Révolution.
Le bassin hydrographique se retrouve alors à nouveau instrumentalisé en tant qu'opposition au centralisme et « connaît son apogée » à partir du milieu du 19ème siècle où il devient un référentiel de réflexion et d'action et s'opérationnalise en intégrant le champ de l'aménagement et du développement économique du territoire. Cette étape relance la question du contrôle de l'expertise entre agronomes et polytechniciens (ingénieurs des Ponts)[103]. Mais le Département, en s'appropriant systématiquement les dispositifs de gestion communautaires, contribue à la conservation du monopole des ingénieurs des Ponts (majoritairement St Simonien).

---

[102]Il faut noter que des formes plus ou moins poussées d'« institutions de bassin versant subsidiaires » existaient antérieurement telles que : les communautés d'irrigants espagnoles ; les *Genossenschaften* de la Ruhr, créés au début du XXème siècle ; ou encore les *wateringues* hollandaises. Ces dernières ont émergé dès le moyen-âge aux Pays-Bas et ont été institutionnalisées dans la constitution en tant que « collectivités locales fonctionnelles » (Barraqué, 1997).

[103] Une rivalité de corps de près de 30 ans avait déjà animé la première moitié du 19ème siècle. Les Ponts et Chaussées, liés aux usines et aux moulins, défendaient plutôt la domanialisation, alors que les Eaux et Forêts, liés aux grands propriétaires, soutenaient plutôt la privatisation des petites rivières (Barraqué, 2008).

En 1880, le développement concomitant des usages de l'eau par filières, telles que l'hydroélectricité (Loi sur l'hydroélectricité de 1919), des grands bassins industriels et des pôles urbains renvoie à l'inadaptation du cadre communal et départemental et engendre la création des « régions hydrauliques ». Celles-ci s'inscrivent dans les ambitions régionalistes d'une partie de la droite parlementaire visant la structuration d'un pouvoir local. Cette nouvelle organisation de l'usage de la ressource en « régions économiques » - marquée par la création de la Compagnie Nationale du Rhône (CNR) en 1921 – devait permettre le développement régional (Ghiotti, Hague, 2004). Néanmoins, au demeurant fortement encadrée par l'État dans un contexte de renforcement de la départementalisation, celle-ci s'inscrit davantage dans un « *vaste mouvement d'homogénéisation économique*[104] », de domination administrative (expertise) et institutionnelle (processus décisionnels) par le corps des ingénieurs des Ponts, mais aussi territoriale, à travers un découpage des régions fortement calqué sur les départements.
Dans la première moitié du 20ème siècle, la politique de l'eau était donc organisée autour d'une gestion par filière et par usage. Les responsabilités étaient réparties entre différents ministères[105]. Après la Seconde Guerre mondiale, dans le cadre de la reconstruction et d'un renforcement de la centralisation, est créé le Commissariat général au plan (1946), sous tutelle du Premier Ministre. Dans le domaine de l'eau, il est chargé de définir les orientations et la programmation des investissements (nationalisation d'EDF, grands aménagements menés par la Compagnie nationale du Rhône et les Sociétés d'Aménagement Régionales).
Le développement des activités industrielles, la modernisation de l'agriculture, l'urbanisation, la croissance démographique ont provoqué un accroissement des taux de rejets. La gestion centralisée éprouve des difficultés à mettre en place des actions pour parer à la pollution de l'eau et aux problèmes de surexploitation des nappes. De plus, elle doit subvenir financièrement aux infrastructures mises en place dans les « régions économiques ». La création de la Délégation à l'Aménagement du Territoire et à l'Action Régionale (DATAR) en 1963 marque une volonté de cohésion des politiques sectorielles[106]. En pleine période d'aménagement du territoire

[104] L'État est propriétaire de l'usage de l'eau et libre dépositaire de son utilisation (concession à des compagnies privées). La ressource intègre ainsi la sphère marchande sur l'ensemble du territoire national. (Ghiotti, 2004)

[105] Le ministère de l'Agriculture gérait l'irrigation et l'aménagement ; le ministère des Travaux publics, la navigation et les risques liés aux crues ; le ministère de l'Industrie et des Mines, l'énergie et l'eau dans les activités industrielles et le ministère de la Santé publique, l'hygiène et la santé.

[106] « *Dans la DATAR elle-même, il y a la volonté de compromis entre la modernisation (l'aménagement du territoire) et le respect de l'identité régionale (le ménagement), se traduisant vite par les villes moyennes, les parcs régionaux, etc.* » (Barraqué, 2007)

et des grands projets gaulliens, elle crée des Agences de bassin dont le découpage est à la croisée de logiques hydrologique, d'efficacité environnementale, d'efficience économique, internationale et régionale… .
Le programme nucléaire par exemple nécessitait une gestion plus poussée de l'eau (barrages et les stations d'épuration).
En 1959, le Commissariat général au plan crée une commission de l'eau, chargée de préparer une réforme et un code de l'eau. La loi du 16 décembre 1964 relative au régime et à la répartition des eaux et à la lutte contre leur pollution en sera l'aboutissement.

3.2. La loi sur l'eau de 1964 : L'institutionnalisation de la territorialisation de l'eau par bassin versant

La loi-cadre sur l'eau du 16 décembre 1964 est un premier palier « relatif » dans le processus de décentralisation et la reconnaissance de l'eau en tant que milieu, par l'instauration de nouveaux cadres territoriaux de gestion. Le territoire français est divisé en six « grands bassins hydrographiques »[107] gérés chacun par :

- une instance décisionnelle, le Comité de bassin, regroupant à parts égales des représentants des usagers, collectivités locales et État - donnant son avis sur les programmes, l'assiette et le taux des redevances proposés par :
- un exécutif, l'Agence de bassin (Agence de l'eau à dater du 14 novembre 1991), établissement public à caractère administratif doté de la personnalité et de l'autonomie financière.

S'il semblait approprié de choisir le bassin hydrographique comme cadre d'action des Agences financières de bassin, le découpage se révèle pourtant ne pas correspondre aux lignes de partage des eaux des bassins fluviaux. Les bassins, à l'exception du bassin Artois-Picardie, en portent pourtant le nom. Il semblerait que cela soit dû à une adaptation de la « logique hydrographique » : au périmètre d'intervention voulue pour les Agences, aux limites administratives, aux caractéristiques économiques et démographiques de certaines régions (Lorraine, Nord-Pas-de-Calais) (Veillard-Coffre, 2001), mais aussi, à la nécessité d'obtenir au final un multiple de trois pour permettre une égale répartition de leur direction entre les trois grands corps se partageant la partie technique de la police des eaux (Ponts et chaussées, Mines et Génie Rural des Eaux et forêts) (Barraqué, 1997). Notons par ailleurs, que le contexte de la naissance des Agences de l'eau s'inscrit « *en pleine période de planification et détonne donc par rapport au paysage institutionnel français de l'époque* » (Ghiotti, 2004, p.16). Les Agences

[107] Artois-Picardie, Rhin-Meuse, Seine-Normandie, Loire-Bretagne, Adour-Garonne, Rhône-Méditerranée-Corse.

financières de bassin ont en effet une autonomie financière vis-à-vis de l'État puisqu'elles gèrent leur budget sans contrôle du Parlement, mais sous la double tutelle du Trésor public et du ministère de l'environnement. Elles reçoivent des redevances des différents usagers de la ressource qui lui permettent de mettre en œuvre des actions de protection qualitative et quantitative de l'eau. « *Cependant, en conformité avec la tradition administrative française, les agences n'ont ni pouvoir de police, ni maîtrise d'ouvrage : elles ne punissent pas, elles ne construisent rien par elles-mêmes* [108] ». De son côté, l'État conserve son rôle de police de l'eau et, suite à la montée en puissance d'une nouvelle demande sociale en matière d'environnement, crée en 1971 un ministère de l'environnement.

En 1976, une loi vient réguler la nomenclature des substances polluantes par un contrôle plus strict des Préfets. Mais, les fonctionnaires en charge de ces contrôles dépendaient du ministère de l'Industrie. Ils pouvaient être incité à négocier des adaptations ne portant pas atteinte au développement économique (Lascoumes, 1994), et notamment celui de l'industrie chimique. L'emploi de molécules chimiques se diffuse dans de multiples secteurs d'activités. En conséquence, les traitements des eaux brutes deviennent de plus en plus poussés et les captages trop pollués sont dès cette période abandonnés. Le 15 juillet 1980, parait la directive européenne relative à la qualité des eaux DCH (80/778/CEE).

Dans le courant des années 1980, les problèmes de contamination des ressources en eau (pollutions diffuses d'origine agricole ou urbaine, ...), de gestion des risques (inondation, préservation des zones humides), mais aussi l'augmentation du prix de l'eau, trouvent un écho de plus en plus important notamment dans les médias. Le fonctionnement des Agences (représentativité et implication des acteurs du Comité de bassin, inconstitutionnalité du principe des redevances) ainsi que l'efficacité de leur politique, commencent à être contestés. Le système des redevances est sensé appliquer « le principe pollueur-payeur ». En réalité, la formalisation théorique de ce principe est postérieure à la création des Agences puisqu'il n'a été développé qu'à partir de 1971 à l'OCDE. Il désigne un principe d'économie libérale qui vise « *à substituer un rapprochement du marché à une action réglementaire de l'État, donc à déréglementer et inciter. Une fois les redevances établies au point où le pollueur a intérêt à ne plus polluer, et une fois la pollution supprimée, on peut supprimer l'Agence.* » Or, les Agences ont été créées sur la base d'un autre fonctionnement : « [...] *il ne s'agit pas de faire disparaître la pollution, mais de conduire un processus d'apprentissage collectif permettant de gérer celle-ci de façon satisfaisante pour la communauté d'usagers* » (Barraqué, 1999). De plus, les territoires

[108] *« Elles ne peuvent qu'inciter les usagers de l'eau, regroupés dans les comités de bassin, à se taxer eux-mêmes de redevances pour pouvoir obtenir des aides pour améliorer leurs performances environnementales. » (*Barraqué, 2004)

des Agences s'avèrent trop vastes et disparates pour que ce principe s'applique et le niveau des redevances reste beaucoup trop faible pour inciter les « pollueurs » à dépolluer plutôt que de payer la redevance. Néanmoins, il faut reconnaître qu'à travers la collecte de fonds auprès des « pollueurs », ces « banques » ou « mutuelles de gestion » de l'eau, ont contribué à réduire l'impact des pollutions ponctuelles, en redistribuant des aides, sous forme d'assistance technique et financière à l'investissement, aux industries et aux collectivités pour l'épuration des eaux usées et les réseaux de collecte[109]. Selon Bernard Barraqué, c'est sans compter sur leur capacité à avoir « *élevé la conscience collective de l'environnement* » au point de modifier les textes afin de se donner les moyens juridiques de mener au pénal les pollueurs, y compris les élus locaux (Barraqué, 1997).

Malgré tout, face au nombre croissant de directives européennes, à la poursuite du processus de décentralisation, au développement de dispositifs de gestion sectorielle de l'eau (contrats de rivière), des problèmes de cohérence territoriale se posent. Une réforme de l'organisation de la gestion de l'eau se dessine.

Au début des années 1990, le constat qui s'impose est que les dispositifs publics existants ne permettent pas de répondre aux questions d'actualité que sont la gestion des problématiques qualitatives et de « la rareté », l'adaptation de la politique de l'eau aux prérogatives accrues accordées aux collectivités territoriales par les lois de décentralisation, la transposition des directives européennes, la réforme de la police des eaux, les revendications croissantes de la société civile pour peser sur les arbitrages liés à l'eau (associations de protection de l'environnement, de pêche et de consommateurs)[110]. À l'heure des politiques publiques d'inspiration néolibérale et d'une gestion centrée sur la demande et non plus sur l'offre, l'eau acquiert une valeur. On assiste au recours croissant de principes de « décentralisation », de « gouvernance », de « subsidiarité », de « participation » devant permettre d'atteindre les objectifs de « durabilité », de « gestion intégrée », d'« équité », d' « efficacité »… C'est dans ce contexte de la recherche d'une « échelle de gestion optimum » que le bassin versant va s'imposer comme un « *espace-projet cadre du développement territorial* » (Ghiotti, Hague, 2004) et qu'une nouvelle loi sur l'eau est votée à l'unanimité à l'Assemblée nationale le 3 janvier 1992.

---

[109] Néanmoins, il faudra attendre 1997 pour voir instaurer un début de taxation de la pollution d'origine agricole.

[110] Les années 1987 à 1992 par exemple furent marquées par l'opposition d'associations issues de la société civile à la construction de barrages sur la Loire.

3.3. *La loi sur l'eau de 1992 : La réorganisation et la complexification des territoires d'intervention et des rapports de force*

Avec la loi sur l'eau de 1992, la ressource en eau est reconnue comme passible d'une appropriation sociale. Les régimes de l'ensemble des catégories d'eaux sont rassemblés sous l'appellation de « *patrimoine commun de la nation* » ce qui implique une régulation du droit d'usage, quel que soit le statut en termes de propriété. Parallèlement, la loi poursuit la territorialisation de la gestion de l'eau. Elle reflète une prise de conscience, à l'échelle nationale et internationale, de la nécessité d'une gestion de la ressource en eau dans sa globalité et à différentes échelles. Celle-ci se concrétise par une « redéfinition » des missions des services de l'État et des communes, mais aussi une complexification des territoires d'intervention au niveau des bassins hydrographiques qui se voient, une fois de plus, entrer en confrontation avec d'autres logiques territoriales. D'autant plus que les années 1990 voient l'émergence institutionnelle des Pays, le développement de nouvelles intercommunalités et de Parcs Naturels Régionaux.

3.3.1. L'institutionnalisation de nouveaux cadres de gestion de l'eau

Au niveau national, une direction de l'eau est créée au sein du ministère de l'Environnement. Mais le ministère de la Santé conserve les missions de définition des normes de qualité et de contrôle sanitaire. Une administration territoriale, la Direction régionale de l'environnement (DIREN) est implantée dans chaque région. Sur la base de l'unification des ressources en eau en tant que patrimoine, les différents régimes de police de l'eau sont regroupés sous une unique appellation de police de l'eau et des milieux aquatiques. Néanmoins, les fonctions demeurent dispersées entre les différents services départementaux des ministères de l'Agriculture, de l'Industrie, de l'Équipement et de la Santé. C'est pourquoi, une Mission Inter Services de l'Eau (MISE) est instituée dans chaque département pour coordonner la police de l'eau.
Au niveau communal, la compétence des communes dans la gestion de l'eau est renforcée : toutes les communes de plus de 2000 habitants doivent être équipées d'un système de collecte et d'épuration des eaux résiduaires. Le législateur transfère ainsi aux collectivités locales la responsabilité et la charge financière de la distribution d'eau potable et de la politique d'assainissement. Elles ont la possibilité de créer un service public de gestion décentralisée de l'assainissement.
Au niveau des bassins des Agences de l'eau, la loi met en place des Schémas directeurs d'aménagement et de gestion de l'eau (SDAGE), définis par le

Comité de bassin, qui « *fixent pour chaque bassin ou groupement de bassins les orientations fondamentales d'une gestion équilibrée de la ressource en eau* » et « *définissent de manière générale et harmonisée les objectifs de quantité et de qualité des eaux ainsi que les aménagements à réaliser pour les atteindre* » (art.3). Mais la véritable nouveauté est la délimitation de sous-bassins correspondants à une unité hydrographique dont le Schéma d'aménagement et de gestion des eaux (SAGE), document opposable en cohérence avec le SDAGE, « *fixe les objectifs généraux d'utilisation, de mise en valeur et de protection quantitative et qualitative des ressources en eau superficielle et souterraine et des écosystèmes aquatiques ainsi que de préservation des zones humides* » (art.5). Une commission locale de l'eau (CLE), composée de représentants des collectivités, des usagers et de l'État[111], est créée par le représentant de l'État afin de mettre en place et réviser le SAGE.

Suite à la création des Agences de l'eau, on est ainsi passé d'un système où l'État est le principal responsable de la ressource et où la gestion est basée sur « l'incitation, la contrainte et l'investissement direct » (1), à une gestion effectuée par la « communauté des usagers » (2) ; mais où l'État conserve la mise en place des mécanismes de subsidiarité, d'évaluation et de diffusion publique (Theys, 2003). La société civile (public, associations, usagers) doit pouvoir intervenir désormais, de façon plus ou moins associée, dans la gestion de l'eau. La négociation, organisée dans les commissions locales de l'eau et la concertation sont des démarches organisationnelles concernant un ou plusieurs acteurs directement associés à la ressource en eau. La démarche participative, par la mise en capacité des acteurs locaux (*empowerment*), est sensée permettre l'appropriation des enjeux territoriaux. Ce schéma implique donc la mise en œuvre d'une « gouvernance de bassin » qui par une recomposition du pouvoir local, doit permettre une mise en relation et en interdépendance des territoires politiques et administratifs avec le bassin versant. Cependant, « *la création d'un territoire institutionnel n'aboutit pas forcément à la création d'un territoire en tant qu'espace identitaire et en tant qu'espace pertinent de développement et de solidarité* » (Cosandey *et al.*, 2003. D'autant plus que les territoires deviennent porteurs de nouvelles potentialités pour les collectivités pouvant être génératrices d'inégalités.

3.3.2. La réorganisation des territoires d'intervention

Le double phénomène d'intégration de nouveaux acteurs et de confrontation avec d'autres dynamiques de gestion, et la nécessité pour la CLE de

[111] Elle se compose « *pour moitié, des représentants des collectivités territoriales et des établissements publics locaux, qui désignent en leur sein le président de la commission; pour un quart, des représentants des usagers, des propriétaires riverains, des organisations professionnelles et des associations concernées [...] ; pour un quart, des représentants de l'État et de ses établissements publics* » (art.5).

s'appuyer sur des structures intercommunales, impliquent une réorganisation des logiques et pouvoirs locaux existants. Dans le mouvement de décentralisation en cours, les collectivités territoriales (Département, communes et Régions), sont incitées à s'investir de façon croissante dans les politiques de gestion de l'eau. Certaines se saisissent de cette opportunité pour s'autonomiser des services de l'État en développant leurs propres services administratifs et techniques (SATESE[112] et EPTB[113]), et ainsi accroitre leur capacité d'expertise et d'action (Ghiotti, 2004).

Parallèlement, la loi de 1992 n'aborde pas la réforme des Agences de l'eau, le volet relatif aux Agences de l'eau ayant été retiré de crainte de voir le système financier du secteur de l'eau déstabilisé dans un contexte de pression sur le prix de l'eau et de publication de la directive ERU (De Carmantrand, 2004). Pour autant, la faiblesse de l'application du principe pollueur-payeur, la non-constitutionnalité des redevances (considérées comme des « impositions de toute nature »), la question de leur mode de calcul tout comme la lutte contre la pollution d'origine agricole ont été des thèmes largement évoqués dans les débats et dans les rapports ayant présidé au projet de loi.

Les années 1990, seront essentiellement concentrées sur la difficile mise en œuvre de la Loi sur l'eau de 1992 (difficulté de mise en œuvre des SAGE[114]) et la réglementation des services d'eau (problème de transparence et d'augmentation du prix de l'eau). Elles se clôtureront, sur les critiques adressées par Dominique Voynet, ministre de l'Aménagement du territoire et de l'Environnement, sur les « dysfonctionnements » de la politique de l'eau en s'appuyant notamment sur deux rapports d'évaluation (Commissariat général au plan, 1997 ; Cour des comptes, 1997).

---

[112]SATESE désignait à cette époque un Service d'assistance technique aux exploitants de stations d'épuration mis en place au sein des Conseils Généraux.

[113] Lors de la conception de la loi sur l'eau de 1964, afin d'anticiper les difficultés des collectivités locales à assumer les lourds travaux, la création d'établissements publics sous tutelle de l'État avait été déjà envisagée. Les établissements publics territoriaux de bassin (EPTB) sous leur forme actuelle ont finalement été véritablement connus (les premiers datant des années quarante) et se sont développés dans les années 1990 de la volonté d'un ou plusieurs Conseils Généraux, voire régionaux - par lesquels ils sont dirigés le plus souvent. S'ils ont été créés dans l'objectif de ne pas se voir imposer une structure par l'État et pour court-circuiter les futurs SAGE, ils ont été repris en main par les Agences via les SDAGE (Veillard-Coffre, 2001). Ils demeurent néanmoins, *« le bras armé des élus locaux pour aménager et gérer les grands cours d'eau »* (Ghiotti, 2004). C'est précisément à ce titre et en tant que maitres d'ouvrage qu'ils ont pu être contestés par des services de l'État (rivalités) et les associations écologistes (échelle de gestion politique et promoteur d'aménagements hydrauliques). Il faut pourtant noter que les découpages choisis pour les SAGE peuvent se révéler aussi divers et « peu naturels » que les EPTB.

[114] La mise en œuvre des SAGE (8 ans en moyenne) souffre d'une certaine lourdeur administrative, d'un manque de moyens et de volonté politique des acteurs locaux (Feuillette, 2004).

Dans les années 2000, la publication de la DCE qui vient confirmer le bassin versant comme échelle de bonne gouvernance, la poursuite de la décentralisation, la dégradation des ressources en eau et des milieux aquatiques par les pollutions diffuses (dans l'espace et en termes de responsabilité), l'augmentation continue du prix de l'eau potable viendront alimenter le débat et la longue mise en œuvre de la réforme de la Loi sur l'eau de 1992.
Face aux enjeux économiques et politiques impliqués (politique agricole, libéralisation des services publics de l'eau et de l'assainissement) et malgré les pressions locales de la part des consommateurs et des instances européennes (contentieux sur la qualité des eaux, délais de transposition des directives), 5 ministres de l'environnement vont se succéder, et la nouvelle loi sur l'eau mettra près de 10 ans à être votée. Elle annonce début 1998 la remise de propositions de réforme du système d'intervention publique dans le domaine de l'eau.

3.4. Une réforme de la loi sur l'eau de 1992 longue à mettre en œuvre

Les constats mis en exergue par les rapports de 1997 justifiaient une évolution des instruments d'intervention publique dans le domaine de l'eau autour de grandes priorités, esquissées dès le 20 mai 1998 et réaffirmées le 27 octobre 1999, dans une communication en Conseil des ministres :

1. La première priorité vise à renforcer la transparence et la démocratie dans le secteur de l'eau[115] : la composition des comités de bassin a été élargie et la création du Haut Conseil du service public de l'eau et de l'assainissement est présentée comme imminente. Le futur projet de loi vise à donner au Parlement le pouvoir d'approuver les programmes pluriannuels d'intervention des Agences de l'eau, de voter les assiettes des redevances et d'en encadrer leurs taux. L'objectif est de permettre la transposition de la DCE (alors soumise au Parlement européen), de rendre plus équitable le prix de l'eau et d'améliorer la solidarité envers les personnes en difficulté.

[115] Dans les années 1990, des rapports se succèdent pour faire état de l'augmentation du prix de l'eau (mission d'information sur l'eau, 1995 ; DGCCRF, 1996 ; Cour des comptes, 1997). Les critiques insistent tantôt sur un contrôle insuffisant des entreprises privées de distribution d'eau, tantôt sur la gestion déficiente des municipalités. En mars 1996, un observatoire de l'eau est institué par Corinne Lepage, ministre de l'Environnement, et Yves Galland, ministre des Finances et du Commerce extérieur.

2. La seconde priorité est de consolider l'application du principe pollueur payeur par la création de « pollu-taxes » dans le cadre de la TGAP[116] et la réforme des redevances des Agences de l'eau.
3. La troisième priorité consiste à augmenter l'efficacité de l'action de l'État et de ses établissements publics notamment à travers la remise aux Présidents des comités de bassin et des Agences de l'eau d'une lettre de cadrage pour la préparation du 8ème programme (2003-2006) assignant des priorités. Mais principalement, afin de financer des politiques d'intérêt national dépassant le cadre des bassins versants et afin de réaliser une forme de péréquation entre bassins, elle propose la création d'un compte spécial du trésor (fond national de l'eau) constitué du Fonds national pour le développement des adductions d'eau (Ministère de l'Agriculture et de la Pêche) et d'un nouveau « Fonds national de solidarité pour l'eau (FNSE) » (Ministère de l'Aménagement du Territoire et de l'Environnement) alimenté par un prélèvement sur les recettes des Agences de l'eau.

Dans le même temps, la pression juridique de l'Europe se renforce et le 8 mars 2001, la France est condamnée par la Cour européenne de justice pour manquement à ses obligations en matière de qualité de l'eau destinée à la production alimentaire dans l'Union européenne. Le 27 juin 2001, Dominique Voynet présente, en Conseil des ministres, son projet de loi portant réforme de la politique de l'eau. Après des arbitrages ministériels, le projet de loi sera finalement voté en première lecture par l'Assemblée nationale le 10 janvier 2002 (« petite loi Cochet sur l'eau »). Toutefois, cette mise en agenda intervient trop tardivement pour être adoptée par les deux chambres avant l'élection présidentielle de mai 2002 reconduisant Jacques Chirac à la présidence de la République et marquant un changement de majorité au gouvernement.

Malgré la déclaration du Président candidat Jacques Chirac du 18 mars 2002 à Avranches présentant ses propositions en matière d'environnement, de développement durable et de lutte contre les pollutions - notamment sa proposition de Charte de l'environnement adossée à la Constitution – le projet de Loi sur l'eau est abandonné et de nouvelles orientations sont ouvertes. Consécutivement à l'abandon de fait, du projet de création d'un Haut Conseil de l'eau et de l'assainissement qui aurait visé à porter assistance aux communes par la régulation des services d'eau et d'assainissement, une « Charte des services publics locaux » est élaborée sous l'égide

[116] La première version du projet de réforme prévoyait d'intégrer les redevances des Agences de l'eau dans une taxe générale sur les activités polluantes (TGAP) eau affectée au budget de l'État. Cette mesure jugée « re-centralisatrice » a particulièrement déclenché l'hostilité des sénateurs. Elle sera abandonnée dans la dernière mouture.

de l'Institut de la gestion déléguée[117], avalisée par l'Assemblée des maires de France (AMF), l'Assemblée des Régions de France (ARF) et l'Assemblée des Départements de France (ADF) et parrainée par le Sénat et le Ministère de l'Intérieur. Cette Charte « *vise à définir les principes et objectifs sur lesquels doivent s'appuyer les collectivités organisatrices pour décider de la création et des modalités de gestion de leurs services publics* ». Elle prône « *le libre-choix par les élus du mode de gestion et sa réversibilité* » par « *l'évaluation comparative des modes de gestion et la mise en place d'indicateurs de performance* »[118] afin, au dire de certains observateurs « d'*évacuer le spectre d'une forte régulation publique du secteur* » (Laimé, 2006). Ces orientations auraient conduit à une course à la production d'indicateurs de performance engagée entre les différents acteurs du domaine : le laboratoire Gestion de l'eau et de l'Assainissement (GEA) de l'ENGREF à Montpellier, l'Association française de normalisation (AFNOR), le Syndicat des entreprises professionnelles de l'eau (SPDE) - créé par Veolia, Suez, et la Saur-, la Fédération nationale des collectivités concédantes et régies (FNCCR)...

Parallèlement, les sanctions européennes continuent de « tomber ». Le 8 mars 2001, la France est condamnée par un arrêt de la Cour de justice des communautés européennes pour manquement à la transposition de la directive (n°75/440/CEE) concernant la qualité requise des eaux superficielles destinées à la production d'eau potable. Le 27 juin 2002, elle est à nouveau condamnée pour manquement à la directive européenne de 1991 sur la protection des eaux contre la pollution par les nitrates.

En juillet 2002, dans le contexte de la réforme des compétences des collectivités territoriales, Roselyne Bachelot, alors ministre de l'Écologie et du Développement durable, justifie l'abandon du projet de loi portant réforme de la politique de l'eau en invoquant « *de l'avis général des acteurs de la loi sur l'eau [...] une loi très centralisée* »[119]. À ce titre, le 10 octobre 2002, Christian Poncelet, déclare lors d'un colloque du Cercle français de l'eau qu'il « *refuse de voir nationalisés les budgets* » des Agences de l'eau. Parallèlement, suite aux assises de la décentralisation, certaines Régions (Alsace, Bretagne, PACA) - au titre de l'expérimentation - et les Départements ont manifesté le souhait d'un certain nombre de transferts de compétences dans le domaine de l'eau.

Face aux échéances européennes en termes de transposition de la DCE[120], la ministre annonce le dépôt, d'ici à fin 2003 d'un texte transposant la directive

---

[117] L'IGD, créé en 1996, fonctionne sous le régime de la fondation d'entreprise et rassemble les grandes entreprises, institutions et professionnels du secteur de la délégation de service public.

[118] http://www.fondation-igd.org/html/char/, page consultée le 20 juillet 2009.

[119] Interview à RTL du 6 août 2002.

[120] Les États avaient 3 ans pour transposer la DCE, elle aurait donc dû intervenir au plus tard le 22 décembre 2003.

communautaire qui, du fait de la préexistence des Agences de l'eau en France, n'impliquerait pas de réels changements. La loi, finalement publiée le 21 avril 2004 (n°2004-338), est pourtant jugée « minimaliste » (Drobenko, 2004) (« principe utilisateur payeur », possibilité de dérogation aux objectifs, conditions de participation du public à l'élaboration du SDAGE insuffisantes…). Le ministère de l'Écologie et du Développement durable se retranche derrière le lancement d'un grand débat national[121] et décentralisé avec l'ensemble des acteurs de l'eau et le grand public. L'objectif était « *de définir une stratégie partagée sur les aménagements qui doivent être apportés à la politique de l'eau pour faire face aux enjeux de cette directive* »[122]. Dans cette lignée, le 2 juin 2004, Serge Lepeltier (successeur de R. Bachelot au Ministère de l'Écologie) rend public un premier avant-projet de rédaction d'une nouvelle loi sur l'eau à l'occasion du Comité national de l'eau[123]. Le projet de Loi définitif sera validé en conseil des ministres le 3 mars 2005, pour entrer en discussion au Parlement en avril.

*

* *

Le système de gestion intégrée à l'échelle du bassin versant, auquel on attribue une dimension sociale, territoriale et environnementale est devenu le cadre légitime de la gestion territoriale de l'eau. De même que pour les

---

[121] Le débat s'est déroulé en quatre phases : début 2003, entretiens bilatéraux menés par le Ministère de l'Écologie auprès des représentants nationaux des principaux acteurs (élus, associations, industriels de l'eau, syndicats) ; second trimestre 2003, enquête auprès des acteurs locaux de l'eau, au sein des comités de bassin et de leurs commissions géographiques. Ces deux phases ont débouché sur l'élaboration d'un rapport technique et d'une synthèse des principales propositions, supports de la troisième phase : automne 2003, consultation du public (un sondage national, questionnaire en ligne des 10-14 ans, réunions d'usagers, conférence de citoyens sur le devenir des boues d'épuration) ; premier semestre 2004, consultation auprès du grand public et des acteurs de l'eau, sur la base des orientations proposées par le Ministère (sondage national, questionnaire…).

[122] http://www.ecologie.gouv.fr/Le-debat-national-sur-l-eau.html, page consultée le 20 juillet 2009.

[123] Le Comité national de l'eau (CNE) a été créé par l'article 15 de la loi sur l'eau de 1964. Il rassemble 82 membres titulaires, et autant de membres suppléants, au sein de cinq collèges, des usagers, des associations, des collectivités territoriales, des représentants de l'État, des personnes compétentes et les présidents des comités de bassin. La composition a été complètement renouvelée pour six ans par arrêté de 3 décembre 2003. Son président, actuellement Jacques Oudin, est nommé par le Premier ministre. Le CNE est consulté sur toutes les questions relatives à l'eau et donne son avis sur les textes et plans gouvernementaux et constitue « *l'instance des débats d'orientation préalables à la définition de la politique de l'eau* ». La direction de l'eau (bureau de la coordination interministérielle et des affaires générales) assure le secrétariat et le fonctionnement. Depuis la loi sur l'eau de 1992, il a tenu 56 réunions plénières (5 en 2001, 3 en 2002, 4 en 2003 et 8 en 2004). (http://www.ecologie.gouv.fr/-Le-Comite-national-de-l-eau-CNE-.html, page consultée le 20 juillet 2009)

contrats de rivière et la gestion des services d'eau et d'assainissement (marchandisation), il véhicule l'image d'un « modèle français » qui s'est exporté en Europe des années 1970[124] jusqu'à son institutionnalisation avec la DCE.

Parallèlement, en France, la décentralisation a progressivement conduit à l'émergence et à la mise en concurrence de différents partenaires, à diverses échelles (locale, départementale, régionale, Union européenne), et à l'expression de rapports de force inégaux pour l'appropriation du territoire. Les politiques relatives aux territoires de la gestion de l'eau deviennent des enjeux forts. Ces territoires de gestion — au premier rang duquel le bassin versant — se retrouvent au centre de débats politiques, économiques, sociaux, administratifs et environnementaux, et se voient instrumentalisés (Ghiotti, 2007). Départements et Régions revendiquent « au titre de l'expérimentation », du « bon niveau » de gestion pour mettre en œuvre une solidarité territoriale, un rôle dans la planification des politiques liées à la gestion de la ressource en eau (départementalisation[125], Schémas Régionaux d'Aménagement et de Gestion des Eaux).

Dans le cadre de la réforme de la Loi sur l'eau de 1992, le référentiel de gouvernance de l'eau européen va se confronter aux formes plus traditionnelles de la gestion de l'eau DCH qui, jusqu'à une période récente, se voyaient relativement « épargnées » ; les réformes précédentes portant davantage sur « l'eau des milieux » et touchant moins directement l'« eau potable ». Désormais, du fait de la mise en interdépendance des enjeux sanitaires et environnementaux, la réforme devient inévitable. La confrontation entre la gestion de l'eau héritée de l'après-guerre et un modèle de gouvernance territoriale basé sur une gestion intégrée ne peut plus être différée. Or, une transposition de ce modèle au niveau des cadres normatifs nationaux aura nécessairement des incidences notables sur l'organisation des politiques conduites à l'échelle des bassins versants et des collectivités territoriales.

---

[124] En Angleterre toutefois, le processus de régionalisation par groupes de bassins avait débuté dès 1952 et donné lieu en 1973 à la création de dix *Regional Water Authorities* (RWA) (Barraqué, 2007).

[125] Un exemple est le SAGE départemental Nappes profondes de Gironde approuvé par arrêté préfectoral le 25 novembre 2003. La mission de secrétariat technique auprès de la CLE pour l'animation et le suivi de la mise en œuvre des mesures est assurée par un établissement public de coopération entre le Conseil Général de la Gironde et la Communauté Urbaine de Bordeaux. Le Syndicat mixte d'études pour la gestion de la ressource en eau du département de la Gironde (SMEGREG) vise la faisabilité technique, économique, juridique et financière de solutions de substitution aux prélèvements dans les nappes d'eau souterraine profondes du département.

Conclusion du chapitre I

En France, 40 ans après la première Loi sur l'eau, le constat est sévère. En effet, si la qualité des eaux distribuées s'est globalement améliorée — grâce au perfectionnement très coûteux des solutions curatives et palliatives, la qualité des eaux brutes n'a cessé de se dégrader. Ce paradoxe est au cœur de la problématique de la gestion publique de la qualité de l'eau DCH.

Le renforcement des interdépendances entre les politiques de santé et d'environnement au niveau européen s'est traduit, via la DCE, par une exigence de performance sanitaire, environnementale, économique et sociale des services AEP sous peine de contentieux communautaires. Ces multiples exigences impliquent désormais d'articuler une logique de gestion bureaucratique et techniciste du risque sanitaire dans le domaine de l'AEP (référentiel anthropocentriste), avec une logique plus environnementaliste et participative (référentiel écocentriste). Cette articulation qui va s'imposer comme le référentiel global (Jobert, Muller, 1987) des politiques de l'eau nécessite de créer des mécanismes de coopérations multi-partenariales entre les acteurs (individuels, collectifs, publics, privés) de la filière de gestion des services AEP et de la filière de gestion des pollutions des ressources en eau DCH et ce, à chaque niveau de structuration des politiques publiques de l'Europe au local.

En France, ce processus s'inscrit dans un contexte politique et social (lois de décentralisation, Charte de l'environnement, LOLF, RGPP) qui promeut la responsabilisation, l'objectif de résultat et le principe de subsidiarité (Barraqué, 1997) comme des conditions d'intégration des logiques territoriales, de démocratie participative, et devant assurer une meilleure efficience et efficacité des politiques publiques de santé et d'environnement.

La gestion publique de la qualité de l'eau DCH se doit donc aujourd'hui d'intégrer : d'une part, des injonctions réglementaires (sanitaires, environnementales, de gestion du service public) et des impératifs structurels (renouvellement des réseaux et sécurisation qualitative et quantitative des approvisionnements) ; et d'autre part, des enjeux économiques (mutualisation et rationalisation des coûts d'infrastructure), politiques (législatifs, locaux) et sociaux (solidarité, accès et prix de l'eau acceptable pour tous).

Dans quelle mesure cette hétérogénéité - des injonctions, des enjeux et des territoires de gestion – dessine-t-elle de nouvelles formes de gouvernance de la qualité de l'eau potable ?

À l'échelle nationale, la longue élaboration du projet de nouvelle loi sur l'eau (1998-2004) aura favorisé la rédaction de nombreux rapports et études, notamment parlementaires, antérieurs et postérieurs au projet de loi, mettant en avant les carences de la politique de l'eau – notamment celles de la police de l'eau en matière de pollutions diffuses – et les nouveaux enjeux de la gestion de l'eau. Si les éléments de constat et les objectifs de la réforme sont suffisamment larges pour faire consensus, on voit clairement se formaliser différentes positions quant aux modalités d'organisation de la gestion de l'eau et quant à la légitimité des institutions territoriales à même d'en assumer la responsabilité. Les origines et les enjeux de ce débat sont largement préexistants au texte et dépassent le cadre de la gestion de l'eau, comme a pu le mettre en évidence l'approche historique de la territorialisation de la gestion de l'eau. Il met en tension les Agences de l'eau, légitimées au niveau européen et local, mais considérées comme « inconstitutionnelles » au niveau national ; les collectivités territoriales, au premier rang desquelles les Conseils Généraux en attente de reconnaissance institutionnelle dans le domaine de la gestion de l'eau potable et de l'assainissement ; et la « figure » de l'État et du ministère de l'Environnement.

L'analyse du processus législatif de la nouvelle loi sur l'eau et les milieux aquatiques (LEMA) développée dans le chapitre suivant montre en ce sens comment le débat sur la répartition des compétences entre les collectivités territoriales — nourrie par des argumentaires de natures politiques, économiques, sociaux, administratifs et environnementaux — se cristallise autour de la réforme institutionnelle des Agences de l'eau, et le transfert de compétences (AEP et assainissement, gestion de la ressource, inondation) et de financements (fond départemental) aux Départements et aux Établissements publics territoriaux de bassins (EPTB). Le projet de réforme ayant même peine à aboutir tant les rapports de force sont importants.

CHAPITRE II – LEMA : SUBSIDIARITE ET DECENTRALISATION : UN ARRANGEMENT POLITIQUE « GAGNANT-GAGNANT » ?

Ce chapitre traite de l'institutionnalisation de la gouvernance de l'eau DCH à l'échelon national. Il propose d'aborder les conditions du changement politique dans ce domaine à travers une analyse du processus législatif de la Loi sur l'eau et les milieux aquatiques (LEMA) du 30 décembre 2006.

Il s'agit de voir comment le référentiel de la gouvernance européenne de l'eau promu par la Directive cadre européenne sur l'eau (DCE) a été traduit dans le cadre normatif national de la LEMA. L'hypothèse générale est que les principes affichés par la DCE (obligation de résultats, internalisation des coûts et implication du public et des parties prenantes à la politique locale de l'eau) font l'objet d'ajustements nationaux et locaux par le biais d'arrangements politiques négociés au sein des arènes législatives parlementaires. L'arrangement politique est entendu ici comme un processus de structuration et de stabilisation de l'organisation d'un domaine politique donné (Van Tatenhoven, Arts, Leroy, 2000). La négociation de la LEMA cristallise la tension entre les injonctions de l'Europe qui tend à imposer de nouveaux standards d'une subsidiarité de la gouvernance de l'eau et une culture de gestion décentralisée de l'eau « à la française » traditionnellement fondée conjointement sur une gestion par bassins versant héritée de la loi sur l'eau de 1964 et, particulièrement pour l'eau potable, sur l'intervention des collectivités territoriales (communes et Départements) et des intercommunalités (syndicats AEP) pour assurer la gestion des équipements et les services de distribution de l'eau potable.

L'enjeu affiché de la LEMA était « *de donner les outils à l'administration, aux collectivités territoriales et aux acteurs de l'eau pour atteindre le bon état en 2015 (DCE 2000) et parvenir à une exploitation durable de la ressource en eau. Il s'agit également de donner aux collectivités territoriales les moyens de rendre les services publics d'eau potable et d'assainissement transparents, accessibles aux plus démunis et respectueux de l'environnement* » (IFEN, 2006, p. 229). Il s'agit donc bien de déchiffrer le processus de formalisation juridique relatif à l'intégration, dans la politique nationale de l'eau, des injonctions communautaires, des logiques et des intérêts multiniveaux décrits dans le chapitre 1.

Les *« jeux décisionnels nationaux »* se révèlent particulièrement structurants de toute réforme touchant de près aux intérêts et aux compétences des collectivités territoriales (Le Lidec, 2008) comme c'est le cas pour la LEMA. Le parlement est avant tout une instance de production et de reproduction du discours politique, soit du sens donné aux problèmes et aux décisions politiques prises pour les résoudre. S'il contribue à façonner et à distribuer les ressources d'autorité, de pouvoir et de domination, les jeux politiques qui président véritablement à la définition des normes se jouent pour l'essentiel en dehors de cet espace public. Néanmoins, ils devront à un moment donné être justifiés et légitimés dans les discours produits. C'est pourquoi, alors qu'une approche strictement juridique par les textes de loi formellement adoptés occulte les jeux de compromis et d'alliance opérés lors du processus législatif, les débats parlementaires peuvent se révéler un bon observatoire des conditions de structuration et de stabilisation de la responsabilité politique au sein de la gouvernance territoriale de l'eau DCH[126].

A l'issue d'un long processus de réforme de la Loi sur l'eau de 1992, la LEMA a finalement été adoptée le 20 décembre 2006 (Figure 3) suite à la réunion d'une commission mixte paritaire (CMP) étant donné que, malgré la présence d'une majorité UMP (Tableau 4 et 5), un accord n'avait pu être trouvé lors des deux premières lectures. Le texte de loi dans sa globalité était en effet loin de faire l'unanimité au sein et entre les deux chambres[127] ainsi que dans la société civile[128]. Toutefois, si les groupes politiques ou associatifs étaient partagés sur la capacité du texte à atteindre les objectifs fixés par la DCE, ils s'accordaient majoritairement sur la nécessité d'aller au bout de la procédure législative[129]. C'est pourquoi, alors que la deuxième

[126] Le corpus écrit qui découle de la procédure législative de la LEMA est relativement massif. Il se compose pour chaque lecture – 3 au Sénat, 3 à l'Assemblée Nationale et une Commission mixte paritaire : d'un projet de loi ; des travaux du rapporteur de la commission chargée de l'étudier et des rapporteurs des commissions saisies pour avis ; des discussions générales et des articles dans chaque commission ; de la discussion générale en séance (précédée pour certaines d'une exception d'irrecevabilité ou de questions préalables) ; de la discussion des articles en séance ; des explications de vote ; et le vote sur l'ensemble.

[127] Pour illustration, le texte du projet de Loi était composé initialement de 50 articles, la LEMA rassemble au final 102 articles. Au Sénat, 693 amendements ont été déposés dès la première lecture et 515 en seconde lecture ; à l'Assemblée Nationale, 1279 amendements ont été déposés en première lecture et 424 en seconde lecture. Une exception d'irrecevabilité et une question préalable ont été déposées à chaque lecture du texte à l'Assemblée nationale de façon alternative par des membres du groupe socialiste, et des membres du groupe communiste et républicain, ainsi qu'en seconde lecture une motion de renvoi en commission déposée par des membres du groupe socialiste.

[128] On peut citer la campagne menées par l'association UFC Que choisir pour présenter son projet de réforme « *Eau-réconciliation 2015* » visant à briser le clivage agriculteurs-consommateurs. Dans son communiqué du 9 mai 2006 (Projet de loi sur l'eau : Double zéro pointé), l'UFC-Que Choisir demande notamment aux députés de voter « *un dispositif vertueux* ». Soit d'« *augmenter les redevances agricoles, à hauteur de 300 millions d'euros, et reverser la totalité [...] sous la forme de subventions agro-environnementales qui permettent d'aider les exploitants à adapter leur système de production* ».

[129] L'association France Nature Environnement par exemple, qui a critiqué les limites du texte tout au long de la procédure appelait dès mai 2006 à l'adoption d'un texte, *« après tant d'années de discussions, il devient maintenant urgent d'adopter cette loi, sans attendre la mise en œuvre du principe de perfection, tout en visant son amélioration ultérieure, indispensable pour atteindre l'objectif de bon état écologique des eaux, fixé par la DCE [...] »* (« Loi sur l'eau : entre économie et écologie », in *Novethic*, 10/05/2006,

lecture du texte à l'Assemblée nationale avait été reportée à 2007, laissant présager à la vue des échéances électorales un nouvel abandon de la réforme, il sera réinscrit avant la fin de la session parlementaire de 2006, notamment sous la menace de démission des Présidents des comités de bassin.

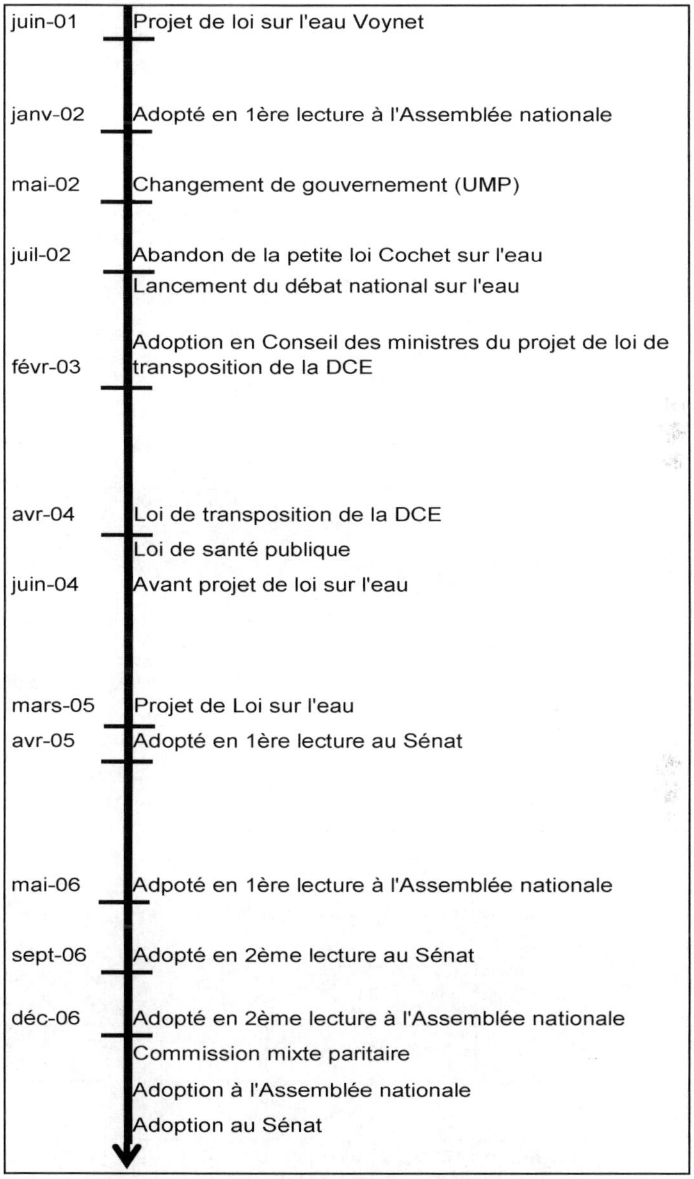

Figure 3- La LEMA : une réforme longue à formaliser

---

http://www.novethic.fr/novethic/planete/environnement/eau/loi_eau_entre_economie_et_ecologie/100523.jsp, page consultée le 24 février 2010).

Chambre	Commission	Rapporteur	
Sénat	Commission des affaires économiques	Bruno SIDO	- Sénateur UMP Haute-Marne - Secrétaire de la commission des affaires économiques - Secrétaire général de l'ADF - Membre de l'OPECST - Pr. Conseil Général - Membre Comité national de l'eau… - Agriculteur
	Commission des finances	Fabienne KELLER (pour avis)	- Sénateur UMP Bas-Rhin - Secrétaire de la commission des finances - Conseillère municipale Strasbourg/ communauté urbaine - Ingénieur
	Commission des lois	Pierre JARLIER (pour avis)	- Sénateur rattaché UMP Cantal - Membre de la commission des finances - Maire de St-Flour/Pr. Communauté de Communes - Comité de bassin Adour Garonne - Vice-Pr de l'AMF - Architecte
Assemblée nationale	Commission des affaires économiques de l'environnement et du territoire	André FLAJOLET	- Député UMP Pas-de-Calais - Membre de la commission des affaires économiques, de l'environnement et du territoire - Maire de St-Venant - Comité national de l'eau - Membre du comité directeur de l'AMF - Professeur
	Commission des finances, de l'économie générale et du plan	Philippe ROUAULT (pour avis)	- Député UMP Ille-et-Vilaine - Membre de la commission des finances - Membre du Conseil Général - Ingénieur en protection de l'environnement

Tableau 4- Commissions et fonctions des rapporteurs de la LEMA

Groupes Politiques	CR	Socialiste	RDSE	UC-UDF	UMP	Non Inscrit	Sièges vacants	Total
Sénat	23	97	17	32	155	7	-	**331**
Assemblée nationale	21	149	-	29	359	14	5	**577**

Tableau 5 - Composition des groupes politiques au Sénat et à l'Assemblée nationale (2002-2007)[130]

[130] Communiste Républicain (CR), Socialiste, Rassemblement Démocratique Social Européen (RDSE), Union Centriste - Union Démocratique Française (UC-UDF), Union Mouvement Populaire (UMP).

De façon générale, malgré une dizaine d'années de débats, de rapports et l'abandon de la « petite loi sur l'eau » de 2002, la LEMA n'est pas considérée comme réellement stratégique et innovante. Dans le contexte de la campagne présidentielle de mars 2007 et quelques mois plus tard du Grenelle de l'environnement, les divergences se confirment entre les acteurs de l'eau sur la capacité du texte de loi à atteindre ses objectifs. Le parlement - et notamment l'Assemblée Nationale - est accusé de s'être fait le relai des lobbies les plus influents (agricoles, entreprises privées du secteur de l'eau) dont les intérêts économiques vont à l'encontre des intérêts environnementaux, ceci ayant pour conséquence l'expression de critiques d'un manque de courage politique de la part des parlementaires et d'une édulcoration des projets de loi gouvernementaux successifs.
Concernant la gouvernance de l'eau, les principales orientations du texte visent, tout en proposant des améliorations, à conforter les grands principes de la politique française de l'eau ayant fait leur preuve : des Agences de l'eau financièrement autonomes associant les acteurs de l'eau au sein du comité de bassin ; le maintien des SDAGE et SAGE comme outils de planification, la promotion d'une approche éco systémique et d'un régime de police de l'eau complet[131]. Les grands changements en termes de gouvernance sont la reconstitutionnalisation des redevances – les orientations prioritaires du programme pluriannuel d'intervention et le plafond des redevances seront encadrés par le parlement - et la création de l'Office national de l'eau et des milieux aquatiques (ONEMA)[132]. Ces deux « innovations » alimentent les débats sur un texte qui ferait la promotion d'une « recentralisation » ou encore une « renationalisation » de la politique de l'eau, allant à l'encontre de l'autonomie des Agences et des principes de subsidiarité (promue par la politique européenne de l'eau) et de décentralisation.
La question de la définition des niveaux et des institutions légitimes et pertinentes pour organiser les services AEP et opérationnaliser les instruments de gestion de l'eau DCH, qui intéresse ce chapitre, s'est posée comme un axe de réforme primordial de la LEMA. Deux principales questions se sont dégagées. D'une part, si la gestion « subsidiaire » à l'échelle des bassins versants est légitimée par la DCE, la critique d'inconstitutionnalité des redevances impliquait une réforme qui risquait de remettre en question le

---

[131] Les grands axes du présent projet sont de rénover l'organisation institutionnelle, notamment les agences de l'eau et le conseil supérieur de la pêche, lutter contre les pollutions diffuses, reconquérir la qualité écologique des cours d'eau, renforcer la gestion locale et concertée des ressources en eau, simplifier et renforcer la police de l'eau (service unique), unifier les outils issus de la législation sur la pêche et de la législation sur l'eau, donner des outils nouveaux aux maires pour gérer les services publics de l'eau et de l'assainissement dans la transparence.

[132] L'ONEMA reprendra les agents et les missions du Conseil supérieur de la pêche (CSP) en faillite, de la Direction de l'eau du MEDD, de l'IFEN, OIEAU… . Il sera financé par un prélèvement annuel sur les redevances des Agences ce qui revient à faire financer des missions de police de l'eau par les usagers.

fonctionnement des Agences (1.). D'autre part, les Départements revendiquaient un transfert de compétences en matière d'eau et d'assainissement, domaines dans lesquels ils assurent déjà auprès des communes un rôle important de financeur et d'assistance technique (2.).
La LEMA devait statuer sur cette organisation institutionnelle et donc logiquement sur les attributions des Départements. Cette question a été source de débat et de controverses dans les discussions, au sein et entre le Sénat et l'Assemblée nationale, qui se sont cristallisés au travers de 5 articles différents. Au cours du processus législatif, des propositions émanant tantôt du Sénat et de l'Assemblée nationale vont être renvoyées, puis des compromis sur ces multiples points vont se dessiner, plus ou moins rapidement, jusqu'à produire un arrangement politique stabilisé dans la version finale de la LEMA (3.).

1. La réforme du fonctionnement des Agences de l'eau : quelle place pour l'État et les collectivités territoriales ?

1.1. Mettre la puissance financière des Agences sous contrôle de l'État ?

Dès leur création en 1964, les « Agences financières de bassin » (Agences de l'eau) et plus particulièrement leur système de redevances ont suscité des polémiques allant du refus de paiement des élus locaux (soutenus par l'AMF), à des accusations d'atteinte à la concurrence, et à la remise en cause de leur constitutionnalité (Barraqué, 1999). Leur puissance, leur indépendance financière et budgétaire, leur légitimité et leur action strictement redistributive et incitative ont contribué d'une part à leur reconnaissance par les acteurs économiques locaux à l'échelle des bassins et d'autre part, à les mettre en tension avec un « État régalien » et plus particulièrement avec le ministère de l'Environnement qui constitue leur tutelle. Ce dernier, n'a jamais pu disposer des moyens humains au niveau local (service départemental dédié) et des moyens budgétaires lui permettant d'assurer ses missions (police de l'environnement) en son nom[133].
En France, le principe d'un impôt levé par un comité qui n'est pas élu au suffrage universel est difficilement admis par les élus nationaux, qui sous

[133] Les constats de l'absence d'une gestion plus intégrée et des faiblesses de la police de l'eau ont conduit à s'interroger sur un renforcement des prérogatives des Agences lors des discussions préparatoires à la loi sur l'eau de 1992. Néanmoins, la peur des législateurs de voir juger les Agences inconstitutionnelles, explique leur absence dans la loi finalement votée. Le ministère de l'Environnement a ainsi pu conserver et voir renforcer son rôle de police à travers un régime unique de police des eaux. (Barraqué, 2007)

l'argument de contrôler les Agences de l'eau, ont tenté à plusieurs reprises de prendre en main leur budget. C'est notamment pour cette raison que les Agences ne disposent pas du pouvoir de police ou de la maitrise d'ouvrage, contrairement aux Wateringues ou aux *Genossenschaften* (Barraqué, 2007). Les Agences ont par ailleurs fait l'objet de restrictions de leurs ressources, notamment en termes de création de redevances (pollutions agricoles, inondations...) leur permettant de nouvelles actions dans ces domaines (Barraqué, 1999).

Pour leurs partisans, une telle extension de leurs attributions et de leurs outils d'action auraient pourtant pu leur permettre de sortir d'une simple logique de financeur d'investissements technologiques et de répondre aux attaques sur leur manque de lisibilité[134], leur déficit d'efficacité environnementale (incitation au changement de pratique), leur absence d'équité (non-application du principe pollueur payeur)[135].

Une des critiques redondantes concerne l'inconstitutionnalité des redevances perçues par les Agences et fixées par les comités de bassin dans des programmes pluriannuels (Flory, 2003). En effet, un avis du conseil constitutionnel du 23 juin 1982 (n°82-124) a classé les redevances des Agences comme des impositions toutes natures[136], donc soumises au contrôle budgétaire du parlement. L'absence d'application de ce contrôle, rendant les redevances « illégales », n'a pas empêché divers ministères de prélever sur leur trésorerie[137] pour financer des politiques nationales et non exclusivement à visées environnementales. Ces mesures qualifiées de centralisatrices étaient alors présentées comme une réponse nécessaire à mise en cause de leur inefficacité (Barraqué, 2007).

L'un des principaux enjeux de la LEMA était donc de rénover l'organisation institutionnelle des Agences de l'eau en rendant constitutionnel le dispositif

134 Le caractère complexe et souvent peu lisible de la gestion actuelle est pointé. Elle apparaîtrait « *par trop fonctionner comme un « club d'experts », dans lequel, sans que les règles n'apparaissent véritablement critiquables sur le fond, leur « maîtrise » est inaccessible au plus grand nombre* » (Flory, 2003, p. 8).

135 « *Bien qu'initialement fondé sur la volonté de mettre en œuvre une tarification économique de la ressource qui répercute la rareté de l'eau sur ses utilisateurs au moyen de la redevance prélèvement et d'appliquer le principe pollueur-payeur au moyen de la redevance pollution* [...], *le système des Agences de l'eau semble fonctionner essentiellement selon une logique de financement des dépenses pour la gestion de l'eau. Par ailleurs, les agriculteurs ont été de fait exemptés de redevance pollution, et ce sont les consommateurs finals de l'eau, les moins représentés dans les Comités de bassin, qui ont dû porter la charge financière associée aux pollutions agricoles* » (OCDE, 2001, p.26-27).

136 Une ordonnance annexée à la loi des finances de 1959 pose deux types de parafiscalité : le service rendu, mission civile de l'État conduite par les Établissements Publics à caractère Industriel et Commercial sans contrôle annuel du parlement ; ou les impositions toutes natures, levées par un établissement à caractère administratif, sous contrôle budgétaire de la Nation, donc du parlement.

137 Le Ministère de l'Écologie avait ainsi ponctionné 210 millions d'euros en 2004 sur la trésorerie des Agences.

des redevances jusque-là voté par les comités de bassin. La LEMA donne désormais au parlement le pouvoir de fixer les règles concernant l'assiette, les taux plafonds et les modalités de recouvrement. Les Comités de Bassin conservent le pouvoir de moduler les taux des redevances qu'ils proposeront au Conseil d'Administration. La marge de manœuvre des coalitions politiques se situe de ce fait dans le maintien ou la réforme de l'équilibre des pouvoirs en son sein.

Dans le débat de la LEMA, la question de la réforme de l'encadrement du statut des redevances, ainsi que de la gouvernance des Agences (représentativité des catégories d'acteurs), n'a pas véritablement créé d'opposition entre Sénat et Assemblée nationale ou entre groupes politiques. Les oppositions se sont davantage situées entre le gouvernement et les représentants des collectivités locales pour le renforcement du contrôle du système des Agences.

Fabienne Keller, sénatrice et rapporteure pour avis de la commission des finances, insistera sur la suppression de la possibilité, actuellement ouverte aux Agences, de contribuer, par fonds de concours, au budget de l'État[138]. Concernant la question du statut à donner aux redevances, dès la première lecture, le Sénat votera un amendement visant à encadrer les modalités d'intervention financière des Agences par le parlement[139] et non pas par arrêté conjoint des ministères de l'Environnement et des Finances. Cette disposition permettant d'accroître le contrôle du Parlement sur la politique de l'eau, l'Assemblée nationale n'y reviendra pas.

La question de la représentativité des différents collèges (État, collectivités et usagers) au sein du comité de bassin et du conseil d'administration de l'Agence (Encadré 3) apparait encore davantage symptomatique de cette coalition politique.

Elle s'inscrit dans un débat sur la légitimité de la représentation politique, sur la place à accorder aux parties prenantes dans la gestion de l'eau, et sur l'équilibre à fixer entre représentants élus de la République, représentants d'intérêts économiques, représentants de la société civile et représentants de l'État.

---

[138] Depuis 1998, l'État s'appuyait sur cette disposition pour prélever de plus en plus de fonds sur la trésorerie des Agences.

[139] « *Le Parlement définit les orientations du programme pluriannuel d'intervention des agences de l'eau, et fixe le plafond global de leurs dépenses sur la période considérée, ainsi que celui des contributions des agences à l'Office national de l'eau et des milieux aquatiques.* » (Article 35, LEMA)

Le comité de bassin est une instance consultative (avis, avis conforme, attributions fonctionnelles), censée être représentative des intérêts locaux dans le domaine de l'eau pour que l'Agence ne soit pas « *un instrument de politique entièrement aux mains de l'État* » (Evrard, 2006). Il se répartit en trois collèges égaux de représentants désignés pour six ans, dont la composition a évolué en 40 ans.
La pratique précédant la LEMA consistait à attribuer 38 % des sièges aux élus des collectivités territoriales, 38 % aux usagers et 24 % à l'administration (196 en Adour Garonne, dont 101 titulaires et 95 suppléants). Le Président est désigné par et au sein du Comité de bassin pour trois ans. Les Présidents sont majoritairement des personnalités politiques membres du collège des élus et des parlementaires dont le rôle est de « *faciliter les arbitrages entre les différentes catégories représentées* » (Evrard, 2006). Le comité de bassin est aussi une « *assemblée néo-corporatrice* » (Barraqué, 2007 ; Narcy, 2004) qui influe sur l'Agence via son Conseil d'Administration, dont les deux tiers de ses membres sont issus du comité de bassin.
Le Conseil d'administration pilote l'activité de l'Agence de l'eau en définissant le programme d'intervention (redevances, modalités d'aides, équilibre financier) et l'affectation des financements, même si le ministre de l'Environnement peut s'y opposer.
Le Directeur de l'Agence, généralement fonctionnaire et ingénieur des grands corps de l'État, et le Président du Conseil d'administration sont nommés par arrêté du premier ministre. Les membres du conseil d'administration étaient initialement répartis entre l'État, pour moitié, et les collectivités locales et les usagers. Après la Loi de juillet 1984, cette répartition devient tripartite et un agent de l'Agence est introduit au côté des représentants de l'État. Les dernières modifications (décret de 1999) font suite à un long débat sur le caractère démocratique des instances du système Agence. Si la répartition des catégories de membres demeure identique, le nombre de sièges passe de 25 à 34 et impose trois représentants du milieu associatif dans le collège des usagers (association de pêche et de pisciculture, association de protection de la nature et de l'environnement et d'une association nationale de consommateurs).
On peut mentionner aussi le statut de « juge et partie » de certains des membres appartenant aux collèges des professionnels. En effet, même si un membre intéressé à une décision ne doit pas participer à la délibération, la question de l'influence des intérêts privés sur les décisions du Conseil d'administration se pose.
L'État, sans être absent du dispositif, « *n'apparaît cependant que comme un acteur parmi d'autre au sein d'une politique directement élaborée par ceux qu'elle concerne.* » (Narcy, 2004)

Encadré 3 – Le fonctionnement du Comité de bassin et du Conseil d'administration des Agences de l'eau

1.2. Une transformation de la représentation au sein de gouvernance de bassin

Le projet de Loi du gouvernement proposait une représentation à parts égales des représentants des trois collèges. Bruno Sido, rapporteur au Sénat, « *considérant que le projet induisait, par certains aspects, une sorte de « recentralisation » de la politique de l'eau difficilement acceptable* » a suggéré un retour à l'équilibre actuel, à savoir 40 % pour les collectivités territoriales, 40 % pour les socioprofessionnels et les usagers et 20 % pour l'État. Dans la même idée, il estime « *incohérent de prévoir la participation des représentants de l'État à l'élection du président du comité de bassin* », comme le projet de loi le mentionnait, « *arguant que l'État risquait ainsi d'être l'arbitre entre les élus locaux et les socioprofessionnels.* »[140]
Lors de la première lecture du texte au Sénat et de la discussion de l'article 35, un consensus politique s'est dégagé d'une part, pour augmenter la part des collectivités à 50 %, réduire celle des usagers et professionnelles à 30 % et celle de l'État à 20 % ; et d'autre part, acter l'élection du président du comité de bassin au sein des deux premiers collèges.
Serge Lepeltier (Ministre de l'Écologie) reconnaissant que « *les élus représentent évidemment tous les usagers de l'eau* » alertera sur la nécessité « *que les représentants de la société civile soient également significativement représentés* »[141]. De même, il insistera à nouveau sur le fait que l'État est responsable devant l'UE du respect des objectifs de la DCE, devant ainsi faire entendre sa voix dans ces instances et orienter l'action des Agences.
Ce à quoi il se verra opposer par Ladislas Poniatowski (UMP) après lui avoir rappelé son statut d'élu local en plus de ministre :

> *« N'oublions pas trois considérations qui nous amènent à souhaiter que les élus disposent d'un poids plus important. Tout d'abord, les maîtres d'ouvrage des travaux, qui seront réalisés notamment grâce à l'argent des agences, sont les communes. Il est donc normal que l'on donne un poids plus important aux élus. N'oublions pas non plus que les élus supportent aussi l'impopularité. [...] Ils ne vont pas s'amuser à augmenter des impôts ou des redevances, sachant que leurs concitoyens n'hésitent pas à venir se plaindre lorsqu'ils trouvent l'addition un peu trop lourde. Ce ne sont pas des irresponsables. Par ailleurs, monsieur le ministre, j'ai bien entendu votre argument concernant le poids de la société civile. Il ne faut pas dire qu'elle est sous-représentée si son collège représente demain 30 % des membres*

[140] Commission des affaires économiques, Sénat, séance du 23 mars 2005, http://www.senat.fr/commission/eco/eco050329.html#toc4, page consultée le 20 juillet 2009.
[141] 1ère lecture au Sénat, séance du 8 avril 2005, compte-rendu intégral des débats, http://www.senat.fr/seances/s200504/s20050408/s20050408002.html#section2576, page consultée le 21 juillet 2009.

du comité de bassin. Enfin, qui représente le mieux les usagers ? Je pèse mes mots, car j'ai bien pris note du soutien des élus verts : ce ne sont pas forcément les associations ; ce sont les élus qui sont désignés par les habitants de leur circonscription. [...] »[142]

Cette image de l'élu local comme représentant légitime des « usagers » est majoritairement véhiculée et - à l'exception de Jean Desessards (Verts) qui regrette l'abandon de la proposition 40/40/20 plus favorable aux usagers - dépasse de façon nette les clivages de parti. En seconde lecture, après que plusieurs amendements (UMP et PS) aient tenté d'instaurer une représentation 50/30/20 en s'appuyant sur ce même argument, les sénateurs se rangeront majoritairement à la modification effectuée par l'Assemblée nationale d'une répartition 40/40/20.

Dans son rapport sur le projet de loi adopté par le Sénat en première lecture, le député André Flajolet, rapporteur, à l'issue d'une année d'auditions, soulignait :

« [...] l'étonnement général, voire l'incompréhension occasionnée par cette modification introduite par la Haute Assemblée. [...] il semblerait que la modification de l'équilibre de la représentation au sein des comités de bassin n'ait été demandée par aucune instance représentative des intérêts de l'un ou l'autre des collèges. En revanche, les représentants des usagers et des industriels, fortement lésés par la part congrue qui leur resterait dans le second collège, ont indiqué que cette politisation du comité de bassin remettrait en cause leur intérêt pour le fonctionnement du comité de bassin, et au-delà pour l'institution même des agences de l'eau. En tant que contributeurs au budget des agences, par le biais de la perception des redevances, ces représentants ont estimé nécessaire d'avoir un poids suffisamment important dans le comité de bassin pour exercer un contrôle effectif sur les orientations de l'activité des agences de l'eau, dans le respect d'une certaine conception de la démocratie locale dans le secteur de l'eau mise en place dès 1964. » (2006, p. 279)

Lors de la commission des finances, certains députés, tels Augustin Bonrepaux (Député PS de l'Ariège) et Gilles Carrez (UMP) avaient pourtant respectivement estimé [143] :

« [...] essentiel de ne pas laisser des pouvoirs à des représentants qui ne sont pas élus » ;

---

[142] 1ère lecture au Sénat, séance du 8 avril 2005, compte-rendu intégral des débats, http://www.senat.fr/seances/s200504/s20050408/s20050408002.html#section2576, page consultée le 21 juillet 2009.

[143] Assemblée nationale, Commission des finances, de l'économie générale et du plan, compte-rendu n°62, mercredi 3 mai 2006, Séance de 11 heures, p.5.

« […] la fixation des redevances doit relever de la responsabilité des élus. Il s'agit d'une question de principe. Les élus locaux, eux-mêmes, n'exercent le pouvoir fiscal que de manière dérivée. Aussi importe-t-il que les élus disposent d'au moins la moitié des sièges au sein des comités de bassin. ».

La position unanime du Sénat d'une surreprésentation des élus par rapport à l'État ne sera néanmoins pas poursuivie pour la composition du Conseil d'administration. Les amendements de députés et sénateurs socialistes proposant une représentation majoritaire des élus ne seront finalement pas adoptés.
Les différents rapporteurs et parlementaires majoritairement de droite s'étaient rangés de fait aux arguments du gouvernement qui insiste sur le statut d'établissement public de l'Agence et le rôle de l'État de garant de la mise en œuvre des grandes orientations européennes.

*
*   *

Dès les premières lectures du texte, la tentative du gouvernement d'accroître la représentation de l'État au sein des comités de bassin aura été contestée collectivement par les législateurs de tous bords et le collège des représentants de l'État comportera au final moins de sièges qu'initialement prévu dans le projet de loi. Si la coalition politique à l'œuvre a dépassé les clivages des groupes politiques, du fait du double mandat d'élu local de nombreux députés et sénateurs, il n'en est pas de même sur la question de la place du Département dans la mise en œuvre de la politique de l'eau DCH.
Cet épisode législatif souligne une nouvelle fois la tension entre les conceptions et les logiques de représentation politique en France. La fidélité des parlementaires au maintien du pouvoir des élus locaux plaidait pour le renforcement du collège des élus ; alors que la responsabilité désormais plus clairement affirmée de l'État face aux potentiels contentieux européens plaidait pour une présence plus forte de l'État dans les comités de bassin.
La logique de gouvernance par les partie-prenantes trouvait des alliés d'une part, parmi les tenants d'un renforcement des acteurs socio-économiques au titre de leur contribution aux redevances et au bénéfice des aides ; et, d'autre part, parmi les tenants d'une meilleure représentation de la société civile (usagers, consommateurs, associations d'environnement…), au titre d'un intéressement des usagers aux arbitrages liés aux redevances dont ils sont les principaux contributeurs.

2. La question du statut et du rôle des Départements

2.1. La LEMA : Un frein aux ambitions du Département ?

Le rapport d'évaluation sur la politique de préservation de la ressource en eau DCH, paru en septembre 2001 mettait en évidence que « *[...] la préservation de la ressource en eau destinée à la consommation humaine n'avait pas fait l'objet d'une politique unique entreprise à un moment déterminé avec des objectifs explicitement fixés, des moyens précisément définis et des indicateurs de résultats»* (Villey-Desmeserets *et al.*, 2001, p. 135).

Les principales causes identifiées sont : la « *diversité des objectifs* » ; la « *diversité des acteurs et de leurs niveaux d'intervention* » qui, si elle indique un intérêt environnemental, peut faire craindre des chevauchements ; la « *diversité des modalités d'action, des instruments utilisés, des échelles d'espace et de temps* » dont découle une superposition des échelles géographiques de planification et de mise en œuvre des actions ; enfin, la « *difficulté d'accéder à des indicateurs de résultats* ».

Le rapport observe que la préservation des ressources en eau DCH ne constitue qu'un volet parmi d'autres des SDAGE ou des SAGE, et qu'en sont exclues les actions propres à la préservation des ressources en DCH (PPC) qui sont mises en œuvre localement. La planification actuelle ne favorise donc pas « *une vision d'ensemble des ressources à protéger* ». En ce sens, le rapport préconise que le « *cadre départemental pourrait bien convenir pour intégrer la protection des ressources dans une vision d'ensemble de la desserte en eau des populations dans la mesure où le département est un cadre habituel de programmation des questions intéressant les communes et leurs groupements et où certains départements sont déjà directement impliqués dans l'aide aux collectivités responsables des services d'eau potable pour la mise en place des périmètres de protection »* (Villey-Desmeserets *et al.*, 2001, p. 149). Dans un avis du 20 novembre 2000, le Conseil économique et social préconisait déjà de conforter le Département dans son rôle de maître d'ouvrage et de financeur (Evrard, 2006, p. 231).

Les Départements sont l'un des principaux financeurs de la politique de l'eau (les dépenses globales pour l'eau étaient de 700 M€ en 2005, dont 89 % consacrés aux dépenses d'investissement, à 90 % sous forme de subventions aux collectivités locales et intercommunales). Entre 2003 et 2006, les Départements ont augmenté la dépense moyenne par habitant pour l'eau et l'assainissement de 11,3 %.

En 2003, le rapport du député UMP Jean-Claude Flory proposait une consolidation du « *caractère d'intérêt commun au bassin des redevances, en affirmant parallèlement le rôle prééminent des Départements dans le domaine de l'alimentation en eau potable (en développant la possibilité de ressources financières nouvelles à ce niveau, le cas échéant), et suggérant une intervention réelle, mais ciblée (qualité de l'eau distribuée, sécurité), des agences de l'eau via les ressources permises par des redevances « bénéficiaires » dans ce domaine* » (Flory, 2003, p. 180).

Paru la même année, le rapport du sénateur Gérard Miquel (PS), faisant suite aux conclusions du rapport du député Yves Tavernier (PS) sur le financement et la gestion de l'eau paru en 2001, vient renforcer les conclusions des rapports précédents en parlant d'un double constat d'échec : d'une part un « *bilan très médiocre des actions de protection de la ressource* » et d'autre part l'« *inadaptation du cadre communal à la gestion des eaux* », qualifiant la commune de « *maillon faible* » dans cette organisation. Afin de « *réformer en profondeur l'organisation de la gestion locale de l'eau* » (Miquel, 2003), il préconise de faire du Département le gestionnaire de l'eau afin de parvenir à terme, à une qualité de l'eau et à un prix homogènes dans le département. Cela conduirait à engager, dans chaque département, un « *regroupement des structures communales et inter-communales de gestion de l'eau et parvenir, lorsque cela est possible, à l'institution de syndicats départementaux de gestion de l'eau sur le modèle des syndicats départementaux de gestion des déchets* […] » (p. 189).

En novembre 2003, le rapport du député Jean Launay (PS) sur la gestion de l'eau sur le territoire, -réalisé au nom de la délégation à l'aménagement et au développement durable du territoire-, a pour objectif de s'interroger sur « *l'émiettement des compétences relatives à la gestion de l'eau au moment même où notre pays s'engage sur une nouvelle phase de décentralisation* » (Launay, 2003, p.6). Les principaux enjeux avancés sont une bonne qualité de l'eau dans tous les départements, un prix de l'eau accessible à l'ensemble des citoyens, le renouvellement et l'interconnexion des installations (redéfinition des compétences des collectivités locales et des établissements publics) et la réorganisation des dispositifs de gestion de l'eau. Dans la lignée du rapport Miquel, le rapport Launay conclut sur l'observation d'un consensus pour la poursuite d'une politique de l'eau décentralisée et pour un renforcement du rôle pivot des Départements qui, par l'assistance à l'investissement des syndicats d'eau, participent à l'amélioration de la qualité de l'eau et à la péréquation des tarifs. Le rapport opérationnalise ce qu'il nomme une « *politique de l'eau orientée vers la départementalisation* » en proposant :

> « […] *que le rôle des départements soit mieux reconnu et conforté par l'affectation à leur profit d'une partie de la fiscalité assise sur l'eau, notamment la taxe sur les titulaires d'ouvrages hydrauliques concédés. Insistant sur le rôle structurant du bassin versant pour la gestion de l'eau sur le territoire, il prônait aussi une meilleure reconnaissance du rôle des établissements publics territoriaux de bassin (EPTB), groupements spontanément organisés par les*

collectivités locales pour la gestion de l'eau, notamment comme maîtres d'ouvrage des opérations sur un bassin ou un sous-bassin ; il ne s'agit pas d'en faire des contre-pouvoirs, mais de donner aux élus des instruments pour travailler avec les agences de l'eau et les usagers, industriels ou consommateurs » (Blessig, 2005, p. 23).

Toujours dans l'objectif d'apporter des éléments de réflexion dans le cadre des débats sur la décentralisation et la réforme de la politique de l'eau en France, l'Assemblée des Départements de France et le Cercle Français de l'Eau (CFE) ont mené en mars 2003, une enquête sur les interventions des Départements français dans le domaine de l'eau. Elle avait vocation à montrer la forte implication des Départements dans le financement des politiques locales de l'eau et l'importance de leur rôle de soutien technique et financier aux communes particulièrement rurales. Dans le contexte de la DCE, de la loi du 13 août 2004 (organisant les transferts de compétence), de l'acte II de la décentralisation, de la suppression du fonds national pour le développement des adductions d'eau et l'assainissement (FNDAE) (Encadré 4), l'ADF et le CFE ont souhaité appréhender l'« *évolution de l'implication des départements dans les politiques de l'eau et connaître les attentes des élus départementaux* » par une nouvelle étude parue en avril 2006 (ADF, CFE, 2006).

Le FNDAE était un compte d'affectation spéciale institué par le décret n° 54-982 du 1er octobre 1954 et géré par le ministre chargé de l'agriculture (subventions et prêts aux collectivités locales aux communes). La loi 83-8 du 7 janvier 1983 relative à la répartition des compétences entre les communes, les Départements, les Régions et l'État, a introduit la charge pour les Conseils généraux de sa répartition.

Sur les 142 millions d'euros de crédits dont a bénéficié le fonds en 2002 : 62 millions d'euros ont été consacrés aux travaux d'adduction, 67 millions d'euros aux investissements liés à l'assainissement et 22,87 millions d'euros pour le PMPOA.

Le financement du FNDAE était assuré à 52 % par des recettes provenant de la redevance sur les consommations d'eau distribuée et 48 % par un prélèvement sur le produit du Pari mutuel urbain (PMU). Ce dernier financement était incompatible avec les dispositions de l'article 21 de la loi organique du 1er août 2001, prévoyant que les comptes d'affectation spéciale doivent financer leurs opérations au moyen de recettes particulières en relation directe avec les dépenses concernées. De plus, de nombreux rapports auraient *« relevé les défaillances de gestion de ce fonds, qui ont motivé sa suppression et son remplacement par une ligne budgétaire du ministère de l'Agriculture* » (Flajolet, 2006).

Encadré 4 – Le fonds national pour le développement des adductions d'eau et l'assainissement

97 % des Départements ayant répondu à l'enquête confirment que *« les interventions dans le secteur de l'eau constituent des éléments importants pour l'aménagement de leur territoire et les services à la population* » (ADF, CFE, 2006). Les Départements se positionnent « *prioritairement en*

partenaire financier et de suivi des politiques de l'eau » dans les actions relatives à la distribution d'eau potable de qualité et en quantité suffisante, à la protection et la préservation de la ressource, à l'aménagement durable du territoire. L'enjeu est de promouvoir « *une politique multi-partenariale avec l'ensemble des acteurs institutionnels et financiers* » et principalement avec l'Agence de l'Eau pour laquelle il constitue un « *l'échelon de proximité* » et un « *interlocuteur privilégié sur le plan technique et financier* ».
En conséquence, les Départements manifestent le souhait d'élargir leurs champs de compétences (diagnostic et gestion patrimoniale, mise en œuvre et gestion des SAGE) sous la condition préalable d'une clarification juridique et financière de leurs attributions, ce qui favoriserait « *la prise en compte d'une gestion intégrée de la relation entre l'eau et les territoires* ». Selon l'ADF, c'est dans une articulation entre appui technique et soutien financier que se situerait « *la place originale de l'échelon départemental dans la politique de l'eau* ».
C'est donc logiquement que le projet de loi de la LEMA comporte un chapitre sur les attributions des Départements. Cependant, prenant à contre-pied les rapports précités et produits majoritairement par des parlementaires appartenant au parti socialiste, le projet de loi ne contient qu'un seul article (article 28) et qui plus est, sur la mise en concurrence économique des services d'assistance technique aux exploitants de stations d'épuration (SATESE) des Conseils généraux. Dès lors, la balle est dans le camp du Sénat en première lecture pour amender le texte. Comment le Sénat soutient-il l'institutionnalisation du rôle du Département dans la gestion de l'eau DCH ?

2.2. La position du Sénat : Justifier la départementalisation en agitant le spectre de la recentralisation

Dans le domaine de la gouvernance, fidèle à sa tradition de défense des collectivités territoriales, le Sénat se positionne nettement en faveur d'une institutionnalisation des missions remplies par les Départements, voire à leur élargissement, en s'appuyant sur leur « mission de garant d'une solidarité territoriale envers les communes rurales ». C'est pourquoi, dès la première lecture, il décide d'« *encourager l'intervention des départements dans la politique de l'eau* » à travers sept dispositions renvoyant à trois priorités (Tableau 6): étendre les domaines de compétences du Département (I), renforcer les ressources financières des collectivités territoriales (II) et conforter les capacités gestionnaires des collectivités territoriales au titre de la solidarité urbain-rural (III).
Cette section (3.2) présente la position générale du Sénat (première et seconde lecture) en abordant successivement le contenu des sept dispositions introduites par le Sénat dans le projet de loi initial et les principales

discussions auxquelles elles ont donné lieu. La section suivante (3.3) s'attache à présenter la position générale de l'Assemblée nationale (première et seconde lecture) sur les sept dispositions du Sénat. La section (3.4) précise la position générale du gouvernement. La caractérisation de l'arrangement politique finalement retenu, formalisé lors de la commission mixte paritaire, intervient dans la section 4.

Priorités	Dispositions
I- Étendre les domaines de compétence des Départements	1. Élargissement du domaine de compétences des SATESE à la protection de la ressource en eau et aux milieux aquatiques
II- Renforcer les ressources financières des collectivités territoriales	2. - Fonds départemental facultatif pour l'eau et l'assainissement (FDEA) - Taxe communale facultative sur le ruissellement des eaux pluviales et prélèvement permettant d'alimenter le fonds de garantie des boues
III- Conforter les capacités gestionnaires des collectivités territoriales et la solidarité urbain-rural (SUR)	3. Modification des conditions de fixation de la contribution financière des Agences à l'ONEMA et introduction d'un mode de calcul basé sur le potentiel économique du bassin hydrographique et l'importance de la sa population rurale
	4. Maintien du plafonnement des redevances perçues par les Agences à 12 milliards d'euros et plancher de contribution des Agences de l'eau à la SUR entre 2007 et 2012
	5. Obligation pour les Agences de l'eau de passer une convention avec les Départements participant au financement ayant trait à la SUR
	6. Renforcer le poids des élus dans la gouvernance de l'eau
	7. Renforcer le poids des EPTB dans la gouvernance de l'eau

Tableau 6 – Priorités du Sénat et dispositions de renforcement du pouvoir des collectivités dans la gouvernance territoriale de l'eau

I) <u>Etendre les domaines de compétence des structures départementales</u>

- **Disposition 1 :** Tout d'abord, le Sénat étend les domaines d'intervention des SATESE (Article 28) en leur permettant de maintenir, via une convention, une assistance technique auprès des communes ou EPCI ne bénéficiant pas de moyens suffisants pour l'exercice de leur compétence dans le domaine de l'assainissement, de la protection de la ressource en eau, de la restauration et de l'entretien des milieux aquatiques[144].

L'action des Départements dans le domaine de l'eau passe par des subventions d'investissement et la fourniture de services d'appui technique des communes, dans le domaine de l'assainissement collectif (SATESE), de l'assainissement non collectif (SATAA), de l'eau potable (SATEP) ou encore de la gestion des boues d'épuration (SATEGE). Or, les prestations des SATESE[145] - dont le cadre juridique imposait la gratuité envers les communes ou à leurs groupements - tendaient à dépasser celles prévues par le code de la santé publique (collecte d'informations relatives au fonctionnement des STEP, calcul des primes pour épuration relatives aux redevances des Agences, assainissement non collectif, conseils techniques aux industriels, suivi de la qualité des rivières…). Le gouvernement a estimé que, dans une logique de respect de la concurrence, cette gratuité portait atteinte à l'activité de bureaux d'études privés fournissant contre rémunération ce même type de prestations. C'est pourquoi l'article 28 du projet de loi initial prévoyait une nouvelle rédaction de l'article L. 1331-16 du code de la santé publique, selon laquelle le Département peut :

> *« [...] procéder à l'expertise technique du fonctionnement des ouvrages d'assainissement et fournir aux communes et à leurs groupements, contre rémunération et dans les conditions prévues par le code des marchés publics, une assistance technique dans les domaines de l'alimentation en eau potable, de la collecte et de l'épuration des eaux usées, des eaux pluviales et de ruissellement et de l'entretien des rivières. »*[146]

Cette question porteuse d'une dimension idéologique forte sur le rôle respectif des autorités publiques et du marché, va être l'objet d'un double clivage : un clivage entre groupes politiques au sein de chaque assemblée sur la question de la privatisation des missions des SATESE et un clivage entre

---

[144] Cette rédaction ne sera inscrite telle qu'elle qu'en seconde lecture du Sénat.

[145] *« Créées par l'article 40 de la loi n° 64-1245 du 16 décembre 1964, les SATESE ont été transférés aux départements par l'article 40 de la loi n° 92-3 du 3 janvier 1992. Conformément à cet article, codifié par l'article L. 1331-6 du code de la santé publique en vigueur, le département peut mettre à la disposition des communes ou de leurs groupements une expertise du fonctionnement des dispositifs d'épuration et d'assainissement publics. [...] Aujourd'hui, de tels services ont été créés dans la quasi-totalité des départements, sous la forme d'une structure rattachée au Conseil général et financée par les départements et les agences de l'eau. Le comité de gestion du SATESE est généralement présidé par le président du conseil général qui en définit les missions ainsi que le financement. »* (Flajolet, 2006, p.232)

[146]Projet de Loi sur l'eau et les milieux aquatiques, n°240, Sénat, présenté par M. S.LEPELTIER, ministre de l'Écologie et du Développement durable, session ordinaire de 2004-2005, Annexe au procès-verbal de la séance du 10 mars 2005, http://www.senat.fr/leg/pjl04-240.html, page consultée le 20 juillet 2009.

assemblées sur l'étendue des compétences du Département en matière de protection des milieux.
Le Sénat, sur proposition conjointe des rapporteurs de la commission des affaires économiques et de sa commission des lois, a d'emblée modifié cet article en première lecture, contre l'avis du gouvernement, mais sans réelle opposition des autres groupes politiques[147]. Celle-ci se manifestera davantage en deuxième lecture, à travers plusieurs amendements (PS, UMP et CRC) sur la question de la garantie d'un service public d'assistance à l'ensemble des communes.
Dans un contexte général de réforme de l'ingénierie publique et d'un recentrage des actions des services de l'État sur leurs missions régaliennes, la volonté de maintenir les services techniques sous la responsabilité des Conseils Généraux, reposait sur l'argument principal de soutenir les communes rurales « *les plus démunies* » financièrement et moins bien armées vis-à-vis des procédures de marchés publics. Ce soutien à l'ingénierie publique trouvait écho jusque dans les rangs de sénateurs UMP Philippe Richert (UMP) :

> *« L'expertise de ces services publics est avérée, et les SATESE disposent de moyens d'intervention qui, en période d'alerte, peuvent aider à surmonter les crises. Aujourd'hui, l'encadrement plus strict de leur activité et l'ouverture de celle-ci au secteur privé nous rappellent fortement ce que nous avons connu avec les laboratoires vétérinaires départementaux : à mesure que le secteur privé s'accapare tous les secteurs rentables, les laboratoires publics s'étiolent.»*[148].

Un autre argument du maintien des SATESE consistait à prévoir des contractualisations, y compris financières, dans des conventions entre Département et communes (Flajolet, 2006, p. 234).
Lors de la deuxième lecture à l'AN, la position du Sénat est relativement satisfaite sur la proposition de la convention pour les communes disposant de faibles moyens, par l'introduction d'un amendement prévoyant une dérogation au code des marchés publics pour le secteur de l'assainissement. Elle s'appliquera de fait sur l'étendue de ce champ de compétence juridiquement dévolu aux SATESE. Dans son rapport, le rapporteur invoquera les évolutions récentes en matière de décentralisation plaçant le Département comme « *le niveau d'intervention pertinent pour assurer la*

---

[147] L'amendement n°61 et n°142 de Bruno SIDO (UMP) (Commission des Affaires économiques) et Pierre JARLIER (UMP) (Commission des Lois) ont été adoptés après que les amendements de Charles REVET (UMP), Bernard CAZEAU (PS) ait été retirés et celui de Évelyne DIDIER (Groupe Communiste) déclaré sans objet. Cette dernière proposait de supprimer les mentions relatives à la rémunération et au code des marchés publics.

[148] 1ère lecture au Sénat, séance du 5 avril 2005, compte-rendu intégral des débats, http://www.senat.fr/seances/s200504/s20050405/s20050405002.html#int354, page consultée le 20 juillet 2009.

cohérence territoriale et l'optimisation de la dépense publique en matière d'aménagement du territoire et de solidarité rurale », parant ainsi au « *désengagement constaté des services déconcentrés de l'État »,* mais aussi en prévision *« des échéances très rapprochées inscrites dans la DCE* » qui rendraient « *périlleux de remettre en cause des structures qui remplissent, dans le domaine de l'eau, de véritables missions d'intérêt général auprès des petites communes* » (Sido, 2006, p. 156). Toujours dans un objectif d'institutionnaliser le rôle du Département, le rapporteur proposera d'inscrire ce dispositif « *non plus dans le code général de la santé publique, mais dans le code général des collectivités territoriales* ». Après avoir ainsi poussé à la reconnaissance du statut particulier du Département pour la gestion de l'eau DCH, le Sénat s'est efforcé de lui conférer des moyens propres à cette politique.

II) Pour un renforcement des ressources financières des collectivités et une compensation de la suppression du FNDAE

- **Disposition 2 :** Le Sénat propose un renforcement des ressources fiscales des collectivités en ajoutant une taxe communale facultative sur le ruissellement des eaux pluviales et un prélèvement permettant d'alimenter le fonds de garantie des boues, mais principalement en ajoutant un article (Article 28 bis) donnant la possibilité à chaque Département de créer un fonds départemental (FDEA) destiné à financer, en particulier, l'assainissement et l'adduction d'eau dans les communes rurales, mission auparavant assignée au FNDAE.

En arrière-plan au débat sur la création du FDEA, on retrouve celui relatif au transfert aux Agences de l'eau (article 121 de la loi de finances rectificative pour 2004) des missions auparavant remplies par le FNDAE, supprimé depuis le 1er janvier 2004. Ce fonds avait principalement pour mission d'assurer une péréquation nationale en direction des communes rurales. Au 1er janvier 2005, les Agences de l'eau ont repris cette compétence grâce au Fonds de Solidarité Urbain et Rural (FSUR). Les Départements n'ont alors plus disposé comme solution que de se doter de compétences volontaires (AEP, assainissement, ...), pour conserver un rôle interventionniste avec les communes en matière de gestion de l'eau. Dans certains départements, des conventions ont été établies avec les Agences de l'eau afin que les Conseils Généraux proposent une répartition des aides aux communes validée par les Agences.

La critique de cette suppression du FNDAE, et notamment de l'effectivité du principe de neutralité financière lors du transfert[149], est revenue fréquemment

[149]Intervention de Bernard Murat, sénateur UMP de la Corrèze, 1ère lecture au Sénat, séance du 5 avril 2005, compte-rendu intégral des débats, http://www.senat.fr/seances/s200504/s20050405/s20050405003.html#int1125, page consultée le 20 juillet 2009.

dans les débats, ne serait-ce que pour se rejeter entre UMP et PS la paternité de l'initiative de cette mesure impopulaire de réduction des ressources des Départements.

Lors de la première lecture au Sénat, Paul Raoult (PS) proposera le rétablissement d'un fond national au titre d'une nécessaire solidarité envers les communes rurales qui ne serait pas garantie par la représentation essentiellement urbaine des Agences de l'eau (pression des élus urbains au sein des conseils d'administration). Il indique sa « *crainte d'assister, au travers de ce texte, à une recentralisation de la politique de l'eau dans notre pays* ». S'il comprend que c'est l'État qui devra « *rendre des comptes à Bruxelles* », il faut selon lui « *pour une politique de l'eau efficace, une gestion de proximité ; les élus doivent prioritairement en être les responsables.* »[150] On retrouve un positionnement similaire de la part de Nicole Bricq (PS) qui signalera au passage que les fonds du FNDAE, repris par le budget de l'État, n'ont été ni abondés en 2005, ni transférés aux Agences.

S'il existe un consensus général sur la nécessité de réintroduire une forme de FNDAE, il est plus relatif sur la pertinence d'un Fonds départemental pour remplir ce rôle de substitution. Malgré tout, la position du Sénat est majoritairement favorable à un renforcement « facultatif », des compétences du Département dans le domaine de l'eau et pour la possibilité de contractualiser avec les Agences de l'eau pour gérer les crédits qu'elles doivent, depuis le 1er janvier 2005, consacrer à la solidarité envers les communes rurales.

Les arguments mis en avant pour le rétablissement d'un fonds départemental sont le manque de transparence des Agences, jugées déconnectées des réalités du terrain ; les difficultés récurrentes de financement des services AEP par les communes qui nécessitent le soutien croissant des Départements. Jean-François Legrand (UMP), président du CFE - ayant réalisé l'enquête pour l'ADF sur la contribution des Départements à la politique de l'eau - ajoutera en première lecture que « *le bon niveau de compétence est celui qui est le plus efficace* »[151], en l'occurrence pour lui, le Département.

Les oppositions à la création d'un FDEA s'expriment principalement chez les sénateurs de gauche. Dès le travail au sein des commissions, Évelyne Didier (CRC), a indiqué que :

---

150 1ère lecture au Sénat, séance du 5 avril 2005, compte-rendu intégral des débats, http://www.senat.fr/seances/s200504/s20050405/s20050405002.html#int309, page consultée le 20 juillet 2009.

151 1ère lecture au Sénat, séance du 5 avril 2005, compte-rendu intégral des débats, http://www.senat.fr/seances/s200504/s20050405/s20050405003.html#int610, page consultée le 20 juillet 2009.

« [...] plusieurs départements y étaient opposés, arguant que les charges résultant de l'allocation personnalisée d'autonomie (APA), du revenu minimum d'insertion (RMI) ou encore de la décentralisation des routes, etc. étaient déjà suffisamment importantes. Estimant par ailleurs que, pour les consommateurs, « le compte n'y était pas", la contribution domestique à l'usage de l'eau étant trop élevée par rapport à celles des autres usagers [...] »[152].

Selon elle, le plafonnement des redevances des Agences à 12 milliards est trop limité et l'État reporte le problème du financement de la solidarité envers communes rurales sur le Département en leur laissant la possibilité de créer une nouvelle taxe à la charge des usagers. Propos que la députée réaffirmera lors de la première lecture du texte au Sénat :

« [...] le désengagement de l'État qui est non pas de la décentralisation, mais plutôt du délestage, mais aussi sa volonté de s'immiscer encore davantage dans la gestion des Agences, au risque de décourager certains acteurs du comité de bassin, ou encore le risque de voir l'État, à travers l'ONEMA, et grâce à la fiscalisation, se servir des fonds des agences pour financer les actions de votre ministère, en abandonnant son rôle de péréquateur garant de la solidarité. »[153]

Cette position est soutenue par certains sénateurs socialistes qui souhaitent une péréquation nationale comme le prévoyait le projet de Loi Voynet.
Face à l'argument d'une augmentation du prix de l'eau à la charge des usagers également fourni par les députés, le rapporteur oppose que :

« [...] le produit estimé de la taxe est évalué au maximum à 100-120 millions d'euros et l'argument de l'augmentation du prix de l'eau peut difficilement être retenu alors même que l'Assemblée nationale a porté le plafond des dépenses des agences de l'eau de 12 à 14 milliards d'euros pour la période 2007-2012. En outre, ce fonds n'impliquera aucun désengagement des départements sur leurs budgets généraux, mais, bien au contraire, leur permettra de répondre à des besoins croissants, en complément des 700 millions d'euros qu'ils ont, globalement, consacrés à la politique de l'eau en 2005 » (Sido, 2006, p. 158).

Au sein des partisans d'un FDEA les discussions se porteront sur le montant de son plafonnement. La position du rapporteur qui sera retenue, était de

---

[152]Commission des affaires économiques, Sénat, séance du 23 mars 2005, http://www.senat.fr/commission/eco/eco050329.html#toc4, page consultée le 20 juillet 2009.

[153]1ère lecture au Sénat, séance du 5 avril 2005, compte-rendu intégral des débats, http://www.senat.fr/seances/s200504/s20050405/s20050405002.html#int450, page consultée le 20 juillet 2009.

plafonner le montant à 5 centimes/m³. Plusieurs amendements (UMP/UC-UDF) proposaient 15c/m³ opposant à l'argument de l'augmentation du prix de l'eau de faire confiance aux Conseils Généraux et « *d'oser la décentralisation* »[154] (Denis Badré, UC-UDF).

Lors de la seconde lecture au Sénat, les positions - y compris celle d'Évelyne Didier, au titre de l'ADF, tout en maintenant quelques réserves - s'unifient autour de l'amendement proposé par Bruno Sido visant à rétablir le FDEA supprimé par l'Assemblée nationale[155].

L'élargissement des missions des SATESE et la création du FDEA sont complétés et renforcés par d'autres dispositions concernant les conditions de fixation des contributions versées à l'ONEMA, les modalités contractualisation avec les Départements, ainsi que le seuil de contribution financière minimum des Agences aux communes rurales et la représentation des élus au sein des instances territoriales.

III) Conforter les capacités gestionnaires des collectivités territoriales au titre de la solidarité urbain-rural

- **Disposition 3 :** Adopter une modification des conditions de fixation de la contribution financière des Agences à l'ONEMA - par arrêté conjoint des ministres de l'Environnement et des Finances et non plus par décret - et l'introduction d'un mode de calcul basé sur le potentiel économique du bassin hydrographique et l'importance de la population rurale (Article 35-V).
- **Disposition 4 :** Favoriser le maintien du plafonnement des redevances perçues par les Agences à 12 milliards d'euros (Article 36-II) que l'Assemblée nationale souhaitait augmenter à 14 milliards, mais en fixant un plancher de contribution des Agences de l'eau à la solidarité envers les communes rurales à 150 millions d'euros par an entre 2007 et 2012 (Article 36 –II).

Sur ce point, le rapporteur au Sénat s'appuie sur les projections financières réalisées par le MEDD pour justifier cette position : « *en retenant des hypothèses hautes* », le besoin de financement de la politique de l'eau atteindrait au maximum 11,5 milliards d'euros. De plus, un plafonnement des redevances à 14 milliards d'euros autoriserait « *une augmentation potentielle des redevances de plus de 50 %, alors même que l'article 38 du projet de loi prévoit un dispositif de lissage de la hausse des redevances sur cinq ans, en limitant celle-ci par palier annuel de 20 %* » (Sido, 2006, p. 172).

---

154 1ère lecture au Sénat, séance du 8 avril 2005, compte-rendu intégral des débats, http://www.senat.fr/seances/s200504/s20050408/s20050408002.html#int2100, page consultée le 20 juillet 2009.

155 En témoigne le scrutin public demandé par la commission : sur 328 votants, dont 324 exprimés, 323 sont pour et 1 contre.

- **Disposition 5 :** Garantir la place du Département dans la gestion de ces fonds par l'obligation pour les Agences de l'eau de déterminer un montant global des subventions par départements et de passer une convention avec ces derniers – lorsqu'ils participent au financement de ces travaux - définissant les critères de répartition et éventuellement lui confiant la répartition de ce fonds.

Cette disposition formalise un partenariat conventionnel entre Département et Agence de l'eau qui crée une forme d'interdépendance entre ces institutions et qui renforce l'enjeu d'une représentativité des élus des collectivités territoriales dans les différents dispositifs et les niveaux d'instances délibératives ou consultatives.

- **Disposition 6 :** Renforcer le poids des élus dans les comités de bassin (ratio 50/30/20) et en créant une commission territoriale, émanation du comité de bassin à l'échelon du sous-bassin versant, ayant pour mission de définir les priorités d'actions à proposer au comité de bassin et veiller à leur application (Article 35).
- **Disposition 7 :** Introduire les EPTB aux côtés des collectivités territoriales et des comités de bassin dans la consultation pour la délimitation du périmètre et du délai dans lequel le SDAGE et SAGE doivent être élaborés ou révisés (Article 30).

Sur ces 7 dispositions, l'argumentation au Sénat se construit donc clairement autour d'un renforcement significatif du rôle du Département en tant que territoire pertinent et efficace pour organiser les services AEP, pour garantir la solidarité entre les usagers et opérationnaliser les instruments de gestion de l'eau DCH.

À cette défense du Département, l'Assemblée nationale a substitué une logique de bassin versant, s'inscrivant directement dans la continuité des lois sur l'eau précédentes et en positionnant les Agences de l'eau comme plaques tournantes de l'organisation des financements et de la planification dans le domaine de la gestion de l'eau et des milieux aquatiques. Ce positionnement de l'Assemblée nationale, est tantôt justifié par l'implication dans les Agences des députés intervenus lors des débats, tantôt dénoncé en tant que conséquence d'un lobbying des opérateurs privés du secteur de l'eau favorables à la mise en concurrence des missions d'ingénierie assurées par les Départements.

2.3. *La position de l'Assemblée nationale : asseoir les Agences de l'eau comme plaques tournantes de l'organisation et du financement de la politique de l'eau*

Les dissensions entre les deux assemblées, sur les choix en matière de gouvernance de l'eau, se font sentir dès la première lecture à l'Assemblée nationale sur les trois priorités du Sénat et les sept dispositions exposées précédemment (Tableau 6, p.176). L'Assemblée nationale va opérer une reprise en main radicale du texte. (I) Elle restreint les domaines de compétence des Départements et (II) réduit les ressources financières en fonds propres des collectivités territoriales. (III) Elle tente de négocier ces restrictions par la validation de certaines dispositions (3, 4, 5), légitimée par la nécessité de maintenir une solidarité entre territoires urbains et ruraux.

I) Restreindre les domaines de compétences et les missions d'ingénierie publique des Départements

- **Disposition 1 :** Limitation de l'étendue des prestations que peut fournir un SATESE à l'assainissement, dans des conditions dérogatoires au droit des marchés publics pour les communes rurales.

L'extension des missions des SATESE et de leur prestation de service gratuit aux communes est la source d'un clivage droite-gauche à l'Assemblée nationale, en des termes similaires à celui décrit au Sénat. La gauche a déposé des amendements visant à s'opposer à la mise en concurrence des SATESE et permettant de faire « *bénéficier les communes et les EPCI des expertises portant sur l'alimentation en eau, la collecte et l'épuration des eaux usées susceptibles d'être réalisées par le département* »[156].

Rejetant ces amendements, le gouvernement, le rapporteur et la majorité soutiennent la restriction du champ de compétence dérogatoire à l'assainissement et remettent les modalités de dérogation à un décret d'application. Décret qui sera, par la suite, la source d'une vive polémique[157].

II) Limiter les ressources financières en fonds propre des collectivités territoriales

- **Disposition 2 :** Suppression de la taxe sur le ruissellement des eaux pluviales ainsi que la possibilité de créer un FDEA.

Selon le rapporteur, si les besoins en termes de solidarité des communes rurales sont réels, la création du FDEA serait rendue obsolète par les autres

[156] Amendement soutenu par le Député socialiste Jean Launay, Commission des affaires économiques, de l'environnement et du territoire, compte-rendu n°50, Mercredi 3 mai 2006, séance de 16 heures 15, p.28.

[157] Nous renvoyons à la couverture journalistique et aux prises de position de Marc LAIME publiées sur son blog: http://www.eauxglacees.com/recherche.php3?recherche=satese, page consultée le 21 juillet 2009.

dispositions et les garanties inscrites dans la LEMA (mentionnées ci-après). Dans la perspective où le projet se doit, selon lui, d'améliorer le dispositif de gouvernance et de « *clarifier le rôle des différents intervenants* », « *il considérait que le renforcement opportun du rôle des agences de l'eau n'était pas compatible avec la création, proposée par le Sénat, de fonds départementaux pour l'alimentation en eau et l'assainissement* », « *de nature à créer une confusion fâcheuse des responsabilités* » (Flajolet, 2006, p. 243). D'autant plus que ce fond risquerait d'entrainer une augmentation des factures d'eau. Les amendements de suppression émanant des groupes UMP, UDF, socialiste et communiste illustrent ce consensus.

Cependant, les principales divergences reposent davantage sur un clivage urbain-rural, rendu visible par les doubles mandats des députés. Au sein d'un même groupe politique, on observe les positions de Jean Lassalle et François Sauvadet (UDF), élus de petites communes rurales, pour qui le FDEA « *ne créait pas une taxe, mais donnait aux départements le souhaitant la possibilité de créer une ressource complémentaire pour faire face aux fortes dépenses à venir [...]* » et soulignant « *les limites de l'action des agences de l'eau en matière d'eau potable* »[158] - et celle de André Santini (UDF), par ailleurs Président du Syndicat des eaux d'Ile-de-France (SEDIF) aux lourds besoins d'investissement, ayant déposé un amendement de suppression de l'article 28bis.

Ce clivage peut toutefois être relativisé par la position de Jean Launay (PS), député du département rural du Lot et de plus l'un des plus ardents promoteurs de la départementalisation de la gestion de l'eau. En effet, il rappelle « *que la proposition sénatoriale trouvait probablement son origine dans l'inquiétude réelle engendrée par la disparition du FNDAE mais qu'elle présentait l'inconvénient majeur d'aboutir à des taxes départementales inégales et risquant d'être particulièrement lourdes dans des départements pauvres aux réseaux étendus* » (p. 28). Il ajoutera en seconde lecture le risque de voir des Départements se désengager financièrement du fait du caractère optionnel de la levée de ce fonds. Cette position indique bien que l'absence de création du FDEA n'est en rien incompatible avec une perte de pouvoir des Départements. Par contre, J Launay défendra la mise en place d'une péréquation nationale et la création d'un Haut Conseil des services publics de l'eau et de l'assainissement (prévu dans le projet de loi de 2002), une augmentation du plafond des redevances et un accroissement de la représentativité des élus au sein des comités de bassin, afin qu'ils « *pèsent sur les conseils d'administration des agences de l'eau, pour bien identifier les masses financières correspondant à l'ex-FNDAE et pour que les crédits soient significativement revalorisés dans les*

[158] Commission des affaires économiques, de l'environnement et du territoire, compte-rendu n°50, Mercredi 3 mai 2006, séance de 16 heures 15, p.28.

programmes à venir »[159]. Il proposera également une consolidation des missions des EPTB et des SATESE qu'il considère comme les bras armés des Départements pour la mise en œuvre des politiques d'assainissement. La position institutionnelle du député Jean Launay, lui-même Président de la Commission planification et finance de l'Agence de l'eau Adour Garonne et candidat malheureux à la présidence du comité de bassin Adour-Garonne en 2008, permet d'expliquer l'arbitrage entre ses positions initiales en faveur d'un renforcement du rôle du Département au profit de l'Agence de l'eau (Cf. infra).
Le débat sur la création de ce fonds est tout à fait significatif de l'affrontement de deux conceptions distinctes de la gouvernance territoriale de l'eau, une première conception appuyée sur la pérennité politico-administrative de Départements renforcés par un surcroît de décentralisation et une autre conception fondée sur des coopérations interpartenariales à l'échelle des entités hydrographiques des BV, alors logiquement coordonnées par les Agences de l'eau et les comités de bassin. De nombreuses prises de parole de député, d'appartenance politique variées, attestent de la concurrence entre ces deux conceptions de la gouvernance de l'eau « *celle des agences et celle des conseils généraux* »[160] (Yves Simon, UMP).

> *André Flajolet, rapporteur (UMP) : « Il faut conserver un système de gouvernance avec cadre unique, les agences de l'eau que nous avons confortées œuvrant avec une série de partenaires : intercommunalités, communes et départements. » (p. 8965)*
>
> *Jean Dionis du Séjour (UDF) : « le programme qu'imposent les directives et cette loi est considérable ; on aura donc besoin de tout le monde pour le réaliser. On exige considérablement des petites communes, et je ne crois pas que l'aide à ces communes rurales sera la priorité des agences. Or cette aide est pourtant la compétence de base des conseils généraux. Donc, de deux choses l'une : si l'on ne crée pas ce fonds, soit le département interviendra, mais en le faisant payer au contribuable et non au consommateur d'eau, soit il n'interviendra pas, ce qui alourdira considérablement les charges des communes. »* (p. 8966)
>
> *André Chassaigne (CR) : « En entrant dans l'hémicycle, j'étais a priori plutôt favorable au fond départemental. [...] J'ai été convaincu par les arguments développés par les opposants à ce fonds. Je n'ai cessé de plaider pour le principe de péréquation. Or la création de ce fonds nous en éloigne plus qu'elle ne nous en rapproche, car, au nom*

[159] Première lecture à l'Assemblée nationale, discussion en séance publique, 2ème séance du 18 mai 2006, in J.O., compte-rendu intégral, n°, 46, 19 mai 2006, p.8.
[160] Deuxième lecture à l'Assemblée nationale, discussion en séance publique, 1ère séance du 13 décembre 2006, in *J.O.*, compte rendu intégral, n°117, 14 décembre 2006, p.8966.

de la solidarité, l'eau sera plus chère dans certains départements. [...] Il faut avoir la volonté politique de mener le combat au sein des agences. » (p. 8967)

Même si certains prônent davantage la complémentarité :

Jean Launay (PS) : « [...] au bout du bout je crois qu'il faut voir que la loi sur l'eau, au niveau des financements, a quand même consacré les Agences comme les plaques tournantes de l'organisation des financements des politiques de l'eau qu'il s'agisse de l'assainissement, de l'eau, des milieux, etc.... Donc ne compliquons pas les choses pour une fois qu'on pouvait avoir un chef de file, on le savait, un chef de file financier. Je plaidais donc pour le pragmatisme et de dire maintenant négocions régulièrement avec les autres collectivités qui sont des coproducteurs de la politique de l'eau [...]. » (Entretien 16 février 2007)

À la demande de François Sauvadet, un scrutin public en seconde lecture mettra en exergue d'une part, le peu d'intérêt porté par les députés pour la réforme de la Loi sur l'eau puisque 56 votants ont été dénombrés sur 577 députés[161], et d'autre part une nette majorité des présents s'exprimera en faveur d'un amendement de suppression de l'article 28bis (sur 53 suffrages exprimés : 45 pour, 8 contre).
Dans le même temps, l'Assemblée nationale assure un certain nombre de contreparties aux Départements.

III) <u>Négocier des contreparties au titre de la solidarité urbain-rural</u>

- **Disposition 3 :** Validation des conditions de fixation de la contribution financière des Agences à l'ONEMA et un mode de calcul basé sur le potentiel économique du bassin hydrographique et l'importance de sa population rurale.
- **Disposition 4 :** Augmentation, au regard des impératifs nouveaux fixés par la DCE et la directive ERU, et contre l'avis du gouvernement, du plafond des dépenses des Agences de l'eau entre 2007 et 2012 à 14 milliards d'euros et fixation de la dépense globale en faveur des communes rurales à 1 milliard d'euros.

Jean Launay (PS) : « Gardons à l'esprit que ce plafond général serait voté pour six ans, c'est-à-dire pour toute la durée du 9e programme. Les situations diffèrent selon les agences et vous gardez la possibilité, madame la ministre, d'encadrer annuellement par décret ces montants et ces augmentations. Augmenter le plafond pour le porter à 14

[161] En première lecture, lors du vote du texte de loi, on dénombrait encore 498 votants (dont 494 exprimés, 361 pour et 131 contre).

milliards d'euros serait le signe de l'action en faveur d'une bonne dépense publique pour un environnement de qualité. »[162]

« [...] ce n'est pas le MEDD qui va payer les astreintes [européennes], [...] il retarde l'échéance, mais on sait bien sur quels fonds ça se prendra [...]. Donc, la priorité ne me parait pas anormale d'être mise sur l'assainissement dans le premier temps du 9ème programme pour, à la fois, se mettre à jour sur ce qui reste en retard de la directive ERU et puis, de satisfaire cet objectif de mise en bon état à l'horizon 2015 en accélérant les programmes d'assainissement qu'ils soient collectifs ou non collectifs. Mais rien n'empêchera non plus en cours de 9ème programme, dans 2 ans, 3 ans de dire en fonction de l'état des lieux et en fonction d'où on en sera dans l'assainissement [...] de mettre l'accent sur l'AEP, sur la sécurité des captages, sur l'interconnexion des réseaux [...] tous les objectifs de départementalisation d'une certaine façon... et aussi de mutualisation des coûts que je partage entièrement. » (Entretien 16 février 2007)

- **Disposition 5 :** Validation du principe du conventionnement entre Agence de l'eau et Département - lorsqu'il participe au financement des travaux d'eau et d'assainissement[163] - définissant les critères de répartition du fond, mais retrait de la possibilité aux Départements de se voir confier la répartition de ce fonds.
- **Disposition 6 :** Réduction de la répartition des sièges au comité de bassin à un équilibre entre élus et usagers (40/40). Création des commissions territoriales rendue facultative, suppression du principe de l'élection d'un président et limitation de son pouvoir à la proposition de priorités d'action et non pas à la définition.
- **Disposition 7 :** Pas de renforcement du pouvoir des EPTB à différents stades de l'élaboration des SAGE ou des SDAGE, estimant que cette initiative relève davantage des collectivités territoriales.

Des positions relativement affirmées tendant à émaner dans chacune des assemblées, il n'en est pas de même pour le gouvernement qui, contrairement au débat sur la représentativité des catégories d'acteurs au sein des Comités de bassin, choisit de ne pas officiellement exprimer son positionnement.

---

[162] Deuxième lecture à l'Assemblée nationale, discussion en séance publique, 1ère séance du 13 décembre 2006, in *J.O.*, compte rendu intégral, n°117, 14 décembre 2006, p.8974.

[163] Deux amendements portés par Jean Launay (Député PS du Lot) à la commission des affaires économiques, de l'environnement et du territoire (3 mai 2006) et Augustin Bonrepaux (Député PS de l'Ariège, Pr. Du Conseil Général et du syndicat départemental de l'eau et de l'assainissement) à la commission des finances, de l'économie et du plan (3 mai 2006), proposaient de généraliser le recours à ces conventions même lorsque les départements ne participaient pas aux financements.

On a vu que pour l'essentiel les modifications soutenues par le Sénat orientaient la LEMA vers un renforcement de la décentralisation de la gouvernance de l'eau vers les Conseils généraux, dotés de moyens propres et indépendants à la fois des tutelles politiques du centre et autonomes des subsides des Agences. La solidarité envers les communes rurales est présentée comme un argument de la spécificité du rural justifiant des dérogations au marché pour l'appui technique des petites communes. Le triomphe de la départementalisation n'a rien d'étonnant venant du Sénat et confirme les analyses anciennes sur le pouvoir périphérique et celles plus récentes sur la reconstitution de pouvoirs locaux à l'occasion des réformes de décentralisation.

La logique de gestion par bassin versant appuyée sur les comités de bassin et les Agences de doit être interprétée comme une volonté de maîtrise de la politique de l'eau dont c'est *in fine* l'État qui aura à rendre des comptes vis-à-vis de l'Europe. Le transfert aux Départements (contrôlés alors majoritairement par la gauche) romprait des interdépendances explicites au titre de l'interdiction d'une tutelle de l'État sur une collectivité dont les représentants sont élus du peuple. Favoriser le passage par les Agences c'est, d'une part, assurer le contrôle des fonds publics et des redevances par le Parlement, mais, également, s'assurer un contrôle du respect des engagements des collectivités (sous convention Agences) en termes de résultats vis-à-vis des obligations européennes à venir.

Le choix de l'Assemblée nationale semble donc logique avec la reconfiguration de l'action publique sur l'eau. Aujourd'hui la représentation nationale semble davantage être attentive aux pressions et aux injonctions de l'Europe (avec les risques de contentieux) qu'aux revendications d'autonomie des territoires. Il s'agit maintenant de préciser la position du gouvernement.

2.4. La position du gouvernement : une stratégie de retrait

Si l'avant-projet de Loi faisait mention de la création d'un FDEA - conformément aux préconisations des rapports parlementaires - le projet de Loi déposé par le gouvernement au Sénat en première lecture n'en fait plus mention. Malgré les revendications des Départements et leur participation effective dans le financement de la politique de l'eau, le chapitre du projet de Loi concernant les attributions des Départements ne comporte qu'un article, l'article 28 sur les attributions des SATESE.

Dès la première discussion du texte en commission des affaires économiques du Sénat, le ministre de l'Environnement, Serge Lepeltier, précise que le gouvernement a fait le choix de ne pas inscrire cette possibilité au projet de Loi présenté en Conseil des ministres afin que « *sur cette question éminemment politique, [...] le débat sénatorial soit engagé et poursuivi sans exclusive.* »[164]. Il conclut sur son ouverture aux amendements. Lui-même ancien sénateur, il justifie la saisine du Sénat en première lecture en signifiant : « *vous êtes les représentants des collectivités locales, et ce projet de loi répond avant tout aux attentes des élus et des collectivités qui ne peuvent pas faire face à leurs responsabilités et aux lourds engagements qu'ils ont à prendre dans le domaine de l'eau potable et de l'assainissement* »[165].

Selon le ministre, le projet vise justement à donner des outils aux maires pour mieux gérer les services AEP. S'il reconnaît qu'il est légitime que la solidarité urbain-rural soit poursuivie et qu'il est favorable à la perspective d'ouvrir une possibilité de contractualisation entre les Agences et les Départements, il avertit sur les risques d'augmentation du prix de l'eau liés à la création d'un fonds départemental, il s'en remet néanmoins à la « *sagesse du Sénat* ».

La stratégie du gouvernement de ne pas prendre position sur un certain nombre de sujets, dont la place du Département, sera mobilisée à plusieurs reprises au cours des débats. À ce titre, Évelyne Didier (RCR) signifiera au ministre qu'elle n'est pas dupe « *des méthodes employées pour faire voter la création du fonds départemental* »[166]. Selon elle, le gouvernement se désengage de ces questions en reportant la responsabilité sur les parlementaires et il est ainsi aisé pour lui de prétendre qu'il n'a rien imposé.

Cette stratégie évidente de retrait permet en effet au gouvernement de ne pas prendre position et de laisser la responsabilité au parlement d'une décision susceptible de se traduire par une augmentation du prix de l'eau pour les usagers, augmentation jugée très impopulaire et objet de craintes largement exprimées au cours du débat national sur l'eau de 2003.

Par ailleurs, cette position de retrait permet au gouvernement de ne pas prendre part à un conflit qui dépasse les clivages partisans et pourrait participer d'une désunion de la majorité parlementaire. Sur les autres questions, telles que la mise en concurrence des SATESE avec le secteur privé, la majorité UMP au Parlement assure au gouvernement la défense de ses positions sans qu'un appel à la discipline de parti ne semble véritablement nécessaire.

---

[164] Commission des affaires économiques, Sénat, séance du 23 mars 2005, http://www.senat.fr/commission/eco/eco050329.html#toc4, page consultée le 20 juillet 2009.

[165] Première lecture au Sénat, séance du 5 avril 2005, compte-rendu intégral des débats, http://www.senat.fr/seances/s200504/s20050405/s20050405001.html#int30, page consultée le 20 juillet 2009.

[166] Première lecture au Sénat, séance du 8 avril 2005, compte-rendu intégral des débats, http://www.senat.fr/seances/s200504/s20050408/s20050408002.html#int2082, page consultée le 20 juillet 2009.

*

* *

Au final, illustrant bien l'ampleur des désaccords, le texte de la LEMA est voté à une très courte majorité au Sénat (sur 320 suffrages exprimés, 170 pour et 150 contre). À l'Assemblée nationale, si la majorité est plus confortable (50 pour, UMP et UDF ; et 8 contre, PS-CR-UDF) la faible participation au vote (58 députés sur 377) témoigne également du « malaise » suscité par le texte. L'arrangement politique final sur la répartition des compétences entre institutions territoriales est synthétisé et formalisé par les deux rapporteurs du Sénat (Bruno Sido) et de l'Assemblée nationale (André Flajolet) à l'issue de la commission mixte paritaire.

Le 20 décembre 2006, au dénouement d'un processus législatif de 30 mois, la LEMA est finalement votée. Après avoir été source de débats jusqu'à la Commission mixte paritaire, le FDEA, majoritairement soutenu par le Sénat, n'est pas créé. Les Agences sont consacrées comme les plaques tournantes financières de la politique de l'eau, sauvant les apparences d'une gouvernance de bassin.

3. Le Département : un perdant en faux semblant

Dans un contexte politique de forte remise en cause du Département[167], il est tentant de lire l'arrangement politique de la LEMA comme la préfiguration d'un affaiblissement du Département dans le dispositif politico-administratif français. Il faut cependant se garder d'un jugement trop hâtif et prendre le temps d'observer plus précisément les pertes et les gains pour le Département à l'issue du vote de la LEMA. Le retrait du FDEA du texte final et la mise en concurrence des SATESE peuvent apparaître comme la traduction d'une volonté de ne pas voir perdurer ou s'institutionnaliser des compétences qui, bien que facultatives, sont exercées par une grande majorité des Conseils Généraux. Elles peuvent aussi être interprétées comme une perte manifeste de pouvoir et d'influence des élus locaux et des conseillers généraux dans le *design* des réformes institutionnelles. Or, l'analyse des débats montre que ces concessions relèvent *a contrario* d'un arrangement politique sur la gouvernance de l'eau DCH où les représentants des élus locaux et des territoires sont parvenus à préserver l'essentiel de leurs ressources et de leurs intérêts.

---

[167] … et encore plus particulièrement aujourd'hui avec la réforme des collectivités locales engagées depuis 2009 par le gouvernement. .

Reprenons tour à tour les sept dispositions qui ont fait débat au Sénat et à l'Assemblée nationale et observons *in fine* les gains et les pertes pour les Départements :

- **Disposition 1 :** Les SATESE sont soumis au code des marchés publics, à l'exception des communes ou des EPCI « *qui ne bénéficient pas des moyens suffisants pour l'exercice de leurs compétences* ». Mais, leur champ de compétence est étendu du domaine de l'assainissement, à la protection de la ressource en eau, à la restauration et à l'entretien des milieux aquatiques (Article 73[168]).
- **Disposition 2 :** Les communes ou EPCI auront la possibilité de créer une taxe facultative sur le ruissellement des eaux pluviales (Article 48).
- **Disposition 3 :** La définition par le parlement des orientations prioritaires du programme d'intervention des Agences, du plafond global et du mode de calcul de la contribution financière des Agences à l'ONEMA va dans le sens d'un renforcement du pouvoir des deux assemblées sur les Agences de l'eau (Article 82).

Cette « recentralisation » peut être estimée comme allant à l'encontre de l'application du principe de subsidiarité, cependant, elle ne dessert pas les intérêts des institutions décentralisées, du fait de la représentativité des intérêts des collectivités territoriales au sein du parlement.

- **Disposition 4 :** Un milliard d'euros (minimum) des dépenses des Agences de l'eau sur la période 2007-2012 se voit affecté spécifiquement pour la solidarité avec les communes rurales, alors que le montant total du FNSEA s'élevait en 2002 à 142 millions d'€/an, et les estimations des financements levés par un FDEA à 100-120 millions d'€/an (Article 83).

Si les députés ont été « sensibilisés » aux besoins financiers des collectivités, par le choix du « modèle Agence », ils conservent néanmoins le contrôle du « lieu stratégique ».

- **Disposition 5 :** La répartition territoriale des fonds SUR donnera lieu - si le Département le souhaite - à la signature d'une convention entre les Départements et les Agences de l'eau (Article 82).

L'État « assume » donc la redevabilité vis-à-vis de l'Europe, mais en conservant une capacité de pression sur les territoires, et donc les Départements.

- **Disposition 6 :** Par ailleurs, les élus siégeant au sein des comités de bassin, dont la représentativité s'est vue renforcée (40 %) (Article 82), « *seront à même de prendre des décisions identiques à celles qu'ils devraient prendre dans les assemblées départementales* » (André Flajolet, UMP), ainsi que dans les commissions locales de l'eau et les

[168] Les références des articles cités dans cette section renvoient à la version finale du texte de la LEMA, n°2006-1772 du 30 décembre 2006, publiée au *Journal Officiel de la République française* du 31 décembre 2006.

commissions territoriales, émanation du comité de bassin (Flajolet, Sido, p. 12).

- **Disposition 7 :** Les EPTB pourront être consultés sur le délai et le périmètre de constitution du SAGE, lorsque ceux-ci sont arrêtés par le représentant de l'État dans le département (Article 75).

Dans la gouvernance de l'eau, on assiste à un certain renforcement d'instances de décisions intermédiaires (Comités de bassin) faisant émerger des parties prenantes (socioprofessionnels, usagers, associations…) au nom d'une plus grande démocratie participative et d'une plus grande efficacité des actions (Salles, 2006). À ce titre, le refus de l'institutionnalisation de la voie de la départementalisation serait l'illustration de la relative perte de centralité des assemblées exclusivement politiques, alors que la « promotion » du Comité de bassin illustrerait la montée de l'idéologie de la gouvernance (pluralisme et multi-partenariat). Les débats publics, les arènes de concertation, le Grenelle de l'environnement, sans se substituer au mode de décision par le vote, deviennent des lieux de construction d'accords et de légitimation politique. Même s'ils sont critiqués pour leur déficit de démocratie dans le référentiel de la « représentation politique » classique, ils font l'objet de plus en plus d'attention au titre de la montée du référentiel de la « démocratie de proximité ». La capacité des élus départementaux à figurer en bonne place dans ces arènes, comme les comités de bassin, constitue donc une condition essentielle pour maintenir leur influence politique et limiter le risque de se trouver cantonner dans un rôle technique d'attribution de moyens.

C'est notamment pourquoi, l'arrangement politique élaboré dans le cadre de la LEMA, pourtant loin de réduire le pouvoir d'influence des Départements, n'a pas clos le débat. Dans le contexte de l'élaboration des décrets d'application des articles constituant cet arrangement, les Départements ont saisi l'occasion du Grenelle pour réaffirmer leurs positions et repositionner le cadre réglementaire, organisationnel et financier de leurs interventions[169]. Concernant l'eau et l'assainissement, en tant que seconds financeurs de la politique de l'eau après les Agences de l'Eau, ils se réaffirment comme les chefs de file légitimes de cette politique sur leur territoire (gouvernance de l'eau à l'échelle des bassins versants infradépartementaux en lien avec les SDAGE et les EPTB, Observatoires de l'eau départementaux) (Grandgirard *et al.*, 2004).

Ces dispositions assurent ainsi des garanties institutionnelles, contractuelles et financières aux Conseils généraux - souhaitant conserver un rôle de

[169] Cette tentative, assez tardive sur l'agenda des groupes de travail, a pris la forme d'un rapport rendu public à la mi-septembre récapitulant les propositions de l'ADF pour chaque groupe de travail.

pilotage dans la politique de l'eau DCH — puisque les Agences seront contraintes de négocier territorialement avec eux.

Conclusion du chapitre II

Le texte de la LEMA, en tant que construction sociale et politique, est le produit d'un processus parlementaire où se sont exprimées des logiques territoriales et sectorielles multiples portées par des responsables politiques appartenant à une ou plusieurs échelles de définition des problèmes, et cumulant divers mandats, fonctions et attributions.
La déconstruction de l'obtention de ce texte de loi, par l'analyse des discours produits lors du processus parlementaire, a permis de mettre en lumière les modalités d'un arrangement politique sur la répartition des rôles, des compétences et des ressources entre Agences de l'eau, État et collectivités territoriales dans la gouvernance de l'eau DCH.
D'une part, dans la lignée des lois précédentes et des dispositions de la DCE, la gouvernance de bassin est confirmée comme le cadre de la mise en œuvre de la politique de l'eau. Les redevances sont constitutionnalisées et les Agences disposent de possibilités financières accrues. D'autre part, au détriment de l'État, les collectivités et les « usagers » voient se renforcer leur représentativité au sein des instances de décision des Agences de l'eau.
Enfin, le Département, loin d'être affaibli en termes de capacité d'action, dispose de ressources de négociation (garantie de contractualisation) et d'action (garantie de gestion de financements).
Au sein de ce « nouveau » cadre de structuration de la politique de l'eau DCH, Agences et Départements interdépendants sont donc tenus de coopérer autour de finalités définies comme prioritaires, à savoir la sécurisation des approvisionnements en eau potable (qualitativement et quantitativement), la mise en œuvre d'une solidarité territoriale (rationalisation et péréquation) et la préservation des ressources en eau DCH. Au final, la LEMA illustre l'adoption du référentiel européen par les élites politiques nationales. On peut ici rejoindre la problématique de la co-responsabilité.
Une départementalisation « stricte » de la politique de l'eau aurait conduit à faire porter l'essentiel de la redevabilité de la France vis-à-vis de l'Europe par les territoires, et à laisser l'État dans une situation d'action « passive ».
Inversement, le choix de la LEMA de la gestion par bassin versant, assortie d'une contractualisation avec les Départements, permet de garder la main sur la redevabilité vis-à-vis de l'Europe par le contrôle des politiques de l'eau. Pour autant, le Département n'est pas totalement « hors jeu » et conserve

l'atout du contrôle de l'opérationnalisation des politiques de l'eau DCH, contrôle qu'il assure depuis l'après-guerre via les subventions aux communes et aux syndicats d'eau potable. L'opérationnalisation reste donc bien le « temps » de toutes les appropriations stratégiques.

La LEMA intègre les principes de la gouvernance promus au niveau européen et mondial. La création d'interdépendances entre les acteurs s'observe dans la mise en relation contractuelle et « contrainte » des Agences, des Départements et des communes vis-à-vis de la gestion de l'eau ; les principes de transparence des coûts et de non-distorsion de concurrence portent atteinte au mode classique de gestion publique et de soutien public à la maîtrise d'ouvrage. Le principe d'efficacité des services revient sans cesse dans les débats comme le juge final auquel il conviendra de rendre des comptes devant l'Europe. De même, le principe d'une clarification des responsabilités des acteurs a traversé l'ensemble des débats parlementaires comme une opportunité de relégitimation pour des autorités politiques en mal de reconnaissances et dont les actions restent opaques aux citoyens destinataires.

Pour cet ensemble de raison, le référentiel qui a présidé à la LEMA, en tant que cadre normatif global, s'inscrit parfaitement dans le modèle de gouvernance promu au niveau européen et reprend, sous d'autres formes, les principes de la DCE. Si l'on ne peut s'en étonner *a posteriori*, il restait à comprendre les processus par lesquels circulent entre l'Europe et le local, les idées, les visions du monde, les dispositions à normaliser qui vont structurer la politique de l'eau d'un pays.

Pour autant, l'adoption des principes ne préfigure en rien de leur opérationnalisation dans les actions concrètes. La DCE, et son principe central d'obligation de résultats, résulte elle-même de l'observation du déficit d'implémentation des politiques environnementales européennes des années 1990. La LEMA étant désormais adoptée, il convient d'observer son application et notamment dans des configurations locales sur les bassins versants.

Après avoir défendu au niveau national la pertinence du niveau départemental et la légitimité du Conseil Général à prendre en charge ces exigences assignées à la gestion de l'eau DCH, comment les acteurs locaux vont-ils se saisir des nouvelles dispositions introduites par la loi ? Comment la ligne présentée comme « réformatrice » de la gouvernance de bassin va-t-elle s'articuler aux « structures héritées » qui animent la gouvernance départementale de l'eau DCH ? Va-t-on assister à une recomposition des institutions territoriales, à une redéfinition des rôles, à une nouvelle répartition des responsabilités ?

En d'autres termes, dans quelle mesure une injonction à la « coopération » multi-partenariale, paradoxalement issue d'un conflit institutionnel, peut-elle se traduire territorialement par une co-production de nouvelles normes de gestion de l'eau DCH ?

Chapitre III – La departementalisation de la gestion de l'eau potable

A l'échelle nationale, si la poursuite d'une politique à l'échelle des bassins versants fait consensus, l'objectif de la LEMA est de promouvoir la complémentarité entre un territoire de planification, le bassin hydrographique et les Agences de l'eau, et un territoire d'action, le département et les Conseils Généraux (Antoine, Roux, 2004). Au travers notamment de dispositifs de coopération multi-partenariaux (conventions), ces deux niveaux de gestion (bassin versant et département) sont désormais rendus plus interdépendants. Dans un contexte exhortant une gestion de l'eau DCH combinant conformité sanitaire, préservation des ressources et gestion rationnelle des services AEP, les acteurs gestionnaires sont tenus d'articuler leurs objectifs et de coordonner leurs actions et cela, même si les rapports de force sont plus ou moins équilibrés en fonction des configurations territoriales.
Comment ces données nationales et locales contribuent-elles à orienter les choix des politiques de l'eau DCH et à opérationnaliser de nouvelles formes de gouvernance territoriale de l'eau DCH ? Observe-t-on *in fine* une meilleure prise en charge des enjeux, désormais affichés comme multidimensionnels, de la gestion de l'eau DCH ?
Après avoir montré dans le chapitre précédent, comment au sein de l'arène parlementaire s'est exprimé un double mouvement de montée en légitimité et de contestation de la départementalisation, il s'agit dans une première partie d'éclairer ses dimensions et de prendre la mesure de son contenu réel (1.). Puis, dans une seconde partie qui constitue le corps de ce chapitre, l'analyse proposera un focus sur une forme particulièrement volontariste et centralisée de départementalisation que constitue la création de syndicats mixtes départementaux d'alimentation en eau potable. Elle sera abordée de façon approfondie au travers d'une monographie du processus de création du Syndicat mixte départemental d'alimentation en eau et assainissement (SMDEA) de l'Ariège. Crée en 2005, ce syndicat ambitionne d'aller au bout de la démarche de départementalisation par une fédération de l'ensemble des collectivités autour d'une tarification unique de l'eau potable (2.).

1. L'avènement d'une gouvernance départementale de l'eau DCH ?

Comme on l'a vu, la gestion territoriale de la ressource en eau DCH se doit aujourd'hui d'intégrer d'une part, des injonctions réglementaires (sanitaires, environnementales, transparence du service) et d'autre part, des enjeux économiques (mutualisation des coûts et rationalisation des infrastructures) et sociaux (solidarité, accès, prix de l'eau acceptable pour tous).
Face à ce défi, on assiste à la montée en puissance d'un discours politique présentant le cadre communal et intercommunal comme inadapté à la gestion de l'eau potable et insistant sur le rôle pivot de la structure politique départementale incarnée par le Conseil Général. À l'encontre des attaques visant à affaiblir les Départements, la gestion départementalisée de l'eau DCH est présentée par ses tenants, comme le niveau pertinent pour concilier les enjeux relatifs à l'eau et la gestion des territoires (1.1). Cependant, la promotion d'un modèle départemental de gestion de l'eau est, dans la réalité, loin de renvoyer à un schéma organisationnel uniforme aussi bien dans les discours politiques (cf. Chapitre 2) que dans les modes d'opérationnalisation de la départementalisation (instruments d'intervention) (1.2).

1.1. Une départementalisation de l'eau DCH qui s'impose en dépit des attaques envers le Département

Historiquement, c'est la commune puis l'intercommunalité qui ont été les cadres du service de l'eau potable (captage, traitement, distribution), le Département (collectivité locale) n'intervenant en général qu'en tant que financeur partiel des réseaux[170]. C'est véritablement à partir des années

[170]Depuis la loi de 1790, les communes ont la responsabilité de la salubrité et de la qualité des eaux distribuées. Les premiers syndicats intercommunaux d'eau potable apparaissent au début du 20ème siècle (1902 en Ardèche) et les premiers syndicats départementaux à partir des années 1940 (1943 dans l'Aube, 1959 en Charente-Maritime). Les syndicats ont permis le développement des adductions d'eau dans des zones non desservies et sont considérés par certains comme les fers de lance de l'intercommunalité (Pezon, Petitet, 2004). La dynamique d'intercommunalité recouvre en fait deux logiques : une gestion de services spécialisés (eau potable, électricité, ordures ménagères, ramassage scolaire etc....) avec les syndicats intercommunaux à vocation unique (SIVU) et les syndicats mixtes d'une part ; et une logique d'intégration intercommunale comme premier stade d'une réorganisation territoriale des collectivités locales (syndicat intercommunal à vocation multiple (SIVOM), communauté de commune, districts, Communauté d'agglomération, Communauté urbaine) d'autre part. Ces deux logiques sont souvent opposées : l'une préserve l'autonomie des communes, l'autre la met en cause. Les syndicats sont aussi des « *réseaux discrets de l'exercice du pouvoir* » qui assurent aux conseillers généraux, et principalement aux présidents et vice-présidents, une bonne implantation locale par l'affectation des soutiens financiers aux investissements

1980-1990 que l'on assiste à une montée en puissance du Département qui débouche même par une véritable départementalisation de la gestion de l'eau potable (Canneva, Pezon, 2008 ; Grandgirard *et al.*, 2009 ; Barbier *et al.*, 2011). Elle consiste à opérer un transfert de compétence des communes et des syndicats de communes vers l'échelon départemental, soit directement par la création de services départementaux, soit par la mise en place de structures contrôlées par le Département comme les syndicats mixtes, les sociétés d'économie mixte ou autre[171].
Pourquoi une telle tendance qui pourrait même apparaître aujourd'hui paradoxale étant donné que certains envisagent sa suppression en tant que collectivité locale à part entière (c'est-à-dire avec les attributs : élection, budget, autonomie, compétences propres) ?
Le Département, cadre territorial fondamental de l'édifice de l'administration locale française depuis la Révolution, a été contesté depuis les années 1960 par les partisans de la Région, analystes de la « société bloquée » (Crozier, 1970) et d'un État immobilisé par le pouvoir périphérique des notables (Worms, 1966 ; Grémion, 1976). Pour autant, il a été nettement conforté par les réformes de décentralisation des années 1980, lorsque les présidents des Conseils Généraux se substituent aux préfets en tant que chefs de l'exécutif (Nevers, 1989, 1992). Dans beaucoup de départements (y compris urbains), il s'est installé des « pouvoirs départementaux » forts dirigés par de « grands notables ». Ils encadrent les communes rurales et sont, le plus souvent, en opposition au « pouvoir d'agglomération » (Le Galès, 1995). Dans les années 1990, avec l'institutionnalisation de l'action collective et de la territorialisation des politiques publiques, la régulation s'opère de plus en plus « par le bas », nécessitant d'inventer de nouveaux principes de coopération et d'instituer des capacités de négociation entre des acteurs multiples et interdépendants (Duran, Thoenig, 1996). Ces processus sont alors rarement théorisés *« autrement que par des images rassurantes »* (l'État animateur, le partenariat, la proximité, la co-production de l'action publique), donnant une place secondaire au pouvoir local, notamment dans les lignes de tensions idéologiques laissées aux niveaux national et sociétal (Faure, 2006). La fin des années 1990 et les années 2000 voient s'engager de nombreux travaux qui contribuent à apporter une vision plus critique de ces processus, en venant enrichir les débats autour des grandes oppositions telles que standardisation et différenciation territoriale, politisation et profession-nalisation des élites, relations publics-privés (Faure, Négrier, 2007).

(Giblin, 2003 ; Grujard, 2003). Le réseau clientéliste, principalement rural, ainsi tissé leur a assuré la reconduction de leurs mandats politiques locaux et nationaux.

[171] Liste non exhaustive : Ariège, Aube, Bas-Rhin, Calvados, Charente, Charente-Maritime, Corrèze, Gers, Isère, Haute-Savoie, Landes, Loire, Lot, Lozère, Nord, Orne, Saône-et-Loire, Puy de Dôme, Vendée, Vienne… .

Cependant, peu de travaux prennent à bras le corps la question des recompositions du pouvoir départemental, enterrant peut-être ainsi précocement le Département associé à un certain « archaïsme ». Pourtant, les travaux de F-M Poupeau (2001) notamment ont bien montré le dynamisme du système départemental français dans le contexte de libéralisation et de mondialisation du secteur énergétique, alors même que ces processus se sont accompagnés d'une montée en puissance des villes et des régions dans d'autres pays.

Les mesures de décentralisation de certaines compétences ont consolidé le pouvoir départemental qui continue de jouer un rôle essentiel dans le milieu rural et auprès des petites villes en apportant aides techniques et financières et en coordonnant des actions de développement local. Les Départements contribuent également (avec plus ou mois d'enthousiasme) à la mise en œuvre de politiques étatiques (planification des déchets ménagers, de la carte de l'intercommunalité, etc.) et de politiques européennes (programmes LEADER). Enfin, le renforcement du pouvoir départemental s'est appuyé sur la « départementalisation » de certains services et de certaines politiques.

> *« La départementalisation, j'étais venu à en parler parce que j'avais fait le constat dans le Lot, mais aussi ailleurs, qu'effectivement les Départements, sans que cela constitue une compétence obligatoire, avaient de fait un lien très fort avec les communes et plus particulièrement les communes rurales dans le soutien aux équipements. [...] je dirais même avant la décentralisation quand l'État avait encore le contrôle des budgets des Départements, la seule marge de manœuvre politique, volontariste qu'avait les élus des Départements, c'était de faire justement l'accompagnement des petites communes en faisant du développement rural et du réseau, [...] c'était vrai pour l'électricité, c'était vrai pour l'eau. Donc voilà, c'est plus un constat historique d'antériorité de la présence du Département sur ces questions là sans qu'il n'ait rien d'obligatoire, c'est le principe de réalité qui m'avait amené à ça en quelque sorte. Sachant maintenant la contrainte européenne quant à la qualité, et [...] la quantité [...], il me parait assez naturel qu'on ait bien sûr un œil au niveau du district hydrographique globalement, mais qu'il y en ait quand même une appréciation de terrain plus fine et, à ce titre là, c'est quand même bien mieux que ce soit le Département qui le fasse que la mosaïque de communes qu'on peut avoir. »* (Député du Lot (PS), 16 février 2007)

Les Départements ont dû faire face souvent à la résistance et à l'hostilité des communes et des organismes intercommunaux (dont les « Pays ») et aux politiques des Régions qui ont cherché à les concurrencer dans certains domaines (aménagement de l'espace, tourisme, développement économique) par des politiques de contractualisation directe avec les communes et leurs groupements. Le Département reste, principalement pour les élus locaux, certains fonctionnaires de l'État et peut être une partie de la population[172], un cadre territorial d'action et d'identification toujours pertinent. Il est aussi un instrument de résistance politique au processus de recentralisation conduit par le pouvoir étatique qui entend freiner la croissance des dépenses locales en contrôlant les ressources financières des collectivités locales. Dans le contexte politique actuel, dominé par une volonté politique de réformer l'administration locale, le gouvernement affiche une volonté de simplifier, rationaliser (comme l'avait tenté la loi Chevènement de 1999) et surtout, dans la conjoncture récente d'austérité, de réduire les coûts de ce qui est dénoncé comme un « mille-feuille » (rapport Attali de 2008, Révision générale des politiques publiques de 2008, rapport Balladur de 2009). Le département est présenté comme un cadre géographique, politique et économique obsolète non pertinent (par rapport à la région et à l'espace européen), peu démocratique (notabilisation des élus et forte abstention aux élections cantonales, découpage cantonal désuet). Les chevauchements de compétences dans les nouveaux domaines de l'action publique (développement local, environnement, etc.) sont dénoncés comme générant des gaspillages. Ainsi, le projet de la commission Balladur prévoyait de faire des départements de simples subdivisions des régions. Pour certains qui pointent les mesures visant à changer les modes d'élection des Conseils Généraux et des Conseils Régionaux, cet objectif est étroitement associé à un objectif politique non dit qui est d'affaiblir l'opposition de gauche qui domine dans les collectivités locales.

Pour ses détracteurs, la départementalisation est en conséquence estimée aberrante, non seulement parce qu'elle « renforce » le Département, et plus particulièrement, en ce qui concerne la gestion de l'eau potable, parce que le cadre départemental ne permettrait pas de traiter les nouveaux enjeux (une gestion intégrée et durable de la ressource en eau potable) à l'inverse du bassin hydrographique et des Agences de l'eau. On peut rappeler la suppression en 2004 du Fonds National pour le Développement des Adductions d'Eau (FNDAE) et le transfert de cet instrument de péréquation national redistribué par les Départements aux Agences de l'eau (au 1er janvier 2005) à travers le Fonds de Solidarité Urbain et Rural (FSUR). Ce transfert, entériné par la LEMA, conforte *a priori* l'idée d'une perte d'autonomie financière et décisionnelle des Départements face aux Agences de l'eau qui se voient institutionnalisées comme plaques tournantes de la répartition des financements. Néanmoins, cette fragilité institutionnelle a été nuancée par l'analyse de la procédure législative et des débats parlementaires de la LEMA. Et même si la LEMA entérine la gestion par bassin versant, les tenants de la départementalisation ne désarment pas et

[172] Selon une enquête Ipsos de 2009 commandée par l'Assemblée des départements de France : « *plus de huit Français sur dix se disent « attachés » à leur département et considèrent que c'est une institution qui fait partie de l'identité de la France et qu'il faut préserver* ».

élaborent une argumentation visant à conserver voire à renforcer leur rôle dans le pilotage de la gestion de l'eau DCH sur leur territoire.
Pour ses partisans, la départementalisation est justifiée au nom de l'efficacité managériale (incapacité des petites communes à assurer certaines de leurs compétences), efficacité financière (économie d'échelle), la solidarité territoriale entre communes, l'équité dans l'accès au service public de l'eau[173] et, fait nouveau, une meilleure efficacité à répondre aux nouveaux défis environnementaux, notamment à travers un partenariat avec les Agences de l'eau dans le domaine de la lutte contre la pollution des ressources (financement de l'assainissement, de la protection des zones de captage, etc.) (Launay, 2003 ; Miquel, 2003).

> *« Si je dis que je veux un syndicat départemental, c'est pour coordonner l'action. Je vois les possibilités que nous offre un syndicat départemental dans le secteur des déchets et des énergies renouvelables, où là aussi nous travaillons avec la biomasse et nous fabriquons des plaquettes pour alimenter des chaufferies. Nous avons mis en place un établissement public, industriel et commercial avec le SIDED [...]. Dans ce cadre-là, nous utilisons tous les déchets de palette, nous fabriquons des plaquettes pour alimenter nos chaudières, nous créons les réseaux, nous les gérons et nous vendons l'énergie au même tarif dans tout le département. Nous sommes les seuls en Midi-Pyrénées à avoir mis en place cette structure. Le Conseil Général est un facilitateur, il met en place les outils qui permettent de gérer les problèmes d'environnement sur le territoire départemental. C'est que ce que nous faisons dans le Lot et je crois que c'est le bon niveau. »* (Sénateur du Lot (PS), Président du Conseil Général, le 25 janvier 2007)

*

* *

Les changements dans les modes de gestion des services, tels que celui de l'eau potable, ne se réduisent pas à concrétiser des stratégies politiques, ils se présentent aussi comme des solutions à des problèmes, dysfonctionnements

---

[173] La question de l'accroissement de la représentativité des communes, principalement rurales, face aux intérêts des grands groupes privés et le développement de la performance des régies publiques constitue un des objectifs fondateurs de la Fédération nationale des collectivités concédantes et des régies (FNCCR). Dans de nombreux secteurs de service public, elle a développé une importante capacité d'expertise et de développement d'outils de gestion (indicateurs de performance, logiciels informatiques, information et soutien juridique). Cette association d'élus, avec le soutien et le relai d'autres réseaux d'influences - Association des maires de France (AMF) et Association des départements de France (ADF) - a ainsi acquis une importante assise politique lui permettant de constituer un groupe de pression influant auprès de l'État. La FNCCR a par exemple constitué un intercesseur primordial entre les communes rurales et l'État dans le long processus de péréquation départementale puis nationale des tarifs de l'électricité en France (Poupeau, 2007).

ou blocages. Dans le cas de l'eau potable, il s'agit de mettre en place un mode de gestion et un dispositif qui permettent de prendre en compte trois types d'enjeux concernant l'approvisionnement, la conformité aux normes sanitaires de plus en plus exigeantes et la préservation écologique de la ressource. Ces enjeux complexes impliquent une désectorisation de deux domaines d'action publique par la mise en place de nouvelles formes de coopération associant les institutions et acteurs traditionnels de l'alimentation en eau potable, et les institutions et acteurs en charge de la gestion des ressources en eau.

Au cœur de ces transformations de la gestion publique de l'eau potable, la départementalisation est un phénomène particulièrement intéressant pour comprendre les enjeux, les tensions et les conflits qui secouent l'administration locale et, au-delà, la structuration de l'action publique au niveau local. Dans quelle mesure cette logique s'intègre-t-elle dans la politique de l'eau promue par les Agences de l'eau et les administrations territoriales ?

1.2. La sécurisation des approvisionnements et la gestion rationnelle des services d'eau comme point de convergence des logiques institutionnelles

La sécurisation des approvisionnements constitue le point de convergence des différentes logiques institutionnelles portées tant au niveau national que par les Agences de l'eau, les Départements et les instances régionales. Elle passe par une gestion de l'alimentation en eau potable qui, pour être durable, devrait s'appuyer sur un objectif de sécurisation rationnelle des ressources en eau. En ce sens, la sécurisation des approvisionnements s'est imposée comme une référence partagée.

L'Agence de l'eau Adour-Garonne par exemple a aidé financièrement depuis 1993 les départements qui en faisaient la demande dans la réalisation de schémas départementaux d'alimentation en eau potable (SDAEP). Depuis le début des années 2000, à la demande de la DRASS Midi-Pyrénées, l'Agence de l'eau conditionne ses aides financières aux collectivités distributrices à la protection des captages et à la réalisation d'un SDAEP. Ces derniers ne sont pas réglementaires, ils n'ont pas de portée juridique et ne sont pas opposables au tiers. L'Agence de l'eau fonde leur légitimité sur la nécessité d'« *optimiser et restructurer l'organisation du prélèvement, du traitement et de la distribution* » de l'eau potable au sein d'une « *stratégie départementale bien définie* »[174].

---

[174] Agence de l'Eau Adour Garonne, « Objectif : de l'eau potable de qualité », *Revue de l'Agence de l'eau Adour-Garonne*, 106, 2009.

Pour convaincre les départements, l'Agence de l'eau s'appuie sur une stratégie incitative par une prise en charge financière à 50 % des études conduites pour les réaliser et sur le conditionnement des subventions à l'alimentation en eau potable au contenu des SDAEP. Tous les départements du bassin Adour-Garonne ont, à ce jour, réalisé un schéma.
Initialement, l'objectif des SDAEP était d'établir, sur la base d'un diagnostic - du territoire, de l'état des ressources, des réseaux, des stations... - des orientations stratégiques et opérationnelles dépassant une gestion quotidienne à court terme et une logique de guichet. L'Agence de l'eau et les Conseils Généraux ont pu ainsi programmer, hiérarchiser et coupler leurs subventions aux collectivités sur des projets présentés comme structurants. Ces documents, devaient permettre l'initiation d'une réflexion à moyen-long terme sur l'avenir de l'alimentation en eau potable au sein des administrations départementales et de diffuser cette démarche d'apprentissage de la prévision au niveau de chaque commune ou syndicat. En tant qu'outil d'aide à la décision, les SDAEP devaient de plus inciter les collectivités à mutualiser leurs ressources sur des projets hydrauliques supra communaux (interconnexions de secours ou définitives) permettant de sécuriser la ressource.
La gestion de l'alimentation en eau potable est une compétence volontaire pour les Conseils Généraux et aucun cahier des charges officiel n'a été diffusé par l'Agence de l'eau. Selon les départements, cette incitation a été interprétée de façon hétérogène : inutilité, ingérence, continuité d'une réflexion engagée... . Par ailleurs, le flou sur les critères de réalisation du SDAEP a laissé une large place aux jeux politiques et aux enjeux de territoires. Fautes de directives précises, les Conseils Généraux se sont ainsi appuyés prioritairement sur des critères basés sur leur intérêt et sur leur représentation du service public de l'eau potable pour conduire ces schémas.
Sans attendre l'injonction des Agences de l'eau, certains départements précurseurs s'étaient engagés de longue date sur la voie d'un SDAEP et plus largement d'une maîtrise d'ouvrage pour les communes dans le domaine des services publics. Le Département des Landes s'est lancé de sa propre initiative dès 1990 dans l'élaboration d'un SDAEP (révisé en 1999). Le département s'est appuyé sur un Syndicat d'électrification (SYDEC) qui s'est vu confier la compétence de gestion des réseaux d'eau potable pour les collectivités la gestion. Dans ce cas précis, l'objectif politique clairement affiché par le président du Conseil Général, Henri Emmanuelli (PS) est, notamment, de faire du département des Landes un acteur politique emblématique au niveau national de l'opposition à la privatisation de la distribution de l'eau et de faire barrage aux grandes entreprises privées de délégation de service public. À la suite d'une publication du prix de l'eau faisant apparaître des prix supérieurs dans les collectivités en gestion déléguée (jusqu'à 70 %), le Conseil Général a alors décidé d'accorder des subventions bonifiées aux collectivités organisées en régie publique au nom

d'un soutien explicite au service public. Cette mesure éminemment politique a donné lieu à une empoignade juridique qui démontre les tensions potentielles que suscitent les politiques mises en œuvre par les Conseils Généraux dans la gestion de l'eau potable.
Autre illustration, les SDAEP des départements du bassin Adour Garonne montrent des divergences notables dans les contenus des documents produits. Certes, les objectifs structurants sont globalement identiques : sécuriser la ressource en eau potable en quantité et en qualité, mobiliser de nouvelles ressources, maîtriser le prix de l'eau. Cependant, les moyens d'action sont plus ou moins innovants, volontaristes et en adéquation avec les objectifs des documents de planification (SDAGE) et les échéances prioritaires de l'Agence de l'eau (DCE). De même, la participation des usagers dans la phase d'élaboration n'est pas envisagée ou volontairement écartée.
La prise en charge de la restructuration de l'organisation territoriale de l'alimentation en eau potable diverge là encore selon les départements. Elle dépend fortement de la situation initiale des départements (nombre d'unité de gestion, de syndicats intercommunaux, contexte hydrogéologique, ...).
C'est pourquoi certains sont axés davantage sur le renouvellement des canalisations, alors que d'autres sont à une étape préalable de rationalisation des unités de gestion.
Il convient également de considérer le caractère éminemment politique d'un document de planification de la politique départementale de l'eau potable, qui plus est quand ce dernier conditionne les financements de l'Agence de l'eau. Ce caractère politique est lui-même lié aux caractéristiques géographiques (rural, périurbain, urbain), démographiques (croissance démographique), socio-économiques (agriculture intensive), aux projets d'aménagement hydrologiques des autres secteurs usager de la ressource en eau (irrigation) et à la couleur politique du Conseil Général (Salles et alii, 2006).
À l'échelle du bassin Adour Garonne, alors que certains schémas se limitent à un état des lieux sommaire, d'autres prévoient l'abandon de près de 60 % des captages et l'interconnexion sur des captages jugés prioritaires, tels que le département du Lot. Dans un contexte de lancement d'un syndicat départemental de production d'eau potable, de nombreux acteurs avaient dénoncé une instrumentalisation partisane des objectifs du SDAEP par le Conseil Général. Des agents techniques et administratifs ont pointé ses insuffisances techniques et des élus locaux – principalement de petites communes ou de petits syndicats d'alimentation en eau potable dont la fermeture du captage est programmée - ont contesté le caractère clientéliste du choix des ressources.
Pour autant, la fermeture des captages fait souvent consensus pour les autorités et les financeurs puisqu'elle permet une réduction des contrôles sanitaires, des coûts des analyses d'eau et d'entretien des stations de traitement, ainsi que des procédures de protection des captages. Conjointement,

elle incite les collectivités à se regrouper en syndicats afin de permettre une mutualisation des investissements.
Or, selon les contextes territoriaux, l'abandon d'un ou plusieurs captages peut être perçu de façon divergente par les collectivités. Il peut apparaître comme une opportunité, notamment par l'évitement de la confrontation avec les enjeux agricoles, ou comme une forme d'ingérence du Conseil Général dénoncée au nom d'un attachement à la ressource locale, d'une volonté de rester le seul maître du prix de l'eau, ou d'une opposition politique (Becerra, Roussary, 2008). Les raisons qui ont présidé au choix des critères de sélection des ressources qui vont bénéficier de soutiens prioritaires aux investissements sont accusées d'être moins motivées par l'intérêt général et par une logique technico-économique (coût/avantage), que fondés sur la permanence d'un réseau clientéliste local.

Les Conseils Généraux se sont appropriés une injonction à la planification - généralisée par la plupart des Agences de l'eau et encouragée par le ministère de l'Environnement et les autorités sanitaires- de façon différenciée en fonction des contextes et des enjeux territoriaux. Mais cette appropriation revêt toujours un caractère stratégique selon qu'ils souhaitaient se saisir ou non de manière volontariste de la compétence alimentation en eau potable sur leur territoire départemental.
Cependant, vis-à-vis de la dimension sanitaire et environnementale, les politiques conduites par les Départements semblent être davantage une illustration de la permanence d'une logique techniciste qui priorise le développement des infrastructures comme solution aux problématiques qualitatives et quantitatives de l'alimentation en eau potable.
Le Conseil Général du Tarn par exemple revendique depuis 2003 « *la volonté d'inscrire la politique environnementale du département dans une logique de préservation des ressources naturelles et de conditions d'accès équitable à un service public essentiel pour chaque citoyen* », en arguant que « *son SDAEP contribue efficacement à améliorer les conditions permettant de délivrer à chaque Tarnais, une eau de bonne qualité en toute circonstance* » (Agence de l'eau Adour Garonne, 2009). Or, on constate que « *les actions et moyens ambitieux* », chiffrés dans le SDAEP (achevé en 2005) et répartis en trois axes prioritaires, concernent : l'installation de filières de traitement (150 dispositifs, 40M €), le maillage ou l'interconnexion des réseaux (60 opérations, 15M €) et la protection des captages (plus de 200 périmètres de protection, 6M €). Si cette dernière action est présentée comme « durable »[175], ses limites seront abordées dans le chapitre 5.

[175] Il faut toutefois préciser que le Conseil Général du Tarn envisageait à ce niveau une politique relativement peu commune en ambitionnant de rationaliser le nombre de captages tout en maintenant une protection minimale au niveau des captages abandonnés (clôture et entretien du périmètre immédiat) en cas de problème futur (entretien avec le responsable du service environnement-eau au Conseil Général du Tarn, février 2006).

Pourtant, si ces solutions permettent de pallier à court terme les impacts des pollutions diffuses, et sont relativement efficaces vis-à-vis de problématiques sanitaires spécifiques (pollutions ponctuelles, bactériologiques, arsenic…) et quantitatives (interconnexions), elles peuvent difficilement se prévaloir d'une réelle durabilité qui supposerait des actions de fond sur les causes de la dégradation de la ressource.

*

* *

La départementalisation conduirait donc à une recomposition des cadres institutionnels de planification - traditionnellement communales et inter-communales (Pezon, Petitet, 2004) - de l'alimentation en eau potable à l'échelle départementale. De nombreux départements vont d'ores et déjà plus loin sur la voie de l'institutionnalisation de la départementalisation par la création de syndicats AEP à l'échelle départementale avec des statuts divers (Syndicat mixte, EPIC, association…) et assument des compétences variables : maître d'ouvrage, aide aux investissements, assistance à la maîtrise d'ouvrage, assistance à la (re)négociation des contrats de délégation, développement d'une ingénierie territoriale, péréquation et/ou harmonisation du prix de l'eau…

Les multiples configurations territoriales renvoient ainsi à des « régimes de gouvernance départementale » de l'eau potable plus ou moins centralisés[176].

Pour autant, au-delà de quelques recherches (Grandgirard, 2007 ; Salles *et al.*, 2006) et de l'enquête ADF-CFE réalisée en 2003 et en 2006, on ne dispose pas à ce jour d'une vision claire articulant la connaissance empirique de la politique des Conseils Généraux à une réflexion d'ensemble sur la gouvernance territoriale de l'eau DCH. C'est cette lacune que propose de combler le projet de recherche AQUADEP[177] dans lequel s'inscrit notamment l'étude de cas qui va maintenant être développée.

Quelles sont les raisons d'une intervention plus volontariste des Conseils Généraux dans la gestion de l'eau DCH ? Quelles sont les formes d'inter-

---

176 Dans sa thèse, Agnès Grandgirard (2007) distinguait quatre modèles de gouvernance à l'échelle départementale : le changement d'échelle (nouvelle autorité), la hiérarchie (chef de file), l'incitation économique (conditions de subvention), la coordination souple (gouvernance).

177 Le projet AQUADEP « Caractérisation, évaluation et accompagnement des politiques départementales de l'eau destinée à la consommation humaine», coordonné par Rémi Barbier (ENGEES-CEMAGREF), s'inscrit dans le Programme « Eaux et Territoires» du CNRS, CEMAGREF et MEDAD. L'équipe pluridisciplinaire du projet AQUADEP est composée de l'UMR Cemagref/ENGEES en Gestion des services publics (GSP) ; de l'UR Réseaux du Cemagref Bordeaux ; du Laboratoire Gestion de l'eau et de l'Assainissement (GEA-APT) d'AgroParisTech-Engref ; du Centre d'étude et de recherche Travail, Organisation Pouvoir (CERTOP), UMR-CNRS 5044 de l'Université Toulouse Le Mirail ; et du laboratoire Mutations des Territoires en Europe (MTE), CNRS FRE 3027, Université Paul Valéry à Montpellier.

vention privilégiées et avec quels effets ? Quelles configurations d'enjeux et d'acteurs contribuent à ce que le Conseil Général renforce ses positions d'autorité pour départementaliser la gestion de l'eau potable ?

2. La départementalisation de la gestion de l'eau potable en Ariège : entre « principe de solidarité » et « solidarité de principe »

Cette section expose les résultats d'une étude de cas, l'Ariège, qui sans être représentative, est assez exemplaire d'un processus de départementalisation[178]. Sous l'égide d'un pouvoir départemental « fort », il s'efforce d'apporter des solutions aux problèmes de la distribution de l'eau potable dans un contexte local difficile. Elle montre comment le Conseil Général légitime le renforcement de sa position de *leadership* territorial par la coordination et le pilotage de l'alimentation en eau potable, au regard de la situation locale (2.1) et d'un projet politique de fédération des services publics (2.2). Il donne à voir les registres argumentaires mobilisés pour enrôler les collectivités dans un Syndicat Mixte Départemental d'Eau potable et d'Assainissement (SMDEA) (2.3), et ceux utilisés par les collectivités pour justifier leur non-adhésion (2.4). Enfin, il aborde les difficultés rencontrées par ce syndicat dans la phase de post-départementalisation (2.5), certaines limites du processus et les repositionnements stratégiques (2.6).

2.1. La situation de l'AEP : inégalités territoriales d'accès à une eau de qualité

L'Ariège présente des inégalités territoriales d'accès à une eau de qualité. C'est un département rural, avec une partie montagneuse importante à l'habitat dispersé, les vallées profondes isolant les hameaux[179]. La conséquence est un très grand nombre de captages (638 captages) et d'unités

[178] Cette partie est le résultat d'une monographie basée sur la réalisation et l'analyse de ressources documentaires (Insee, sis-eaux, rapports, courriers, statuts SMDEA, presse, …) et de 21 entretiens semi-directifs réalisés de mai 2007 à janvier 2008 auprès : d'agents de services déconcentrés de l'État (DDASS, SPEMA), de l'Agence de l'eau Adour Garonne (délégation) ; du Conseil général, de Communauté de Commune, du SMDEA, de la Chambre d'agriculture ; d'un hydrogéologue agréé ; de 8 élus locaux (Vice-Président du Conseil général, 5 maires, 2 conseillers municipaux), dont 2 sont aussi membres d'associations environnementalistes locales ; et enfin auprès d'1 adhérent d'une association des familles.

[179] En 1999, l'Ariège comptait 52 % de population rurale (92,5% des communes), pour une moyenne de 36 % en Midi-Pyrénées et 24 % en France métropolitaine (INSEE).

de distribution (515 UDI) pour 332 communes[180]. La majorité du réseau d'eau potable est composée de petits réseaux alimentés par une multitude de petits captages en eau souterraine (94% des captages, mais 57 % des débits produits)[181]. Seuls 19 % des captages possèdent des périmètres de protection (27,4 % de la population[182]).

Les points de prélèvements sont donc vulnérables aux intrusions et aux contaminations issues de la dégradation de matières d'origine végétale et animale. Conjointement, la longueur des réseaux, leur ancienneté (20-40 ans), ainsi que le délaissement de leur entretien par les communes, entrainent une vétusté des ouvrages.

> *« Le département de l'Ariège a toujours été un département très rural avec un très grand nombre d'unités de distribution, donc de petits réseaux d'eau potable donc surtout sur la partie de montagne où on concentre vraiment toutes les difficultés puisqu'il y a une multitude de petits captages qu'il faut protéger, qui ont des problèmes de qualité, des communes qui n'ont pas de moyen et qui n'appliquent souvent pas de prix de l'eau. L'eau est considérée comme un bien commun, enfin, même pas comme un bien commun, mais comme un bien Ariégeois. Et en plus, c'est souvent la seule richesse des communes finalement l'eau, donc voilà les sources étaient conservées de tout temps.»*
> (Agent Agence de l'eau Adour Garonne 1)

Il en découle que la principale cause de non-conformité des captages de montagne est de nature bactériologique. En 2004, 25 717 habitants (17 % de la population) ont reçu une eau non-conforme pour le paramètre micro-biologie. En 2007, cette situation a nécessité de fréquentes restrictions d'usages, voire une mise en demeure par les autorités sanitaires. La plaine de l'Ariège est davantage vulnérable aux contaminations d'origine agricole (nitrates et pesticides).

L'Ariège est un département qui attire une population de nouveaux arrivants en évolution constante[183], de même que la population touristique (plus 14% entre 1997 et 2003), mais dont la présence est variable sur l'année. Cette population souvent urbaine ou périurbaine est porteuse d'exigences de qualité des eaux distribuées et de service qui viennent se confronter avec les représentations locales d'une eau de montagne naturellement pure.

---

[180] Pour une moyenne départementale en 2003 de 236 UDI en Midi-Pyrénées et environ 250 en France métropolitaine.

[181] Certaines communes de montagne cumulent de nombreux captages (Boussenac possède 24 captages pour moins de 200 habitants).

[182] Bilan Agence régionale de santé Midi-Pyrénées, avril 2008.

[183] Entre 1990 et 1999, 26 000 nouveaux arrivants (y compris les enfants nés depuis 1990) se sont installés, soit 19 % de la population totale actuelle. Sur la période 1999-2006, l'Ariège possède le 3ème taux de croissance annuel de population de Midi-Pyrénées (+ 0,9%). Cette croissance est fortement influencée par le rayonnement de l'agglomération toulousaine, un quart des nouveaux arrivants en provenance de la Haute-Garonne y exercent toujours leur activité (INSEE, *Regard sur l'Ariège*, 8, INSEE Midi-Pyrénées publications, 2002).

On observe un « *attachement à la source* » qui peut conduire les élus et les populations permanentes soit à nier la contamination, soit à minorer ses effets sur des populations non permanentes jugées plus vulnérables et moins « immunisées ».

> « *Personnellement on a une bonne eau, on a une eau de source elle est excellente, elle est un peu calcaire, mais excellente, après ce qu'il faut savoir, c'est qu'on a un traitement aux UV, et quand il y a des périodes d'eau importante, il y a des chamboulements au niveau de la source et on a plus de matière en suspension et les UV marchent moins, et donc il y a plus de colibacilles comme on dit [...] ça marche, mais bon il y a quand même une fois où je suis restée au lit deux jours parce que, mais là c'est moi qui n'ai pas fait gaffe parce quand elle est marron il ne faut pas la boire. Mais honnêtement je préfère quelques colibacilles une fois tous les trois ans et rester au lit deux jours que d'aller me boire l'eau de Pamiers qui est morte ! Parce que si je garde celle-là je sais qu'il va falloir que je m'en occupe, je sais comment m'en occuper. C'est toute une chaine. Si on continue à faire ce qu'on fait, on va fermer des sources et aller vers des eaux traitées.* » (Élue locale, membre d'une association de défense de l'environnement)

De ce fait, les autorités sanitaires (ex-DDASS) peinent à justifier la nécessité d'un traitement rémanent (chloration ou ultra-violet) qui peut même être jugé néfaste sur la santé, et cela même en cas de non-conformité avérée entrainant des mesures de restriction d'usage[184]. Or, le traitement rémanent est une des principales solutions aux problèmes de contamination bactériologiques liés à la stagnation longue des eaux dans les tuyaux du fait des variabilités de population dans les communes touristiques et/ou possédant beaucoup de résidences secondaires.
Les caractéristiques géographiques et de la structuration des réseaux, conjointement à la persistance d'une négation du problème de contamination et d'une contestation des normes expertes, contribuent à expliquer le faible investissement financier des communes dans la gestion des réseaux d'alimentation en eau potable.
Mais la réhabilitation des ouvrages, la mise aux normes des installations et le contrôle sanitaire ont aussi un coût élevé. Ce coût est proportionnel au nombre de captages avec une répercussion sur le prix de l'eau au m^3 d'autant plus importante que le nombre d'habitants sur une portion de réseau est faible. Certains élus refusent de faire porter les coûts sur les usagers. L'eau est considérée comme un bien communal et gratuit. Se maintenant en

[184] Une station de ski a reçu en 2005 quatre mesures de restriction d'usage.

position d'illégalité, ils continuent soit de pratiquer des forfaits ou de ne pas réellement faire payer l'eau en pratiquant des tarifications symboliques[185]. Les coûts de fonctionnement du service, réduits au minimum, sont alors intégrés au budget communal. Ces situations créent des inégalités territoriales de prix de l'eau entre des communes, syndicats ou agglomérations qui pratiquent à minima la vérité des prix[186] et investissent dans leurs réseaux, voire dans l'assainissement.

> *« [...] le département de l'Ariège est très morcelé avec beaucoup de diversité [...]. On a le nord, zone de plaine avec des communes à une relativement forte densité de population, des ressources en eau maitrisées puisque ce sont des usines de production d'eau, etc.... donc problème de qualité d'eau et puis on a tout le sud qui est la zone de montagne. Une multitude de ressources différentes avec une population très clairsemée, des réseaux en mauvais état, vétustes donc aussi le côté solidarité. [...] Le même service au même coût. Donc pour ça c'était très compliqué [...] parce que beaucoup de diversité du prix de l'eau sur le département, avant le SMDEA ça devait varier de 2,5 € du m3 à 0. Énormément de communes où il n'y avait pas de compteur chez les abonnés. »* (Agent SMDEA 1)

*

* *

La sécurisation sanitaire des approvisionnements, la mutualisation des investissements par la rationalisation des infrastructures et le regroupement des collectivités sont des messages portés au niveau national et soutenus financièrement par les Agences de l'eau. Or en Ariège, les représentants des services de l'État et de l'Agence de l'eau rencontrés s'accordent sur le constat d'un problème sanitaire et sur l'absence de « volonté » de certains élus de répondre à ces injonctions. Avant le SMDEA, l'organisation de l'alimentation en eau potable était structurée en plus de 500 UDI organisées autour d'une dizaine de moyens et grands syndicats et de nombreuses régies communales, principalement en zone de montagne. Cette organisation augmentait ainsi le nombre d'interlocuteurs pour les services de l'état en

---

185 Cas d'une commune qui possédant un établissement exceptionnel sur son territoire communal (EDF) a longtemps fait payer un forfait à ses usagers (environ 8 euros pour une consommation de 100m^3 par an), avant d'opter pour une tarification « symbolique » (0,29 euro par m^3 en 2008).

186 L'organisation du service public d'eau potable, la production et la distribution d'eau, tout comme l'assainissement des eaux usées, constituent aujourd'hui des services publics à caractère industriel et commercial (SPIC). « L'eau doit payer l'eau », c'est-à-dire que les dépenses engagées pour la fourniture de ces services doivent être couvertes par les recettes perçues auprès des usagers, au titre du service rendu.

charge du contrôle sanitaire et du suivi de la procédure des périmètres de protection de captage.

2.2. Un Conseil Général qui revendique le leadership dans la gestion des services publics

Si le Conseil Général n'a réglementairement aucune compétence en matière d'alimentation en eau potable, il en est l'un des principaux financeurs (subventions aux collectivités souvent conjointes avec l'Agence de l'eau). Il propose parfois une délégation de la maîtrise d'ouvrage pour la phase administrative de la procédure de protection des captages d'eau potable. Il est aussi le garant d'une « mission de solidarité et de péréquation », même si cette mission concerne davantage les services d'aides sociales (Lois de décentralisation).

En Ariège, le Conseil Général revendique de ce fait un rôle d'autorité, de leadership, dans la gestion des services publics et donc de l'eau potable, à travers une ambition politique de fédération des collectivités à l'échelle départementale. L'Ariège dispose déjà d'un syndicat départemental des communes électrifiées (SDCE), crée en 1951, auquel la totalité des communes est adhérente, ainsi qu'un syndicat mixte départemental de traitement des ordures ménagères (SMECTOM).

Le syndicat mixte départemental d'alimentation en eau et assainissement (SMDEA) de l'Ariège a été créé le 5 juillet 2005, mais 2007 est sa première année de véritable fonctionnement. Il regroupe alors environ 75 % des communes du département et dessert environ 62 % de la population départementale[187].

Si le Conseil Général est adhérent à ces syndicats au même titre que les collectivités, la volonté politique d'une « labellisation » Conseil Général est attestée par la transposition dans l'attribution des responsabilités institutionnelles : le président du Conseil Général, député de l'Ariège entre 1981 et 2007, et le vice-président du Conseil Général sont respectivement le président et le vice-président du SMDEA. Le vice-président est dans le même temps notamment le président du SDCE, vice-président de la FNCCR et administrateur à l'Agence de l'eau Adour-Garonne.

Le SMDEA gère les filières complètes de l'eau potable et de l'assainissement et se porte maître d'ouvrage pour les communes adhérentes. Celles-ci lui ont délégué la totalité de leurs compétences eau potable et/ou assainissement. À ce titre, le SMDEA investit, gère et exploite les réseaux à la suite d'un transfert administratif et financier (emprunts, actifs et passifs des communes). L'objectif de ce syndicat est la rationalisation de la distri-

[187] En 2007, le SMDEA compte 277 communes (dont 248 de l'Ariège sur 332, 28 de la Haute-Garonne et 1 de l'Aude) et environ 50.000 abonnés.

bution, de la collecte, du transport et du traitement des eaux usées et, à terme, l'instauration d'un prix unique de l'eau.

2.2.1. Le SMDEA imposé comme l'outil adapté pour permettre une solidarité territoriale pour l'AEP

Plusieurs arguments sont avancés pour légitimer la création du SMDEA comme l'outil de développement de la solidarité dans le domaine de l'eau potable et son portage politique par le Conseil Général socialiste de l'Ariège. Tout d'abord, la nécessité de mutualiser les investissements est invoquée pour parer à la désaffection des communes et ainsi permettre la mise aux normes de l'ensemble des installations, au regard des enjeux sanitaires et réglementaires (eau potable et assainissement). Un regroupement intercommunal en grands syndicats répartis sur le territoire départemental aurait pu remplir ce rôle – arguments de beaucoup de détracteurs du SMDEA souhaitant conserver leur maîtrise du service. Mais l'argument opposé est que la départementalisation permet une optimisation sanitaire, technique et économique, au regard d'un objectif de solidarité départementale et particulièrement urbain-rural, dont le Conseil Général se porte le garant[188].

> « *Disons que nous avons l'habitude ici d'avoir de grandes structures départementales [...] Alors pour l'eau, j'étais président d'un syndicat que je qualifie de primaire qui regroupait entre 50 à 60 communes, qui se situait dans la partie basse du département [...].On aurait pu rester comme tel, compte tenu des ressources qui étaient les nôtres au travers de la tarification de l'eau. [...] mais il y a 25 ou 30 ans de cela, j'avais préconisé la création d'un syndicat départemental de l'eau à l'image de celui d'électrification que je présidais également. Pourquoi ? Pour mutualiser les investissements parce qu'il est évident que les toutes petites communes ont beaucoup de difficultés à réaliser ces investissements. [...] il y avait un certain nombre de communes sur ce département, qui était des communes de montagne généralement, qui avaient une tarification minimum de l'eau - si ce n'était qu'un forfait obsolète - et qui un beau jour allaient voir leur problème devant leur porte en ce sens qu'il allait falloir faire la protection des captages et à la fois rénover les réseaux. [...] parce que ce qui m'a incité aussi à réaliser une opération, ou à proposer la réalisation d'une opération de ce type, c'est qu'il y avait une carte qui était éditée*

188 Une étude conduite en Midi-Pyrénées sur le développement de la coopération intercommunale avait mis en évidence que dans le département rural de l'Ariège, traditionnellement socialiste, le rôle des conseillers généraux et du Conseil Général avait été décisif. Mobilisant déjà les enjeux relatifs au territoire de l'Ariège des années 1980-1990, l'argument était alors que la coopération intercommunale apparaissait « *comme un des moyens indispensables d'organiser des actions pour lutter contre le déclin démographique et économique* » (Nevers, Viès, 1995).

par la DRASS et qui faisait apparaître tout le haut du département de l'Ariège en zone montagneuse en rouge, c'est-à-dire eau dont la potabilité était douteuse [...]. Donc, il convenait à brève échéance de régler ce type de problème et c'est de là, alors de façon disons plus effective, que sont parties les bases de la création d'un syndicat départemental. » (Vice-Président du SMDEA)

2.2.2. Le développement d'une technostructure comme recours au désengagement de l'État

La baisse des effectifs en ingénierie publique (ex-DDEA, DDASS) qui s'inscrit dans l'arrêt progressif des missions d'ingénierie publique tombées dans le champ concurrentiel (RGPP), entraine une difficulté des administrations à répondre à la demande des collectivités qui se tournent vers des bureaux d'études privés. Afin de suppléer à ce qui est pointé comme un « *désengagement de l'État* », confortée par la disparition du FNDAE et la mise en concurrence des services d'assistance technique aux exploitants de station d'épuration (SATESE), la départementalisation doit permettre le développement d'une véritable technostructure avec des pôles d'intervention territoriaux et des compétences larges (service administration et finances, juridique, ressources humaines, eau potable, assainissement, travaux, prospective, diagnostic et urbanisme)[189].

La représentativité des communes au sein de l'Assemblée générale, le nombre de délégués, dépend de leur nombre d'habitants et de la compétence transférée (eau et/ou assainissement) au SMDEA. Il y a eu une volonté affichée (statuts du SMDEA) de faire en sorte que les petites communes ne se sentent pas lésées par rapport aux villes.

> « *Elles font la loi au niveau du SMDEA, ça a été une volonté aussi parce que trop de communes pensaient « c'est les grosses qui vont faire la loi et nous sera obligé de subir ». On leur a montré que non, les statuts ont été prévus de telle manière que si on regardait bien, c'est les petites communes, dès lors qu'elles étaient capables de parler d'une seule voix, qui pourraient imposer à l'AG leur vision des choses.*» (Directeur du SMDEA)

Une faible représentation des villes au sein du Conseil d'administration a été d'ailleurs invoquée comme argument par les opposants à la majorité muni-

[189] Le SMDEA dispose en 2007 d'un effectif de 153 agents (10 cadres, 16 techniciens, 15 agents de maîtrise, 85 agents d'exécution et 24 agents administratifs), dont 60 fonctionnaires territoriaux, 2 fonctionnaires de l'État en détachement et 91 agents de droit privé. Il est administré par un Conseil d'Administration composé de 27 membres, dont 22 sont élus par les 381 délégués des collectivités adhérentes et 5 sont désignées par le Conseil Général.

cipale de la commune de Foix, lors des débats locaux concernant l'adhésion de la commune pour la partie assainissement.

> « *[...] la faible représentation de la ville de Foix au sein de l'assemblée générale (de l'ordre de 2 à 3 %), ne lui permettra pas de faire entendre sa voix pour défendre les intérêts de ses habitants. Et puis une fois engagée, la ville ne pourra pratiquement pas se retirer de ce futur syndicat.* » (*La Dépêche*, 19 janvier 2005)

Le SMDEA a pour objectif de lancer des études de rationalisation par secteurs et de dépasser le frein des rivalités entre collectivités. Il ambitionne également de développer une vision globale et prospective de l'aménagement du territoire (SCOT, Plans locaux d'urbanisme). Enfin, il vise dans le même temps à atteindre un équilibre tarifaire sur le département avec un objectif tarifaire au moment du lancement de la campagne d'adhésion à 1 €/m^3 HT pour l'eau potable (1,15 €/m^3 HT pour l'assainissement)[190].

D'une plus grande assise financière et technique découle une assise politique et une légitimité plus forte que le Conseil Général arbore prioritairement comme un *« rempart à la privatisation des services d'eau et d'assainissement »* (délégation à des opérateurs privés), au demeurant très peu développée sur le département.

> *« On est sur un département avec justement cette vision très socialiste de l'organisation des services publics, avec une organisation en régie. Donc, on va passer des contrats, mais qui ne sont pas des contrats de délégation de service public. Si on a besoin de se faire aider à un moment donné, on va passer un contrat pour une assistance technique ponctuelle, mais rarement on va déléguer. En concession, je crois qu'il n'en existe pas et en affermage, il en existe très peu. »* (Agent DDEA 09)

La fédération des collectivités par un effet d'échelle permet au Conseil Général de gagner en poids vis-à-vis des autres institutions (services déconcentrés de l'État, Région, Agence de l'eau) pouvant exercer des moyens de pression réglementaires, politiques ou financiers.

2.2.3. Le maintien d'une structure centralisée au niveau départemental

Enfin, un enjeu plus local, et non le moindre, était le maintien impératif d'une structure d'assistance centralisée au niveau départemental, le service

[190] Il a été réactualisé plusieurs fois en fonction de la conjoncture économique. Lors de l'assemblée générale du 19 juin 2009, le président du syndicat annonçait que l'objectif tarifaire était d'atteindre en 3 ans (2012) un prix plancher de 1,20 €/m^3 HT pour l'eau potable et 1,32 €/m^3 HT pour l'assainissement (abonnement compris), sur la base d'une consommation théorique de 120m^3 par an.

d'entretien des distributions d'eau et de l'assainissement (SEDEA) du Conseil Général. Ce service avait été créé à la fin des années 1960 à l'initiative de deux présidents d'importants syndicats d'eau et conseillers généraux (dont l'actuel vice-président du SMDEA). L'objectif était l'exploitation et l'entretien du réseau d'alimentation en eau mis en place après la guerre, entre 1950 et 1970. L'ambition initiale des élus était de créer une structure syndicale, mais il s'est structuré et a perduré comme un prestataire de service pour les communes. Avec l'évolution du contexte économique et législatif, la gestion des réseaux d'eau et d'assainissement est entrée dans le domaine concurrentiel. Le SEDEA a été contesté juridiquement (tribunal administratif). À la suite de quoi, il ne pouvait plus intervenir au titre des communes pour l'assainissement. La nécessité pour le Conseil Général de faire perdurer une structure qui employait 135 agents (dont 55 % de la fonction publique territoriale) et avait signé des conventions avec plus de 130 communes et syndicats s'est vite imposée. La solution adoptée a été de faire basculer cette structure dans un syndicat mixte. Le Conseil Général y a adhéré, mettant à disposition des futures communes adhérentes matériels, locaux et une dot conséquente.

> *« Donc le Conseil Général, en faisant cette proposition de la création d'un syndicat mixte, apportait ces compétences sous la forme de l'outil de travail SEDEA et du personnel qui le composait. Il a voté une autorisation de programme de 9 millions d'euros sur 5 ans de façon à permettre au SMDEA d'avoir une politique d'investissement un peu plus forte que celle que pouvaient avoir les communes, même les communes groupées, et de façon à montrer sa volonté à mettre en place une structure de gestion rationnelle de l'eau et de l'assainissement.»* (Directeur du SMDEA)

*

* *

Près des trois quarts des communes du département ont adhéré au SMDEA dès le lancement en 2005. Ceci pourrait être interprété comme un gage d'adhésion des collectivités au principe de solidarité et une légitimation du Conseil Général à s'approprier les enjeux de l'alimentation en eau potable pour résoudre un problème public.

Cette adhésion massive et la création d'une structure à échelle départementale posent cependant quelques questions : Sous quelles conditions les collectivités ont-elles « validé» cette légitimité et adhéré au SMDEA en lui déléguant leur maîtrise d'ouvrage ? Quels sont les registres argumentaires de l'adhésion ?

2.3. Les registres argumentaires du Conseil Général pour enrôler les collectivités : d'un impératif de solidarité territoriale à une péréquation imposée

2.3.1. Le registre de l'intégration dans un projet socialiste de fédération et de maintien des services publics

Fin 2004, suivant une stratégie de démarchage systématique, le Conseil Général s'est lancé dans une véritable campagne auprès des collectivités pour les faire adhérer. Tout d'abord, une présentation cantonale du projet a été faite par le président du Conseil Général, futur président du SMDEA. Puis, les agents des services techniques et le futur directeur SMDEA se sont partagés le territoire et ont rencontré les conseils municipaux pour convaincre localement et négocier en « cercle restreint » des protocoles de transfert sur lesquels nous reviendrons. Selon les services et les élus du Conseil général ainsi que les services de l'Etat, la plupart des adhésions n'auraient pas posé de difficultés étant donné l'historique du département en matière de fédération des collectivités dans des syndicats départementaux de service public (électricité, déchet), mais également compte tenu de l'antériorité de la collaboration avec le SEDEA pour de nombreuses communes et également du poids politique du président du Conseil Général au sein du parti socialiste, duquel la grande majorité des élus locaux du département sont adhérents. Les collectivités auraient ainsi adhéré au principe que, fédérées dans une même structure, elles gagneraient en capacité d'influence et d'investissement, puisque les économies d'échelle réalisées leur permettraient de voir aboutir à moindre coût les projets de plus grande envergure ou les plus contraignants (mise aux normes). Cette conception de la solidarité territoriale, que l'on pourrait qualifier de « fédératrice » davantage que « solidariste », intègre une importante condition pour les collectivités, majoritairement de gauche, qui est de maintenir un système d'exploitation en régie. En ce sens, les collectivités ont été assurées lors du démarchage que, d'une part, l'attachement du Conseil Général socialiste à la régie syndicale était une des conditions ayant présidé à la création du SMDEA et que, d'autre part, par la voix de leurs délégués, elles pèseraient dans les décisions du syndicat.

2.3.2. Le registre de l'équité

Finalement un peu en contradiction avec la diffusion de cette « *vision politique collectiviste* » du service public, la campagne de démarchage était aussi destinée à négocier des protocoles individualisés de transfert sur les cinq premières années de fonctionnement du syndicat, afin de lisser des situations de gestion très contrastées.

> *« L'objectif déjà des protocoles c'était de voir un peu ce qui se passait et puis de formaliser nos actions dans le temps et formaliser aussi ce que demandait la commune de façon à éviter les discussions de marchand de tapis deux ans après : « et moi j'ai demandé ça et vous vous avez demandé ci ». Pour que les choses soient clarifiées et qu'elles ne soient pas contestables, j'ai fait faire ces protocoles-là. On les a passés avec les communes et ils nous servent encore de référence. Alors pour certains, c'était une augmentation de tarification qui était prévue sur les 5 ans. Pour d'autres, c'est de dire vous ne toucherez rien pendant 5 ans et puis dans 5 ans vous augmenterez comme vous voudrez, mais on sera sorti du protocole. Donc chaque protocole est un cas particulier, chaque protocole a été signé par le Président et par la mairie concernée. »* (Directeur du SMDEA)

Ces protocoles avaient pour objectif de préparer la transition vers une tarification unique en établissant avec chaque commune un état des lieux de l'état du patrimoine et des besoins à venir afin de programmer les investissements. En fonction de quoi, il s'agissait d'instaurer sur les cinq premières années d'adhésion une augmentation progressive du prix de l'eau pour les collectivités les plus « en retard » dans la mise aux normes de leurs installations. Il s'agissait de garantir aux collectivités qui avaient déjà investi ou celles qui pesaient davantage en termes de revenu pour le syndicat qu'*« au moins sur la durée des protocoles, elles ne paieront pas pour les autres »*.

Chaque protocole est donc le produit d'un jeu de négociations particulier entre le Conseil Général et une collectivité en fonction des cartes détenues par cette dernière. Ainsi, après avoir préalablement défini le degré de contrainte financière et obtenu éventuellement des avantages individualisés, les communes ont pu justifier leur adhésion au SMDEA en mobilisant des registres plus nobles et symboliques, tels que la solidarité et la responsabilité. C'est pourquoi pour les « convaincus », c'est-à-dire les adhérents de la première heure, le transfert de la gestion de l'eau potable au SMDEA est principalement revendiqué comme une adhésion, sinon au principe, au moins de principe.

> *« Mais les détracteurs du SMDEA, d'abord il y en a très peu, et il n'y en a aucun qui a les mêmes motivations. Il y en certains qui n'adhèrent pas parce que leur voisin adhère, et ils sont fâchés avec le voisin ; et d'autres, ils le font pour conserver ce bien « oh l'eau si on nous prend l'eau » ils disent. Vous allez voir le jour où ils auront le château d'eau pété et qu'il faudra le refaire ! Nous ici on avait tout, on n'avait pas besoin de s'embêter, on a réfléchi, mais il faut qu'on soit solidaire. Donc, on a adhéré voilà ! »* (Maire d'une commune adhérente et conseiller général)

2.3.3. Le registre de la responsabilité.

Pour les élus les plus réticents que les arguments mentionnés *supra* n'auraient pas convaincus, d'autres registres ont été mobilisés, tels que le registre de la responsabilité des élus envers leurs abonnés et à l'égard des communes moins pourvues financièrement. En écho aux relances régulières de la DDASS sur la menace de sanctions administratives et pénales, invoquer leur responsabilité devait les amener, au transfert et à la *mise à disposition leur patrimoine* afin qu'il soit géré conformément aux exigences sanitaires.

> *« Je suis sûr que le terme de mise à disposition, ça a été fait pour ne pas choquer les élus des communes qui voulaient garder quand même leur captage et compagnie. »* (Agent Conseil Général 09 2)

Par ce transfert de la compétence alimentation en eau potable, ces élus se voyaient ainsi libérés du poids économique, réglementaire et potentiellement des sanctions juridiques et pénales qu'impliquent une mauvaise gestion de l'alimentation en eau potable et de l'assainissement.

> *« Ça a été une des raisons des élus parce qu'ils se rendaient bien compte qu'ils n'avaient pas les moyens d'assurer la compétence, mais que par contre leur responsabilité restait complètement engagée. Et donc nous on leur disait la responsabilité transférez-là ! Nous on gérera beaucoup plus facilement ce problème-là, que vous, vous ne pourrez jamais le gérer parce que vous n'en aurez jamais les moyens. Une commune qui a 50 habitants, elle n'a pas les moyens de gérer tous les problèmes inhérents à l'eau et à l'assainissement sur son territoire communal ou derrière, du point de vue juridique. »* (Directeur du SMDEA)

Pour d'autres, cette responsabilité tient, en tant qu'élu, à la solidarité territoriale et à la nécessité de mutualiser les coûts entre communes rurales et urbaines pour l'aménagement du territoire. De ce fait, les collectivités ayant fait le choix de conserver leur autonomie sont pointées du doigt par des élus adhérents et départementaux et désignées comme des « *principautés*». En dernier recours, si les principes de solidarité et de responsabilité ne « s'imposaient pas » aux élus d'eux-mêmes, le Conseil Général et le SMDEA disposaient d'autres cartes plus classiques pour les imposer aux élus : la carotte et le bâton.

2.3.4. Le registre financier

Il s'agit en fait d'isoler financièrement les communes non adhérentes en instrumentalisant les financements de l'Agence de l'eau. Toujours pendant la période de démarchage, une autre règle du jeu a été officiellement annoncée : les communes qui adhéreraient au syndicat départemental seraient aidées financièrement par le Conseil Général et celles qui refuseraient, seraient « servies » en second. Pour donner plus de poids politique et financier à cette priorisation, le Conseil Général s'est saisi de la fenêtre d'opportunité ouverte par le dispositif de contractualisation prévu par la LEMA entre Agence de l'eau et Conseil Général de sorte que les subventions de l'Agence de l'eau suivent le même fléchage de financements. L'Agence de l'eau travaille de façon spécifique en fonction des attentes des collectivités. Ces dernières mobilisent la compétence technique ou strictement financière de l'Agence de l'eau en fonction de leur taille (commune urbaine, rurale, indépendante ou regroupée en syndicats), de leur degré de « technicité» (ingénierie intégrée), mais aussi des ressources en matière d'ingénierie publique de leur territoire (SATESE et DDEA).

> *« Les choix de réorganisation ne sont pas toujours faits vers la technique je pense qu'on est de plus en plus des agents administratifs, des agents d'instruction de dossier [...] c'est un métier finalement qui est devenu assez administratif pour répondre à des exigences réglementaires et accompagner le côté politique [...] Enfin l'aspect service public, accompagnement, etc., on le sent quand même moins, c'est la tendance. Pour moi la remise en question des SATESE c'est plus qu'anecdotique, c'est révélateur parce que c'était vraiment des partenaires intéressants sur un département même pour nous, c'était un super relai qui connaissait très bien le terrain. Il nous aide énormément quand on fait les études parce que nous on est loin déjà. On n'est pas implanté dans le département proprement dit, on est déjà régionalisé [...] et eux ils étaient super bien en place sur le terrain»* (Agent Agence de l'eau Adour Garonne 1)

Le Département de l'Ariège a signé avec l'Agence de l'eau Adour Garonne un accord-cadre stratégique (2007-2012) pour définir des objectifs communs et les modalités d'aide des deux partenaires. Un protocole particulier à l'assainissement, à l'eau potable et à la solidarité urbain-rural (SUR) a fait l'objet d'une négociation spécifique. Le fond du programme SUR, actuellement dans le giron des Agences de l'eau, vise à remplacer l'ancien FNDAE, initialement réparti par les Conseils Généraux. Afin de ménager les Départements qui se sont sentis dépossédés, l'Agence de l'eau s'est engagée *« à prendre en considération les propositions de son partenaire, le Conseil Général, en matière de taux d'intervention.»* À travers une clause permettant de privilégier les aides aux actions profitant au plus grand nombre, des taux variables pour une même opération éligible ont été instaurés.

> *« [...] par rapport aux Départements, l'Agence de l'eau Adour Garonne a un positionnement, une politique de l'eau, etc., elle est*

maître d'ouvrage de la DCE. Elle a une vision qui est très élargie, mais concrètement dans le côté opérationnel des choses, on est très lié au Conseil Général et à cette approche politique du territoire. Ce n'est pas évident de la faire transpirer dans les départements, l'analyse de l'Agence de l'eau elle n'est pas évidente et même si on peut comprendre que les Départements n'ont pas la même vocation que les Agences de l'eau. Mais on va beaucoup dans le sens des Conseil Général. [...] Dans la négociation des programmes SUR vraiment on a essayé d'aller dans leur sens. Enfin, je vois dans le département de l'Ariège on est vraiment très conciliant pour arriver à faire quelque chose. Mais après il y a des questions d'ordre général politique, administratives, etc., il y a des questions de personne aussi. Des fois, une politique départementale de l'eau, elle est liée à une ou deux personnes sur le département. Je le ressens, c'est vrai qu'on est sur des dossiers difficiles avec des positions très divergentes. [...] Et puis on a notre administrateur [Vice-Président du SMDEA et administrateur à l'Agence de l'eau Adour Garonne] qui pèse vraiment sur les décisions de l'Agence de l'eau. » (Agent Agence de l'eau Adour Garonne 1)

Le Conseil Général dispose ainsi d'une importante latitude pour choisir les collectivités destinatrices et le montant de l'allocation (d'une absence d'allocation à 45 %). Une collectivité peut ainsi être aidée jusqu'à 80 % sur la quasi-totalité des opérations d'alimentation en eau potable et d'assainissement, même si elle ne rentre pas dans les critères d'éligibilité du programme classique de l'Agence de l'eau[191]. À l'inverse les communes non-adhérentes se retrouvent complètement isolées financièrement.

2.3.5. Le registre du gain en technicité

Le registre financier est appuyé par un registre du gain en technicité pour les communes adhérentes et de la perte des appuis techniques pour les autres. Le passage d'un statut de maître d'œuvre pour des collectivités à l'échelle d'un service (statut du SEDEA), à celle de maître d'ouvrage à un échelon départemental (statut du SMDEA), implique la nécessité de renforcer certaines compétences. Dans un objectif central de rationalisation, il devient nécessaire d'avoir des personnels ayant une bonne connaissance du territoire départemental. C'est pourquoi, en complément des fonctionnaires territoriaux du Conseil Général qui ont accepté d'intégrer le SMDEA, le syndicat a « débauché» deux agents de la DDEA : une personne du service ingénierie,

[191] À l'inverse du programme SUR, le programme classique de l'Agence de l'eau, orienté traditionnellement sur des actions ayant un impact sur le milieu, ne permet pas de financer les collectivités pour certaines actions liées à l'alimentation en eau potable (interconnexions, extension de réseaux, stockages, compteurs individuels).

dès la création du syndicat, afin de renforcer la cellule travaux ; et une personne identifiée par beaucoup comme « *l'acteur ressource*» du département en termes de politique de l'eau. Avant d'intégrer le SMDEA en 2007, cet agent de la DDEA a travaillé au sein du service ingénierie. Puis, il est devenu responsable du service de la police de l'eau et des milieux aquatiques assurant ainsi de nombreuses missions d'animation de groupe de travail départemental (inter-administrations, avec les organismes professionnels agricoles) et de participation à la révision de document de planification à l'échelle du bassin Adour Garonne. Il dispose à ce titre d'une bonne base technique doublée d'une connaissance globale de la problématique de l'eau et des multiples intervenants sur le département. Notons que ces choix de recrutement permettent au SMDEA de renforcer sa légitimité en tant que représentant et garant du maintien du service public auprès des collectivités. De plus, dans un contexte de « redéploiement » des services de l'État (disparition des missions d'ingénierie publique), il s'affranchit d'une tutelle technique de la DDEA.

> *« [...] je pense que la structuration du SMDEA a effectivement d'une part peut-être précipité la chute de l'ingénierie, mais, à certains égards, conforté l'absence finalement de positionnement stratégique de l'ingénierie publique et marqué un certain attachement local à cette ingénierie publique, mais par l'expression d'une ingénierie tout à fait classique qui, me semble-t-il, n'est pas porteuse de l'optimum. »* (Agent DDEA 09)

En conséquence, et paradoxalement au message de solidarité véhiculé, pour les collectivités non adhérentes et non structurées, la perte des appuis financiers se voit renforcée par la perte des appuis techniques et un « isolement» dans leur périmètre géographique.

2.3.6. Le SMDEA : une idéologie partisane ?

Un aspect plus transversal à ces cinq registres renvoie à la question « partisane ».

Depuis la fin des années 1970 et le début des années 1980, des clivages partisans sont clairement apparus dans les modes de gestion des services publics. Les municipalités de droite étaient enclines à déléguer plus que les autres au secteur privé (Lorrain, 1995). Néanmoins, un glissement s'est opéré à partir des années 1980. L'attrait de gains financiers directs (versement de droits d'entrée par le délégataire jusqu'à la loi Sapin), la possibilité d'une externalisation des risques de la gestion en régie (transférant au délégataire la gestion des mouvements de protestation des usagers) ou encore la rationalisation de la masse salariale, sont autant de facteurs qui ont séduit nombre de collectivités, y compris celles d'orientation communistes et socialistes. Les modes de gestion des services des eaux se seraient vus progressivement désinvestis sur le plan idéologique au profit du « pragmatisme » (Le Lidec, 2006), du moins dans les mairies ayant délégué leur gestion. Le cas du département de l'Ariège montre que l'idéologie partisane demeure sinon le moteur, en tout cas une ressource argumentative forte pour légitimer la départementalisation de l'alimentation en eau potable, le maintien ou le retour à la régie publique. Il vient ainsi « habiller » des motivations relatives au maintien ou au renforcement du pouvoir local.

En effet, les dispositions organisationnelles et financières prises par le Conseil Général n'ont pas modifié la position de certains acteurs locaux (élus, membres d'associations, agents des services de l'État, agents territoriaux) qui voient derrière cette réorganisation de la gestion de l'eau, un nouvel exemple d'une volonté d'hégémonie politique et de mainmise sur le territoire.

> *« [...] leur façon de voir la politique et puis gérer tout, tenir tout. Je dis ça comme je pense qu'il ne faut pas avoir la langue de bois. Parce que quand vous leur dites ça du coup ça tourne, « ils ont une stratégie politique », voilà ! Ils ont une stratégie politicienne, ce n'est pas la même chose, ce n'est pas une vision, ce n'est pas on monte un projet pour le collectif pour une gestion de l'eau durable. Non, c'est je monte quelque chose parce que ça contribue à me faire rester en place moi et mes copains aussi. Il faut qu'il y ait ces conditions qui soient réunies dans leur démarche et parce qu'ils étaient poussés par les Agences de l'eau, par l'Europe pour avancer sur ces dossiers, c'est tout, il faut être clair ! »* (Élue locale, membre d'une association de défense de l'environnement)

Cette capacité de contrôle du Conseil Général a pu se traduire par des formes de clientélisme dans la hiérarchisation des projets et l'attribution des financements. Ce risque a été évoqué à plusieurs reprises par les détracteurs de la création d'un fond départemental lors des débats de la LEMA.

L'impact possible des marges d'appréciation « subjectives » des politiques sur l'attribution des financements semble en partie illustré ci-dessous par une situation relatée par le Vice-Président du SMDEA.

> *« [...] Elle [commune non adhérente] a été financée sur la première tranche de travaux, sur les autres elle attendra parce que j'ai vu dans une feuille de chou locale que les interventions du SEDEA étaient « obsolètes, qu'on ne pouvait pas compter sur ces gens-là ». Alors, j'ai lu ça dans une réunion publique où il y avait le maire avec moi. [...] C'était juste à la transition (SEDEA-SMDEA). [...] Je lui dis « à Noël dernier au lieu de faire réveillon, les agents ils étaient sur tes fuites, il n'y avait plus d'eau, ils y ont passé la nuit du réveillon et tout le jour de Noël ici avec la pelle et la pioche et vous avez le culot d'écrire ça ». Ha il me dit, je m'excuse, je n'avais pas fait attention,*

etc. Je lui dis, mais il y a quelqu'un qui l'a écrit quand même au nom de la municipalité. Alors, je suis comme un peu, on peut ne pas dire les Ariégeois, mais tous les gens de la montagne. Vous savez que quand ça coince, ça coince ! Alors, il devait faire un rectificatif qui n'a jamais été apporté. Et bien moi pour les autres tranches de travaux on va attendre aussi. » (Vice-Président du SMDEA)

Le SATESE[192], conjointement financé par l'Agence de l'eau Adour Garonne et par le Conseil Général et tenu de porter assistance à l'ensemble des communes, adhérentes et non-adhérentes, souhaitait se positionner comme un intermédiaire entre les communes, le Conseil Général et l'Agence de l'eau Adour Garonne permettant une planification moins « partisane » de l'AEP et une redistribution plus égalitaire des financements. Il invoque en ce sens un rôle à la fois de « *bras armé* » de l'Agence de l'eau et de « *juge-arbitre*» du Conseil Général.

*

* *

Après avoir restitué les multiples registres argumentaires mobilisés par le Conseil Général pour convaincre les collectivités d'adhérer (solidarité, équité, responsabilité, gain financier, technicité, idéologie), il reste maintenant à préciser les stratégies d'opposition. Il s'agit de développer quelques-unes des justifications des 84 communes (sur 332) qui, malgré le développement d'un arsenal d'arguments et pour certains l'état fortement dégradé de leur patrimoine, n'ont pas adhéré ou partiellement[193] au SMDEA. Elles correspondent à environ 38 % de la population de l'Ariège : deux gros syndicats, le syndicat des eaux du Couserans (19 unités de distribution) et le syndicat des eaux du Soudour (7 unités de distribution) ; la communauté de commune de Pamiers, qui est la plus grosse agglomération du département ; la commune de Foix qui ne s'est départie que de l'assainissement ; et quelques petites communes indépendantes

[192] En Ariège, le SATESE, crée en 1996, ne signifie plus « service d'assistance technique aux exploitants de station d'épuration » mais « service d'assistance technique à l'exploitation et au suivi des eaux » afin d'inclure l'élargissement de son domaine de compétences aux missions de SATEP (1999) et CATER (Cellule d'animation technique pour l'eau et les rivières) sans changer la dénomination.

[193] Le choix a été donné aux collectivités d'adhérer pour les filières complètes de l'eau et/ou l'assainissement.

2.4. Les registres de la non-adhésion : du dédouanement à l'autonomie comme principe de responsabilité

Les principaux arguments ont déjà été évoqués en filigrane dans la partie précédente, par opposition à certains facteurs d'adhésion. Pour justifier une stratégie de « *statu quo* », les élus rencontrés, revendiquent principalement une volonté de conserver l'autonomie de la commune ou du syndicat, la maîtrise du prix de l'eau, une identité territoriale (cas de syndicats anciens), mais aussi l'occasion de manifester une opposition politique (locale ou avec le Conseil Général)[194].

2.4.1. Conserver la maîtrise du prix et du service de l'eau potable

Un des arguments prioritaires des opposants à l'adhésion au SMDEA est logiquement la perte de la maîtrise du prix de l'eau, et ce, pour l'ensemble des collectivités qu'elles soient rurales, regroupées en syndicat ou urbaines. Pour des petites communes n'ayant pas adapté leur gestion financière aux règles de la vérité des prix et/ou ayant laissé se dégrader leur patrimoine, l'adhésion comporte un risque économique et politique important. En effet, en cas d'adhésion, l'augmentation radicale du prix de l'eau et la mise au jour de situations sanitaires qui avaient pu être « ignorées » ou « minimisées » s'avèrent inévitables. Dans ces cas, on comprend pourquoi la stratégie du « vivons cachés » est de mise.

Par ailleurs, l'identité territoriale qui est fortement associée à l'eau – la plupart des structures syndicales ont un nom qui se reporte directement au territoire (syndicat des eaux du Couserans, syndicat des eaux du Soudour) - joue son rôle, au moins dans les discours de légitimation.

> *« Il y avait quand même l'identité, on est quand même dans un pays ou c'est vrai que les identités de territoire sont fortes. [...] le Couserans c'est quand même six vallées qui convergent sur St Girons avec un potentiel. Il nous semblait qu'il vaudrait mieux dans cette optique départementale plusieurs syndicats par bassin avec un genre de fédération qui coiffe l'ensemble. Alors, soit au niveau du département, soit plus large. »* (Maire d'une commune du syndicat des eaux du Couserans non-adhérent)

---

[194] Une étude sociologique quantitative cherchant à identifier les principaux facteurs de différenciation des attitudes et des stratégies des maires ruraux face à la coopération intercommunale avait été menée après les élections municipales de 2001 auprès de 368 petites communes de la région Midi-Pyrénées. Concernant les principaux obstacles à la coopération intercommunale, les maires priorisaient justement le souci de préserver l'autonomie de la décision, puis la crainte d'un alourdissement de la fiscalité et la volonté des habitants de maintenir l'identité de leur commune (Bages, Nevers, 2002).

À l'encontre des arguments mobilisés par le Conseil Général, le transfert de la compétence au SMDEA peut même être assimilé à une forme d'opportunité, pour les élus locaux, pour se désengager de la gestion de l'alimentation en eau potable. Pour ces raisons, alors même que des syndicats d'alimentation en eau potable non-adhérents au SMDEA dénoncent l' « individualisme » des communes autonomes, le SMDEA n'incarne pas pour autant, selon eux, le niveau pertinent de la mise en œuvre d'une solidarité territoriale dans le domaine de l'alimentation en eau potable.

> *« On perdait une identité parce qu'il y a une forte solidarité chez nous, je ne veux pas dire qu'ailleurs il n'y en a pas. Encore samedi, sur un autre sujet, je discutais avec une conseillère municipale d'un village qui n'a adhéré à aucune structure, « oui, mais nous on a nos réseaux qui sont neufs, nos sources, nos ci, nos là. » Alors, je lui dis tu adhéreras quand tu auras ton vieux réseau et quand tu auras des merdes. Elle me dit oui. Et bien, si tout le monde fait comme ça c'est chouette. [...] C'est un peu aujourd'hui la faiblesse du SMDEA, il n'y aucune solidarité. Et c'est ce qui est grave à un moment donné [...] Quand on s'est mis en Communauté de commune au moment où on installait une fromagerie, je savais que la moitié de ma taxe professionnelle elle partait à la CC, mais ça fait partie d'une solidarité nécessaire et puis on a les retours ».* (Maire d'une commune d'un syndicat non-adhérent)

Le processus de création de SMDEA est alors décrit comme « *une usine à gaz* », fondée davantage sur la désaffection et la déresponsabilisation des petites communes vis-à-vis de la gestion de l'eau potable que sur le principe de solidarité. C'est notamment pourquoi, pour des collectivités déjà organisées en structures syndicales ou étant « aux normes» du fait d'importants investissements (amortis ou non), le refus de mutualiser les ressources financières et humaines - et ainsi d'assumer les conséquences, notamment financières, de la déresponsabilisation antérieure des autres élus vis-à-vis de la gestion de leur réseau d'eau potable - est aussi un argument prégnant.

> *« [...] la commune [10.000 abonnés, équivalent du SMDEA] elle venait d'investir, de se doter d'une nouvelle station d'épuration toute neuve. Ils se sont lourdement investis là-dessus ça a été un gros chantier pendant des années. On réceptionne ces travaux, tout est nickel, avec des budgets équilibrés, excédentaires. On a fait tout ce travail et on vous en fait cadeau et derrière on ne gère plus rien. Le souci des élus, enfin comme on me l'a présenté, c'était de perdre aussi la maîtrise de l'eau et de ne plus pouvoir décider des investissements et des choix en termes de programmation de travaux pour qu'il y ait quand même un retour à l'investissement pour la collectivité. Mais ça allait tellement vite aussi que la balance pour et contre elle n'a pas*

été faite. L'ancien directeur aussi était contre l'adhésion puisque lui c'était pour des intérêts personnels et des prises de pouvoir. » (Agent d'une communauté de commune non adhérente)

Il peut venir se superposer la crainte de perdre la continuité de leur service ainsi que la pérennité des emplois communaux, potentiellement délocalisables dans d'autres cantons. La commune devant mettre à disposition de l'ensemble des communes adhérentes le personnel qui assurait un suivi technique des installations au quotidien.

> *« [...] c'était utopique parce qu'est intervenu tout de suite l'aspect politique des choses, c'est qu'il y avait une pression on peut quand même le dire pour l'eau du département. Le Conseil Général voulait réaliser cette affaire et en termes d'élu, il y en a tout de suite dans le canton qui ont donné sur le principe leur avis sans réfléchir à quoi que ce soit, parce que le député de l'époque, Président du Conseil Général en l'occurrence faisait pression et il a toute une clientèle électorale. Même si nous, on peut le dire entre parenthèses, nous étions dans la mouvance de gauche et départementale, nous avons quelques petites différences d'appréciation et donc très vite on s'est rendu compte qu'on allait être isolé, il y a eu un moment d'hésitation et puis surtout, sur les employés par exemple, on n'avait aucune garantie. C'est-à-dire que l'employé qu'on avait ici sur la régie de l'eau, du jour au lendemain ils ne nous garantissaient même pas qu'il serait utilisé sur place. [...] et ensuite aucune garantie concernant nos objectifs c'est-à-dire qu'on n'était même pas sûr d'être représenté au niveau du Conseil d'administration de ce nouveau syndicat. »* (Conseiller municipal d'une commune non adhérente)

L'indépendance devient donc la condition d'une bonne gestion et la garantie, qu'en dépit des assurances formulées par le SMDEA, la délégation à des prestataires privés ne pourrait être mise à l'agenda dans un avenir plus ou moins proche.

2.4.2. Refuser de cautionner l'hégémonie politique du Conseil général sur le territoire

Au regard des pressions exercées, la non-adhésion au SMDEA incarne en sus pour certaines communes, déjà lésées par l'attribution fléchée des financements publics (Conseil Général et Agence de l'eau), une forme de résistance de principe à une hégémonie territoriale du Conseil Général.

> *« J'ai assisté à une réunion générale. [...] lorsque M dans une conversation qui normalement devait être un échange équilibré, lorsque l'on perçoit qu'il met une pression qui l'amène à dire [...] ça c'est la phrase réelle : « de toute manière vous serez obligé d'adhé-*

> *rer». C'est un argument ça ? Ça, c'est du chantage. [...] Il a fait le forcing caractérisé [...] Pour moi comme ça avec le recul et tout le calme nécessaire pour disons avoir une réflexion là-dessus... il a été contre performant, totalement, en ce sens que quand on a une position comme celle-là on se dit il y a quand même un problème et il faut se méfier.»* (Conseiller municipal d'une commune non adhérente)

> *« Votre problématique c'est en fait : est-ce que c'est une bonne chose la départementalisation ? Je pense que sur le principe de vouloir mutualiser l'eau oui, mais au niveau de l'argent public par contre, qui doit détenir la maîtrise de la gestion des fonds ? [...] c'est vrai sur le principe, j'ai envie de dire que j'ai beaucoup de confiance en nos politiques, quoi de plus démocratique que le politique. Et là [...] vu que ce qui se passe sur ce département, j'aurais plutôt envie de la donner à des fonctionnaires entre guillemets. Et c'est vrai que pour me convaincre, ça aurait été plus efficace que les fonds soient gérés par l'Agence de l'eau que par le Département là c'est clair et net. »* (Conseiller municipal d'une commune non adhérente)

Ces clivages locaux, qui révèlent par ailleurs le poids de la logique partisane sur le territoire, comportent le risque d'être contre-productifs d'un point de vue technique et économique pour chacune des parties concernées et de fait les usagers :

> *« On est quand même dans une situation qui est très fragile et si on travaillait tous ensemble, on y arriverait. [...] par ces problèmes de politique et de territoire finalement, il y a des enjeux stratégiques sur lesquels on n'arrive pas à bien travailler et on est coincé et là-dessus j'ai du mal à faire remonter les messages et chez eux (SMDEA et Conseil Général) et ici. Si on parle de l'eau potable, on a des gros soucis sur X. Elle a 15 ans l'usine. Il y a deux usines de production d'eau potable à 7000 m3 jour de production qui se sont construites à 1 km l'une de l'autre et en même temps. Donc ça, c'est une aberration technique et économique. Sur le problème de la sécurisation de la ressource, j'espère qu'on ne va pas refaire la même erreur. »* (Agent d'une communauté de commune non adhérente)

2.4.3. Le registre de l'autonomie et de l'identité territoriale : des principes à défendre pour l'eau potable, mais négociables pour l'assainissement

Si les registres de l'autonomie et de l'identité territoriale évoqués précédemment sont fortement mobilisés pour justifier le refus de confier la gestion de l'alimentation en eau potable au syndicat, ils le sont beaucoup moins concernant l'assainissement. Plusieurs communes, y compris des villes telles que Foix (préfecture du département), se sont « débarrassées » en priorité et uniquement de l'assainissement, considéré comme une véritable « usine à gaz » dans le contexte du contentieux communautaire et porteur d'une image moins valorisante en termes d'identité territoriale.

> *« Elles n'ont jamais gardé l'assainissement parce que généralement en assainissement il n'y avait rien de bon et Foix est l'exemple typique de ce qui s'est passé. Au départ Foix devait adhérer pour l'eau et l'assainissement. Et puis au dernier moment, on nous a dit non l'eau c'est compliqué il y a un problème politique pour nous avec les enjeux des municipales, ça risque de poser problème on vous délègue que l'assainissement. Mais en réalité, ils ont délégué l'assainissement parce qu'il faut refaire, il n'y a rien de conforme, à commencer par les deux stations. Il y en a pour des millions d'euros d'investissement qui sont à réaliser. »* (Directeur du SMDEA)

Signe de la judiciarisation croissante et des risques liés à cette responsabilité, le SMDEA a été convoqué au tribunal pour ce type de contentieux sur dépôt de plainte de l'office national de l'eau et des milieux aquatiques.

> *« [...] la semaine prochaine je passe devant le tribunal correctionnel pour un problème de pollution de station qui a dysfonctionné et puis je suis passé avant ça devant le délégué du procureur pour la station de N sur laquelle on a engagé des travaux importants. Parce qu'aujourd'hui on rentre dans les phases de procédures juridiques avec condamnation, avec des menaces parce que les préfets ont reçu des directives de la part des ministères de consignation de somme et de travaux d'office comme c'est en train de se passer à E. Donc il y avait une volonté claire de la part du Conseil Général et puis d'un certain nombre d'élus de créer ce syndicat pour permettre la mise en conformité des installations. »* (Directeur du SMDEA)

Pour l'ensemble de ces raisons, l'assainissement peut devenir à terme un levier à l'adhésion pour l'eau potable.

*

* *

L'objectif de la présidence du SMDEA est aujourd'hui de fédérer l'intégralité des collectivités, considérant que les petites comme les grandes « *ne peuvent plus rester dans leur cocon* ». La non-adhésion est en ce sens envisagée par certains élus comme une solution transitoire à court terme. Devant une gestion quotidienne de plus en plus complexe[195], ils admettent que le transfert de la maîtrise d'ouvrage est inéluctable.

---

[195] Dans certaines petites communes, les maires effectuent encore eux-mêmes et manuellement une chloration quotidienne.

« Je leur ai dit combien de fois au Conseil municipal, n'ayez aucune crainte dans pas longtemps, on ne va pas pouvoir y échapper et je vous dis ne serait-ce que maintenant par le biais de l'assainissement... L'Assainissement, on sera obligé d'y aller parce qu'on se déverse chez eux (autre commune adhérente au SMDEA), donc je ne pense pas qu'ils nous fassent à nous une convention spécifique parce qu'on ne veut pas adhérer alors qu'ils nous traitent les effluents. » (Maire d'une commune non adhérente)

C'est notamment pourquoi les différents arguments mobilisés et le conditionnement des financements à l'adhésion, annonçant une perspective de financements garantis et accrus pour les adhérents, ont convaincu un nombre de communes plus important que les prévisions initiales (150 communes) de se libérer d'un patrimoine vétuste nécessitant des investissements considérables. À travers ce transfert, les communes ont pu se départir en partie de la responsabilité politique d'une augmentation du prix de l'eau qui, noyée dans le collectif, devient plus facile à porter politiquement vis-à-vis des administrés.
Après avoir abordé les registres de légitimation et les moyens d'action, on commence à entrevoir certains effets pervers de ce processus de recomposition de l'organisation territoriale dont les difficultés vont maintenant être abordées.

2.5. La post-départementalisation : L'émergence de difficultés organisationnelles et financières

2.5.1. Un manque de structuration technico-économique dans la phase de construction du projet qui induit plusieurs difficultés

La conversion d'une structure rattachée au Conseil Général et assurant de la maîtrise d'œuvre à un statut de syndicat maître d'ouvrage entraine nécessairement un changement d'organisation, d'activité et de culture professionnelle pour l'ensemble de ses membres.

« Ce qui change beaucoup pour nous, c'est le passage de la prestation au maître d'ouvrage parce que ce n'est pas du tout la même culture. [...] c'est vrai qu'avant les équipes quand elles allaient réparer une fuite dans une collectivité, derrière il y avait une facturation. Quand on fait un branchement chez un abonné, il y a une facturation et le nerf de la guerre étant l'argent, l'essentiel était d'aller faire ces travaux-là. Aujourd'hui, ce n'est pas du tout la même chose. Il faut l'intégrer, mais notre mission c'est distribuer de l'eau aux abonnés.

Et c'est sûr qu'aujourd'hui encore les équipes quand on leur dit vous laissez tomber les branchements et vous faites de l'entretien de réseaux, ils ne comprennent pas. Ils disent oui, mais les branchements, ça rapporte de l'argent. Et non ! Ce n'est plus ça ! » (Agent SMDEA 1)

Par ailleurs, du fait des enjeux départementaux et de l'opportunité du maintien du SEDEA, la phase de structuration du syndicat s'est opérée dans l'urgence. La priorité étant l'adhésion d'un maximum de collectivités, l'investissement des promoteurs du projet s'est davantage concentré sur le portage politique que sur les études de faisabilité organisationnelles et technico-économiques. Or, la conversion d'un service prestataire de service public en matière de travaux et d'exploitation de réseaux à la maitrise d'ouvrage d'un syndicat départemental implique une restructuration des services existants et le développement de nouvelles compétences.

« Donc un exploitant d'un seul coup, il se retrouve maître d'ouvrage. Sans prévoir pour commencer la création d'un service marché public, un service juridique, comptabilité, personnel puisque c'est le Conseil Général qui gérait tout puisque c'était un service départemental. Et du jour au lendemain, on leur donne le bébé vous êtes maître d'ouvrage, vous êtes une collectivité territoriale avec une culture qu'ils n'avaient pas du tout [...] et là ça a été le gros bazar pendant 1 an. » (Agent d'une communauté de commune non adhérente)

Plus fondamentalement, la création de structures départementales est une dynamique territoriale si fortement instituée dans le département que la question de la structuration des compétences relatives à chaque nouvel objet de gestion aurait tendance à venir *a posteriori*.

« C'est d'ailleurs un des présidents fondateurs du Syndicat des collectivités électrifiées [...] qui a dit « on a le problème de l'entretien des éclairages publics» - ce même Conseil Général qui avait participé à la création avec les deux autres collègues qui eux étaient présidents d'un syndicat des eaux- « mais finalement pourquoi on n'étendrait pas ? Pourquoi on n'achèterait pas des nacelles au lieu d'acheter des fourgons ou des motopompes ? » Et comme c'était une dynamique, ils se sont très facilement entendus là-dessus sans se poser la question de savoir qui était compétent, pas compétent. À l'époque cette question ne se posait pas ! » (Agent Conseil Général 09 1)

C'est une logique gestionnaire qui se revendique « socialiste » et pour laquelle la prise en charge collective des questions et leur mutualisation apparaissent comme un bon principe *a priori*. Or, en se limitant à des estimations basées sur la déclaration des collectivités et en n'intégrant pas les autres institutions départementales à la démarche (Agence de l'eau,

SATESE, services de l'État), porteuses d'expertises antérieures sur l'état des réseaux d'alimentation en eau potable, l'ampleur des travaux à mettre en œuvre et leur coût ont été sous-évalués.

> *« C'est-à-dire que ça a été fait en mairie. Nous, tous nos rapports [SATESE] ils les ont. Ils valaient mieux qu'ils valident les données mairie par rapport à nos données techniques pour dire aux maires attention cet ouvrage, il est pourri, ils le savaient. Nous on a des rapports d'activité, ils en sont destinataires. Quand on met en évidence qu'il y a à peu près 85 % des ouvrages qui sont non conformes sur le département, ils le savent. Donc si l'élu local leur dit qu'il y a 100 % qui sont bons, ils doivent tilter. Et donc ils sont allés à fond sans vraiment une vraie connaissance du truc et sans moyen. »* (Agent SATESE)

Par ailleurs, le schéma départemental d'alimentation en eau potable sur lequel le Conseil Général s'est appuyé pour évaluer le capital patrimonial des collectivités et conclure les protocoles est de l'avis de tous inabouti. Contrairement aux objectifs assignés à ces schémas destinés à l'Agence de l'eau pour conditionner ses financements, il s'est arrêté à un état des lieux et ne propose aucune planification territoriale.

> *« La planification a été, je dirais, sommaire et a balayé très large. [...] on l'a vu quand on a travaillé pour la définition des ressources stratégiques en matière d'eau potable dans le cadre de l'élaboration du SDAGE. Finalement, c'est vrai que l'on s'appuie beaucoup sur le schéma directeur [...] la seule conclusion du SDAEP c'est de recenser les ressources stratégiques. [...] Aborder une stratégie dans la protection des ressources en eau n'a pas été du tout un résultat du SDAEP. Or, on se retrouve dans un département où on a plus de 600 ressources AEP et on ne sait toujours pas comment on bâtit une stratégie pour avancer. On sait très bien qu'on ne sera pas dans les clous, on ne sera pas dans les délais, on ne l'est déjà pas par rapport à la loi de 1964, on ne l'est pas par rapport à la loi de 1992, on ne le sera pas encore par rapport à la loi de 2006. On est toujours en retard d'un métro parce qu'on n'a rien planifié, on n'a rien organisé en matière de protection de la ressource. »* (Agent DDEA 09)

Cette lacune, volontaire ou non selon les acteurs rencontrés, renforce la faiblesse institutionnelle de l'Agence de l'eau sur le territoire qui ne peut hiérarchiser les demandes qui lui sont soumises par les collectivités. De fait, il peut plus difficilement dépasser les logiques de concurrence et les visées stratégiques du Conseil Général.

> *« C'était une des conditions pour que l'Agence de l'eau puisse continuer à aider des dossiers eau potable. C'est venu surtout de là*

pour pouvoir continuer à avoir les dossiers éligibles qu'on s'est inscrit dans une démarche SDAEP sans ... enfin je ne dirais pas sans parce que l'intérêt c'était qu'on puisse avoir un outil, mais ça n'a pas été assez suivi. Ce n'est pas un outil en termes de programmation. J'en ai vu des SDAEP, je crois que c'est le Tarn-et-Garonne, ils sont allés loin. C'est-à-dire que l'Agence de l'eau, elle ouvre son dossier de demande de subvention, prend le SDAEP, elle regarde si ça correspond aux enjeux et aux choix politiques qui ont été pris et validés par l'ensemble des parties et, si on rentre dans ce cadre là, elle ne se pose pas de question. Alors que là on en est à refinancer des études de rationalisation sur l'Ariège. » (Agent d'une communauté de commune non adhérente)

Le poids de la variable politique dans la prise de décision en matière de gestion de l'eau potable, comme dans d'autres secteurs sous influence du Conseil Général, peut même être ressenti dans certaines situations par les agents de l'Agence de l'eau, des services de l'État et des collectivités locales comme un frein à une action juridiquement et techniquement pertinente et équitable.

« Donc, c'est très difficile et c'est vrai qu'en plus localement quand même la connotation politique... c'est pour ça qu'à chaque fois j'insiste sur le fait qu'on doit déterminer des critères objectifs, indépendants du portage politique, au sens politicien du sujet, parce que forcément la connotation politique ici est lourde, avec une correspondance quasi parfaite dans l'encadrement avec le Conseil Général et le SMDEA et parfois des oppositions purement politiques avec d'autres collectivités qui peuvent aussi soumettre au financement de l'Agence de l'eau Adour Garonne et du Conseil Garonne des projets qui donc deviennent concurrents parce qu'il n'y a pas de l'argent pour tout le monde. Et comme il n'y a pas de l'argent pour tout le monde et qu'on ne peut pas tout faire en quelques années, qu'il faudra beaucoup de temps pour faire, il faut forcément hiérarchiser, dresser des priorités et ces priorités aujourd'hui, elles ne sont pas établies. Le gros sujet à mon avis du département c'est celui-là. [...] Donc, on va se retrouver, enfin je me retrouve dans une situation assez régulièrement de devoir recadrer au plan technique et juridique des éléments qui deviennent des élucubrations parce qu'on est sur des visées stratégiques très subjectives et presque irrationnelles. » (Agent DDEA 09)

De plus, le syndicat, bien qu'intégrant les trois-quarts des communes du département, manque de continuité territoriale ce qui rend plus complexe la mise en œuvre d'une réflexion dépassant l'échelle communale.

« [...] c'est malheureusement ce qui a pêché lors de la construction du syndicat. C'est que la vision technique n'a pas été suffisamment abouti et qu'ont été agrégées des structures très disparates avec un territoire, on le voit sur la carte, un patchwork, il y a des trous, il n'y a pas forcément de continuité territoriale. C'est vrai que ça ne facilite pas la tâche de la nouvelle structure syndicale. » (Agent DDEA 09)

Ces lacunes en termes de planification et de co-construction de critères plus objectifs dans la gestion des projets d' alimentation en eau potable ont affaibli les institutions territoriales concernées, mais elles ont fini à terme par affaiblir également le SMDEA.

2.5.2. Le SMDEA dépassé par l'ampleur de la demande des collectivités

L'adhésion massive d'un nombre important de petites communes, au patrimoine fortement dégradé, et la non-adhésion de gros syndicats ou communes urbaines pourvoyeurs de moyens humains et financiers intégrés au calcul initial, posent des problèmes d'ordre organisationnel et financier. Après avoir délégué leur maîtrise d'ouvrage, les communes se retournent maintenant en direction du SMDEA pour exiger l'avancement des travaux.

« [...] beaucoup d'élus qui ont adhéré maintenant sont déçus des travaux qui ne sont pas à la hauteur, mais ça, c'est un peu le problème de ces conventions. Je pense qu'ils ont signé ces conventions pour les faire adhérer, mais ils ne peuvent réaliser les travaux comme avant au sein de la commune et puis on les pousse aussi à sortir des limites de la commune donc je pense que c'est évident qu'il ne puisse pas répondre aux demandes de l'ensemble des communes, ce n'est pas souhaitable, parce que ce n'est pas la vocation d'un SDAEP. Du point de vue financier, ils ont des difficultés n'ayant pas de prix de l'eau qui soit adapté, ils ont du mal à réaliser tous les investissements et c'est sûr qu'il y aura des mécontents. (Agent Agence de l'eau Adour Garonne 1)

En juin 2009, un débat s'est engagé lors de l'assemblée générale du SMDEA concernant la demande de retrait du syndicat du maire de la commune d'Ignaux. Selon *La gazette ariégeoise* du 9 juillet 2009, celui-ci avait *« demandé au syndicat d'en retirer sa commune, s'estimant lésé dans l'échange de services proposé. »* Le bureau avait alors rejeté la demande de la commune qui demeure de fait adhérente.
Le syndicat, avec un effectif proche de son ancien statut (SEDEA) mais, avec davantage de communes à gérer, éprouve des difficultés à faire face à la demande. Les créations de postes supplémentaires étant subordonnées aux recettes, il se voit dans l'obligation d'assurer un service en sous-effectif.

> *« […] À partir du moment où ça a été mutualisé, il a fallu déjà attendre que le syndicat puisse investir. C'était lui qui investissait, ce n'était plus la commune, puisqu'il avait récupéré tous les budgets d'eau des communes et les emprunts et compagnie. Et ça veut dire que le maire n'avait plus qu'à écrire au SMDEA « bon débrouillez vous, moi j'ai plus de flotte», vous comprenez ? Le problème il s'est retourné contre eux. En plus du travail normal qu'ils avaient et plus cette mise en place, ils ont eu une carence de personnel dans tous les domaines, et puis administrativement mettre un truc comme ça en place c'est énorme […] vous avez des gens ils se sont retrouvés avec des factures d'eau qu'ils n'avaient pas avant ! »* (Maire d'une commune non adhérente)

Cette situation a participé au déclenchement d'une grève de 70 % du personnel du 20 au 24 mars 2006. En réponse au mouvement de grève : « *Après délibération, le bureau a pris la décision de tenir ses engagements envers les communes et les usagers pour éviter toute hausse du prix de l'eau*».

> *« En clair, le SMDEA se dit prêt à recruter une quinzaine de personnes (plus deux cadres) « dans les deux mois qui suivront la reprise du travail », à négocier sur l'évolution des conditions d'évaluation des agents et sur la mise en place d'une prime d'intéressement aux résultats, mais... « Pour le reste, nous refusons d'augmenter les dépenses. Nous ne pourrons donc pas répondre favorablement aux demandes relatives à une mutuelle et aux augmentations de salaire». « Que chacun prenne ses responsabilités», devait conclure Augustin Bonrepaux. »* (*La Dépêche*, 24 mars 2006)

Conjointement, débordé par la gestion quotidienne au coup par coup et sans axe de programmation, le syndicat peine à avancer dans ce qui était son leitmotiv, la rationalisation des infrastructures. Celle-ci nécessite, particulièrement en zone montagneuse, des études préalables poussées - de fait effectuées par des bureaux d'études privés - représentant des coûts très importants par rapport à la population desservie. À ces difficultés structurelles, viennent s'ajouter des problèmes conjoncturels de financements au sein de l'Agence de l'eau, d'équilibre tarifaire et de recouvrement des rôles.

2.5.3. Le repositionnement des institutions territoriales

Néanmoins, les difficultés que rencontre le SMDEA sont considérées par la majorité des institutions territoriales comme une étape transitoire nécessaire pour conduire à la rationalisation, point de convergence de la plupart des administrations gestionnaires de l'alimentation en eau potable soumises aux pressions réglementaires. Par la limitation du nombre d'interlocuteurs, le syndicat facilite la diffusion de certains messages, tels que l'enjeu sanitaire (traitement des contaminations bactériologiques et périmètre de protection de captage) porté par les autorités sanitaires et jusque-là très peu entendus par les élus locaux.

> « *Pour une fois on a un interlocuteur (le SMDEA) qui veut faire des choses et qui se trouve devant une montagne de problèmes à régler et nous d'un coté, on sait qu'ils font tout ce qu'ils peuvent, on les aide, on participe à leur truc - et ça n'avance pas très vite - et de l'autre coté, quelque part on est obligé de leur taper dessus pour les faire avancer. Pour une fois que l'on a quelqu'un qui fait quelque chose, on est amené à le bousculer autant que les autres, plus que les autres, puisque la plupart des communes qui ont adhéré ne l'ont pas fait par philanthropie, elles l'ont fait parce qu'elles se sont aperçues que c'était dans un tel état que pour vite s'en débarrasser, pour ne pas se faire taper sur les doigts. Voilà ! L'aspect pervers là-dedans est prononcé !* » (Agent ARS 09)

On peut même voir apparaître des petits arrangements entre les autorités sanitaires et le SMDEA.

> « *Eux* [DDASS] *il y a obligation de résultat, on cherche des biais, donc il y a des arrangements ensuite. Par exemple en termes d'exploitation quotidienne, on a convenu avec la DDASS que partout où on avait des soucis, ils nous ont autorisaient à aller chlorer manuellement et périodiquement les ressources des captages. À partir de là, ils vont faire redescendre les statistiques à 0 pour essayer de retarder les échéances.* » (Agent SMDEA 1)

L'Agence de l'eau, les services de l'État et le SATESE, sont des partenaires privilégiés du SMDEA. Néanmoins, au-delà d'une réorganisation interne, la création d'une structure de service public départementale peut engendrer à terme une modification complète de l'organisation des autres institutions, du Conseil Général comme de l'État, intervenant dans la gestion de la ressource en eau potable…

> « *De toute façon quand il y a départementalisation, je pense que ça amène complètement à refondre l'organisation des services au-delà des collectivités, c'est l'organisation générale des services. Je vous que disais le service du Conseil Général [service de programmation des équipements dont dépendent le SATESE et le service d'assistance administrative aux PPC] va très certainement être intégré au SMDEA. En Charente-Maritime, c'est ce qui s'est passé, on n'a plus de contractualisation Conseil Général-Agence de l'eau Adour Garonne parce que tout se passe au syndicat départemental. Alors, on ne signe rien avec eux parce que ce n'est pas notre rôle de signer avec une collectivité, mais il n'empêche que tout se passe au syndicat départe-*

mental. C'est ce qui va très certainement arriver en Ariège. Le SATESE très certainement va se fondre aussi dans le SMDEA. D'ailleurs, je ne vois pas quel conseil il pourrait leur apporter de plus que les équipes ne posséderont pas déjà » (Agent Agence de l'eau Adour Garonne 1)

*

* *

Ces changements dans la gouvernance départementale de l'eau potable sont plus ou moins bien ressentis par les institutions territoriales. Les services de l'État et l'Agence de l'eau ont appuyé la création du SMDEA et reconnaissent les avancées en termes de prise en main des enjeux sanitaires et réglementaires liés à l'alimentation en eau potable et l'assainissement.
Malgré les difficultés rencontrées, la mutualisation des ressources (financières, humaines et hydrologiques) et la rationalisation demeurent des objectifs communs dont la mise en œuvre va s'organiser dans un futur proche.

> *« Alors, je ne voudrais pas laisser penser que ce n'est pas bien pour le département parce que de toute façon je pense que ça n'aurait pu passer que par ça ou par une intercommunalité de toute façon beaucoup plus forte. C'était vraiment à développer, de toute façon, c'est le rôle de l'Agence de l'eau de la développer. [...] Par contre ce que je vois c'est que ça change vraiment le rôle de l'Agence de l'eau qui est finalement de plus en plus associée au rôle de financeur et non plus technique. Et par rapport à d'autres départements qui se sont départementalisés aussi, je pense à la Charente-Maritime et même aux Landes [...] plus les compétences se développent, moins l'Agence de l'eau a un rôle à jouer et plus politiquement la structure est forte et il est très difficile d'accompagner de faire passer le message de l'Agence de l'eau, c'est assez difficile. »* (Agent Agence de l'eau Adour Garonne 1)

Néanmoins, si l'hégémonie du SMDEA permet une diffusion plus efficiente des messages institutionnels et des enjeux qu'il choisit de porter (sanitaires, développement territorial), il comporte aussi des limites en dissolvant d'autres enjeux tels que l'environnement et la démocratie participative.

2.6. Les limites de la départementalisation

2.6.1. Une dilution de la gestion intégrée des ressources en eau

La dissociation de l'enjeu sanitaire de l'enjeu environnemental, c'est-à-dire le passage d'une logique de gestion curative à court terme, à une gestion

préventive à long terme, a fortement imprégné l'ensemble des niveaux de gouvernance chargés de l'opérationnalisation de la politique de l'eau.
Cependant, l'eau DCH est une ressource dont la restauration de la qualité à sa source est devenue un impératif réglementaire (article 7 de la DCE), au même titre que la qualité des eaux distribuées au robinet des consommateurs. C'est pourquoi d'une dissociation, on assiste maintenant à une confrontation entre deux logiques et deux échelles d'approche du problème entre des institutions qui sont plutôt sur le versant ressource avec des approches préventives, et d'autres qui sont plutôt sur le versant distribution d'une eau conforme avec une approche curative.
Les premiers ont la responsabilité d'organiser des actions pour assurer une pérennité du service AEP et sont redevables de l'absence d'amélioration de la qualité des ressources en eau à l'échelle des temporalités et de la juridiction européenne. Les seconds sont responsables de la qualité quotidienne des eaux distribuées et encourent des risques pénaux à une échelle de temps qui peut être très courte.
En Ariège, ce mode de gestion s'illustre parfaitement par le choix, dans les années 1980, devant une montée des concentrations en nitrates, de structurer l'ensemble de l'AEP de la basse vallée de l'Ariège à partir de la seule ressource superficielle et de réserver les eaux souterraines pour l'irrigation des cultures intensives (maïs). Dix ans après, dans les années 1990-2000, un dispositif incitatif labellisé ferti-mieux a été mis en œuvre afin d'accompagner les agriculteurs dans la modification de leurs pratiques et de reconquérir la qualité de la nappe. Cette opération baptisée « Ferti-Neuf », sous maîtrise d'ouvrage de la Chambre d'agriculture, n'a pas suscité l'adhésion attendue (50 % des 306 exploitations visées) du fait du poids des intérêts économiques agricoles (Busca, 2010). 20 ans après l' « abandon de la nappe », les autorités étant confrontées à un problème de sécurisation de la ressource en eaux superficielles croissant[196], un programme d'action territorial (PAT) a été lancé en 2007 pour tenter à nouveau de restaurer la qualité des eaux souterraines contaminées par les nitrates et les pesticides.
La politique de préservation de la ressource en eau brute est principalement diffusée sur les territoires à travers l'Agence de l'eau, le service de police des eaux des DDAF, l'ONEMA et les associations.
À l'échelon local, les élus locaux ayant transféré leur compétence AEP au SMDEA ne sont plus véritablement en contact avec ces institutions. Ils sont en conséquence en partie déresponsabilisés des questions relatives à l'AEP et à l'assainissement, mais aussi désensibilisés vis-à-vis de la préservation de la ressource en eau. On peut imaginer que de ce fait, ils se sentiront moins

[196] L'absence de ressource de substitution permettant d'alimenter en eau potable le territoire de la basse Ariège en cas de pollution accidentelle de l'Ariège représente un risque sanitaire croissant du fait que cette zone est non seulement la plus peuplée du département, mais aussi de plus en plus peuplée.

mis en demeure de se mobiliser pour la mise en place d'actions de prévention sur leur territoire communal (pratiques de désherbage alternatives aux traitements phytosanitaires, contractualisation avec des agriculteurs sur les périmètres de protection de captage).
À l'échelon départemental, comme illustré précédemment avec les modalités d'attribution des financements destinés à l'AEP, l'Agence de l'eau dispose finalement d'une marge de manœuvre restreinte face au Conseil Général qui constitue, de façon renforcée avec la départementalisation, un niveau opérationnel incontournable pour une institution qui ne possède pas la compétence de maître d'ouvrage.

> *« Le message « milieu » est difficile à faire passer, en Charente-Maritime, on se fait bien bouffer, on n'existe qu'à travers le syndicat départemental des eaux qui décide de nous faire exister ou non. [...] Les Conseils Généraux défendent leur territoire. Ils se sont sentis menacés quand on a tenté de les supprimer, donc ils font tout pour montrer qu'ils sont là et qu'on a besoin d'eux. Donc nous, on a encore plus de mal à exister. Donc ce n'est pas facile. C'est l'Agence ! »* (Agent Agence de l'eau Adour Garonne 2)

Dans le domaine de la préservation de la ressource en eau, en l'absence d'autres véritables relais opérationnels, l'Agence de l'eau éprouve des difficultés à faire valoir une « logique de préservation du milieux » auprès du Conseil Général principalement animé par une logique d'aménagement du territoire et concevant la sécurisation de l'AEP prioritairement sous l'angle de la rationalisation de la distribution de l'AEP.

> *« [...] très souvent, on est contrecarré dans notre rôle de conseiller technique, des décisions qui viennent se rajouter par-dessus, décisions d'ordre politique, c'est difficile. [...] quand les programmes SUR ont été négociés par les délégués régionaux, etc., la direction du coup ils ont vu cette difficulté à positionner l'Agence de l'eau. À la fois, être présent et puis à la fois en gardant un partenaire. Et nous on le voit vraiment tout le temps au cœur des projets, c'est-à-dire qu'il faut se positionner, le siège attend de nous que l'opération ait un vrai impact sur le milieu, mais c'est très difficile à faire passer cette vision-là sur le terrain auprès de gens qui ont vraiment un rôle d'aménageur. Alors, on essaye de fédérer et puis après quand il y a des difficultés on est amené à lâcher parce que ce n'est pas facile. C'est là qu'on se dit on a peut-être fait un petit pas en avant et on espère que ... puis chacun a son rôle même nous avec l'ARS on n'est pas toujours en phase aussi. »* (Agent Agence de l'eau Adour Garonne 1)

Cette asymétrie dans la prise de décision entre les agents de l'Agence de l'eau Adour Garonne et le Conseil Général de l'Ariège est d'autant plus marquée que le Conseil Général dispose d'un pouvoir d'influence au sein du

Conseil d'administration de l'Agence de l'eau puisque le Vice-Président du Conseil Général et du SMDEA est administrateur. Il peut ainsi faire prévaloir les intérêts du département à un double niveau, celui de la définition des cadres de la contractualisation et celui des modalités opérationnelles.

> *« [...] on [Agence de l'eau] a des difficultés financières en ce moment et on est en pleine période de programmation pour l'année 2008. Donc, j'ai commencé à en parler au SMDEA avec M. Y [Agent SMDEA], j'ai dit [...] il y a une espèce de priorisation qui s'est faite et du coup il y a peu de projets qui ont été retenus, pour l'Ariège ça va être un peu difficile. [...]Je dis commencez à en parler parce que ça ne sert à rien que vous commenciez à lancer des marchés si nous on bloque derrière et puis il y a aura une communication officielle de toute façon. Et je lui dis, mais comment ça s'est passé ? Et il m'a dit : « écoutez l'élu qui était responsable de la commission travaux, lui, il a regardé si les travaux de son canton sortaient ». Donc finalement la départementalisation, elle n'est pas complètement encore avérée parce que chaque élu regarde au niveau de son canton. Et le directeur, il était pressé, il est parti et il a dit « ho ben de toute façon René Massat défendra les priorités de l'Ariège au Conseil d'administration de l'Agence de l'eau », alors que c'est vraiment un problème d'équilibre budgétaire général de l'Agence de l'eau et finalement, l'élu local défendra les intérêts de l'Ariège et on passera à travers. Et c'est que je me suis dit finalement l'Agence de l'eau on a été très souple avec ce département, ça fait deux ans que le syndicat est créé et je crois qu'il n'a toujours pas compris comment on travaillait ensemble, en partenariat. [...] nous on est là pour travailler avec eux, pour arriver à faire émerger des opérations à réfléchir ensemble. Et là, mais ça a été flagrant qu'on s'est mal positionné. » (*Agent Agence de l'eau Adour Garonne 1)

Dans ces conditions, il semble difficile de conclure que la contractualisation des programmes SUR - censée permettre de concrétiser la nécessaire complémentarité entre Agence de l'eau et Département prônée par le texte de la LEMA – se soit vraiment traduite par une dynamisation du partenariat entre ces deux institutions. Il semble au contraire que l'on retrouve au niveau local des clivages assez similaires à ceux qui ont animé les débats parlementaires lors de la discussion du texte (cf. Chapitre 2).

Concernant maintenant les « usagers », la création d'une structure syndicale, garantit-elle davantage de participation et une ouverture à un éventail plus large d'intérêts sociaux ?

2.6.2. Un blocage du SMDEA aux pratiques participatives ou une participation choisie

La critique de la stratégie de gestion du territoire par le Conseil Général et la dénonciation d'« *une famille politique népotique*» qui se renouvelle peu sont énoncées par plusieurs membres de différentes associations (écologiste, consommateurs, familles).

> *« Dans ce département à majorité socialiste, c'est un socialisme très clientéliste je suis désolée d'avoir à le reconnaître et à le dire c'est une catastrophe, j'en suis navrée c'est contre productif, ils sont sur une forteresse vide, mais la forteresse tient bien. Nous sommes quand même dans un département où il y a une préfecture et deux sous-préfectures donc 3 maires, 3 villes importantes, le maire de Foix est membre du parti socialiste, le maire de Saint-Girons est carrément de droite, le maire de Pamiers est issu d'une famille immigrée d'Espagne qui était membre du parti communiste et qui a souhaité adhérer au PS. Un homme beaucoup trop intelligent, capable de faire de l'ombre à n'importe qui donc on n'en a pas voulu et aujourd'hui les socialistes de ce département nous disent qu'il est de droite, cet homme n'est pas de droite ! [...] et tout ça pour dire que ce clientélisme du PS Ariégeois est une catastrophe, c'est contre politique au sens politique noble du terme, c'est tout à fait politique au sens politicien du terme. Et contre le service public par la même occasion. »* (Adhérente d'une association des familles, membre du parti socialiste)

Cette « *volonté politique d'hégémonie* » serait un blocage à l'accès aux fonctions politiques locales ainsi qu'à des pratiques plus participatives de la politique. Les opposants, les nouveaux arrivants ou les néo-ruraux qui souhaitent se mobiliser dans la gestion publique territoriale investissent en conséquence les mouvements associatifs. La politique départementale menée par le Conseil Général et les projets portés par les associations de protection de l'environnement, même anciennes, tendent ainsi à se construire l'un contre l'autre.

> *« Alors je pense qu'il y a plusieurs problèmes : un, la mainmise d'une famille politique qu'elle soit de droite, qu'elle soit de gauche, je pense que c'est le même problème, ça fait combien d'année qu'ils sont là ? Au moins 20 à 30 ans tous. Et donc ceux-là, il faut que ça reste en famille donc déjà il faut qu'ils gèrent entre eux les trucs. Deuxièmement, ces gens-là sont âgés et ils n'ont aucune pratique de la participation d'une manière générale voilà ! Ces deux points, c'est quand même gros morceau parce qu'après tout ce qui bouge, ils leur coupent la tête. »* (Élue locale, membre d'une association de défense de l'environnement)

La participation à des comités institutionnels – tels que le Conseil départemental de l'environnement et des risques sanitaires et technologiques (CODERST) – est perçue au mieux par certaines associations comme un moyen d'être informé des projets territoriaux, mais non comme une arène de participation. Ils se concentrant en conséquence prioritairement sur des actions juridiques auprès du tribunal administratif.

> *« [...] il va venir parce que ça fait 13 ans qu'il y est au CODERST, il y représente le Comité écologique ariégeois, et là il a décidé de démissionner jeudi. Mais on ne veut pas que le CEA démissionne, parce qu'il faut avoir les infos, c'est très important, mais là il en peut plus, il dit c'est de pire en pire cette administration, ces commissions faussement démocratiques là, c'est joué d'avance. Quand il y a une des administrations qui a décidé de porter le truc, les autres administrations présentent en accord avec et il n'y a jamais d'avis défavorable, c'est tous des problèmes d'aménagement avec des avis favorables et il dit bon ça sert à rien, je veux dire on est là pour la frime et là il n'en peut plus. [...] Donc pour dire que la seule chose qu'on sait faire nous maintenant, c'est des procès au Préfet parce que le reste, ça ne sert à rien. On attaque au tribunal administratif quand on est à peu près sûr de gagner. »* (Conseillère municipale écologiste et membre d'une association de défense de l'environnement)

Au niveau du SMDEA, l'exemple de la constitution de la commission consultative des services publics locaux[197], à la demande de plusieurs associations (consommateurs et de défense de l'environnement), est révélateur de cette dichotomie entre un portage politique des affaires publiques peu ouvert, et certainement peu « formé », à une culture de la participation, et un portage associatif qui tente de se saisir dès l'amont des nouveaux dispositifs participatifs.
Dans un courrier adressé au Président du Conseil Général en décembre 2004, le « groupe de réflexion sur l'eau et l'assainissement de l'Equi'Table[198] »,

---

[197] Prévu par l'article L5211-49-1 du Code général des collectivités territoriales.
[198] L'Equi'Table est une association régie par la loi 1901, son siège social se situe à Foix. Elle a pour objet de « *fédérer des individus, collectifs, associations, pour faire vivre un lieu collectif, convivial, géré et animé par tous et ouvert* » et pour but de « *privilégier les relations et la solidarité, favoriser l'expression et la participation de tous, faire la pratique de l'autogestion, participer à l'information de tous* ». Les thèmes privilégiés sont « *non violence, économie solidaire, écologie, évolution sociale, construction politique, activités artistiques (liste non exhaustive), dans le respect de l'humain et de son environnement.* » (Statuts de l'association)
Elle a été fondée en 1979 par « *les premiers écolos des années 70* » et portée pendant longtemps principalement par des montagnards et les enjeux de protection de la montagne. Depuis les années 1980, des nouveaux entrants ont diversifié les thèmes comme les déchets, l'eau, l'urbanisme, ...

composé alors de 6 associations[199] en se référant à la DCE et au principe de subsidiarité, justifie sa demande de création d'un comité consultatif : « *nous pouvons craindre que la centralisation inhérente à la création d'un syndicat départemental ne permette pas d'appliquer ces principes qui nous paraissent fondateurs.* » La crainte de la centralisation comme « *d'une porte facile à la privatisation qui ne garantira pas l'égal accès de cette ressource indispensable à la vie de tous* » avait déjà été énoncée en 2004 par l'adjointe au maire d'une commune proche de Pamiers et membre du groupe de réflexion dans un communiqué communal. Le groupe de réflexion interpelle également le Président sur ses déclarations concernant la fermeture prévue d'une centaine de captages ainsi : « *Nous aurions préféré entendre parler de préservation de ces captages qui sont, à nos yeux, une richesse et non un handicap.* » La réponse du Président du syndicat est que : « *Lorsque le SMDEA sera créé, ce que je souhaite pour le futur de notre département, je porterai votre demande à la connaissance de l'Assemblée générale en lui proposant de donner une suite favorable.* »[200] Cependant, lors de l'assemblée générale du 23 juin 2006 comportant à l'ordre du jour la création de la commission consultative des services publics locaux, l'annonce aurait été faite que les membres du comité étaient déjà définis et le comité constitué.

> *« On a monté un dossier d'information et dans ce cadre on a travaillé à un regroupement d'associations pour demander à faire parti du comité consultatif du SMDEA qui se constituait. Mais avant ça, on avait organisé un débat public (décembre 2004 à la mairie de Foix) avec le futur Président du syndicat avant qu'il ne se crée [...] et donc on a posé notre première candidature au conseil consultatif dans ces eaux-là (par courrier en décembre 2004). On nous a dit il n'est pas monté le syndicat [...] donc pour l'instant c'est comme ça on ne peut pas vous acceptez dans le comité consultatif. Le directeur n'était pas encore là. Première réponse et ensuite, il y a eu une réunion 1 an après ça facilement où on a participé et donc où là le syndicat était constitué. On a reposé la question et on nous a dit non vous ne faites pas partie des associations repérées comme pouvant entrer dans le Comité consultatif. Donc, on n'a pas bataillé. Je pense que c'est parce qu'on ne pouvait pas batailler parce que c'était un peu compliqué pour nous, on devait être tous occupés à droite à gauche [...]. Voilà on en est resté là. »* (Élue locale, membre d'une association de défense de l'environnement)

---

[199] Mirepoix environnement, le Comité Ecologique Ariégeois, Des pays et des Hommes, le Chabot, Olmes Écologie, ATTAC Ariège.
[200] Extrait de la réponse du Président du Conseil général adressée par courrier le 24.01.2005.

Les membres de la Commission consultative des services publics locaux[201] (CCSPL) finalement crées n'incluent effectivement aucune des associations du groupe de réflexion sur l'eau et l'assainissement de l'Equi'Table à l'origine de la demande de décembre 2004.

> *« [...] alors dans ce comité consultatif, il y a placé des gens à lui [...] mais c'est tout magouille et compagnie au niveau Conseil Général. Ce gars-là alors c'est le soi-disant l'écolo du groupe, enfin de ce comité, parce qu'effectivement il avait dit que dans ce comité, il y aurait des gens des différentes associations. En fait ces associations, c'est toutes des associations qui sont en cheville avec le Conseil Général, à savoir Y, mais bon ça c'est cul et chemise, et tout ça c'est les copains de 30 ans, voilà ! Il y a que ça ! Les seuls qui étaient un peu alternatifs là-dedans et qui auraient cherché à en savoir un peu plus c'est nous ! Et nous, on nous a occultés. [...] Et depuis, on avait dit qu'on demanderait une entrevue pour en savoir plus. En fait, ça ne s'est pas fait, et puis les choses en sont restées là. »* (Conseillère municipale écologiste, membre d'une association de défense de l'environnement)

La même dynamique s'observe au niveau du fonctionnement et des projets portés par les EPTB[202], instruments fortement politisés à différents niveaux de l'exercice du pouvoir (association nationale des EPTB crée en 1999). Ils sont au service des objectifs en matière d'aménagement hydraulique des Conseils Généraux et souhaitent s'imposer comme des « *experts de l'action publique en matière de gestion de l'eau quitte à minorer à dessein une demande sociétale pressante pour davantage de concertation et de démocratie participative* » (Grujard, 2004).

*

* *

Cette analyse de la départementalisation de la gestion de l'eau potable montre qu'il n'y a pas, en l'état, d'effet d'apprentissage dans les vagues de départementalisation qui se sont opérées en Ariège. Certes, la fédération des collectivités à l'échelle départementale s'étend à de nouveaux domaines de gestion (électricité, déchets, eau potable, assainissement…) et la mutualisation des ressources crée des arènes de concertation. Toutefois, les partenariats demeurent asymétriques avec les autres institutions territoriales (Agence de l'eau, services de l'État) et les processus de décision ne

---

[201] 5 représentants du Conseil d'Administration du SMDEA, 1 de la DDEA, le Président de l'Observatoire de l'Environnement Ariège-Pyrénées, 1 membre de l'AFOC, 1 de l'INDECOSA CGT, 1 représentant (nom non mentionné de l'UFC QUE CHOISIR, 1 représentante de l'UDAF, la Présidente de l'Association de défense et d'éducation du consommateur.

[202] 71 départements et 12 régions sont membres d'un ou plusieurs EPTB et 16 EPTB sont interdépartementaux.

prévoient pas la participation de nouveaux acteurs (associations, usagers, élus locaux…). Tant que les élus départementaux parviennent à légitimer leurs actions au nom de leur responsabilité à préserver l'intérêt général, les logiques organisationnelles et le modèle politique demeurent identiques : une « *approche technico-administrative traditionnelle, à laquelle peuvent souvent adhérer les représentants politiques, de type faiblement pluraliste* » (Lascoumes, Le Bourhis, 1998, p. 63). Ce surinvestissement à rester les « maîtres du jeu » - par le recours à des stratégies politiques visant à construire des politiques centralisées au niveau du département pour renforcer les positions de pouvoir des élus socialistes - peut ainsi viser à habiller un mode de gouvernement comportant une capacité d'action plus limitée qu'il ne veut bien l'admettre (Borraz, 1997, p. 61-62). On reste dans le cadre d'un système notabiliaire « traditionnel », mais « modernisé » et relancé par la stratégie expansionniste du Conseil Général. Cela illustre la résistance du « règne » des grands notables, et de leurs héritiers, que prévoyaient certains analystes de la décentralisation (Rondin, 1985 ; Mabileau, 1989). Quant à la limitation de la démocratie participative, elle est liée à une volonté de conserver le monopole des décisions en s'opposant à l'intrusion des associations, mais elle doit être aussi évaluée dans un autre contexte, plus général, de la difficulté d'instaurer des procédures stables de participation dans le cadre de la nouvelle action publique (Gaudin, 2002).

Conscient de la pression réglementaire et financière qui pèse sur les collectivités non adhérentes, et dans l'objectif de rétablir une assise financière, le SMDEA a, dans la période récente, orienté sa stratégie d'adhésion sur un objectif de moyens. Les modalités de négociation deviennent fonction de la taille des communes. Il renforce le degré d'exigence avec les petites collectivités rurales au réseau dégradé, et il concentre les négociations avec les grosses collectivités pourvoyeuses de moyens.

> *« Le SMDEA, il était en phase de constitution (2005) donc il était quand même en situation, il faut dire les choses comme elles sont, de prendre tous ceux qui voulaient rentrer. C'était aussi le parti pris, on prenait bon ou mauvais, on ne s'occupait pas de savoir. Maintenant les communes qui vont vouloir rentrer, il va falloir qu'elles montrent patte blanche. C'est-à-dire qu'il va falloir qu'elles nous montrent des équipements conformes et des recettes conformes, sinon elles ne rentreront pas. […] »* (Directeur du SMDEA)

Ainsi, en 2010, la communauté de commune de Pamiers (première ville du département), dont le président est dans l'opposition politique (UDF), adhère au SMDEA pour la compétence assainissement. La compétence eau potable demeure une compétence déléguée à un prestataire privé.

En 2012, 4 nouvelles communes ont rejoint le syndicat, dont Foix qui n'avait jusque-là transféré que l'assainissement. Le SMDEA rassemble ainsi près de 290 communes sur les 330 du département.

L'équipe de direction du SMDEA s'est recentrée sur le volet de la planification des actions et sur la restructuration des équipes internes en s'appuyant sur un nouveau service chargé de la prospective. Toutefois, au regard du poids des intérêts politiques représentés au Conseil Général et au sein de l'Agence de l'eau, il semble difficile d'imaginer, du moins à court terme, que les agents de la technostructure SMDEA disposent de suffisamment de latitude pour mener le jeu. Si tel était le cas, il serait intéressant de mesurer l'impact de ce qui relèverait d'un changement de régime institutionnel sur la prise en charge combinée des dimensions sanitaires, économiques, environnementales et participatives de la gestion de l'eau potable.

Conclusion du chapitre III

Depuis l'après-guerre, l'alimentation en eau s'est construite au plus proche des communes. Si tous les départements n'ont pas le même historique en matière de politique de l'eau, on voit aujourd'hui se dessiner une tendance à une recentralisation à l'échelle départementale de l'alimentation en eau potable fortement impulsée et encadrée par les Conseils Généraux soucieux de conserver ou conquérir de nouvelles prérogatives.

À travers une pression par les financements publics et une injonction à la responsabilisation individuelle des élus locaux face aux enjeux de santé publique, la sécurisation des approvisionnements, la rationalisation les infrastructures, la nécessité de palier au désengagement de l'État et le choix politique de lutter contre la privatisation du service sont prioritairement invoqués par les gestionnaires, pour justifier la nécessité de dépasser le traitement à l'échelle locale des problématiques liées à la ressource en eau potable. Principalement dans les départements ruraux, le Conseil Général se positionne comme le garant d'une solidarité intradépartementale (Lothe, 2007) et comme le seul recours des petites collectivités ne pouvant plus assumer la mise aux normes et la charge financière d'un service aussi ordinaire que l'alimentation en eau potable et l'assainissement.

Cette analyse de la départementalisation de la gestion de l'eau potable en l'Ariège permet de rendre compte que loin de s'affaisser, le « système départemental » montre une capacité à se saisir des enjeux saillants pour assoir son pouvoir et assurer sa « survie » au sein du système politico-administratif français. À l'échelle nationale, des travaux portant sur des domaines d'action publique très récents comme la couverture numérique ont bien montré la capacité du Département à demeurer le vecteur incontournable de l'aménagement du territoire (Poupeau, 2007).

Le régime d'action publique territoriale de l'eau potable en Ariège se caractérise par une gestion centralisée au travers d'un syndicat mixte, avec un portage politique identique à celui du Conseil Général et dont les élus sont présents à tous les niveaux de décision (présidence, choix de recrutement). Par le transfert de la compétence des communes et la mutualisation des moyens, elle permet de pallier à une forme d'incapacité financière et technique de certaines petites communes, par ailleurs fortement dépendante d'une ingénierie publique en fin de vie, de répondre aux renforcements des exigences réglementaires sanitaires et de gestion du service. La départementalisation implique le plus souvent l'existence d'un *leadership* politique fort, qui peut reposer sur l'hégémonie d'un parti politique (cas de l'Ariège) ou sur l'élection d'une personnalité locale particulièrement dynamique (un entrepreneur politique). En Ariège, ce changement s'opère dans un premier temps au détriment de son efficacité.

Paradoxalement, la départementalisation comme outil de réduction des inégalités territoriales et de promotion de la solidarité a pu conduire, même sur une période transitoire, à renforcer ces inégalités à deux niveaux : par l'isolement technique et financier des petites communes non adhérentes ; mais aussi par la stigmatisation des villes ou syndicats non adhérents qui, capables de conserver une indépendance en matière d'alimentation en eau potable, se posent en forteresse politique.

On voit bien que selon la qualification des enjeux face à l'intérêt général, la légitimité de l'action est relative. L'idée a été avancée d'une forme de déresponsabilisation des élus de la gestion de l'alimentation en eau potable à qui on demande précisément, au nom de la mise en cause croissante de leur responsabilité, de transférer leur compétence. Par voie de conséquence, on assiste à un dédouanement de la préservation de la ressource en eau, avec la mise en retrait des associations et, dans une certaine mesure, la mise sous contrôle de l'Agence de l'eau.

Toutefois, ces résultats doivent être remis en perspective sur trois points. Premièrement, il semble opportun de laisser le temps à la départementalisation de sortir de la tyrannie de l'urgence sanitaire et économique afin de mesurer véritablement sa capacité à promouvoir une gestion de l'eau potable intégrant les volets sanitaire, environnemental, patrimonial (réseaux d'eau), solidarité (individuelle, territoriale) et gestionnaire (transparence du prix, participation des usagers). Considérant par ailleurs le faible nombre d'actions préventives ayant débouché sur des changements de système agricole au niveau des zones de captages d'eau potable, il serait peu pertinent d'avancer que cet enjeu est davantage intégré par les collectivités locales et autonomes (Chapitre 4). Deuxièmement, au regard de l'impact de la configuration politique et sociale du territoire dans le processus de départementalisation de la gestion de l'eau potable en Ariège, il semble nécessaire de multiplier les études de cas dans diverses configurations départementales (politique, géographique, rurale, urbaine, environnementale...). Des régimes différenciés d'action publique en matière d'eau potable ont déjà pu être caractérisés selon les configurations territoriales : du régime ariégeois sous hégémonie forte du Conseil Général, à des régimes sous hégémonie douce de la principale agglomération (Ille-et-Vilaine), ou des régimes ruraux plus polycentriques en termes de partage des ressources entre institutions territoriales (Charente) (Roussary, 2010 ; Barbier et *al.*, 2011).

Troisièmement, confrontés à la baisse de leurs ressources financières, les Départements tendent à recentrer leur budget sur leurs compétences obligatoires sans pour autant désinvestir politiquement le champ de l'alimentation en eau potable. Selon divers registres d'action, on peut observer une tendance à encadrer la création de structures à rayonnement départemental. Ces projets peuvent avoir pour ambition des technostructures (Agence départementale, entreprise publique locale) à même d'intégrer progressivement des missions précédemment assurées par leurs services (protection de la ressource, assistance aux collectivités dans d'autres domaines tels que l'assainissement, les déchets, le numérique…), de s'autonomiser financièrement du Conseil Général, tout en maintenant une forte représentativité des conseillers généraux dans son administration (Manche). Dans des configurations d'urgence sanitaire et environnementale (contentieux européen sur la qualité des eaux distribuées) et de conflits ouverts avec les représentants du modèle d'agriculture intensive, la création d'une structure départementale de la gestion de l'eau potable peut être un outil pour le Conseil Général de contournement des arrangements néo-corporatistes locaux et d'affichage d'un tournant politique « environnementaliste » (Deux-Sèvres).

Il reste à observer dans quelle mesure ces régimes en recomposition vont contribuer effectivement à renouveler l'action publique territoriale en matière de gestion intégrée de l'eau potable.

Chapitre IV – Crise et risques sanitaires : des moteurs de changement ?

Réduire la vulnérabilité des ressources en eau souterraine ou superficielle aux pollutions diffuses d'origine agricole est désormais présenté comme un impératif environnemental et de santé publique (baignade, alimentation).
Dans le domaine de la gestion des ressources en eau DCH, parler de vulnérabilité suppose de prendre en compte les modes de gestion publique des services AEP, soit les dispositions prises par les collectivités pour assurer la continuité du service de distribution ou faire face à son éventuelle rupture. Cette « capacité à faire face » (*coping capacity*) (Vilagran De Léon, 2006), plus ou moins grande, permet de signifier la fragilité et le renforcement des interdépendances entre système social et système naturel. Ce renforcement induit une co-évolution de deux formes de vulnérabilité : celle de la ressource en eau DCH et celle de l'action collective confrontée aux problèmes de contamination par les pollutions agricoles diffuses (Becerra, Roussary, 2008).
Dans de nombreux territoires où la pression agricole est forte, la gestion quotidienne des problèmes de qualité des ressources en eau DCH s'appuie prioritairement sur une logique curative à court terme permettant la distribution d'une eau conforme aux normes de potabilité. La généralisation des pollutions diffuses, ces trente dernières années, a contribué à leur banalisation, le consommateur méfiant disposant par ailleurs du choix de la défection (Hirschman, 1970) par la consommation d'eau embouteillée ou par l'utilisation de dispositifs techniques de filtration. Les pollutions diffuses sont progressivement devenues un « risque ordinaire » (Becerra, Peltier, 2009) caractéristique du fonctionnement des systèmes conventionnels de production agricole dont il s'agit de limiter les impacts par le raisonnement des pratiques, davantage que d'en supprimer les causes.
Face à ce type de problèmes, on assiste à la concentration des moyens humains, techniques et financiers pour la protection de ressources définies comme stratégiques et consignées dans les schémas départementaux d'alimentation en eau potable (SDAEP). Cette démarche s'inscrit dans une politique plus globale de sécurisation des approvisionnements par la rationalisation des usages de l'eau et des investissements réalisés pour en améliorer la qualité.
Le chapitre précédent a montré que cette politique pouvait prendre la forme d'une véritable réforme des cadres institutionnels traditionnels, par la départementalisation de l'AEP, mais sans pour autant intégrer une prise en compte de l'aspect environnemental. De manière générale, la préservation de

la disponibilité et la qualité de l'eau brute mobilisent peu les consommateurs et les collectivités responsables de la distribution de l'eau[203].
Qu'en est-il de cette logique techniciste de gestion lorsque l'eau du robinet est interdite à la consommation et que les autorités administratives et politiques locales doivent faire face à une situation de crise sanitaire ?
Les situations de crises, et plus encore de crise sanitaire, sont aujourd'hui caractéristiques de la « société du risque » (Beck, 2001). En tant que révélateur de la vulnérabilité des sociétés aux risques sanitaires et environnementaux (Borraz, 2008), et donnant lieu à des effets de médiatisation, voire de dramatisation, elles appellent *a priori* à des modes d'action spécifiques.
Partant du postulat qu'une situation de crise peut être un bon observatoire du changement social, ce chapitre propose une analyse d'une autre forme de recomposition institutionnelle des cadres de gestion de l'AEP, celle du processus de création en 2001 d'un syndicat de production intercommunal d'eau potable (Roussary, 2006) suite à une vague d'interdictions de consommation de l'eau du robinet de plusieurs mois due à la présence de pesticides agricoles dans une zone de maïsiculture intensive des Hautes-Pyrénées[204]. Au travers de l'analyse d'une « scène locale de crise »[205], il s'agit de questionner les conditions de la prise en charge conjointe des questions de santé et d'environnement dans la gestion publique des services d'eau potable.

- Comment les autorités locales - élus responsables de la distribution d'une eau conforme aux normes de qualité et administrations territoriales - s'approprient-elles la problématique de la vulnérabilité des eaux souterraines ?
- Dans quelle mesure la rupture de l'approvisionnement en eau potable reconfigure-t-elle les modes de gestion de l'eau DCH ?

Après avoir présenté les caractéristiques du « territoire d'émergence » (vulnérabilité de la ressource en eau DCH et nature des enjeux locaux) de la

---

[203] La préservation des ressources en eau DCH est l'objet direct ou indirect d'une régulation juridique et politique foisonnante donnant lieu au déploiement de nombreux instruments d'action publique. Les chapitres suivants montreront les difficultés propres à leur mise en œuvre et à l'atteinte des objectifs de qualité fixés.

[204] La méthodologie de recherche s'est appuyée sur la réalisation de 19 entretiens semi-directifs de fin 2004 à début 2005 auprès : de 5 élus locaux, de 4 agents des services déconcentrés de l'État, du Conseil général, de 2 agents de l'Agence de l'eau Adour Garonne (délégation), de 2 techniciens de la Chambre d'agriculture, du délégataire de service public, ainsi que de 2 usagers, d'un journaliste local et d'ATTAC 65.
L'analyse des entretiens a été complétée par une documentation diversifiée renseignant sur l'historique de l'alimentation en eau potable (AEP) et la nature des enjeux locaux dans le département et les communes du SPIDE (dossiers de la presse locale, schémas départementaux d'AEP, rapports hydrogéologiques locaux, données DDASS, portrait de zone de l'INSEE, programmes d'action locaux, rapports d'audit patrimoniaux, courriers, etc.).

[205] En référence aux scènes locales de risques (Decrop, 1998).

crise sanitaire (1), une chronique médiatique des interdictions de consommation permettra d'exposer le « temps de l'émergence ». Il renvoie à la projection du problème dans l'espace public et la qualification de ses dimensions qui conditionneront la justification des solutions proposées par les autorités locales : un projet d'interconnexion et un programme de mesures agri-environnementales réglementaires et incitatives (2). Il s'agira alors de comprendre les ressorts du choix politique d'abandonner certains captages AEP comme modalité de la gestion du problème de contamination (3.) et de voir les modes d'opérationnalisation du projet d'interconnexion. Après des oppositions fortes sur un premier territoire (4.), le projet est relocalisé ce qui donne lieu à une stratégie de sanctuarisation du site du captage (5).

1. La gestion de la vulnérabilité de la nappe de l'Adour : « *entre protection et laisser-faire* »

Phénomène inattendu à l'aube du nouveau millénaire dans le fief électoral du ministre socialiste de l'Agriculture de l'époque, Jean Glavany, quatorze communes d'un petit territoire de la plaine du Val d'Adour dans les Hautes-Pyrénées sont confrontées à une vague d'interdictions de consommation de plusieurs mois, suite à la présence de teneurs en pesticides agricoles supérieures aux normes de potabilité. À partir de mai 2000, totalement pris de court, les élus locaux sont obligés de distribuer de l'eau en bouteille à leurs administrés et contraints de faire installer des fontaines provisoires équipées de filtres à charbon par l'entreprise fermière, sur la place publique.
À l'origine de ces interdictions, intervient un durcissement réglementaire des normes de potabilité qui reconfigure soudainement une gestion locale de l'eau DCH en « univers stabilisé », en une gestion d'une situation de « crise sanitaire et politique ».

- Pourquoi l'impact de la dégradation des ressources en eau sur l'AEP n'a-t-il pas été anticipé par les autorités politiques et administratives locales ?
- Dans quelle mesure le contexte territorial apporte-t-il des éléments de compréhension de l'émergence de la crise ?

1.1. Une activité économique centrée sur la maïsiculture intensive

Le département des Hautes-Pyrénées est un territoire rural, bien que sa population (près de 222.000 habitants) soit à 59 % urbaine, les communes du département sont à 92 % rurales (437 communes rurales sur 474)[206]. Sur le Val d'Adour en général, et sur la zone d'étude[207] en particulier, l'agriculture intensive[208] constitue une activité importante en termes d'occupation du sol (Figure 4), mais aussi en termes de poids économique.

Entre 1988 et 2000, on constate globalement que si le nombre d'exploitations a diminué de 30 %, la surface agricole utile (SAU) est restée à peu près stable (-6 %), les surfaces cultivables des exploitations qui disparaissent tendant à être placées en fermage ou à être vendues à d'autres exploitants[209]. En 1999, malgré une diminution sensible des actifs agricoles[210], les agriculteurs représentaient 8,4 % de la population active[211], contre 2,7 % en France métropolitaine. D'un système de production céréales-élevage, les exploitations agricoles se sont spécialisées dans la monoculture du maïs. Alors que les cheptels et les superficies fourragères principales (dont surface toujours en herbe) ont diminué au moins de moitié, la superficie dédiée aux grandes cultures s'est agrandie jusqu'à représenter en 2000 plus de 85 % de la SAU pour une moyenne nationale d'environ 35 %. Les grandes cultures, à 70 % du maïs (50 % au niveau du département), dominent aujourd'hui le paysage du Val d'Adour, mais aussi l'économie locale.

---

[206] Recensement de la population, INSEE, 1999.

[207] La zone d'étude comprend les communes du Val d'Adour (Hautes-Pyrénées) concernées par les interdictions de consommation en 2000 et 2001. Les données statistiques concernant cette zone sont issues de « Fiches profils » réalisées par l'INSEE principalement d'après les données du recensement de la population de 1999 et les données du recensement général agricole (RGA) de 1988 et 2000. Le territoire concerné comprend 13 communes, une superficie de 111 km² et une densité de population de 54,2 hab./km².

[208] En 2006, le nombre d'exploitations en agriculture biologique était le plus faible de Midi-Pyrénées : 4,4 % des exploitations et 2,45 % des surfaces en AB de la région (EIDER, AG06).

[209] En 2000, la moyenne des surfaces d'exploitation était de 31 ha en 2000 et de 50ha pour les exploitations professionnelles (RGA, 2000).

[210] La part des chefs d'exploitation et coexploitants à temps complet a été divisée par trois (23% de l'effectif total). Les unités de travail agricole et la population familiale n'étant plus nécessaires à l'exploitation d'une culture nécessitant principalement des moyens mécaniques, leur nombre s'est vu divisé par deux (RGA, 2000).

[211] Derrière les ouvriers (31 %), les employés (25,9 %), les professions intermédiaires (15,1 %), les cadres (9,4 %) et les artisans, commerçants et chefs d'entreprise (10,2 %) (INSEE, 1999).

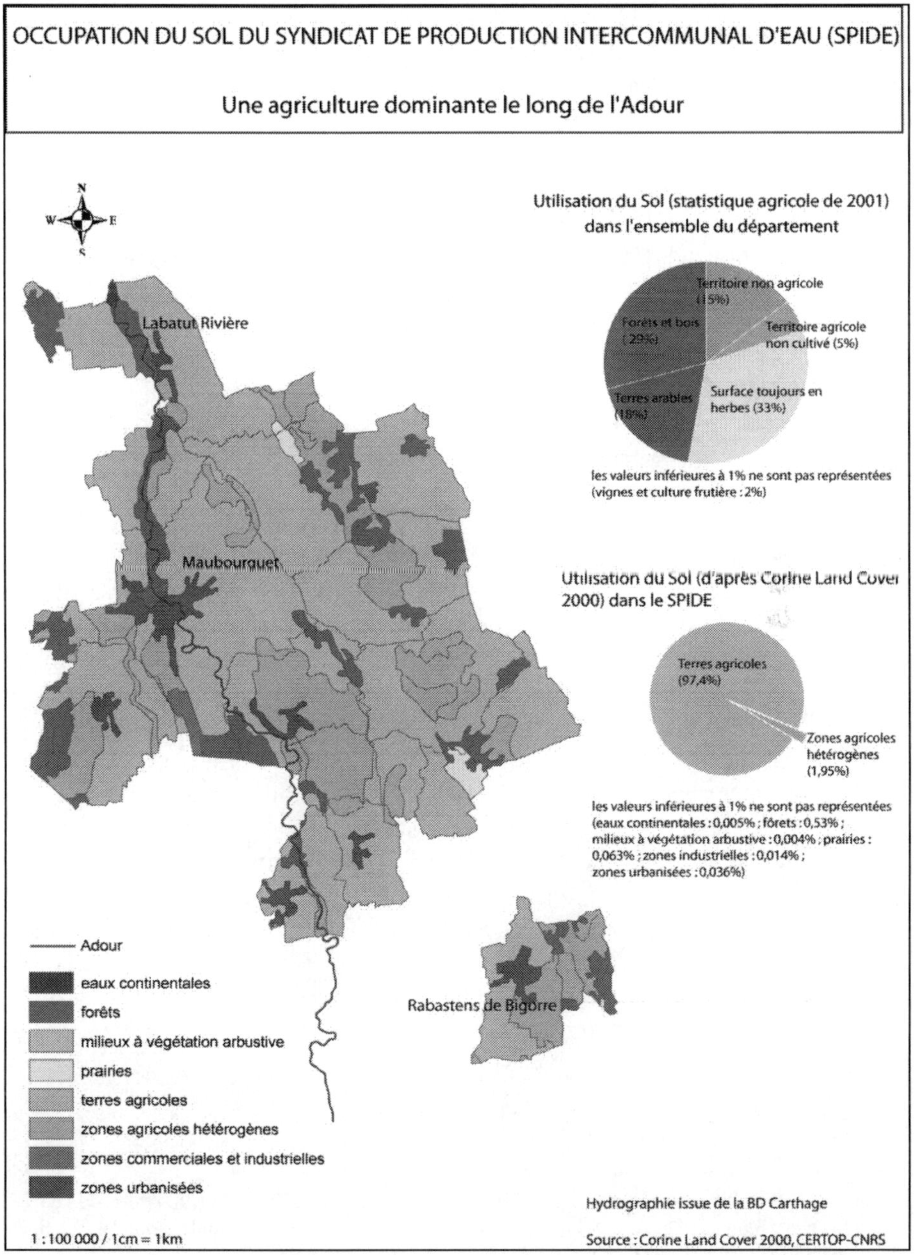

Figure 4 – Occupation du sol du territoire concerné par les interdictions de consommation

En 2003, les industries agro-alimentaires (traitements de rafle de maïs, transformation) représentent 57,2 % de l'effectif salarié moyen des entreprises (siège social) de la zone d'étude (4,7 % des entreprises), les autres activités étant principalement des activités de service. Ces chiffres permettent d'imaginer l'importance sociale et politique du maintien d'une filière maïsicole sur cette zone[212].

Du point de vue géographique, le territoire du département des Hautes-Pyrénées, en tête de bassin versant, a un impact important sur la ressource, tant au niveau quantitatif que qualitatif. Il bénéficie en effet de précipitations abondantes qui lui confèrent des ressources en eaux superficielles et souterraines non négligeables alimentant à la fois la région hydrographique de l'Adour et de la Garonne d'où l'appellation de « château d'eau des Pyrénées »[213]. Toutefois, le bassin versant de l'Adour possède les débits les plus faibles du département et principalement en période d'étiage qui correspond à la plus forte demande en eau pour l'agriculture[214].

L'irrigation a été introduite dans la plaine dès le 19ème siècle, initialement pour arroser les prairies. La spécialisation des exploitations dans des orientations technico-économiques en grandes cultures intensives a conduit à son développement massif. Aujourd'hui, les prélèvements pour l'eau potable sont de faible importance en comparaison des quantités utilisées pour l'irrigation de la monoculture du maïs. En 2003, les quantités annuelles d'eau prélevées sur le département des Hautes-Pyrénées ont été estimées à 19 Mm3 (18 %) pour les activités industrielles (essentiellement hydro-électriques), à 20 Mm3 (18 %) pour la production d'eau potable et à 70 Mm3 autorisés (64 %) pour l'irrigation, sachant que le maïs représente 90 % des surfaces irriguées[215]. En 1999, près de 5400 points de prélèvement agricoles avaient été recensés. En 2000, au niveau des communes du syndicat étudié, environ 85 % de la SAU des exploitations agricoles est irrigable.

En somme, la maïsiculture et la filière agroalimentaire qui y est affiliée constituent des activités dominantes sur la zone d'étude, au point de représenter, malgré un nombre d'exploitants agricoles en forte diminution, une pression sociale, économique et politique importante. Elles exercent aussi une pression sur l'environnement, l'agriculture intensive ayant entraîné une contamination croissante des ressources en eaux par les nitrates et les pesticides.

---

[212] En 1999 (INSEE), la part des chômeurs dans la population active était de 15,2 % (moyenne nationale 12,8 %), dont 31 % d'ouvriers (moyenne nationale 25,6 %) et 8,4 % d'agriculteurs (moyenne nationale 2,7 %).

[213] « […] *l'ensemble des cours d'eau, permanents ou non, est estimé à plus de 6 000 km, soit une densité de 1,4 km de cours d'eau par km²* » (MISE 65, 2004).

[214] Le Val d'Adour possède la partie montagnarde la plus basse du département. Un gradient pluviométrique décroissant du sud au nord crée un contraste dans le volume et la répartition annuelle des précipitations (importantes en hiver et au printemps, rares en été) (MISE 65, 2004).

[215] En 2002, 27 000 ha de maïs ont été irrigués dans le département, soit 58 % des surfaces cultivées en maïs (MISE 65, 2004).

1.2. La vulnérabilité des captages d'eaux DCH de la plaine de l'Adour aux pollutions agricoles diffuses

L'ensemble de la plaine alluviale de l'Adour dans les Hautes-Pyrénées ne constitue qu'un seul et même aquifère. Cette zone dispose d'une seconde nappe souterraine plus profonde (infra-molassique) de très bonne qualité qui n'est pas exploitée en Hautes-Pyrénées pour le moment. Les terrains sont filtrants (alluvions perméables sableuses et graveleuses) et la nappe est proche de la surface[216]. En conséquence, les excès d'azote et d'engrais qui ne sont pas utilisés par les plantes, ainsi que des produits phytosanitaires, se retrouvent rapidement transférés par lessivage dans les nappes, contrairement à d'autres secteurs où il peut y avoir des temps de latence. Or, du fait de la prédominance de la monoculture de maïs, les sols sont à nu de novembre à avril-mai, à un moment où la pluviométrie est importante. De fait, les captages de la plaine de l'Adour sont régulièrement contaminés par les nitrates et les pesticides[217] à des teneurs régulièrement proches ou supérieures aux normes de potabilité.

Le département des Hautes-Pyrénées comprend 326 unités de distribution (UDI) réparties en 191 collectivités distributrices d'eau potable[218] pour 474 communes.

En 2003, l'Agence régionale de santé recensait 394 captages d'eau DCH, dont 390 alimentés à partir de ressources souterraines (près de 90 % de la population) et 4 à partir de ressources superficielles. Les points de captage se répartissent sur trois zones :

- Au sud, une zone de montagne dont les activités dominantes sont liées à l'élevage extensif et au tourisme et où sont situés, en nombre, la majorité des points de captages.
- Une zone de coteaux au Nord Est, au relief accidenté, où domine un système de polyculture élevage.
- Au nord, la plaine de l'Adour, avec une implantation dominante de la culture du maïs, et où, en termes d'abonnés, les captages sont les plus importants.

En 2003, 169 captages présentaient des problèmes de qualité au niveau de l'eau brute, principalement liés à des problèmes bactériologiques. Au niveau

---

[216] Observatoire de l'eau des pays de l'Adour (2006), *Atlas du Bassin de l'Adour*, Institution Adour, Agence de l'eau Adour-Garonne, Conseil régional Aquitaine.

[217]Par exemple, l'atrazine était importée, sur la quasi-totalité des surfaces, sur une période courte et à des quantités homologuées, mais importantes. Or, c'est une molécule qui, de par ses propriétés physico-chimiques, est facilement lessivable et se retrouve dans des sols avec des taux de matières organiques peu élevées.

[218] 172 communes et 19 syndicats, à 50% en régie directe et à 50% en gestion déléguée : SAUR, la Compagnie Générale des Eaux (Veolia eau), Pyrénées Services Publics et la Société Lyonnaise des Eaux (MISE 65, 2004).

des eaux distribuées, les causes de non-conformité sont bactériologiques (112 collectivités, soit le ¼ de la population), le plus souvent liées à un mauvais état des réseaux (plus de 30 % de volumes perdus) et à un défaut de traitement (IFEN, 2007b). Mais elles sont aussi dues à des teneurs en nitrates et en pesticides d'origine agricole (Figure 5) supérieures aux normes de potabilité, principalement au niveau des captages de la vallée de l'Adour où des stations de traitement aux charbons actifs ont dû être installées.

1.1. Des mesures de préservation de la ressource en eau DCH réglementaires et contractuelles présentes sur le territoire

Dans la lignée des directives européennes, depuis les années 1990, différents programmes agri-environnementaux réglementaires et contractuels ont été mis en œuvre pour tenter de limiter la contamination des ressources en eau générée par la maïsiculture intensive de la plaine de l'Adour et des coteaux.
Deux programmes d'actions contre les pollutions d'origines agricoles ont été établis depuis 1997 en application de la Directive européenne Nitrates. La zone vulnérable aux nitrates concerne 122 communes du nord du département pour environ 2 000 exploitations agricoles (20 % de la surface départementale)[219]. Le troisième programme Nitrates s'est appliqué jusqu'au 20 décembre 2007. Il s'est attaché au raisonnement des apports (plans de fumure prévisionnels, cahier d'enregistrement des pratiques), au stockage des effluents et au respect des exigences vis-à-vis de l'épandage, et à la protection des cours d'eau.
Concernant les produits phytosanitaires, c'est à la suite des interdictions de consommation de l'eau du robinet, du fait de la présence de teneurs en atrazine (et ses dérivés) supérieures aux normes de potabilité, que des programmes d'actions concernant les produits phytosanitaires ont été élaborés dans le Val d'Adour conjointement avec le département du Gers. Le premier programme, l'arrêté préfectoral « atrazine », de 2001 à 2003, a été relayé, suite à l'interdiction de l'atrazine, par le « programme d'action pour la réduction des pollutions par les produits phytosanitaires » de 2004 à 2006.

[219] En application de la directive 91-676-CEE du 12/12/91 et de la circulaire du ministère de l'Environnement du 05/11/92, le zonage des « zones vulnérables » aux pollutions par les nitrates inclut à la fois les eaux atteintes et celles menacées par la pollution, notamment les eaux souterraines et eaux douces superficielles, en particulier celles servant au captage d'eau DCH dont la teneur en nitrates est comprise entre 40 et 50 milligrammes par litre et qui montre une tendance à la hausse. La délimitation des zones vulnérables dans le bassin Adour-Garonne a été définie par arrêté du 29 novembre 2002.

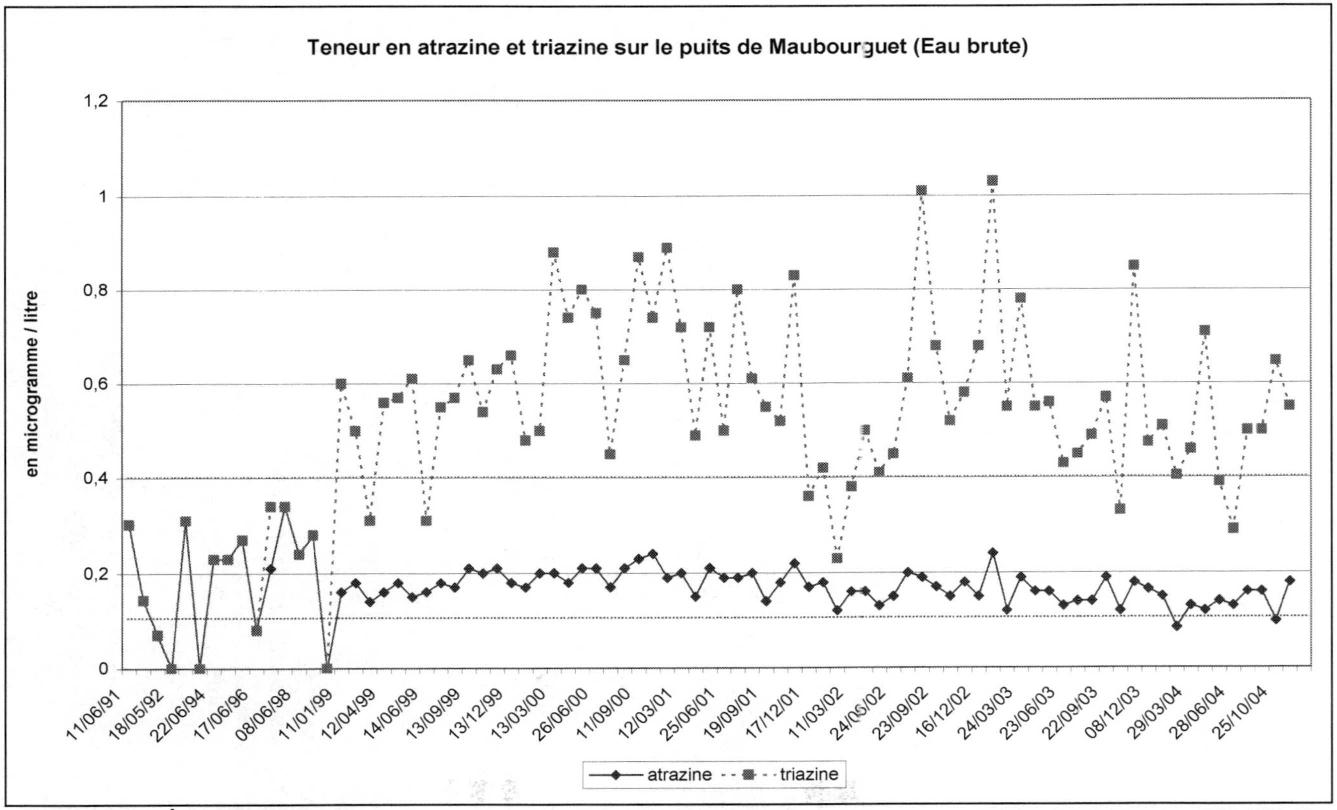

Figure 5 - Évolution des teneurs en atrazine et triazine sur le puits de Maubourguet entre 1991 et 2004 (Source : DDASS 65)

Au niveau des démarches volontaires, tout en précisant que les exploitations agricoles du département représentaient, 10,6 % des exploitations de la région et seulement 5,5 % de la SAU régionale en 2000, on peut mentionner qu'entre 2000 et 2003, 474 contrats territoriaux d'exploitation (CTE) ont été signés sur le département ce qui représente seulement 6 % des contrats signés à l'échelle de la région Midi-Pyrénées.
Au niveau de l'AEP et du dispositif réglementaire des périmètres de protection de captage, en 2003, seulement 3 % des captages possédaient un périmètre de protection, 80 captages étaient sous le protocole d'accord entre le Conseil Général et l'Agence de l'eau pour le financement à 100 % des procédures de protection (MISE 65, 2004).

	Novembre 2003	Avril 2008
Nombre de captages total	394	365
Dont :		
• **Captages abandonnés**	n.c.	25
• **Procédures en cours**	52	224
• **Procédures non engagées**	306	6
• **Procédures terminées**	13	110

Tableau 7- État d'avancement des procédures de protection des captages d'eau potable en Hautes-Pyrénées en 2003 et 2008 (Source : DDASS Midi-Pyrénées)

Dans les années 1993-1994, la Chambre d'agriculture des Hautes-Pyrénées avait commencé à mettre en place des actions sur les périmètres des captages, dans le cadre des premières mesures agri-environnementales. Les agents avaient zoné des périmètres élargis de 150 à 200ha en amont des captages. Dans ces périmètres, ils avaient proposé aux agriculteurs des mesures de réduction d'azote de 20 % et éventuellement de reconvertir des périmètres en herbe. Ces mesures se sont poursuivies dans le cadre des CTE.
D'après la Chambre d'agriculture, il y aurait eu près de 50 % des parcelles en amont des captages d'eau potable concernés sous contrat agri-environnemental.
La Chambre d'agriculture demandait de ce fait à être associée directement à la procédure des périmètres de protection de captage situés dans des zones agricoles, en amont, par la réalisation de diagnostics territoriaux (financés par l'Agence de l'eau) dans le cadre des enquêtes préalables et en aval, par des campagnes d'information et de suivi des pratiques. Afin de prévenir les contestations liées aux servitudes, elle réclamait aussi l'élaboration d'un protocole départemental. En 2005, les autorités en charge de l'instruction des procédures PPC sur le département (DDASS et Conseil Général) ne lui avaient transmis qu'un seul dossier d'étude préalable, dont le travail de diagnostic sur la partie agricole avait été confié à un bureau d'études.

Cette transmission s'est effectuée à sa demande, après que les agriculteurs aient sollicité directement son intervention suite aux résultats de l'expertise hydrogéologique qui recommandait notamment le gel de parcelles de maïs sur la zone de captage située dans la plaine de l'Adour (captage d'Oursebelille, syndicat d'eau de Tarbes Nord) (Riba, 2006). La DDASS explique justement la mise en retrait de la Chambre d'agriculture par la volonté des experts hydrogéologues de ne pas être soumis à des pressions des représentants agricoles lors de la phase de diagnostic afin d'agir en toute indépendance dans la délimitation des périmètres et des servitudes. Un accord sur la question de l'eau potable a néanmoins été trouvé par la formation de comités de pilotage sur ces questions.

En 2008, la proportion de procédures terminées est montée à 30 %. Toutefois, dans le même temps les abandons de captages représentent 7 % des procédures engagées (Tableau 7). Ici comme ailleurs, l'abandon des captages constitue une solution permettant aux collectivités distributrices de se départir de ressources en contamination croissante ou déjà impropres à la consommation et d'éviter ainsi des conflits locaux avec les acteurs du monde agricole.

*

* *

Les caractéristiques intrinsèques de la nappe de l'Adour, la forte pression des activités agricoles intensives, le faible niveau de résultat des mesures réglementaires et contractuelles sur l'évolution des teneurs en nitrates dans les ressources en eau DCH, sont autant de facteurs et de signaux qui auraient pu alerter les autorités administratives et politiques sur la vulnérabilité croissante des eaux souterraines et de l'AEP sur le territoire du Val d'Adour et sur l'existence d'un risque sanitaire.

Or, si la nappe de l'Adour est contaminée par les pesticides et les nitrates depuis les années 1990, la prise de conscience par les élus locaux, les autorités et les consommateurs, de l'impact sanitaire de cette contamination n'intervient brutalement qu'en mai 2000 lors des premières interdictions de consommation sur le canton de Maubourguet.

Du fait du renforcement des exigences de qualité pour le paramètre pesticide, plusieurs ressources en eau DCH conformes aux exigences de qualité deviennent « soudainement » impropres à la consommation. L'impact environnemental des pratiques agricoles, l'échec relatif des politiques agri-environnementales et le risque sanitaire ne peuvent plus être déniés ou minimisés. La rupture du service de distribution contribue ainsi à mettre sur la scène publique et l'agenda politique un problème de pollution des ressources en eau DCH et va générer une « crise » sanitaire et politique sans précédent sur le Val d'Adour (Gers et Hautes-Pyrénées).

2. Chronique d'une crise annoncée

Après avoir présenté le « territoire d'émergence » de la crise, soit les caractéristiques physiques et socio-économiques du territoire sur lequel surviennent les interdictions de consommation, cette section propose de restituer « *le moment historique particulier* » qui voit la « projection » de ce problème devenu public sur la scène locale et sa prise en charge par les autorités politiques et administratives (Borraz, 2008). Cette seconde approche par le « temps de l'émergence » prend la forme d'une chronique rétrospective des événements. Les interdictions ayant précédé l'enquête de terrain de près de cinq années, cette chronique est construite principalement sur la base d'un dossier de presse de la couverture médiatique locale (quotidiens locaux et départementaux) et du « récit » des évènements par les différents acteurs rencontrés.
L'objectif est d'apporter des éléments d'appréhension de la construction sociale et politique du problème de contamination des ressources en eau DCH par les différents acteurs (Préfet, services de l'État, élus, associations) qui se sont saisis de l'ouverture médiatique. Cette publicisation[220] du problème renvoie aux dynamiques à l'œuvre (amplification, atténuation) pour la qualification du problème (causalités et importance), au *ping-pong* des « prises de parole » sur l'imputabilité des responsabilités, aux actions de mises en visibilité (réunion publique, pétition, manifestation) et enfin, à l'affichage des solutions censées la juguler et empêcher qu'elle ne se reproduise.

2.1. La « découverte » de taux d'atrazine et de ses dérivés supérieurs à la norme de potabilité

Les normes du ministère de la Santé fixent à 0,1µg/l la concentration maximale pour chaque type de pesticides identifié et à 0,5 µg/l la concentration totale. À partir de 1999, la DDASS des Hautes-Pyrénées a recherché, dans les prélèvements d'eau, en plus de l'atrazine, ses dérivés (Figure 5).
Cette nouvelle recherche associée, après une période de fortes pluies, à un phénomène de lessivage important sur la zone du Val d'Adour, a révélé une concentration en pesticides variant entre 0,4 et 1,6 µg/l de triazine.
Ainsi, le 16 mai 2000, suite à des analyses effectuées par la DDASS, il a été « *fortement recommandé par le préfet aux habitants des communes de*

[220] On parle de publicisation d'un problème quand « des conséquences indirectes sont reconnues et qu'il y a un effort pour les réglementer » (DEWEY, 2003, cité dans Borraz, 2008, p.70).

Maubourguet, Larreule, Sauveterre, Montfaucon, Buzon et Barbachen, soit près de 3500 personnes, de ne plus consommer l'eau du robinet »[221].

> *« [...] le jour où le préfet me l'a annoncé, c'était le soir à 18h, il aurait voulu me mettre un coup de barre sur la tête, il n'aurait pas mieux fait. À 50 ou 60 Km des Pyrénées, ne plus avoir de l'eau potable sous les pieds, c'était inconcevable ! Donc, la monoculture a fait qu'on en était arrivé là, trop de produits, toujours les mêmes produits, pas de rotation de cultures. On en était arrivé à cette problématique, et c'est vrai que tous les concitoyens ont bougé, ça a réveillé les consciences ! »* (Elu local 1)

L'information est diffusée auprès des usagers par voie de presse, d'affichage à la mairie et de courriers individuels. Une distribution d'eau minérale est organisée par les mairies tous les jours. À Maubourguet, deux bouteilles de 1,5 litre par habitant sont distribuées.

> *« Dans le fief électoral du ministre, l'on est désormais contraint d'acheter de l'eau minérale. Jean Glavany se serait sûrement passé de ce mauvais coup de l'agriculture, dont il détient le maroquin au sein du gouvernement »*[222].

Le maire de Maubourguet dédouane sa responsabilité en mettant en cause l'agriculture locale et en élargissant l'échelle du problème.

> *« [...] ces concentrations sont liées à la monoculture du maïs dans le Val d'Adour. On paye aujourd'hui la culture depuis des années. Je suis sûr qu'il y a d'autres communes atteintes et sans doute d'autres départements »*[223].

Une semaine après, un adjoint au maire minimise le problème en jouant sur le principe de précaution, tout en expliquant que la situation n'est pas grave : « *moi-même je n'ai pas changé mes habitudes et je consomme toujours de l'eau du robinet* »[224].

---

[221] « L'eau de 6 communes impropre à la consommation », in *La Nouvelle République des Pyrénées*, le 17 mai 2000.

[222] « Le rush sur l'eau minérale à Maubourguet », in *La Dépêche du midi*, 18 mai 2000.

[223] « La solution passera par le traitement de l'eau », in *La Nouvelle République des Pyrénées*, le 18 mai 2000.

[224] « Vers une usine de traitement » et « A vos bouteilles », in *La Nouvelle République des Pyrénées*, le 25 mai 2000.

2.2. Le préfet intervient pour « *faire émerger des solutions concrètes* »

Le 22 mai 2000, au nom du principe de précaution, le préfet organise une réunion entre les élus des communes touchées pour faire le point sur la situation. Une deuxième « réunion élargie » suivra pour trouver des solutions sur le court et le long terme s'attaquant « aux causes comme aux effets ».
Le 26 mai 2000, 10 jours seulement après les interdictions, la DDAF rend un rapport proposant des solutions d'ordre palliatif aux pollutions par les nitrates et les pesticides (captage de substitution près de l'Adour) faisant un rappel des dispositions préventives existantes (opération ferti-mieux, directive Nitrate).
Le 7 juin 2000, lors d'une réunion à la préfecture, le préfet prend la parole, entouré de la directrice de la DDASS 65 et d'un représentant de la DDAF 65. Il explique que « *la mise en œuvre de solutions structurantes, en particulier de substitution à l'emploi d'atrazine par l'utilisation de produits phytosanitaires présentant une meilleure biodégradabilité ainsi que l'interconnexion de l'ensemble des captages* (communes de Maubourguet, Rabastens, Monfaucon, Sauveterre, Auriébat, Syndicat de Lafitole) *autour d'un seul point de captage dans une zone proche de l'Adour* [commune d'Artagnan] *est accélérée* »[225]. Ces études sont réalisées par la DDAF sur des fonds du FNDAE.
Pour appuyer ces solutions, le représentant de la DDAF précise que la principale difficulté de ce secteur est la multiplication des points de captage, qui rend plus difficile le traitement de l'eau, d'où le grand projet de regrouper sur un seul point, à Artagnan, l'alimentation des deux tiers de la vallée de l'Adour. La commune de Vic-en-Bigorre possède un puits sur cette commune et celui-ci n'a, à ce jour, pas été contaminé par l'atrazine. Mais ce projet « clef en main », d'ores et déjà adopté, est estimé coûteux (15MF) et comporterait un délai de réalisation de 1 an et demi à 2 ans. Dans l'attente, des solutions transitoires, telles que l'installation de filtres à charbon actif, sont proposées. Pour Larreule, Sauveterre, Monfaucon, Buzon et Beaumarchais, il n'existe pas encore de plan d'action.

2.3. Le ballet des responsables et le ping-pong des imputations de responsabilité

Une fois la solution de sortie de crise présentée, le préfet peut répondre aux accusations à l'encontre des agriculteurs locaux : « *nous avons pendant des*

[225] « Pollution de l'eau : Il faudra patienter », in *La Semaine des Pyrénées*, du 8 au 14 juin.

années poussé l'agriculture à produire, nous en mesurons aujourd'hui les limites »[226].

De leur côté, les représentants du parti des Verts qualifient le problème de « *pollution chimique engendrée par un type d'agriculture productiviste, peu soucieuse de l'environnement* » et demandent au « ministre » un « *plan des actions prioritaires pour une bonne gestion des eaux du bassin de l'Adour* »[227].

Le président de la FDSEA et de la Chambre départementale d'agriculture, répond par un communiqué intitulé « *quand les verts ont des vers* »[228]. Il réagit point par point aux accusations sur les pratiques des agriculteurs et le gaspillage de l'eau. Il invoque notamment le partage de responsabilité avec les collectivités qui utilisent aussi des produits phytosanitaires, rappelant au passage que « *M. le maire de Maubourguet pourrait lui-même vous le confirmer puisqu'il vend ces produits à la Coopérative départementale* ». Il insiste par ailleurs sur la nécessité de ne pas dramatiser la situation et surtout il élargit à la société dans son ensemble l'imputabilité des causes de pollution.

> *« [...] il y a eu une conjoncture d'événements : de fortes pluies dans une zone où les terres sont labourées ou d'autres choses qui expliquent la situation actuelle. Mais nous, agriculteurs, sommes prêts à évoluer dans nos méthodes de travail. En revanche nous en avons assez d'être mis à l'index de la société. En fait, c'est tout le monde qui pollue ».*

2.4. La réduction de l'insécurité sanitaire et la désignation d'un coupable idéal

Durant les premiers mois qui suivent les interdictions, l'objectif prioritaire est de rétablir la distribution d'eau potable par l'installation de moyens de filtration et d'informer régulièrement les habitants des communes touchées de l'évolution de la gestion de la situation. Durant cette même période, l'agriculture est fortement montrée du doigt et différentes positions s'affrontent à travers la presse. Les autorités (politiques et administratives), sans nier l'impact de l'agriculture, tentent de dédramatiser et de replacer l'imputabilité des évènements dans un contexte global ; une seconde straté-

---

226 « Ambitieux projet de traitement de l'eau », in *La Nouvelle République des Pyrénées*, le 7 juin 2000.

227 « Pollution de l'eau : Il faudra patienter », in *La Semaine des Pyrénées*, du 8 au 14 juin.

228 « Pollution de l'eau : La FDSEA répond aux Verts », in *La Semaine des Pyrénées*, du 15 au 21 juin.

gie consiste à faire porter la responsabilité à une tierce partie-prenante de la gestion des services AEP.
Le 30 juin 2000 se tient une réunion publique dans le centre culturel de Maubourguet, organisée par le maire de Maubourguet et le ministre de l'Agriculture et élu local, Jean Glavany pour informer et rassurer la population.

> *« C'étaient des réunions publiques, il invitait la population, [...] il a présenté avec un beau dessin sur le mur, regardez là, on a refait des mesures ; là, ça a baissé donc tout va bien ; et deux semaines après il y avait quelqu'un qui faisait des analyses et qui disait non ce n'est pas vrai et ça rebondissait, ça repartait. »* (Journaliste de la Nouvelle République des Pyrénées)

> *« [...] j'ai rencontré des gens qui cuisinaient avec de l'eau en bouteille, les pâtes, le riz. Ils n'avaient pas du tout confiance et pourtant c'était des femmes d'agriculteurs ! Donc ils ont tout aussi peur que l'usager qui n'est pas agriculteur. Ils lavaient même les légumes. »* (Habitante de Maubourguet)

> *« [...] à l'époque, les gens de Maubourguet étaient paniqués. À la réunion publique, c'était « est-ce qu'on peut se doucher ? », « on peut plus aller à la piscine ! ». Ils grossissaient le problème c'était presque de la panique, il y avait vraiment un problème local et il fallait le résoudre. »* (Membre d'ATTAC 65)

Un représentant de la société fermière Pailhes (filiale de la CGE), le président de la Chambre d'agriculture, le directeur de la DDAF et le Docteur Diemer, à titre d'expert, étaient présents. Les usagers inquiets ont manifesté leur mécontentement… au délégataire.

> *« La CGE s'était fait allumer là dessus. D'abord, ce n'est pas leur faute, comme on leur a dit, c'est l'agriculture c'est beaucoup de choses. On est tous fautifs dans cette affaire. »* (Elu local 1)

Contre toute attente, la mise en cause de la CGE permet aux élus locaux d'une part, et aux services de la DDAF et aux représentants agricoles d'autre part, de requalifier une absence de contrôle sur la gestion d'un service délégué pour les uns, et l'inertie d'une cogestion des problématiques agri-environnementale pour les autres, en une faute professionnelle du délégataire. La commune poursuit d'ailleurs dans cette voie en faisant étudier le contrat d'affermage par un cabinet juridique révélant que la CGE était responsable de la qualité de l'eau distribuée. L'article 63 indique que « *l'eau distribuée devra présenter constamment les qualités imposées par la réglementation en vigueur (...) le fermier sera toujours responsable des dommages qui pourraient être causés par la mauvaise qualité des eaux.* » Le

chef d'agence répond alors que « *si le fermier a une obligation de résultat, la commune a aussi une obligation de moyens* »[229].
Le 7 juillet 2000, le ministre de l'Agriculture et le maire de Maubourguet, « hors de cause », assument sereinement leur rôle de garant des intérêts des populations. Ils adressent au préfet une demande pour lancer un « processus de conciliation » avec la CGE. Le ministre déclare : « *les usagers de Maubourguet et des environs nous seront reconnaissants de les défendre, même s'il faut aller à l'extrême au tribunal.* »[230]
Avant la fin de cette procédure, les élus et le chef d'agence Vivendi font installer le 21 juillet deux fontaines avec des filtres à charbon actif grains sous la Halle de Maubourguet. Des habitants du Gers et des Pyrénées Atlantiques viennent s'y approvisionner et 2000 litres sont débités en moyenne par jour[231]. La CGE déclare ne pas y avoir été obligée et ne pas s'être « *contentée de subir cette situation* ».
Début août, une réunion est organisée à la préfecture pour amener les deux parties à trouver des solutions immédiates pour distribuer de l'eau. Le but est à court terme d'équiper le château d'eau des mêmes filtres. Maubourguet sera maître d'ouvrage et la société Pailhes maître d'œuvre. La CGE a eu l'obligation de soumettre par ailleurs de nouvelles solutions techniques (traitement, interconnexion, modulation de réseau, amener de l'eau de montagne).
En décembre, des filtres à charbon ont été mis en place et après 7 mois d'interdiction, l'eau du robinet peut à nouveau être consommée. Résultat concret d'un dédouanement de la responsabilité de la commune, seuls les coûts d'entretien des filtres demeurent à sa charge.

> « *On estimait, d'après le contrat entre la CGE et la mairie de Maubourguet, qu'ils devaient vendre de l'eau propre, potable. Donc partant de là, il y a eu conciliation à la préfecture et nous avons eu les charbons actifs. Il y en a eu pour 1 million de francs de travaux sur le captage actuel pour pouvoir ôter l'atrazine. Ce million de francs a été subventionné à la louche à 70 % par l'Agence de l'eau et le Conseil Général et les 30 % restant, c'est la CGE qui les a pris en charge. Voilà ce qui fait que pour nous, ça a été une opération blanche* ». (Maire de Maubourguet)

On peut noter qu'en 2001, la CGE, forte de cette expérience et cherchant à se préserver d'un nouvel « aléa médiatique », exerce une pression auprès des élus d'une commune du Tarn-et-Garonne confronté à des contaminations par les nitrates en les menaçant de rompre le contrat d'affermage au cas où des

---

[229] « Bientôt un retour à la normale pour Maubourguet », in *La Dépêche du midi*, le 7 août 2000.
[230] « Eau potable : premiers remous », in *La Nouvelle République des Pyrénées*, le 11 juillet 2000.
[231] « Au petit porteur d'eau », in *La Nouvelle République des Pyrénées*, le 10 août 2000.

solutions ne seraient pas rapidement décidées (Becerra, Roussary, 2008 ; Becerra, Lefelle, 2006). Le rapport de force n'était toutefois pas le même, la pression sur une commune étant plus facile à exercer lorsque le Conseiller général du canton n'est pas ministre de l'Agriculture.
Mais ce « double statut » est à « double tranchant ». Certes, la solution « provisoire » de la filtration chimique permet de résorber la crise sanitaire à Maubourguet et les résultats des prises de position à l'encontre de la CGE permettent à Jean Glavany de conserver une certaine légitimité dans son canton. Toutefois, à l'échelon national, il est en pleine négociation avec la ministre de l'Environnement, Dominique Voynet, sur le projet de réforme de la Loi sur l'eau de 1992, prévoyant de resserrer les contraintes sur les pratiques agricoles. C'est pourquoi, en tant que ministre de l'Agriculture, il doit maintenant montrer qu'il sait tirer les enseignements de la crise locale pour faire en sorte que l'État assume son rôle de prévention des risques sanitaires et environnementaux liés à l'activité agricole.
S'attachant prioritairement à la réduction des incertitudes concernant les risques sanitaires, il saisit la commission des toxiques[232] et demande une étude sur les effets de l'atrazine sur l'organisme, afin d'en prévoir le retrait à la vente s'il s'avérait qu'elle présente un danger[233].
À peine la commune de Maubourguet sortie de la crise, fin décembre 2000, la consommation de l'eau du robinet est interdite par la DDASS dans la ville voisine de Rabastens pendant au moins six mois. Par des premières pages aux titres dignes d'un film d'horreur, tels que « *l'eau maudite* »[234], la presse se fait à nouveau le relais de la situation de crise locale puisque deux robinets équipés de filtre à charbon sont installés sur la place publique par la mairie et la CGE (« *très silencieuse dans ce dossier* »[235]) qui doivent assurer parallèlement une distribution gratuite d'eau en bouteille. Mais cette fois, de nouveaux acteurs souhaitent faire porter leur voix au débat médiatique local.

---

232 « En France, les pesticides sont soumis à autorisation délivrée par le ministère de l'Agriculture après avis de la « commission des toxiques » et du « comité d'homologation » qui lui sont rattachés. Ces commissions sont notamment chargées du respect des conditions d'homologation des produits et de l'évaluation des risques pour la santé et l'environnement. » (http://www.sante.gouv.fr/htm/actu/ssssp2/f22.htm, page consultée le 10 août 2009)

233 En juin 2001, la commission des toxiques rend un avis « non alarmiste » sur les triazines en réponse à la saisine du ministre de l'Agriculture : « […] *l'usage de l'atrazine associé éventuellement à des réductions de dose, doit être réservé aux zones non vulnérables qui doivent être identifiées pour les eaux souterraines et les eaux de surface, en s'appuyant sur la caractérisation du milieu et en particulier du sol* » (« Homologation de l'Atrazine : Décision dans les prochains jours », in Le *Sillon Gers-Landes-Pyrénées*, le 27 juillet 2001). La *France agricole* écrit le 22 juin 2001 que « *le retrait de l'atrazine est à ce jour peu probable* ». L'usage de l'atrazine ne sera finalement interdit qu'en 2003.

234 « Après Maubourguet, Rabastens touchée à son tour, L'eau maudite », in *La semaine des Pyrénées*, du 28 décembre au 3 janvier 2001.

235 « La consommation d'eau interdite », in *La dépêche du midi*, 28 décembre 2000.

2.5. L'ouverture médiatique aux mobilisations des associations locales

19 février 2001, le collectif d'associations citoyennes pour une eau potable organise une réunion publique à Rabastens-de-Bigorre afin de construire des solutions réellement adaptées et durables. C'est un collectif informel qui regroupe des associations du Gers et des Hautes-Pyrénées (ATTAC 65, Cercle des citoyens 32, Comité de défense d'Arros, Collectif Adour eau transparente, GARAS, Nature et Patrimoine et TOS Pyrénées) suite aux interdictions de consommation.
Le 29 mars 2001, à l'issue d'une manifestation devant la préfecture ayant rassemblé une cinquantaine de personnes équipées symboliquement de bouteilles vides, des membres du collectif remettent une lettre ouverte au préfet ainsi qu'une pétition signée par 554 personnes pour interdire l'atrazine. En novembre 2000, il avait déjà rencontré le directeur du cabinet du préfet et plus d'un millier de signatures avaient été recueillies. Ces pétitions circulent au sein de réunions organisées par ATTAC et ne sont donc pas forcément issues d'une mobilisation locale.

> *« Aller chercher son eau à la fontaine sur une place publique au XXIème siècle, dans les Hautes-Pyrénées, cela nous ramène tout droit au moyen âge et c'est une atteinte insupportable à la santé d'une région entière... »*[236].

Sans remettre en cause la création d'un syndicat intercommunal, ce comité insiste principalement sur la nécessité de préférer les moyens préventifs aux dispositifs curatifs :

> *« [...] les citoyens eux, exigent que l'eau soit distribuée à partir d'eaux de surface et de nappes phréatiques exemptes de toute pollution (...) principe directeur de la loi sur l'eau. La dépollution doit rester un accident, un pis-aller et non une pratique usuelle. Les divers traitements de l'eau pour « éliminer » l'atrazine ou les nitrates ne suppriment pas la pollution, ils la déplacent »*[237].

Les associations réclament davantage de transparence envers les « consommateurs citoyens » par un débat public et une participation à la prise de décisions « *Pour ne pas ressembler un jour à la Bretagne* ». Si la presse locale relaie largement les actions du collectif d'associations et le contenu des revendications, la mobilisation des populations locales est difficile à déterminer d'un point de vue quantitatif. Par exemple, le nombre

---

[236] « Eau potable : plus de transparence », in *La Nouvelle République des Pyrénées*, le 30 mars 2001.
[237] *Ibid.*

de participants à la réunion publique organisée par le collectif à Rabastens n'est pas plus précis que le qualitatif « nombreux ».

2.6. Vers la mise en place de solutions présentées comme durables

En avril 2001, 113 communes du Gers ont eu des interdictions de consommation de l'eau du robinet. Dans les Hautes-Pyrénées, 7300 habitants des communes de Sauveterre, Monfaucon, Buisson, Labatut-Rivière, Rabastens et Estirac sont encore interdits de consommation ; les stations de captage de Vic-Artagnan, Auriébat, Tarbes-Nord et Lafitole, desservant 23000 habitants, ont des contrôles renforcés. La pollution à l'atrazine aurait entraîné un coût pour les collectivités, en termes de dépense des communes pour l'achat de filtres et d'investissements, de l'ordre de 5 à 7 MF.

> *« Le contribuable paye donc la politique du maïs à tous les niveaux, en amont par les subventions, en aval par la dépollution »*[238].

Face à ces constats, deux actions phares sont présentées comme devant permettre de sécuriser durablement l'approvisionnement en eau potable des populations du Val d'Adour : d'une part, la création d'un syndicat intercommunal permettant la mutualisation des moyens des communes touchées via l'abandon des captages existants et l'interconnexion autour d'une nouvelle ressource non polluée ; d'autre part, la définition d'un programme d'action interdépartemental à destination des pollutions diffuses d'origine agricole.
L'arrêté préfectoral de création d'un syndicat de production intercommunal de l'eau potable, le SPIDE, est déposé dès le 26 janvier 2001, mais les statuts ne seront officiellement établis qu'en janvier 2002. L'objectif initial était de rechercher une nouvelle ressource pour alimenter les collectivités interdites de consommation, mais aussi d'étudier, de mener à terme et de gérer des ouvrages d'interconnexion de réseaux d'adduction d'eau potable. Le SPIDE a pour mission : la rationalisation des potentialités d'alimentation en eau potable des collectivités qui le constituent par le biais de l'étude des possibilités de structuration d'un réseau intercommunal ; et la gestion et l'exploitation des ouvrages de production et de traitement de l'eau potable[239].
Parallèlement à ces solutions techniques et palliatives, le 8 avril 2001, les préfets des Hautes-Pyrénées et du Gers présentent les mesures relatives à un arrêté atrazine. Ce programme d'action vise à abaisser ou à maintenir la

---

[238] « Faits et chiffres », in *La Nouvelle République des Pyrénées*, le 9 avril 2001.

[239] Cabinet d'étude Gaudriot, février 2003, *Étude comparative entre différentes possibilités d'alimentation en eau potable, phase III- Comparaison Technico-économique des scenarii retenus*, version 0.

teneur en atrazine et ses dérivés au-dessous du seuil de 0,4 µg/l sans traitement sur l'ensemble des deux départements.

> *« Nous avons décidé de travailler sur les causes de la pollution de l'eau potable. Nous ne pouvons plus nous contenter de financer des filtres à charbons ou de nouveaux captages. »*[240]

*

* *

Les interdictions de consommation sont intervenues comme un révélateur de l'impact, sur la gestion de l'AEP, de la contamination des ressources en eau DCH par les pollutions agricoles diffuses. Elles mettent en évidence les conséquences de la dissociation de ces deux dimensions de la gestion publique de l'eau DCH. Toutefois, le véritable déclencheur de ce qui prend la forme localement d'une « crise sanitaire et politique » est un renforcement des exigences de qualité. En effet, bien que présentes dans la ressource en eau brute depuis plusieurs années, les substances chimiques dérivées de l'atrazine n'émergent comme risque de santé publique dans la réalité sociale que lorsque les autorités sanitaires sont en capacité de les rechercher. Dans le domaine de la santé publique, comme ailleurs, « on tend à trouver que ce que l'on cherche ».
La « révélation » pour les autorités locales d'une forme d'impuissance est en conséquence brutale et pourtant, la situation de crise sanitaire ne peut en rien être qualifiée d'« accidentelle ». Elle est la conséquence de l'ignorance collective des alertes de l'impact, sur une ressource en eau vulnérable, des pressions anthropiques qui, de fait, se renforcent au cours du temps. Elle est aussi brutale pour les usagers qui réalisent la capacité de contrôle limitée des autorités publiques - des autorités détentrices du pouvoir de police comme des responsables des services AEP - sur les activités agricoles et leurs impacts sur la qualité des eaux distribuées. En d'autres termes, la crise participe ainsi d'une prise de conscience des acteurs locaux d'une absence de prise directe ou indirecte sur les activités et les décisions qui façonnent leur environnement. Plus généralement, les crises traduisent non seulement une perte de confiance des populations dans la capacité de l'État à garantir leur sécurité et une intolérance croissante au risque et à la défaillance ; mais aussi, plus directement, les faiblesses de l'État moderne face à l'imprévu. La crise accroit ainsi le sentiment d'une vulnérabilité sociétale aux risques sanitaires et environnementaux. En effet, les interdictions de consommation révèlent non seulement la vulnérabilité sociale des populations locales (exposition sans défense), mais aussi la vulnérabilité organisationnelle de l'État (perte de capacité de régulation) et la vulnérabilité politique des élus

[240] « Et si on buvait de l'eau propre ? », in *La semaine des Pyrénées*, 12 avril 2001.

locaux (perte de confiance des citoyens). Elles prennent par ailleurs la forme d'une insécurité sanitaire (défaut de protection) (Borraz, 2008).
Les crises sanitaires concourent ainsi à faire évoluer les cadres de perception des individus qui font l'expérience d'un phénomène de *recreancy* : soit du fait de dépendre de chaînes d'interdépendance toujours plus étendues et de technologies de plus en plus complexes, qui sont source de risques, mais dont les responsables (producteurs ou contrôleurs) sont peu dignes de confiance ou limités par ces transformations dans leur capacité d'action (Borraz, 2008).
Les autorités doivent réagir rapidement pour ré-asseoir leur légitimité. Or, le conseiller général du canton touché par les interdictions, Jean Glavany, est aussi le ministre de l'Agriculture. Le territoire se doit d'être une « vitrine nationale » de la « multifonctionnalité de l'agriculture » qui constitue le référentiel du moment et la pression médiatique locale et nationale pèse sur le ministre et les administrations locales en charge de la gestion du problème. On assiste alors à une construction sociale et un effet de publicisation du problème. Cette situation d'insécurité sanitaire permet aux associations locales de mettre en place des actions collectives qui trouveront un relai médiatique et une réception des usagers plus marquée. Elle leur permet aussi d'exiger publiquement des élus et des représentants de l'État des actions concrètes pour résorber la situation d'insécurité sanitaire immédiate et des engagements politiques permettant réduire la vulnérabilité des ressources en eau brute qui constitue le problème de fond. C'est pourquoi l'annonce et le choix des solutions à mettre en place visent à répondre à l'urgence de la situation pour les usagers et à permettre de maîtriser les enjeux politiques nationaux soulevés par la crise locale.
La chronique des interdictions de consommation permet de donner une description de l'émergence du problème de la contamination des ressources en eau DCH sur la scène publique et d'identifier la succession des évènements ayant conduit à la mise en place de solutions. Elle tend à montrer que d'une situation de crise sanitaire et politique locale fortement médiatisée, découle logiquement la mise en œuvre par les autorités politiques et administratives d'un arsenal de moyens curatifs (dispositifs de filtration), pour parer à l'urgence, mais aussi de solutions de type palliatif (SPIDE) et préventif (arrêté atrazine), présentées comme durables, pour répondre à des problèmes récurrents de contamination (nitrates et pesticides) des ressources en eau DCH.
Toutefois, tout en donnant à voir un apparent consensus institutionnel, principalement sur l'inscription à l'agenda de la création du SPIDE, elle ne permet pas de saisir comment il a pu être obtenu.
Quelles sont les motivations qui ont présidé à la construction de ce cadre de gestion ? À quelle convergence d'enjeux et d'intérêts renvoient-elles ? À quelles stratégies de gestion et à quelles logiques institutionnelles ces décisions répondent-elles ?

3. La réponse politique à la crise sanitaire de l'eau potable

Pour les autorités, la combinaison de différents types d'actions (curatives, palliatives et préventives) doit permettre de juguler la crise sociale et politique. Mais plus fondamentalement, la rupture dans le service de distribution d'eau potable vient conforter un contexte réglementaire, social, territorial et politique et une planification déjà définie. Cette conjonction de facteurs contribue alors à la construction du caractère inéluctable et prioritaire d'une restructuration de l'organisation de l'AEP sur le territoire.
La stratégie consiste prioritairement à mobiliser la nécessité de gérer le risque sanitaire immédiat qui, plus que le risque environnemental, est source de risques associés (Borraz, 2008) et interdépendants :

- un risque politique de déstabilisation institutionnelle par la mise en cause possible des politiques publiques (santé publique, agricole), de la responsabilité individuelle et collective des acteurs politiques et/ou administratifs, de leur légitimité et de leur capacité d'action ;
- un risque économique par les conséquences financières possibles de nouvelles contraintes posées à l'activité agricole intensive sur le territoire au cœur d'une économie locale, mais aussi par le coût de la mise en place des solutions (techniques et préventives) pour les collectivités distributrices ;
- un risque social par la stigmatisation de la profession agricole, mais aussi par les conséquences d'une augmentation du prix de l'eau pour les usagers.

3.1. Les interdictions de consommation : une fenêtre d'opportunités pour la relance d'un projet d'interconnexion intercommunale

L'abandon des captages pollués, l'interconnexion des communes autour d'une nouvelle ressource et la création d'un syndicat intercommunal sont présentées comme les seules actions pouvant permettre conjointement de satisfaire aux impératifs sanitaires et économiques de sécurisation des approvisionnements en eau potable (qualitativement et quantitativement) et de mutualisation des coûts. Toutefois, ce projet d'interconnexion des communes du Val d'Adour autour d'une même ressource, bien que présenté comme LA solution conjoncturelle adaptée, est en fait bien antérieur aux interdictions de consommation.

Dans les années 1990, les autorités se sont inquiétées de la montée des teneurs en nitrates dans les captages de la plaine de l'Adour. Des études générales sur les potentialités qualitatives des nappes et la circulation des flux de nitrates au sein de la plaine du Val d'Adour avaient donc été initiées par l'État, sur des fonds du FNDAE, alors répartis par le Conseil Général. D'après les résultats, plusieurs zones, dont le secteur d'Artagnan, petite commune du Val d'Adour à 9 km au sud-est de Maubourguet, avaient de bonnes potentialités.

La DDAF a agi en tant que maître d'ouvrage pour pratiquer les forages d'essais. Néanmoins, les collectivités et les propriétaires (agriculteurs) des parcelles sur lesquelles avaient été effectués ces petits forages n'avaient, à l'époque, pas été informés de cette étude. En conséquence, cette démarche de la DDAF avait été mal reçue localement ce qui lui a ôté un certain crédit auprès des agriculteurs de ces zones. Ce projet était donc resté au stade prospectif.

C'est en 2000, à l'occasion des interdictions de consommation de l'eau du robinet, que s'ouvre une convergence de facteurs conjoncturels et politiques propices à la création d'un syndicat intercommunal. Une fenêtre d'opportunités (Kingdon, 1984), a permis à la DDAF de ramener son projet à la table des négociations. Il prévoyait que douze communes pourraient être reliées ensemble à une nouvelle source située dans la commune d'Artagnan permettant la fermeture de six captages mis en cause par les vagues d'interdiction.

Ce projet clef en main s'inscrit par ailleurs dans les critères de financement de l'Agence de l'eau et mobilise des acteurs (Agence de l'eau, élus et Conseillers généraux, Conseil Général, DDAF...) porteurs des objectifs du futur schéma départemental d'alimentation en eau potable, qui prescrit le regroupement des collectivités autour de ressources importantes, correctement traitées et protégées[241]. Ce projet - proposé dès 1987 par le maire et Conseiller général de Vic-en-Bigorre et abandonné suite à des clivages politiques locaux - avait lui-même récemment ré-émergé après que l'Agence de l'eau ait annoncé ne financer que des projets « collectifs ».

Cette antériorité du projet explique l'extrême réactivité de la DDAF pour déposer un rapport d'étude sur un projet hydraulique complexe d'interconnexion à Artagnan et sur sa mise à l'agenda politique à peine 10 jours après l'interdiction préfectorale.

Mais pour que ce projet puisse se concrétiser, les autorités et les financeurs ont besoin de l'adhésion des communes concernées qui en situation « stabilisée » n'étaient pas forcément disposées à perdre leur autonomie de gestion de l'AEP et à se lancer dans une procédure de rupture de contrat de

---

[241] *Schéma départemental d'alimentation en eau potable des Hautes-Pyrénées, phase 3 : estimation des coûts »,* document de référence de l'alimentation en eau potable du département des Hautes-Pyrénées, septembre 2004.

délégation avec leur prestataire (CGE). C'est dans ces conditions que la crise, en déstabilisant les systèmes de gestion locaux, change les cadres de perceptions des élus locaux et permet la mobilisation de nouvelles ressources argumentatives justifiant le caractère inéluctable de l'interconnexion.
Le préfet et la DDAF vont ainsi proposer un projet de syndicat intercommunal clef en main, puisque finalisé et financé en partie par l'État, à des élus de communes qui, face à une situation de crise, se doivent de prendre une décision dans l'urgence.

> *« C'est venu à la suite des pesticides, on s'est retrouvé tous les 12 ou 13 à une table avec le préfet et on s'est dit, il faut trouver une solution, l'eau n'est plus bonne. [...] pendant 2 mois, il a fallu distribuer de l'eau à coup de packs. J'avais un semi-remorque qui venait tous les jours à la mairie. Je faisais la distribution d'eau, ça ne pouvait pas durer, il fallait trouver une solution. »* (Elu local 1)

Le préfet, par son soutien, rétablit la crédibilité du projet DDAF mis à mal par la contestation des élus locaux et de la profession agricole. La DDAF présente aux collectivités le projet d'interconnexion et affiche une estimation de sa répercussion sur le prix de l'eau, que les élus locaux estiment convenable au regard de ce qu'aurait représenté, le coût d'une usine de traitement au charbon actif.
Le coût de ce projet s'impose alors comme un des arguments prioritaires, surtout que le préfet utilise d'autres moyens de pression. Il est annoncé aux communes qu'après retour à des teneurs inférieures aux normes de potabilité, les soutiens financiers aux dispositifs de filtration définitifs ne seront pas apportés aux communes ayant décliné l'opportunité d'adhérer au SPIDE. D'autres facteurs, tels que des problèmes quantitatifs au niveau des petites communes ne possédant pas de nappe importante, ont aussi fortement contribué à leur adhésion. Certaines communes voisines avaient envisagé de se grouper, mais le coût de raccordement rapporté à la population concernée était supérieur aux estimations de la DDAF impliquant une péréquation plus favorable. La présence du ministre sur le territoire a, dans le même temps, pu motiver certains élus qui espéraient des financements directs de l'État.

L'État est à la fois expert, financeur de la pré-étude et allocataire de ressources ce qui lui confère une forte capacité d'incitation. Aucun autre projet n'est alors proposé aux élus puisque celui-ci leur est présenté comme la meilleure solution envisageable sur le plan économique. Il possède en outre comme avantage politique de converger avec les enjeux socio-économiques dont le territoire est porteur, et de ne pas remettre en question l'activité agricole dominante autour de la monoculture intensive du maïs.

3.2. Un mode prioritaire de gestion des risques : l'abandon des captages

Les institutions territoriales, porteuses du SDAEP, et les élus locaux de communes situées en plaine maïsicole, ont été particulièrement sensibles à l'argument de rationalisation des coûts et des infrastructures sous-tendu par le projet d'interconnexion porté par la DDAF. La création du SPIDE et le projet d'interconnexion, par la fermeture des captages des communes adhérentes, permettraient une réduction des coûts du contrôle sanitaire et des coûts des analyses et des stations de traitement. Mais, principalement, la réduction du nombre de captages permet de réduire les procédures de protection de captage et de fait les contraintes et les conflits potentiels avec le monde agricole. A l'instar de la plupart des collectivités distributrices de la plaine de l'Adour, aucune des communes ayant adhéré au SPIDE n'avait d'ailleurs de périmètres de protection réglementaires autour de son captage avant les interdictions de consommation.

> *« Small is beautiful ça ne passe pas bien. Il faut qu'on soit capable d'avoir le grand projet, sérieux, structurant, qui rassure tout le monde et Artagnan c'était ça. On irriguait tout le nord du département en eau potable à partir d'un puits et ça permettait de déculpabiliser les élus locaux. C'était plutôt le syndrome des pollutions diffuses sur le territoire. [...] il vaut mieux la tour Eiffel de l'eau potable en Val d'Adour que des petites exploitations qui peuvent le lendemain matin être polluées et devoir être remises en cause. Donc, c'était plutôt être rassuré et un peu la crainte de devoir négocier avec des paysans, les périmètres de sécurité. »* (Elu local 3)

> *« [...] c'est pour ça aussi parce que pour toutes les autres communes, les puits vont disparaître. Non parce que si on doit appliquer la loi, il va être gelé un paquet de périmètres de protection. Des hectares qui vont être coincés pour le développement agricole. Donc il vaut mieux avoir un puits que 10 puits et ce puits qu'il soit protégé et qu'il n'y ait pas de problèmes. »* (Elu local 1)

En effet, la mise en place des périmètres de protection entraînerait sur ces zones un gel important des terres agricoles. Le cas d'Oursebelille, proche de la zone d'étude, avec une prescription de l'hydrogéologue demandant le gel d'une vingtaine d'hectares de terres agricoles et les importants conflits locaux qu'elle a entraînés, est dans tous les esprits, aussi bien ceux des élus locaux que des institutions territoriales.

Cependant, au niveau des agents de la DDASS et de l'Agence de l'eau, les avis sont plus mitigés sur cet aspect. Les agents mettent en doute le caractère durable de l'abandon des captages puisqu'il implique de renoncer à la conciliation entre agriculture et collectivités locales, tout en renforçant la dépendance d'une population plus importante par rapport à une seule ressource. C'est même selon la DDASS un constat d'échec dans la mesure où les captages abandonnés ne sont plus soumis au contrôle sanitaire, rendant la vigilance sur l'état des ressources en eaux brutes quasi nulle dans ces zones de culture intensive.

Il n'en demeure pas moins que la politique de l'Agence de l'eau est de ne financer que des projets collectifs s'inscrivant dans une cohérence départementale. Toutefois, ces projets se doivent d'être justifiés selon des critères technico-économiques et comparativement à l'ensemble des solutions envisageables, or ici, aucune autre solution ne se justifie *a priori* pour les parties prenantes du projet.

3.3. La recherche d'une justification technique à la décision politique

En décembre 2001, suite à une réunion tenue au sujet de la demande de financement du SPIDE pour un projet d'interconnexion et de création d'un nouveau captage à Artagnan, l'Agence de l'eau adresse un courrier au président du SPIDE. Elle y déclare avoir « *bien pris la mesure des problèmes rencontrés par les communes du syndicat et des enjeux en matière de santé publique qui en découlent* » et affirme adhérer à ce type de solution. Néanmoins, « *l'adhésion de nos instances décisionnelles à cette opération est conditionnée à la fourniture d'arguments tangibles attestant de son intérêt par rapport aux solutions alternatives envisageables* »[242]. C'est pourquoi, l'Agence de l'eau demande au syndicat la réalisation d'une étude technico-économique comparative[243] afin de lui permettre d'argumenter son choix.
Elle devra répondre à un cahier des charges (synthèse des études antérieures et présentation de l'ensemble des solutions budgétées) qui sera élaboré par le Conseil Général et l'Agence. Le SPIDE confie à un bureau d'études la réalisation de la comparaison des différentes possibilités de production d'eau et de structuration du réseau des collectivités adhérentes au syndicat. Le comité de pilotage de cette étude regroupe le SPIDE (maître d'ouvrage) et les collectivités adhérentes, l'Agence de l'eau Adour Garonne, le Conseil

---

[242] Courrier adressé au Président du SPIDE par la délégation de Pau de l'Agence de l'eau Adour Garonne, le 18 décembre 2001 (n°PAU/1653/01-NP/MG), ayant pour objet l'intervention financière de l'Agence de l'eau sur le projet d'interconnexion et de distribution d'eau potable dans le secteur de Maubourguet-Rabastens.

[243] Le coût de l'étude a été estimé à 12.235 €. Elle a été financée à 30% par l'Agence de l'eau. Le SPIDE a donc dû apporter 8565€ qui seront reimpactés sur les abonnés du SPIDE.

Général, la DDAF et la DDASS des Hautes- Pyrénées. La composition de ce comité se trouve comprendre la plupart des parties prenantes du SDAEP.
Après une première phase de bilan de l'ensemble des potentialités de ressources en eau, étudiées ou non, 10 scénarios AEP possibles sont établis avec une évaluation sommaire des aspects technico-financiers et sont soumis au comité de pilotage.
Son choix se porte alors sur 5 scénarios. Ceux estimés trop coûteux et incertains, ainsi que ceux comportant la réutilisation des puits de Maubourguet et Rabastens, les deux plus importantes communes du syndicat, sont écartés d'office.
En effet, le comité de pilotage n'a pas souhaité opter pour une solution qui reprendrait les installations de Maubourguet dont l'implantation périurbaine supposerait des servitudes, liées aux périmètres de protection, jugées difficiles à mettre en place. Le rapport précise que le scénario 1 (réhabilitation et mise en conformité des captages et du réseau existant) est retenu « *bien qu'il se soit pas souhaitable puisque c'est l'impossibilité même de sa mise en place qui conduit le SPIDE à étudier une nouvelle ressource* », le but des investigations étant bien « *l'abandon des stations de production d'eau potable* ». Néanmoins, il constitue une référence comparative et permet de justifier l'étude des autres scénarios retenus.
Il ressort de cette étude que :

- D'un point de vue financier, les scénarios conditionnés par l'utilisation de la nouvelle ressource à Artagnan sont les plus attractifs. La réhabilitation partielle ou totale par la mise en conformité des captages est financièrement intéressantes, mais « *ne répond pas au problème de protection de la ressource et de pérennité qualitative actuelle* ».
- D'un point de vue sanitaire, le forage profond est la solution la plus fiable, mais il est coûteux et il existe des incertitudes hydrogéologiques.
- D'un point de vue administratif, il est bien précisé que le scénario 1 « *apparaît le moins intéressant dans la mesure où il comporte la nécessité de multiplier les procédures de mise en conformité des périmètres de protection, et les coûts qui en découlent* ».
- Il est souligné que les scénarios situés à Artagnan « *par le fait qu'ils sollicitent une ressource en nappe alluviale restent exposés à des contraintes fortes au niveau de la mise en conformité des périmètres de protection* ». De plus, « *la mise en service du puits d'essai du projet DDAF apparaît difficile si l'on considère l'opposition locale, à plus forte raison avec la création d'un nouveau puits sur le même site* ». En ce sens, le forage profond est perçu comme « *particulièrement adapté à la problématique locale* » puisqu'il s'affranchit de toutes les contraintes locales.

Au final et dans l'attente des résultats des études qualitatives et quantitatives de longue durée de la DDAF, l'étude répond aux exigences de l'Agence de

l'eau qui conditionnait ses subventions à la confirmation de l'intérêt technico-économique du projet de la DDAF sur Artagnan. Mais elle met toutefois en avant qu'à ce jour les investigations réalisées sur le site n'ont pas révélé toutes les caractéristiques nécessaires[244].
Dès l'établissement du cahier des charges établi par le Conseil Général et l'Agence de l'eau, porteurs du futur schéma départemental, il est apparu toutefois clairement que les solutions proposant de conserver les captages existants et de mettre en œuvre la réglementation des périmètres de protection, seraient écartées d'office puisque jugées impossibles à mettre en œuvre sans plus de justification. Dès lors, étant donné les chantiers importants qu'impliquaient les autres solutions et leur coût, les projets d'interconnexion autour d'un unique point de captage à Artagnan ne pouvaient qu'être validés par cette étude.

Le recours à une double expertise a permis finalement aux autorités de justifier une solution qui privilégie la gestion des risques associés au risque environnemental.
L'interconnexion réduit les incertitudes sanitaires et politiques, mais elle écarte la dimension environnementale, dont la non prise en compte a pourtant présidé à la construction du problème public. L'arrêté atrazine et le programme d'action phytosanitaire étaient justement censés prendre en charge cette dimension.

3.4. La gestion du risque environnemental : une « révolution » très « tranquille »

Au moment des interdictions de consommation, dans le cadre des discussions nationales avec la ministre de l'Environnement et suite aux mobilisations locales, le ministre de l'Agriculture annonçait l'arrêté atrazine, encore au stade de projet, comme un moyen de convaincre les agriculteurs de changer de pratiques sans répression, à la manière du CTE, qu'il qualifiait de « *contrat qui symbolise au mieux cette espèce de révolution tranquille de la qualité que j'essaie de mettre en œuvre pour l'agriculture française* »[245].
En ce sens, le processus décisionnel dont est issu l'arrêté atrazine pourrait être analysé, à première vue, comme un processus politico-administratif qui aurait traduit une exigence sociale de prise en compte de la dimension environnementale (*inputs*), en un couplage de mesures réglementaires et

[244] En effet, le puits d'essai d'Artagnan n'offrait pas à ce moment une réponse aux besoins volumétriques nécessaires estimés à environ 115 m3/h. Elles étaient évaluées entre 55 et 70 m3/h selon les phases d'étude.
[245] « Jean Glavany et les nitrates », in *La Nouvelle République des Pyrénées*, le 26 juillet 2000.

incitatives (*outputs*) à destination des agriculteurs. Il reste à évaluer le degré de contrainte réglementaire que pose cet arrêté et ses effets.

L'arrêté atrazine est donc présenté comme un outil de préservation de la qualité de l'eau DCH innovant et intégré. Lors de sa mise en place, le préfet des Hautes-Pyrénées déclarait qu'un an de travail avait été nécessaire pour « *trouver des solutions réalistes, fortes, cohérentes et comprendre les données agricoles, écologiques et financières du problème donné qui ne sont pas neutres* »[246].

Effectivement, pour les prescriptions qui étaient demandées par le ministère sur des actions plus précises au niveau local et en relation avec la qualité de l'eau, la préfecture a travaillé en partenariat avec la MISE, la DDASS, la DDAF et la Chambre d'agriculture. Il y a eu des discussions et des réunions préparatoires, des négociations ainsi que des présentations de projets d'arrêté. Les représentants du groupe cible (Chambre d'agriculture) ont donc été acteurs de la formulation de l'arrêté atrazine. Certaines mesures d'information concernaient par ailleurs les utilisateurs non agricoles d'atrazine et les organismes de distribution.

Les réactions face à cet arrêté sont mitigées et des limites sont rapidement dénoncées par les associations locales (ATTAC 65, Rivage), ainsi que par certains élus et même par des agriculteurs.

Comme annoncé par le ministre, « *la révolution* » est « *tranquille* » : les mesures strictement réglementaires de l'arrêté atrazine se révèlent être peu nombreuses et d'une contrainte relative. La plupart des mesures non réglementaires et contractuelles sont basées sur l'information et l'incitation à des mesures existantes (MAE, CTE, ferti-mieux) et souvent déjà diffusées par les Chambres d'agriculture.

L'arrêté vise ainsi prioritairement la préservation du « principe » de co-gestion entre les services de l'État et les représentants des intérêts corporatistes agricoles.

Quelques années après, les points forts de l'arrêté recensés par les autorités responsables (MISE) sont une qualité de l'eau qui commence à se stabiliser par rapport à l'atrazine[247], due à des efforts de communication de la Chambre d'agriculture et au respect des zones de sécurité sans maïs le long des cours d'eau. L'impact de la campagne d'information et l'évolution des pratiques n'ont toutefois pas pu être mesurés par les autorités.

La stabilité des arrangements antérieurs est conservée au détriment de la qualité des ressources en eau DCH. Les zones de sécurité ont un effet limité sur la qualité de la nappe. De plus, le complément ou la substitution par d'autres types de matières actives n'étant pas réglementés comme l'atrazine,

---

[246] « Réduction immédiate de l'atrazine », in *La Nouvelle République des Pyrénées*, le 9 avril 2001.

[247] Teneurs en triazine sur le puits de Maubourguet (eaux brutes) : 0,89 µg/l en novembre 2000 ; 0,55 µg/l en novembre 2004.

dès 2003, le glyphosate fait son apparition dans l'eau des captages du Val d'Adour[248].

Les autorités locales s'accordent à dire que la vraie solution aux problèmes de pollution serait un important changement de pratiques en matière de fertilisation et de traitement, et reconnaissent, pour la plupart, qu'il existe une réelle prise de conscience de l'impact des pratiques sur la qualité de l'eau de la part des agriculteurs comme des usagers. Ils considèrent néanmoins que la seule solution durable qu'il était possible d'entreprendre, à leur niveau, était la création du SPIDE et l'arrêté atrazine, la généralisation de mesures coercitives relevant de changements politiques opérés à une échelle nationale et européenne, via la politique agricole commune.
Les agents des institutions territoriales, représentants des intérêts des agriculteurs directement ou indirectement (Chambre d'Agriculture, DDAF, MISE, Ministre de l'Agriculture), pas plus que les élus locaux ne souhaitent ajouter de nouvelles mesures restrictives à une agriculture locale qu'ils estiment affaiblie et dont les effets potentiels sur la qualité de l'eau ne seront perceptibles qu'à long terme. Les acteurs se considèrent garants de la gestion d'une situation dans l'immédiat et d'une conciliation des enjeux liés au maintien de l'activité économique dominante, la maïsiculture, et, si ce n'est la préservation de la ressource, au moins de la santé des usagers, via une eau distribuée conforme aux normes de potabilité. Le choix est ainsi collectivement fait d'une solution permettant de limiter le gel de terres agricoles.

*

* *

Pour les élus, dans ce contexte d'insécurité sanitaire « avérée » comme dans d'autres configurations de gestion stabilisée, la décision d'abandonner les captages résulte d'un arbitrage qui s'impose de lui-même entre un cumul d'incertitudes (sanitaires, techniques, économiques, politiques et sociales) et une solution d'interconnexion soutenue politiquement, techniquement et financièrement par une masse critique d'acteurs (experts, politiques et financeurs) (Becerra, Lefelle, 2006).
Nous allons voir comment ce projet, dans sa phase de mise en œuvre, se voit confronté à des enjeux et des acteurs socio-économiques locaux qui n'avaient pas, jusque-là, été consultés et qui vont faire basculer l'arrangement politique initial.

---

[248] L'atrazine ayant été interdite à la vente en 2003, l'arrêté sous sa forme initiale n'avait donc plus lieu d'être. La préfecture en collaboration avec les mêmes acteurs, a donc élaboré un nouveau programme d'action pour la réduction de la pollution des eaux par les produits phytosanitaires intégrant de nouvelles mesures.

4. La contestation d'un projet technocratique non concerté

Le projet de la DDAF d'interconnexion autour d'une nouvelle ressource à Artagnan est présenté aux élus des communes du futur syndicat quelques semaines après les interdictions. L'hypothèse de l'influence d'intérêts particuliers à la mise en place de ce projet sur le site d'Artagnan a été soulevée. Néanmoins, il semble vraisemblable que l'emplacement du captage ait été défini sur la base des études qualitatives menées dans les années 1990 et de la configuration géographique du futur syndicat. Artagnan se situe en effet entre les deux plus importantes unités de distribution du syndicat, à savoir Maubourguet et Rabastens. La possibilité d'interconnecter le captage de Vic-en-Bigorre, situé à Artagnan, et celui du SPIDE apportait une alternative supplémentaire en termes de sécurisation. De plus, un espace boisé et des parcelles agricoles dont l'exploitant allait partir à la retraite, auraient été identifiés par la DDAF à proximité du captage.
Cependant, la DDAF et le préfet ont proposé ce projet clé en main aux élus du futur SPIDE sans apparemment en avoir informé au préalable qui que ce soit à Artagnan. Cette prise de décision unilatérale serait le principal déclencheur de la levée de boucliers sur le futur site d'implantation du nouveau point de captage qui, couplé à l'émergence de nouvelles incertitudes, a conduit au déplacement du projet sur la commune de Maubourguet.

4.1. Un refus d'assumer l'externalisation du risque politique d'autres collectivités

C'est donc tardivement que la préfecture a demandé l'avis du conseil municipal d'Artagnan quant à la possibilité de mener le projet du SPIDE. Dès la première réunion du conseil municipal où le projet de la DDAF fut mis en discussion, des habitants de la petite commune d'Artagnan ont manifesté leur mécontentement. Lors de la seconde réunion fin 2001, en raison d'une nouvelle mobilisation d'agriculteurs du village, le vote a été effectué à huit clos. Les résultats sont de 5 voix pour, 5 voix contre et une abstention. Le premier adjoint de l'époque, agriculteur, démissionne suite à ce vote. Il serait à l'origine de la pétition signée par environ 300 habitants d'Artagnan, soit près des trois quarts de la population totale.

> *« Avec sur la pétition « vous ne pourrez plus arroser vos jardins, vous n'aurez plus d'eau, vous ne pourrez plus laver vos voitures, on ne pourra plus arroser le maïs » etc.... ça a pris des proportions. C'était*

dément quoi, quelque chose de fou et ça a divisé le village en deux. »
(Elu local 4)

Par ailleurs, lors d'une réunion avec notamment des représentants de la Chambre d'agriculture, de la DDAF et du SPIDE, une manifestation devant la mairie a rassemblé une soixantaine d'habitants. Le maire fortement invectivé a démissionné à la même époque, mais pour des raisons qui seraient étrangères au problème du puits du SPIDE.
Quatre agriculteurs, sur les six que compte la commune, ont eu peur des contraintes qu'aurait pu poser ce puits sur leur production. D'une part, une contrainte quantitative : ils craignaient que la présence d'un nouveau puits, en plus de celui de Vic-en-Bigorre, diminue le débit des puits agricoles leur permettant d'irriguer le maïs. D'autre part, ils craignaient que la procédure de mise en place des périmètres de protection qui en découle engendre des expropriations ainsi qu'un gel de terres agricoles.
L'historique relatif à la mise en place des périmètres de protection pour le captage de Vic-en-Bigorre est jugé assez positif, il n'aurait donc pas interféré, bien que les agriculteurs concernés par le périmètre de protection éloigné n'aient reçu « *que pendant 5-6 ans* » des indemnités en compensation de la réduction de leurs doses d'azote. Mais, autre aspect, Artagnan est alimenté par le syndicat de Tarbes Nord et le captage d'Oursebelille, où la procédure des périmètres de protection de captage et les prescriptions de l'hydrogéologue agréé (gel d'une vingtaine d'hectares) ont conduit à une situation conflictuelle entre agriculteurs et élus qui perdurait au moment du lancement du projet. On peut donc supposer que la crainte de voir des prescriptions identiques s'appliquer sur leur commune renforce l'inquiétude et le mécontentement des agriculteurs.
Il faut indiquer que si le projet du SPIDE avait abouti, comble de l'incohérence technique, Artagnan aurait possédé deux captages sur son territoire communal produisant une eau de bonne qualité, tout en étant alimentée uniquement par un autre puits situé sur une autre commune, où la qualité de l'eau nécessitait des traitements.

Deux registres de justification s'affrontent à travers le vote du conseil municipal : le registre de la dénonciation du dédouanement de responsabilité des communes SPIDE par le transfert des risques politiques et des contraintes économiques et sociales liés à une activité de distribution d'eau potable sur Artagnan ; et le registre de la solidarité territoriale, qui plus est en temps de crise.
Le projet de point de prélèvement sur la commune d'Artagnan est donc rapidement mis à mal dans sa phase de concrétisation. L'existence de ce projet et l'adhésion des communes étaient justifiées par la réduction des incertitudes sanitaires, politiques, économiques et sociales révélées par la situation de crise. Or, aux incertitudes quant à l'acceptabilité locale du projet

viennent se surimposer de nouveaux éléments qui vont modifier les termes de l'arrangement politique initial.

4.2. Un nouveau cumul d'incertitudes qui entraine une délocalisation du site de captage

La forte opposition des agriculteurs et d'une partie des habitants, et notamment lors des réunions qui ont ponctué les études, est un facteur du retrait du projet qui ressort dans beaucoup d'entretiens auprès des élus, habitants et administrations (DDASS, DDAF, Conseil Général, Agence de l'eau) où les faits sont même souvent amplifiés et déformés (« *l'ensemble du conseil municipal a démissionné* »). Il demeure que la confirmation de la viabilité technique du projet dépendait aussi de la bonne marche des prospections de la DDAF sur le site. Or, là encore, la forte hostilité des agriculteurs et des menaces à l'encontre des installations de forage ont compliqué le travail des techniciens. L'opposition locale avait d'ailleurs été pointée comme un frein au projet dans l'étude technico-économique (3.2).

> *« Les gars du forage et tout, ils n'étaient pas très fiers ! Ils dormaient au ras des machines. »* (Elu local 4)

Malgré tout, le débit insuffisant de la nappe est la raison la plus officielle de l'abandon du projet d'Artagnan. Le critère quantitatif est un facteur clé au cahier des charges de l'étude technico-économique puisqu'il conditionne le fonctionnement même et la sécurisation d'un réseau de distribution intercommunal dépendant d'une unique ressource. Pourtant, il aurait été possible d'obtenir un débit plafonné à 115m^3 avec deux puits groupés, ce qui aurait suffi au besoin actuel du SPIDE, voire davantage comme le laisse supposer l'étude hydrogéologique. Des possibilités d'extension du syndicat étaient alors possibles. Des élus adhérents au SPIDE concèdent cependant que le projet d'Artagnan aurait très certainement été abandonné même si le débit avait été suffisant, du fait de cette hostilité locale.

Par ailleurs, un des intérêts du projet était une sécurisation supplémentaire de l'AEP par la possibilité d'interconnecter le captage de Vic-en-Bigorre et le nouveau captage du SPIDE. Toutefois, l'intervention des intérêts privés par le refus des sociétés fermières concurrentes des communes de Vic-en-Bigorre (SAUR) et de Maubourguet (CGE) de partager la gestion du syndicat vient remettre en cause cette possibilité et renforce les incertitudes techniques quant à l'obtention d'un débit suffisant.

Dernière source de déstabilisation du projet de la DDAF, le désistement de deux communes. La commune de Labatut-Rivière, à 8 km au nord de Maubourguet, est la seule commune, intégrée au projet de syndicat, qui fonctionne en régie autonome et s'est lancée dans la procédure des périmètres de protection de captage. Suite aux interdictions de consommation en 2000, la commune avait envisagé d'investir dans un système de filtration, mais lorsque les teneurs en pesticides sont retombées, la préfecture l'a informée qu'elle n'obtiendrait pas de financement pour un système de filtration à charbon actif, étant donné qu'un projet d'interconnexion existait. La solution d'adhérer au SPIDE a alors dû être envisagée. Le maire de l'époque avait choisi d'organiser un « *referendum* » en décembre 2000 sur l'adhésion au SPIDE. La population y ayant participé avait voté en majorité contre. Malgré ce résultat, après l'élection d'une nouvelle municipalité en mars 2001, le nouveau maire de Labatut a estimé que la responsabilité de la décision politique de l'adhésion au SPIDE, et de l'abandon de leur ressource, ne pouvait être laissée aux habitants davantage mobilisés par le risque de privatisation et d'augmentation du prix de l'eau (en 2004 à environ 0,49 €/m³) que par les risques d'une nouvelle contamination des ressources en eau DCH[249]. C'est pourquoi en décembre 2002, le conseil municipal a voté pour que la commune de Labatut-Rivière se réserve le droit d'adhérer au SPIDE au minimum jusqu'à la fin du remboursement des emprunts en 2006. Après cette période, tant que la qualité de l'eau répondrait aux normes, il était convenu que la commune conserve son fonctionnement en régie publique. La population de Labatut est donc prise en compte dans le bilan des besoins et des ressources du syndicat (coûts et tailles des canalisations) mais sans toutefois participer financièrement aux coûts de ces installations. Mais c'est véritablement la défection de la commune de Rabastens, la seconde plus importante en population après Maubourguet qui, en reconfigurant la structuration géographique et financière du SPIDE, affaiblit le projet de la DDAF. La commune de Rabastens possédait un système de traitement au charbon actif. D'après les déclarations de certains élus des communes voisines[250] ainsi que de la CGE, les élus ne souhaitaient pas, alors qu'ils avaient déjà investi dans l'entretien du filtre à charbon, subir de nouvelles augmentations du prix de l'eau. Les tensions entre municipalités adhérentes et l'enjeu électoral fort que constitue le prix de l'eau sur la commune - et ayant déjà contribué à l'éviction du précédent maire - ont aussi été avancés.

Suite à ce retrait, le site d'Artagnan se voit géographiquement excentré, alors que la commune de Maubourguet se retrouve au centre de la nouvelle configuration du SPIDE. C'est alors que, selon son propre récit, durant la sécheresse de l'été 2003, le maire de Maubourguet et président du SPIDE, se promenant dans son bois, au bord de l'Adour, en aval de Maubourguet, en

[249] En juin 2001, le maire de Labatut a reçu, avec une délégation de la municipalité, le directeur adjoint de la DDAF afin de tenir une réunion d'information sur le projet d'interconnexion. Un « comité citoyen de Labatut » a alors remis une lettre au directeur de la DDAF destinée au préfet pour le maintien de la régie municipale, soit à l'encontre du SPIDE dont la totalité des communes adhérentes était alors en contrat d'affermage avec la CGE.

[250] Le maire de Rabastens n'a pas répondu à la sollicitation d'entretien.

lisière de la commune d'Estirac remarque alors que « *les feuilles des arbres sont vertes* ». Il fait un prélèvement dans un des puits agricoles à proximité qu'il fait ensuite analyser par la DDASS et la société fermière de la commune, la CGE. Cette eau se révèle ne pas contenir de pesticides et des teneurs en nitrate basses (15 mg/l). L'élu se targue ainsi d'avoir « *découvert par hasard une nouvelle ressource* ». Fin 2003-début 2004, une réunion est organisée avec des élus et des agriculteurs d'Artagnan à la mairie de Maubourguet, où de précédentes réunions de conciliation entre élus du SPIDE, et élus et agriculteurs d'Artagnan avaient déjà eu lieu. Le projet du SPIDE est alors présenté comme officiellement transféré à Maubourguet où une nouvelle ressource présente les caractéristiques qualitatives et quantitatives adaptées aux besoins du syndicat. Le forage effectué à Artagnan restera dans les réserves départementales.

*

* *

Le projet de la DDAF, qui s'était imposé comme une solution incontournable dans le contexte des interdictions de consommation, perd progressivement au cours de sa phase de mise en œuvre les attributs qui fondaient sa légitimité, tant technique que politique, auprès des élus locaux.
Face à l'hostilité des agriculteurs sur le site d'Artagnan et avec la remise en cause technique de l'expertise de la DDAF, l'État perd non seulement de sa crédibilité, mais aussi de sa capacité d'influence sur les communes. Une fois la situation de crise sanitaire passée, les enjeux socio-économiques et politiques locaux reprennent le dessus et les communes qui possèdent des ressources financières ou hydrologiques suffisantes se désolidarisent en se retirant du jeu (Rabastens) ou en se mettant en attente (Labatut).
Les rapports de force ayant donné lieu à l'arrangement politique initial sont donc en cours de redéfinition. Le Président du SPIDE reprend alors la maîtrise du projet en « relocalisant » le site du captage sur la commune de Maubourguet, la plus importante commune du SPIDE en population, mais aussi géographiquement mieux positionnée qu'Artagnan dans la nouvelle configuration syndicale. En tant que Président du SPIDE, il tire des enseignements des risques soulevés par les interdictions de consommation et l'implantation d'une zone de captage en territoire agricole. En tant que maire de la commune d'implantation, il dispose de davantage de capacité d'action pour prémunir la future gestion syndicale d'une nouvelle crise sanitaire ou de conflits avec l'économie agricole locale. Toutefois, cette relocalisation du projet, pour pallier le déficit d'assurance du projet précédent, est elle-même la source de nouvelles incertitudes, notamment concernant le surcoût de cette reprise en main.

5. La sanctuarisation d'un site de captage et un surcoût reporté sur les usagers

Dans sa nouvelle configuration, le SPIDE est finalement composé de douze communes alimentées par les réseaux préexistants jusqu'à la fin des travaux d'interconnexion. La majorité des communes a un contrat d'affermage avec la Compagnie générale des eaux (CGE). Elles sont réparties en neuf unités de distribution, soit une population permanente totale d'environ 4 290 habitants (Insee, 1999). À l'issue des travaux, ces six captages seront abandonnés et les communes déjà interdépendantes sur le plan institutionnel, le seront sur le plan de la ressource en eau DCH (Figure 6).

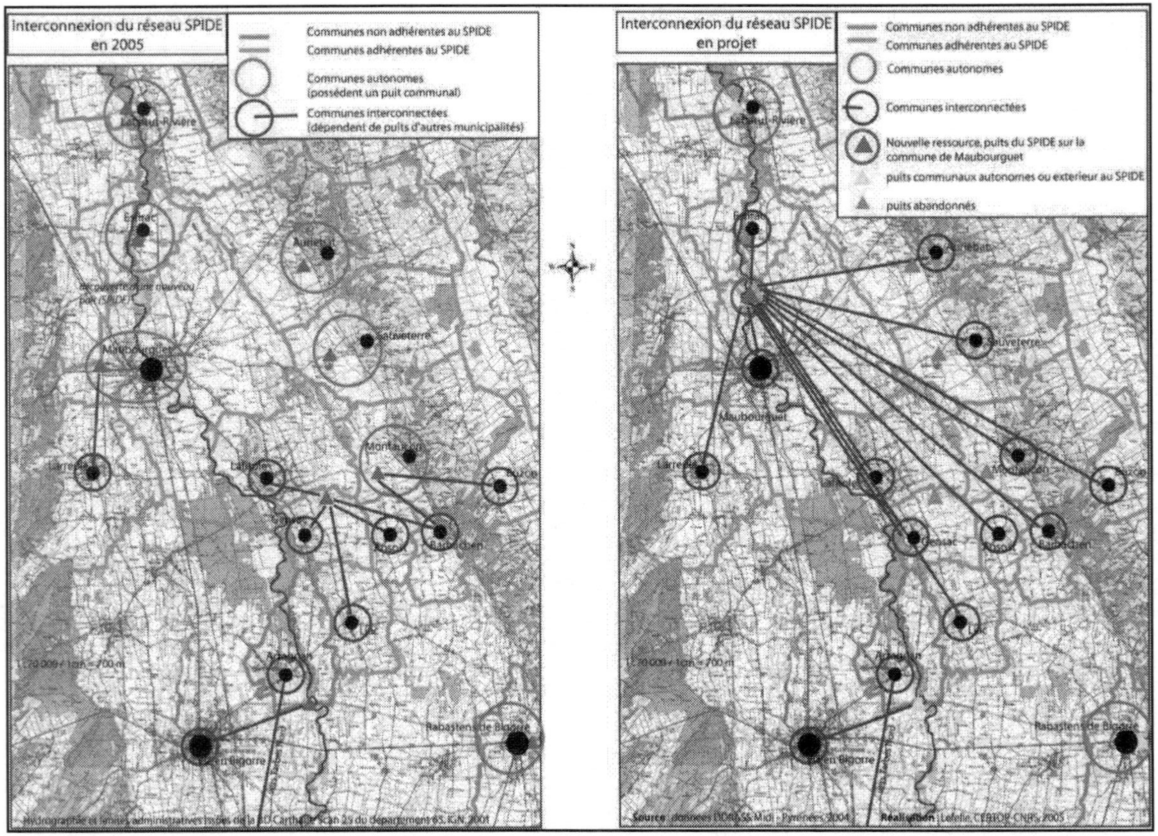

Figure 6 – Projet d'interconnexion de réseau du SPIDE

Afin de ne pas voir la situation d'Artagnan se reproduire, le Président du syndicat adopte très rapidement une stratégie de sécurisation par la « sanctuarisation » du site. Mais les moyens mobilisés pour financer ces actions, ainsi que tout le travail d'étude et de mise en œuvre, rendent caduques les projections financières incitatives de la DDAF concernant le projet d'Artagnan, où les études préalables avaient été financées au travers du FNDAE.

5.1. Une stratégie de sécurisation du nouveau site du captage

En juin 2004, le cabinet d'étude rend l'étude hydrogéologique du nouveau captage de Maubourguet. Le risque d'inondation en cas de crue exceptionnelle de l'Adour semble être le seul inconvénient pour l'implantation d'une zone de captage d'eau potable, puisque les caractéristiques prévisionnelles qualitatives et quantitatives (débit de 150 m^3) satisfont aux besoins du SPIDE. Le Président du SPIDE est prêt à ouvrir le syndicat à d'autres communes concernées par des pollutions de l'eau. La nouvelle solution de déplacer le projet à Maubourguet est en ce sens soutenue par les différentes administrations.

> *« [...] tout ça fait qu'aujourd'hui je peux dire qu'au niveau de l'eau, j'ai une solution qui sera pérenne. Bon aujourd'hui il faut que j'aille prélever l'eau dans ce puits et que je l'amène dans nos installations que ce soit Maubourguet, Auriébat, Estirac enfin toutes les communes qui sont dans le SPIDE. [...] ceux qui voudraient se raccorder, j'aurais assez de surface. On pourrait même faire d'autres puits. Il y en a assez, on peut en pomper d'autres »* (Maire de Maubourguet)

Dès que les premiers prélèvements ont indiqué que la ressource était de bonne qualité et paraissait quantitativement intéressante, le président du SPIDE a privilégié une stratégie d'évitement d'éventuels conflits avec le monde agricole et de problèmes fonciers en mobilisant l'argument de sécurisation des approvisionnements.

Cette politique entrepreneuriale a consisté en la création d'une zone d'activité différée (ZAD), la protection des berges et surtout l'acquisition de 20 ha de terre achetés à un agriculteur partant à la retraite autour du puits, afin de préserver le site. Le président du SPIDE possédait par ailleurs à titre privé 4 ha de bois dans lesquels est situé le captage et qui ont été acquis dans le même temps. En 2005, aucune décision n'était encore prise sur la gestion de ces parcelles ; la mise en jachère aussi bien que le fermage, avec l'imposition de pratiques agricoles spécifiques, étaient envisagés. D'après le Président du SPIDE, la future protection du captage ne devait pas engager les parcelles agricoles voisines bien qu'il s'agisse de maïs irrigué. Il déclarait cependant engager des discussions avec les agriculteurs et être prêt à acquérir de nouvelles parcelles, sans pour autant parler de contractualisation ou de système de compensation financière.

> *« [...] on a créé une ZAD afin qu'à chaque fois qu'il y ait une vente de terrain, on discute avec la mairie pour savoir ce qui va se faire. Mais par la suite il y aura, c'est sûr, des discussions avec les agriculteurs pour essayer de faire au mieux. Pour ne pas continuer à faire mal [...] Il faut que tout le monde en prenne conscience et les agriculteurs les premiers pour qu'ils continuent à faire bien.»* (Maire de Maubourguet)

Parallèlement, succédant à Jean Glavany démissionnaire à compter de fin 2002 en tant que Conseiller général du canton, il est partie-prenante de l'opérationnalisation du SDAEP. En tant que président de la Communauté de commune, il souhaite aussi sensibiliser les collectivités à la limitation de l'emploi des produits phytosanitaires afin de « *montrer l'exemple* ». Enfin, afin de parer au risque d'inondation, le SPIDE demande une dérogation au syndicat des berges de l'Adour afin de pouvoir effectuer des travaux de maintien des berges.

Le site est ainsi « protégé » et les problèmes locaux que pourrait entraîner la mise en place des périmètres de protection sont contournés. L'usager n'a été informé de la situation qu'une fois les démarches achevées, à travers la répercussion sur le prix de l'eau de la création de ce « périmètre de sécurité ».

Le puits devait être actif fin 2005, et l'ensemble des communes adhérentes au SPIDE devait être interconnecté en 2007. C'est finalement en octobre 2007, et à partir de deux forages, que les communes de Maubourguet, Larreule et Estirac ont pu être alimentées par la nouvelle ressource. Les autres communes du syndicat ont été raccordées dans le courant de l'année 2009. Pourtant, dès la fin de l'année 2004, le coût des mesures de sécurisation du site de captage a été assuré par les usagers mis en demeure de financer une solution dont ils ne bénéficiaient pas sur l'instant. Et ce, alors que depuis janvier 2004, la consommation de l'eau du robinet est déconseillée par la préfecture aux enfants et aux femmes enceintes du fait de la présence de nitrates (58 mg/l), et cela, un an après celle d'un autre pesticide, le glyphosate.

5.2. Un choix politique dont le coût est reporté sur les usagers

L'acquisition des 20ha de terres et le coût de l'étude hydrogéologique ont conduit à l'application d'un nouveau tarif en remboursement des charges, à compter du mois de décembre 2004, sur l'ensemble des communes adhérentes. Jointe à leur facture de décembre, les usagers des communes adhérentes au SPIDE ont reçu une lettre, rédigée par le président du syndicat, destinée à expliquer et à justifier l'instauration d'une nouvelle redevance composée d'une partie fixe annuelle de 45 euros par abonné et d'une part variable de 0,2359 €/m^3. Ce courrier mettait en avant que suite à la dégradation de la qualité de la nappe de la plaine de l'Adour, elle-même due à la forte activité agricole présente sur le secteur, le SPIDE s'était donné pour mission d'étudier et de réaliser des ouvrages d'interconnexion des réseaux primaires ainsi que l'exploitation des ouvrages de production et de transit jusqu'aux collectivités. Ces investigations, présentées comme « *des plus utiles* », ont permis de trouver un nouveau puits. Les premiers résultats des études hydrogéologiques seraient qualitativement et quantitativement concluants.

Cependant, cette augmentation de la facture d'eau ne couvrait pas la création (extension du réseau) et l'exploitation du nouveau forage, il fallait donc d'ores et déjà prévoir de nouvelles augmentations dans les années à venir. La suite des travaux devait toutefois être financée par l'Agence de l'eau et le Conseil Général, soutenant le projet à hauteur de 70 %. Or, les prix de l'eau, principalement dans les petites communes, étaient initialement relativement bas. Des maires et conseillers municipaux restauraient parfois eux-mêmes les réseaux, sans aides financières, afin de limiter les coûts et de maintenir le prix de l'eau pour les usagers. Suite aux teneurs en atrazine et dérivés élevées dans l'eau en 2000, alors que plusieurs communes avaient passé un contrat de mise à disposition de matériel de filtration avec la CGE dans l'attente du raccordement, d'autres se refusaient encore à ajouter ce nouvel élément à la facture d'eau à moins que de nouveaux dépassements des teneurs autorisées ne les obligent à mettre en place des filtres.

Pour échelonner le coût de l'infrastructure, certaines collectivités ont augmenté le prix de l'eau en 2004 ou baissé la part de la distribution (Tableau 8). Pour les autres, la répercussion s'est révélée plus importante en 2005 et en 2006. Le prix de l'eau ne s'est stabilisé dans l'ensemble des communes qu'à partir de 2007.

Lors de la répercussion des premiers investissements sur le prix de l'eau, le président du syndicat estimait alors que les usagers comprendraient le surcoût lié aux travaux de sécurisation et de mise en service du captage, dans le sens où ils récupéreraient financièrement cet investissement sur l'arrêt de l'achat d'eau en bouteille[251]. Il justifie la nécessité de ces mesures en mobilisant le principe de légalité et de responsabilité.

[251] Une habitante de Maubourguet rencontrée quelques jours après avoir reçu sa facture d'eau intégrant les augmentations et le courrier du Président du SPIDE estimait alors que ce n'est pas au consommateur de supporter le coût des traitements de l'eau. Elle achetait de l'eau en bouteille depuis une dizaine d'années et avait déjà adressé un courrier à la CGE, 2 ou 3 ans auparavant par rapport à une augmentation qu'elle avait jugée un peu forte : « *Enfin pour moi c'est quelque chose d'acquis, je me dis l'eau est polluée point... résultat le comportement par rapport à la consommation c'est j'achète mes bouteilles et on n'en parle plus ! Après je crois*

	1er janvier 2004 (€)	1er janvier 2005 (€)	
Estirac	*	*	
Buzon	52,3	env.50	→
Auriébat	60,13	nc.	
Sauveterre	61,98	61,99	→
Larreule	63,23	64,26	→
Monfaucon	67,45	69,42	→
Ansost	81,28	117,93	↗
Barbachen	81,28	117,93	↗
Gensac	81,28	117,93	↗
Lafitole	81,28	117,93	↗
Liac	81,28	117,93	↗
Maubourguet*	166,8	222,75	↗
Rabastens*	172,5	nc.	

*avec assainissement

Tableau 8- Coût forfaitaire d'une consommation semestrielle pour 60m³ en 2004 et 2005 (Source : CGE)

Au sein des élus du SPIDE, selon le président il n'y aurait pas eu de protestations, *« tout le monde était d'accord »*. Pourtant, un élu d'une petite commune adhérente dont la population *« n'est pas très argentée »* déclare regretter la décision d'adhérer au SPIDE puisque la répercussion sur prix de l'eau est plus importante qu'il n'était prévu initialement. Il souligne le risque que dans les années à venir, les usagers des zones rurales, devant les augmentations du prix de l'eau, optent pour la solution d'investir dans des pompes et réutilisent leurs puits individuels pour les activités ménagères. Cette baisse de consommation de l'eau distribuée au niveau communal entraînerait parallèlement une hausse du prix de l'eau. Il reconnaît cependant qu'aucune autre solution n'était envisageable pour la commune, même à court terme, du fait du coût des investissements et de la technicité que nécessitent la potabilisation de la ressource en eau brute et la rénovation des réseaux.

Malgré une priorisation de la limitation du risque de contrainte économique et sociale sur l'activité agricole, le président du SPIDE et, à sa suite, les élus des communes se trouvent encore en tension entre le risque de mise en cause de leur responsabilité individuelle et un risque politique. Ils sont contraints légalement de distribuer une eau conforme, tout en étant soumis à un risque politique de défiance des citoyens. Les usagers ont été absents du processus

---

que c'est une habitude, je veux dire, on est presque habitué à subir le fait que l'eau n'est pas potable. »

décisionnel et cela même si de multiples porte-paroles (représentants de l'État, élus, associations) sont intervenus en réclamant agir en leur nom et dans leur intérêt. Il en découle précisément une absence de représentation réelle de leurs intérêts, essentiellement économiques. Ils assument le coût de solutions principalement curatives (filtration, forage et aménagement du site) dont ils sont informés une fois les décisions prises.

*

* *

Bien que les interdictions de consommation publicisent le problème, la non-intégration des usagers locaux tout au long des différentes séquences relatées révèle un degré d'ouverture faible de l'arrangement politique initial. L'absence d'intégration des intérêts sectoriels des agriculteurs d'Artagnan lors du processus décisionnel initial conduit à un déséquilibre dans le système d'acteurs et à l'échec du projet. Cette première situation réaffirme l'idée pour les élus du SPIDE que la réussite d'un projet politique, même d'interconnexion, nécessite de trouver un compromis entre les principes (sécurisation des approvisionnements) et les objectifs politiques dont il est porteur, mais aussi avec les particularités territoriales et les enjeux sectoriels (agricoles, sociétés délégataires). Cet apprentissage conditionne les décisions intervenant dans la poursuite de la création du syndicat. Cependant, la réduction de la vulnérabilité du site et des risques politiques par la sanctuarisation s'opère au détriment des usagers, avec l'augmentation du prix de l'eau.

Il est politiquement risqué pour les élus de privilégier la préservation de la qualité de la ressource en eau sur le maintien de l'activité agricole. À l'image des institutions territoriales, les élus externalisent la responsabilité en matière de changement de pratiques agricoles (mesures préventives et/ou coercitives) sur la Politique agricole commune. C'est pourquoi, les solutions retenues - le traitement, la recherche d'une nouvelle ressource et l'interconnexion - confirment la logique corrective et palliative adoptée jusque-là dans la prise en charge de la vulnérabilité des eaux souterraines vis-à-vis des pollutions agricoles.

Les mesures réglementaires du programme d'action de 2001 et sa reconduite en 2004 ont permis de stabiliser, voire de réduire les concentrations en atrazine et en triazine dans les eaux brutes. Néanmoins, elles demeurent peu contraignantes et ne se traduisent pas par des innovations notables en termes de pratiques de traitement des cultures (mesures alternatives à la lutte chimique). L'apparition dès 2003 du glyphosate, herbicide de substitution à l'atrazine, dans l'eau des captages du Val d'Adour en est une illustration.

Si le SPIDE n'exclut pas des actions de contractualisation avec les agriculteurs, la logique palliative, qui permet la réduction des incertitudes concernant le maintien de l'activité agricole, est le principal moteur de la décision. Mais d'autres incertitudes demeurent et s'amplifient. À mesure que la vigilance portée à la ressource en eau DCH, via l'AEP, se réduit (de six à un unique périmètre de captage), le niveau de dépendance d'un nombre toujours plus important d'usagers s'accroit. En conséquence, la priorité des enjeux agricoles accentue la vulnérabilité de la ressource en eau, mais aussi celle des populations. Par ailleurs, dans un contexte où le contentieux administratif entre usagers et distributeurs (privés et publics) est de plus en plus répandu, le coût des solutions techniques adoptées rend les élus locaux plus vulnérables à la contestation sociale (Pezon, 2002).

Conclusion du chapitre IV

La gestion des services AEP peut être apparentée à une forme d'inertie. Si l'impact des pratiques agricoles sur la contamination des ressources en eaux DCH est reconnu, il reste confiné dans une conception sectorielle, n'est pas « mis en risque » (Borraz, 2005) et porté à l'agenda politique local (ou national) tant que des solutions curatives permettent d'atténuer les impacts.
En Val d'Adour, la rupture de cette inertie est intervenue suite à un durcissement des normes de consommation qui reconfigure soudainement les cadres de perception de la gestion quotidienne de l'AEP en un problème de santé publique. Cependant, elle demeure relative puisque, bien que les interdictions de consommation publicisent le problème des pollutions diffuses agricoles et que le déni du risque (Peretti-Watel, 2000) pour l'AEP ne soit plus possible, la stratégie adoptée demeure de l'ordre de la « déflexion de responsabilité » (Borraz, 2008) vis-à-vis de la préservation de la qualité des eaux brutes.
De façon générale, les autorités administratives et politiques territoriales doivent de plus en plus arbitrer entre pressions sanitaire, agricole, sociale et politique. Ils sont co-responsables de la qualité des eaux distribuées et de la mise en œuvre des périmètres de protection. Or, ces périmètres impliquent des contraintes pour les activités agricoles conventionnelles et des risques de conflits sociaux et politiques que les élus, « maîtres de la décision finale» refusent de prendre. Pour inciter les élus, l'Agence de l'eau et les Conseils généraux conditionnent l'attribution des aides publiques, dont celles relatives aux périmètres de protection, aux projets de rationalisation des services d'eau potable inscrits dans les SDAEP.
Les critères conjoncturels (politiques agricoles, politiques de l'eau et politiques d'aménagement) viennent alors conforter un système en place de contraintes structurelles (caractéristiques physiques du territoire, des ressources en eau et de l'AEP) et sociales (poids des activités agricoles). Dans ce contexte, la décision d'abandonner des captages au profit d'une interconnexion s'impose aux élus locaux comme la décision la plus

rationnelle d'un point de vue sanitaire, financier et politique. C'est pourquoi, tant dans la gestion quotidienne en situation stabilisée du service AEP que dans la gestion de la rupture de ce service, la logique de gestion palliative domine. Un cercle vicieux se met en place. Une interdépendance territoriale qui se limite à une dépendance croissante à des ressources stratégiques comporte des effets pervers. En s'enlisant dans le traitement des symptômes de la contamination de la ressource en eau DCH, et en externalisant le traitement des causes à d'autres échelles de décision et d'action, la gestion palliative finit par renforcer la vulnérabilité de la ressource en eau brute, la vulnérabilité des populations au risque sanitaire et la vulnérabilité politique du système d'action local (autorités administratives et politiques).
Cette logique de gestion palliative est symptomatique d'une « action publique désengagée » vis-à-vis de la préservation de la qualité des ressources en eau DCH en situation de risque ordinaire comme de risque avéré (interdiction de consommation)[252]. En visant avant tout la mise en conformité des eaux distribuées avec les normes en vigueur grâce à des dispositifs curatifs et palliatifs (traitement, abandon de captages et interconnexion), cette action publique banalise et disqualifie (Borraz, 2008) le risque environnemental. Le risque ordinaire de pollution n'est pas mobilisateur, car socialement « invisible » au quotidien (Beck, 2001 ; Chabbal, 2007, Noiville, 2003): c'est-à-dire peu présent sur les agendas politiques locaux et suffisamment familier pour ne pas générer de « peur collective » ou de contestation civique (Becerra, Roussary, 2008).
Ce « désengagement » des autorités administratives et politiques révèle finalement les limites de leur capacité gestionnaire sur la qualité des eaux brutes. La loi définit la personne responsable de la production ou de la distribution de l'eau au public comme le garant de la délivrance d'une eau conforme aux normes sanitaires[253] et non le garant du « bon état » des eaux brutes imposé par la DCE. C'est logiquement pourquoi les élus, comme les autorités sanitaires, ne se sentent pas responsables de cet objectif. Pourtant, au regard de la dégradation des eaux brutes, des risques de contentieux européens et des préoccupations croissantes en matière de risques sanitaires liés aux pesticides et aux traitements des eaux, la co-responsabilité des acteurs pourrait bien être mise en cause.
Comme dans d'autres « affaires » (Gilbert, 2003), les décisions finalement prises ne conduisent pas à la mise en place de dispositifs préventifs, mais

[252]« *A priori vertueuse, elle ouvre en réalité la voie au désengagement progressif des professionnels (des agriculteurs, des petits syndicats d'AEP), et des acteurs ou gestionnaires publics par rapport au traitement durable des problèmes de pollutions agricoles. Une fois fermés, les captages abandonnés ne font en effet plus l'objet de contrôles de qualité. Ce fait conforte le maintien des pratiques agricoles existantes (fertilisation ; phytosanitaires) et participe à l'occultation, aux yeux du grand public, de la dynamique des pollutions diffuses.* » (Becerra, Roussary, 2008)
[253] Article L1321-1 du Code de la santé publique.

elles révèlent avant tout l'écart entre les enjeux, les objectifs, les responsabilités et les capacités d'action collective des autorités administratives et politiques. Elles sont sans doute aussi symptomatiques de l'absence d'une exigence plus affirmée et généralisée des consommateurs sur la qualité des eaux servant à la production de l'eau du robinet. Si la capacité d'action collective pour préserver les ressources en eau DCH est conditionnée par la capacité gestionnaire des autorités à chaque échelle de décision et d'action, elle l'est sans doute aussi par la capacité de mobilisation des abonnés (Becerra, Roussary, 2008).

CHAPITRE V – LES PERIMETRES DE PROTECTION DE CAPTAGES FACE A L'OBLIGATION DE RESULTATS : UNE NOUVELLE DONNE ?

L'objectif de ce chapitre est d'analyser dans quelle mesure, sous quelle forme et selon quelles modalités les exigences de résultat concernant la gestion des eaux DCH et les injonctions institutionnelles à la responsabilisation des acteurs pénètrent et reconfigurent les instruments réglementaires de protection des ressources en eau DCH et les modes d'organisation des autorités publiques chargées de leur mise en œuvre.

Plus que jamais, l'instrumentation de l'action publique (Lascoumes, Le Galès, 2004) représente un moyen d'orienter les relations entre la société politique et civile, et de structurer les actions des acteurs et des organisations par des dispositifs. Ces derniers sont porteurs de dimensions plus ou moins standardisées (techniques, procédurale, réglementaire), de choix et de justifications politiques, de représentations du problème à traiter et des enjeux qu'ils le sous-tendent. En ce sens, ils déterminent en partie l'action collective (mobilisation des acteurs et répartition des ressources) autant qu'ils ouvrent des possibilités d'appropriation et d'action différenciées.

Ces éléments permettent de poser l'hypothèse que les instruments peuvent constituer des traceurs éclairants des recompositions de l'action publique en matière de préservation de la ressource en eau DCH.

Les collectivités locales sont réglementairement responsables de la qualité des eaux DCH. À ce titre, elles se doivent de mettre et de maintenir en conformité les captages d'eau potable situés sur leur territoire afin d'assurer la préservation de la qualité des eaux distribuées à leurs administrés.

L'instrument réglementaire privilégié est le dispositif des périmètres de protection de captage (PPC) en tant qu'« *outil privilégié pour prévenir et diminuer toute cause de pollution locale, ponctuelle et accidentelle susceptible d'altérer la qualité des eaux prélevées* » (Ministère de la Santé, 2005). Ces périmètres sont des zonages établis autour des points de prélèvements d'eau potable[254].

La protection des captages est une disposition prévue en France dès la loi de santé publique de 1902 et rendue obligatoire en 1964. Les collectivités ont pour mission de mettre en œuvre la procédure et les services de l'État sont chargés de l'instruire. En conséquence, les services de distribution d'eau potable, le maire de la commune d'implantation du captage et l'administration de l'État engagent leur (co-)responsabilité juridique vis-à-vis des

---

[254]En premier lieu, l'exploitation des captages d'eau et des stations de traitement d'eau potable est soumise à une autorisation préalable du préfet, la vulnérabilité des captages et l'adéquation des traitements mis en œuvre sont alors examinées.

usagers en cas de conséquences sanitaires locales pouvant être imputées à l'absence de mise en place des périmètres de protection (Miquel, 2003).
Pourtant, après plus 100 ans d'existence et plus de 40 ans d'obligation légale, les PPC souffrent d'un réel déficit de mise en œuvre (Figure 7). Si le rythme des procédures s'est accéléré ces dernières années, à l'échelle nationale, en 2006, seuls 48 % des captages d'eau potable bénéficiaient de périmètres de protection au stade de la déclaration d'utilité publique (DUP) et les débits protégés correspondaient à 56 % de la population desservie (IFEN, 2007b).
Tant que les solutions curatives et palliatives permettaient de maintenir la conformité des eaux distribuées, la protection des captages ne s'imposait pas comme une priorité pour les collectivités comme pour les services de l'État.
Or, la protection des points de prélèvement d'eau potable est désormais exigée par des directives européennes qui soumettent les États membres à des obligations de résultat. Ces dernières, initialement sectorielles (eaux DCH, n°75/440/CEE et 98/83/CE), sont aujourd'hui transversales (DCE, 2000/60/CE). Traduites en exigences de qualité sur les eaux distribuées comme sur les eaux brutes, les obligations de résultat sont assorties de sanctions financières pesant sur l'État (Cour des comptes, 2010).
C'est pourquoi, depuis quelques années, soumise à une pression institutionnelle renforcée[255], la protection des captages mobilise plus fortement les pouvoirs publics tant dans l'instruction et le contrôle des dispositions réglementaires (services déconcentrés de l'État) que par l'incitation financière et l'assistance technique et administrative (Agences de l'eau et Conseils généraux). Pourtant, au-delà de son inefficience et du fait d'une évolution sensible de la problématique de la qualité des eaux DCH depuis la création de ce dispositif, son efficacité en tant qu'outil de protection des ressources en eau DCH est aussi fortement remise en question.

- L'apparent effet d'inertie des PPC jusqu'aux années 2000 relève-t-il d'une inadaptation de l'outil ou masque-t-il des formes de résistances, d'instrumentalisation ou au contraire des changements incrémentaux ?
- L'adjonction d'un objectif de résultats à un objectif de moyens peut-elle entraîner un glissement institutionnel dans la logique de gestion des points de captages d'eau DCH ?

Après avoir retracé l'évolution de la forme d'un dispositif « centenaire » (1.), il s'agira de voir quels sont les facteurs permettant de comprendre l'échec réglementaire des PPC (2.) et d'analyser comment les exigences en termes de résultats assignés au dispositif PPC, reconfigurent les logiques institutionnelles et les modalités d'action des autorités territoriales responsables de sa mise en œuvre (3.).

---

[255] Le Plan National Santé Environnement (PNSE 1, 2004-2008) fixe un objectif de 100% de captages protégés en 2010.

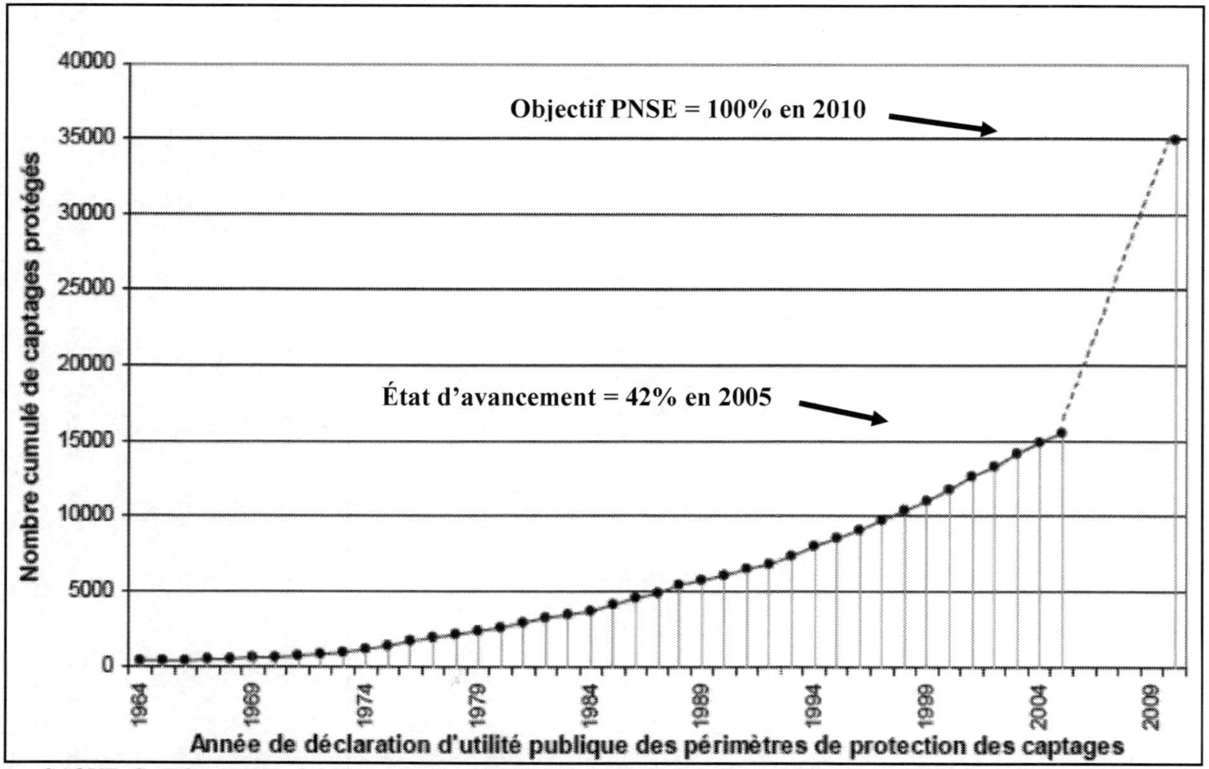

Source : SAOUT, C., Bilan National de l'instauration des PPC, Ministère de la Santé –Direction Générale de la Santé, 18 octobre 2006.

Figure 7 – État d'avancement de la protection des captages (DUP) en France entre 1964 et 2005

1. 1902- 2010 : Cent ans d'errements d'un dispositif d'action publique

Rares sont les instruments d'action publique dont on peut retracer l'évolution depuis le début du 20ème siècle. Si cette ancienneté éveille l'intérêt pour le dispositif des périmètres de protection, elle n'est pas l'unique motivation à débuter ce chapitre par une approche historique. Cette démarche permet en effet de retracer l'évolution des propriétés et des finalités du dispositif en tant que clef de lecture des éléments qui seront abordés tout au long du chapitre. En l'occurrence, il s'agira de montrer que le dispositif des périmètres de protection de captage s'est inscrit et contribue lui-même à inscrire la gestion de l'eau DCH dans un « sentier de dépendance » et un phénomène d'« auto-renforcement » nuisant à la mise en œuvre d'une gestion intégrée des eaux DCH.

On pourrait dire qu'au fur et à mesure qu'il s'inscrit dans la durée, il tend à devenir de plus en plus contraignant à mettre en œuvre et de moins en moins adapté et légitime vis-à-vis de l'objectif qui lui était assigné initialement « *assurer la qualité des eaux* ». Celui-ci n'a en effet pas été conçu pour prévenir des pollutions diffuses d'origines agricoles, devenues un problème public après sa création. La construction de certains instruments élaborés sur la longue période, « *en combinant des adaptations incrémentales et des bifurcations, des emprunts latéraux à d'autres domaines d'action et à d'autres pays* », conduit à une perte du sens des origines du dispositif et, au final, le sentier de dépendance se renforce (Lorrain, 2004).

En effet, plutôt que de remettre en question le dispositif et les orientations politiques en termes de gestion de l'eau DCH qu'il véhicule, la stratégie des autorités consiste à opérer des ajustements, afin de lever les contraintes, et à ajouter des superpositions de nature instrumentale (déploiement réglementaire, allègement de procédure, recentrage des objectifs, outils de sanction …) et organisationnelle (encadrement institutionnel …).

1.1. 1902-1997 : Une phase de déploiement réglementaire

1.1.1.1902-1964 : De l'émergence des PPC au passage au réglementaire

La première mention du dispositif PPC remonte à la Loi du 15 février 1902 relative à la protection de la santé publique[256]. La mise en place d'un unique

[256] Publiée au Journal Officiel du 19 février 1902.

périmètre de protection est alors facultative et sous la responsabilité du maire.

> *Art. 1er. Dans toute commune, le maire est tenu, afin de protéger la santé publique, de déterminer, après avis du conseil municipal et sous forme d'arrêtés municipaux portant règlement sanitaire : [...] notamment les prescriptions relatives à l'alimentation en eau potable ou à l'évacuation des matières usées.*
>
> *Art. 10. Le décret déclarant d'utilité publique le captage d'une source pour le service d'une commune déterminera, s'il y a lieu, en même temps que les terrains à acquérir en pleine propriété, un périmètre de protection contre la pollution de ladite source. Il est interdit d'épandre sur les terrains compris dans ce périmètre des engrais humains et d'y forer des puits sans l'autorisation du préfet. [...] Le droit à l'usage d'une source d'eau potable implique, pour la commune qui la possède, le droit de curer cette source, de la couvrir et de la garantir contre toutes les causes de pollution, mais non celui d'en dévier le cours par des tuyaux ou rigoles. [...] »*

L'instauration de périmètres de protection fut ensuite prévue par un décret du 30 octobre 1935, qui n'a jamais été appliqué. C'est finalement la loi sur l'eau du 12 décembre 1964 (art. 7) qui rend le dispositif obligatoire pour les captages déclarés d'utilité publique (DUP) après la date de publication de la Loi. Elle modifie le code de la santé publique (art. L. 20) qui définit trois périmètres « *en vue d'assurer la protection de la qualité des eaux* » :

> *Art. L. 20. « un périmètre de protection immédiate dont les terrains sont à acquérir en pleine propriété, un périmètre de protection rapprochée à l'intérieur duquel peuvent être interdits ou réglementés toutes activités et tous dépôts ou installations de nature à nuire directement ou indirectement à la qualité des eaux et, le cas échéant, un périmètre de protection éloigné à l'intérieur duquel peuvent être réglementés les activités, installations et dépôts ci-dessus visés.»*

Le décret du 3 janvier 1989[257], relatif aux eaux destinées à la consommation humaine à l'exclusion des eaux minérales naturelles, va fixer les modalités d'application en demandant que la DUP contienne l'avis d'un expert indépendant, un hydrogéologue en matière d'hygiène publique agréé par le ministère chargé de la santé[258], et en spécifiant la nature de la réglementation des activités (Art. 16.) au sein de chaque périmètre (Encadré 5).

---

[257] Décret n° 89-3 du 3 janvier 1989 relatif aux eaux destinées à la consommation humaine à l'exclusion des eaux minérales, modifié par les décrets 90-330du 10 avril 1990, 91-257 du 7 mars 1991 et 95-263 du 5 avril 1995.

[258] « *Son avis, prévu par l'article 5 du décret n° 89-3 du 3 janvier 1989 modifié, prend la forme d'un rapport, élaboré à partir d'une synthèse des données contenues dans le dossier*

« Les limites du périmètre de protection immédiate [PPI] sont établies afin de prévenir toute introduction directe de substances polluantes dans les ouvrages[259]. *Les terrains compris dans ce périmètre sont clôturés, sauf dérogation prévue dans l'acte déclaratif d'utilité publique, et sont régulièrement entretenus. Toutes activités, installations et dépôts y sont interdits en dehors de ceux qui sont explicitement autorisés dans l'acte déclaratif d'utilité publique.*

À l'intérieur du périmètre de protection rapprochée [PPR] sont interdits les activités, installations et dépôts susceptibles d'entraîner une pollution de nature à rendre l'eau impropre à la consommation humaine. Les autres activités, installations et dépôts peuvent faire l'objet de prescriptions et sont soumis à une surveillance particulière, prévue dans l'acte déclaratif d'utilité publique. Chaque fois qu'il est nécessaire, le même acte précise que les limites du périmètre de protection rapprochée seront matérialisées et signalées.

À l'intérieur du périmètre de protection éloignée [PPE] peuvent être réglementés les activités, installations et dépôts qui, compte tenu de la nature des terrains, présentent un danger de pollution pour les eaux prélevées ou transportées, du fait de la nature et de la quantité de produits polluants liés à ces activités, installations et dépôts ou de l'étendue des surfaces que ceux-ci occupent. »

Encadré 5 – Nature de la réglementation des activités au sein des périmètres de protection (décret du 3 janvier 1989, Article 16)

Dans le PPI, si la collectivité ne les possède pas en pleine propriété, l'acquisition des parcelles à l'amiable ou à l'issue d'une procédure d'expropriation donne lieu obligatoirement à une indemnisation des propriétaires par la collectivité. Dans le PPR, le « *dossier soumis à l'enquête publique doit énoncer précisément les prescriptions qui nécessitent une déclaration d'utilité publique et se traduisent par des servitudes pouvant donner droit à indemnisation. Il peut aussi rappeler certaines prescriptions qui relèvent simplement d'une application particulière de la réglementation générale, et pour laquelle toute indemnisation est exclue*»[260]. La protection administrative du captage est achevée lorsque l'arrêté préfectoral de déclara-

---

préparatoire et recueillies après une visite de terrain. Il vise les disponibilités en eau et traite des mesures de protection à mettre en place (limites des différents périmètres, interdictions ou réglementations d'activités) dont la justification circonstanciée doit être fournie. » Circulaire du 24/07/90 relative à la mise en place des périmètres de protection des points de prélèvements d'eau destinée à la consommation humaine, *J.O.*, n°121, 13 septembre 1990.

[259] Le décret no 2001-1220 du 20 décembre 2001 relatif aux eaux destinées à la consommation humaine, à l'exclusion des eaux minérales naturelles modifie à la marge cet article :

Art. 9. – « […] *Les limites du périmètre de protection immédiate sont établies afin d'interdire toute introduction directe de substances polluantes dans l'eau prélevée et d'empêcher la dégradation des ouvrages.* […] »

[260]« *Les éventuelles expropriations sont instruites selon les dispositions du code de l'expropriation pour cause d'utilité publique.* » Circulaire du 24/07/90 relative à la mise en place des périmètres de protection des points de prélèvements d'eau destinée à la consommation humaine, *J.O.*, n°121, 13 septembre 1990.

tion d'utilité publique (DUP) est annexé au Plan d'Occupation des Sols (POS), ou plus récemment au Plan Local d'Urbanisme (PLU), lorsqu'il existe. Les collectivités doivent ensuite appliquer les mesures de l'arrêté : acquisition et clôture du PPI, réalisation des travaux, respect des servitudes et le cas échéant leur indemnisation.

1.1.2. 1992-1997 : La généralisation du dispositif PPC et l'imposition d'une échéance réglementaire

La seconde loi sur l'eau du 3 janvier 1992 étend cette fois l'application des PPC à la totalité des captages déclarés d'utilité publique, à l'exception des captages « naturellement protégés », qui doivent toutefois être reconnus d'utilité publique (article 13, codifié à l'article L. 20 du code de la santé publique). Elle impose une échéance réglementaire par un délai de cinq ans, soit jusqu'au 4 janvier 1997 quelque soit la date de mise en service du captage. Pourtant, en 1997, à l'échelle nationale sur près de 30.000 captages situés sur le territoire national, seuls 11,1 % des procédures étaient terminées et 19,7 % avaient obtenu une DUP[261].

*

* *

À l'issue de cette première phase de développement réglementaire du dispositif PPC, le constat est sévère. Au regard du renforcement de la législation européenne sur l'eau (Directive eau potable en 1998[262], DCE en 2000) et de la succession des contentieux communautaires sur la qualité des eaux distribuées, l'échec réglementaire de la mise en œuvre des PPC est dénoncé par des acteurs de plus en plus diversifiés. Les chiffres publiés par le ministère de la Santé et de l'Environnement, les Agences de l'eau[263], des rapports parlementaires successifs (…) sont relayés par les organismes publics, mais aussi par des associations de consommateurs, au titre que les usagers se voient de plus en plus exposés à un risque sanitaire qui pourrait être davantage maitrisé par la mise en conformité des captages. En effet, les périmètres de protection de captage peuvent avoir un impact positif sur la

---

[261] Situation en 1997 diffusée à tous les préfets par circulaire du 26 juillet 1999.

[262] La directive européenne du 3 novembre 1998 (98/83/CE) relative à la qualité des eaux DCH mentionne : (8) « *considérant que, pour que les entreprises d'approvisionnement respectent les normes de qualité des eaux potables, il convient d'appliquer des mesures de protection appropriées afin de garantir la pureté des eaux souterraines et de surface ; considérant que le même objectif peut être atteint par des mesures appropriées de traitement des eaux à appliquer avant l'approvisionnement* ; […] ».

[263] Enquête réalisée par la Direction générale de la Santé en 1991 ; circulaire du 2 janvier 1997 demandant aux préfets un bilan de l'état d'avancement des procédures (enquête DGS/ Direction de l'eau) et dont les résultats ont été diffusés par la circulaire du 26 juillet 1999 ; étude inter Agence n° 67, 1997.

qualité des eaux distribuées à travers notamment la limitation des pollutions accidentelles et ponctuelles (Buisson, 2005).
En plein climat de transposition des directives européennes par la réforme de la Loi sur l'eau de 1992 et du code de la santé publique, la stratégie est donc de confirmer le dispositif des périmètres de protection en tant qu'instrument de préservation de la qualité des eaux DCH, tout en concédant quelques aménagements à la procédure, parallèlement au renforcement des outils de sanction.

1.2. 2004 – 2010 : Un aménagement du dispositif PPC

1.2.1. Réaffirmation d'un échéancier réglementaire et recentrage du dispositif sur les pollutions ponctuelles

Le 11 juin 2003, la Commission européenne a adopté la stratégie SCALE (« *améliorer la prise de conscience de la relation existant entre l'environnement et la santé* ») lors de la 4ème conférence ministérielle sur l'environnement et la santé organisée à Budapest. Elle répond aux engagements pris par la France lors des conférences des ministres de l'Environnement et de la Santé de la région Europe initiée par l'OMS et auxquelles souscrivent les instances communautaires. L'objectif est de réduire les contraintes que les facteurs environnementaux font peser sur la santé, identifier et prévenir les nouvelles menaces sanitaires dues à des facteurs environnementaux et renforcer la capacité de l'Union européenne à légiférer dans ce domaine.
La loi de Santé publique du 9 août 2004 impose en ce sens l'élaboration tous les 5 ans d'un « Plan national de prévention des risques pour la santé liés à l'environnement »[264] (PNSE) porté par le ministère de la Santé, de l'Environnement, du Travail et de la Recherche. Le premier plan national a été adopté le 21 juin 2004, pour la période 2004-2008. La préservation de sa qualité y est présentée comme « *déterminante pour l'impact sanitaire de l'eau* ». Il se décline en 45 actions, dont deux actions prioritaires et complémentaires sont destinées à permettre d'atteindre le bon état des eaux au sens de la DCE.

- L'action prioritaire n° 10 a pour objectif d'« *améliorer la qualité de l'eau potable en préservant les captages des pollutions ponctuelles et diffuses* ».

Les périmètres de protection sont explicitement désignés comme un moyen

---

[264] Dès 1989, l'Organisation mondiale de la Santé a initié la tenue de conférences ministérielles consacrées aux relations entre l'environnement et la santé. Lors de la Conférence de Francfort en 1994, les États membres de l'Union Européenne ont décidé l'élaboration de Plans nationaux d'action en santé environnement en s'appuyant sur un état des lieux réalisés par l'OMS, *Concern for Europe's Tomorrow*.

de lutter contre les « *pollutions ponctuelles (notamment accidentelles)* ».
C'est pourquoi 80 % des captages doivent être protégés en 2008 et 100 % en 2010[265]. Par ces dispositions, il est pour la première fois officiellement et explicitement mentionné que les PPC n'ont pas vocation à protéger la ressource des pollutions diffuses (notamment d'origine agricole).
Pour remplir ce rôle, la lutte doit s'effectuer « *à l'échelle des aires d'alimentation des captages* » et « *nécessite une modification des pratiques agricoles dans ces zones* »[266]. Il est précisé que ces dispositions seront examinées dans le cadre de la loi sur l'eau alors en cours de préparation.

- L'action prioritaire n°11 vise à « *limiter les pollutions des eaux et des sols dues aux pesticides et à certaines substances potentiellement dangereuses* ».

La Loi de santé publique prescrit également dans ses objectifs annexés (mesure 22) de «*diminuer par deux d'ici 2008 le pourcentage de la population alimentée par une eau de distribution publique dont les limites de qualité ne sont pas respectées pour les paramètres microbiologiques et les pesticides* ».
Ces objectifs sanitaires quantifiés sont aussi considérés comme des indicateurs du suivi de la réalisation des actions.
La coordination nationale de ces deux actions est du ressort des Ministères de l'Environnement et de la Santé. Leur mise en œuvre concrète passe par leur déclinaison à l'échelle régionale dans un programme de prévention des risques liés à l'environnement général et au travail[267], plus communément appelé « *Plan régional Santé Environnement* » (PRSE). À cette échelle de gestion, l'action 11 relève des DIREN et l'action 10 des MISE[268]. La circulaire du 26 novembre 2004 impose en ce sens aux préfets, en liaison avec les représentants des collectivités, l'élaboration d'un programme départemental visant à protéger l'ensemble des captages avant 2010.

---

265 Ces enjeux ont été rappelés par la ministre de l'Environnement dans une communication au Comité Adour Garonne le 5 juillet 2006 « *En matière d'eau potable, l'action des agences doit être tournée vers le préventif plutôt que vers le curatif. Il s'agit tout d'abord de protéger les captages d'eau potable des pollutions ponctuelles par la mise en place, par les collectivités, des périmètres de protection d'ici 2010, comme prévu par le Plan National Santé Environnement.* »

266 « [...] *La reconversion des terres en prairie, la couverture hivernale des sols, l'extension des bandes enherbées... sont des solutions qui pourront être contractualisées avec les agriculteurs, avec un financement des agences de l'eau.* [...] » (PNSE, 2004)

267 Volet d'un Plan régional de santé publique (PRSP).

268 Circulaire du 3 novembre 2004 « *relative au plan national santé environnement (PNSE) définissant les actions à mettre en œuvre au niveau local pour détecter, prévenir et lutter contre les pollutions de l'environnement ayant un impact sur la santé* », Ministère de la Santé et de la Protection sociale, Ministère délégué aux relations du travail, Ministère de l'Écologie et du Développement Durable.

1.2.2. Simplification de la procédure et sanctions pénales

Au regard de l'ambition des objectifs quantifiés affichés, différentes mesures réglementaires complémentaires sont prises dans la Loi de santé publique d'août 2004 afin d' « *améliorer l'efficacité du dispositif* » :

- La procédure est simplifiée techniquement : « [...] *Lorsque les conditions hydrologiques et hydrogéologiques permettent d'assurer efficacement la préservation de la qualité de l'eau par des mesures de protection limitées au voisinage immédiat du captage, l'acte portant déclaration d'utilité publique peut n'instaurer qu'un périmètre de protection immédiate.* [...] » (Article L 1321.2 du code de la santé publique) ;
- et administrativement, l'inscription aux hypothèques n'est plus obligatoire (décret du 17 mai 2006 relatif à la publicité des servitudes d'utilité publique) et l'acquisition de terrain par les collectivités est facilitée par la possibilité d'instaurer un « *droit de préemption urbain* ».
- L'instruction, l'autorisation et le contrôle des périmètres de protection de tous les captages sont désormais du seul ressort des services déconcentrés du ministère de la Santé (DDASS) à compter du 1er janvier 2005 (circulaire du 26 novembre 2004).

Celles-ci se devront d'inciter les collectivités locales à régulariser leur situation grâce :

- au renforcement de missions d'inspection pour le contrôle du respect des prescriptions des arrêtés préfectoraux dans les PPC ;
- et à de nouvelles parties législatives introduites dans le code de la santé publique[269] donnant aux autorités sanitaires la possibilité d'engager des procédures de sanctions administratives et pénales.

En effet, la Loi relative à la politique de santé publique de 2004 définit « *la personne responsable de la production ou de la distribution de l'eau au public ou, à défaut, le propriétaire de l'installation de production, de distribution des collectivités* » comme garant de la délivrance d'une eau conforme aux normes sanitaires (Article L1324-1 A). Ce qui signifie que le maire ou le président de syndicat encourt maintenant à titre individuel des sanctions administratives et pénales en cas d'absence de déclaration d'utilité publique de périmètres de protection de captage :

- Il pourra être mis en demeure par l'administration compétente (Article L1324-1 A du code de la santé publique) : *« Si, à l'expiration du délai fixé, l'intéressé n'a pas obtempéré à cette injonction, l'autorité administrative compétente peut obliger à consigner entre les mains d'un comptable public une somme correspondant à l'estimation du montant des travaux à réaliser [...] ; faire procéder d'office, aux frais de l'intéressé, à l'exécution des mesures prescrites [...] ; suspendre, s'il y a*

[269] Inséré par Loi n° 2004-806 du 9 août 2004, art. 70 II, *Journal Officiel* du 11 août 2004.

lieu, la production ou la distribution jusqu'à exécution des conditions imposées. »

- De même « *est puni d'un an d'emprisonnement et de 15 000 euros d'amende* » le fait : « *D'offrir ou de vendre au public de l'eau en vue de l'alimentation humaine, y compris la glace alimentaire, sans s'être assuré que cette eau ou cette glace est propre à la consommation ou à l'usage qui en est fait ; [...] De ne pas se conformer aux dispositions des actes portant déclaration d'utilité publique ou des actes déclaratifs d'utilité publique mentionnés à l'article L. 1321-2 du code de la santé publique [...].* » (Article L1324-3).

Parallèlement, le PNSE signale que « *les agences de l'eau proposeront à leur conseil d'administration de subordonner les aides aux collectivités locales à l'engagement effectif des procédures de protection des périmètres de captage.* » Cette mesure avait déjà été mise en place dans certaines Agences, et notamment l'Agence de l'eau Adour Garonne.

*

*   *

La procédure des PPC se trouve donc aujourd'hui au cœur d'un carrefour d'objectifs et de réglementations relatifs à la santé publique et à l'environnement. Loin d'être remise en cause, celle-ci s'inscrit au cours du temps, dans une arborescence de plus en plus dense et complexe, conjugaison de différents niveaux de compétences et de responsabilités.

En effet, des niveaux de responsabilité émergent du fait des objectifs de résultats environnementaux assignés aux États, d'autres sont réaffirmés au niveau local, pendant que des compétences sont transférées des services déconcentrés du ministère de l'Agriculture à ceux du ministère de la Santé. Un effort de clarification en termes de responsabilité juridique semble nécessaire.

1.3. Les PPC et l'obligation de résultat : Une mise en co-responsabilité

Le domaine de la santé publique est soumis à l'application des textes nationaux. Il est du ressort de la police administrative de la santé publique, c'est-à-dire qu'il « *fait obligation à tout acteur ayant une compétence dans ce domaine par définition d'assurer la protection de la Santé publique en général* »[270]. Alors que dans le domaine de l'environnement, c'est à l'État

[270] Les citations sont extraites d'une communication de Monsieur Fournier de Laurière (2006), Président à la cour administrative d'appel de Paris, en charge d'un groupe de travail sur les contentieux européens dans le domaine de l'environnement au ministère de l'Écologie, sur les « Aspects juridiques de la procédure » à la journée d'étude « Périmètres de protection

français qu'il fait obligation d'appliquer les directives européennes dans leur juridiction nationale. Or, aujourd'hui ces domaines ont tous deux basculé, d'un point de vue jurisprudentiel, de l'obligation de moyens, à l'obligation de résultat à un terme donné :

> *« [...] c'est-à-dire que les moyens dont disposent les différents protagonistes, que se soit l'État ou les collectivités territoriales, n'intéressent absolument personne. La seule chose qui intéresse la population d'une part et les magistrats après, c'est le résultat obtenu. [...] chaque fois que le résultat n'est pas celui qui était prévu, il y a automatiquement une base de responsabilité aujourd'hui. »*

En cas d'absence de périmètre de protection au niveau d'un captage et de problème posé en termes de santé publique, les justifications basées sur une absence de moyens humains, financiers, ou de lourdeur procédurale ne peuvent être validées. Or, le fait que la France perde régulièrement les contentieux environnementaux qui l'opposent à la Commission plaide pour l'idée que ce basculement ne s'est pas encore traduit dans l'action politique locale. :

> *« [...] le contentieux dit des nitrates est absolument exemplaire puisque je vous rappelle que l'État français s'est défendu en disant qu'il avait fait ce qu'il pouvait avec ce qu'il avait. Nous, nous avons pris trois fois la dose puisque nous avons été condamnés en plus pour ne pas avoir mis justement les moyens nécessaires à l'obtention du résultat.»*

Qui dit non atteinte des résultats, dit donc détermination de responsabilité :

> *« [...] en matière d'eau et de santé publique, le principe est clair : l'État est entièrement responsable des politiques à mettre en œuvre et fondamentalement, les collectivités sont responsables de la mise en œuvre. C'est-à-dire que l'État définit le principe et que les collectivités territoriales mettent en musique.»*

Cependant, dans le cas des PPC, la mise en œuvre est partagée. En effet, si les communes ou syndicat se doivent d'initier la procédure, en cas de manquement grave de leur part, le Préfet peut juridiquement prendre le relai.
De plus, dans le cadre de la procédure « normale », la prise de délibération des communes et le montage du dossier sont suivis de son instruction par les services déconcentrés de l'État (DDASS, DDAF, ...) et de la prise d'un arrêté préfectoral, que la collectivité se doit d'appliquer.
Au niveau national, la mise en cause de la responsabilité peut donc s'exercer à différents niveaux de la procédure - défaut d'adaptation des mesures de

---

des captages d'eau destinée à la consommation humaine », organisée le 18 octobre 2006 par le Ministère de la Santé.

l'arrêté (servitudes et travaux) au diagnostic, défaut d'application des mesures - et de fait à l'État et/ou aux collectivités locales. Pour autant, du point de vue du droit européen, quelque soit le défaut de responsabilité, c'est l'État qui devra rendre des comptes sur l'atteinte des objectifs et qui sera condamné. Les services de l'État sont donc tenus de faire mettre en place les mesures de protection nécessaire :

> *« [...] cela veut dire que vous n'avez pas le droit d'aller au-delà du nécessaire, mais cela doit être suffisant, c'est-à-dire que ce que vous mettez en place doit aboutir au résultat obligatoire, à savoir la protection de ce qui est à protéger. »*

Or :

> *« [...] le risque "j'ai pas assez fait" est un risque sanitaire, donc un risque tenant à la sécurité des personnes qui est aujourd'hui incontestablement, en termes de jurisprudence, plus dangereux que le risque d'atteinte de décision attentatoire à la propriété privée par exemple, ou à la liberté du commerce et de l'industrie.[...] »*

*

* *

Au fur et à mesure que les exigences de résultat pénètrent les réformes de l'État (LOLF, RGPP) et les politiques de santé et d'environnement (DCE, Loi de santé publique, LEMA), les interdépendances entre les politiques et les échelons de mise en œuvre des dispositifs d'action publique se renforcent. On assiste ainsi progressivement à une institutionnalisation de la mise en co-responsabilité des acteurs territoriaux (administrations déconcentrées, Agences de l'eau, collectivités territoriales) dans la politique de l'eau DCH.

Dans le cadre des PPC, l'État (au niveau national et européen) et les collectivités locales sont co-responsables juridiquement de leur mise en œuvre. Face à l'inefficience des PPC, différentes mesures ont été adoptées par les pouvoirs publics, et de façon renforcée ces dernières années, pour tenter de lever les principaux « blocages » présumés à la mise en œuvre des PPC : lourdeur administrative et économique de la procédure, mauvaise coordination et caractère insuffisamment coercitif des services de l'État, dilution des responsabilités, manque de volontarisme des collectivités.

Pour répondre à ces « dysfonctionnements systémiques », les mesures prises s'inscrivent dans une logique institutionnelle, prédominante depuis l'émergence du dispositif, qui consiste *à traiter l'ineffectivité du droit, par le droit* et ce, sans jamais remettre en cause le dispositif.

Malgré les constats récurrents de l'ineffectivité de la règle de droit en matière de PPC, cette logique légaliste se ramifie au cours du temps jusqu'à intervenir à trois niveaux.
Un premier niveau renvoie au dispositif lui-même à travers des ajustements de nature (obligation réglementaire), de forme (simplification et allègements de procédure), de finalité (recentrage sur les pollutions ponctuelles). Un second niveau porte sur les aspects organisationnels par la clarification des niveaux de responsabilités entre les services de l'État intervenants dans la procédure (coordination par les DDASS) et des rappels à la réglementation par l'imposition d'échéanciers réglementaires successifs (1997, 2008, 2010). Enfin, un dernier niveau porte sur les mécanismes de « *responsabilisation* » des élus vis-à-vis de la conformité sanitaire des captages et des eaux distribuées par un renforcement des missions d'inspection des agents des services déconcentrés (DDASS) et la mise à disposition d'outils de sanctions à l'encontre des collectivités ; parallèlement au conditionnement des financements des Agences de l'eau.
Avant d'aborder les effets des exigences de résultats et du renforcement récent du cadre légaliste de l'action publique sur les modalités d'action des institutions territoriales en matière de protection des points de captage d'eau DCH, il importe au préalable d'apporter des éléments d'objectivation des raisons généralement avancées pour expliquer l'ineffectivité des PPC et pour justifier les évolutions récentes du dispositif des PPC.
Quels sont les facteurs permettant d'expliquer 40 ans d'échec réglementaire des PPC ?

2. 40 ans d'échec réglementaire des PPC

Depuis les années 1990, les facteurs explicatifs du déficit de mise en œuvre des PPC ont fait l'objet de différentes évaluations produites par différentes instances – parlement (Villey-Desmeserets *et al.,* 2001 ; Miquel, 2003), Cour des comptes (2003) et différentes administrations publiques intervenant dans leur instruction ou leur financement[271]. Par ailleurs, la question de l'effectivité des PPC a pu être appréhendée empiriquement par la réalisation d'entre-

[271] Études des Agences de l'eau, telles qu'en 1999 : « Mise en place des périmètres de protection des captages, bilan et analyse d'expériences positives », Étude n°67 et « *Protection des prises d'eau de surface : quelles stratégies* ? », Étude n° 7 ; et de nombreuses circulaires depuis les années 1990, telles que : Circulaire DGS/Direction de l'eau n°99-721 du 21 décembre 1999 ; Circulaire DGS/SD7A n°2005/59 du 31 janvier 2005.

tiens menés dans le cadre de notre participation à différentes recherches sociologiques conduites par le CERTOP sur ce dispositif[272].

Ces divers « matériaux » permettent d'identifier les facteurs auxquels est généralement associée l'ineffectivité des PPC. Ces facteurs relèvent aussi bien du dispositif normatif, que des logiques institutionnelles et des contextes territoriaux (géographique, AEP, économique, social, politique).
Les interactions entre ces différents facteurs en situation d'action conduisent à une grande variabilité de configurations particulières.
Ainsi, alors que l'approche légaliste développée précédemment tend à véhiculer une vision uniformisatrice du droit ; dans ce domaine d'action publique comme dans d'autres, la multiplicité des situations d'action ouvre la voie à de nombreuses possibilités d'adaptations pragmatiques par les acteurs intervenants dans la mise en œuvre des PPC (autorités politiques et administratives, élus locaux, représentants du monde agricole).
Ces normes secondaires d'application du cadre procédural (Lascoumes, 1990) et ces appropriations territoriales interviennent à différents niveaux d'effectivité de la procédure des PPC (administrative et matérielle) et donc de responsabilité : au niveau du cadre procédural par l'élaboration de normes d'interprétation (2.1) ; au niveau des modes d'organisation des institutions par des normes de négociation (2.2) ; au niveau des territoires d'opérationnalisation par des stratégies d'évitement de conflits (2.3).

2.1. Lourdeur procédurale et normes d'interprétation

2.1.1. Une procédure administrativement complexe

Le dispositif PPC se situe au milieu d'un carrefour réglementaire (code de la santé publique, code de l'environnement, code de l'expropriation, code minier, droit forestier, code de l'urbanisme…). En conséquence, la procédure d'instauration des PPC est considérée comme relativement « lourde » (Tableau 9).

[272] Il s'agit des programmes EVEC et Act'eau, ainsi qu'une recherche conduite en 2005-2006 (12 entretiens) visant à accompagner la DRASS Midi-Pyrénées dans la mise en œuvre de l'action 10 Plan Régional Santé Environnement (PRSE). À l'issue de cette expérience de partenariat avec la DRASS, entre le 7 novembre 2006 et le 10 avril 2008, 10 demi-journées ou journées de réunion de ce groupe de travail rassemblant 8 à 12 représentants des DDASS et de la DRASS de Midi-Pyrénées ont pu être observées. Ce suivi fut par ailleurs l'occasion d'échanger régulièrement avec les agents des DDASS, le coordonnateur du groupe AEP et le responsable du service santé-environnement à la DRASS, de façon formelle, par des entretiens semi-directifs, et informels.

Collectivité ou son représentant	*Services de l'État*	*Délais (mois)*
1- **Délibération** du maître d'ouvrage		**T= 0**
2- Éventuellement convention entre les différentes collectivités consommatrices		
3- **Constitution du dossier d'étude préalable** et documents d'incidences par un bureau d'étude conforme aux prescriptions de l'arrêté du 26/07/2002		+ 12
	4- **Transmission à la DDASS**	+ 6
	5- **Désignation par le Préfet** (DDASS) **d'un hydrogéologue agréé**	
6- **Visite de l'hydrogéologue agréé et remise de son rapport** portant sur les mesures et les périmètres de protection à mettre en œuvre		
7- **Constitution du dossier de DUP**		+ 8 à 18
8- **Éventuellement négociations avec les propriétaires** (achat des terrains et indemnisation des servitudes)		
	9- **Établissement du dossier de consultation**	+ 1
	10- **Consultation des services** (D.D.A.E, D.R.I.R.E, …)	+ 1
	11- **Préparation de l'enquête publique**	+ 1
12- **Notification de l'arrêté d'ouverture de l'enquête publique** aux propriétaires du PPR		+ 1
	13- **Enquête publique** et avis du Commissaire-Enquêteur (Préfecture)	+ 3
	14- **Rapport au CODERST et projet d'arrêté** (DDASS)	
	15- **Avis du CODERST**	
	16- **Prise de publication de l'arrêté**	
17- **Notification des mesures de l'arrêté préfectoral** aux propriétaires concernés		+ 1
18- **Inscription** des servitudes **à la conservation des Hypothèques***		
19- **Inscription des servitudes de la DUP en annexe du POS**		**T=34 à 44**
20- **Acquisition des terrains et indemnisations** des servitudes		
21- **Réalisation des travaux**		
	22- **Suivi de l'application** des mesures	

* *L'inscription aux hypothèques n'est plus obligatoire (décret du 17 mai 2006)*

Tableau 9 – Procédure d'autorisation d'un captage public et d'institution des périmètres de protection

La phase technique et la phase administrative en font une procédure longue (minimum 3 ans), dense (une vingtaine d'étapes) et techniquement complexe (contenu des études préliminaires).
Elle implique des intervenants nombreux (minimum une dizaine) et diversifiés (collectivités, bureaux d'études privés, hydrogéologue, services de l'État, Préfet…) ayant rarement cette seule attribution à assumer. Par ailleurs, le schéma de la procédure ne fait pas apparaître les co-financeurs, l'Agence de l'eau et le Conseil Général, et les procédures de montage et d'instruction des dossiers de demande d'aides ainsi que les délais de versement. L'inscription aux hypothèques est devenue facultative, mais sur les conseils des services de l'État et lorsque le coût est peu élevé, certaines communes prennent des délibérations pour inscrire la DUP de façon à ce que les mesures de l'arrêté soient appliquées sur la longue durée.
Cette complexité inhérente à la procédure a donné lieu à la production de nombreuses normes d'interprétations sous forme de circulaires, mais aussi de documents internes aux services départementaux (DDAF, DDASS, MISE). À l'image du Tableau 9, lui-même une synthèse de plusieurs de ces documents, ils visent à clarifier la procédure pour les collectivités et la répartition des compétences entre collectivités et services de l'État.
Au niveau de la phase d'instruction administrative, le manque de personnel administratif (DDASS, DDEA, Préfecture, services fiscaux) est souvent pointé en amont, pour expliquer l'allongement des délais d'instruction et de suivi des procédures, mais aussi en aval, pour assurer le contrôle de la réalisation des travaux et du respect des servitudes, impactant directement l'effectivité des prescriptions. Un autre aspect relève des modalités de transmission des dossiers entre les différents intervenants.

2.1.2. Les problèmes d'interactions entre les services instructeurs

Si les phases d'inertie administrative dans l'instruction sont le plus souvent imputées aux nombreux passages de relais inhérents à la procédure et à des problèmes de coordination entre les multiples administrations, elles relèvent aussi des relations entre les services de l'État. C'est notamment pour cette raison que l'instruction et le suivi des PPC ont été exclusivement confiés en 2004 aux DDASS. Ce changement organisationnel a permis de mettre en exergue des relations de conflit/coopération/concurrence, souvent pré-existantes, entre les services déconcentrés des ministères de la Santé et les services du ministère de l'Agriculture.
Jusqu'en 2004, selon les départements, du fait d'un flou réglementaire sur la répartition des compétences, la coordination des PPC était prise en charge par la MISE, la DDAF ou la DDASS. Dans la plupart des départements, la DDAF, au titre de la police des eaux, assurait cette fonction parallèlement à des fonctions d'ingénierie (réalisation d'études et de travaux d'eau potable

et d'assainissement). Cette double caquette a pu donner lieu à des suspicions de conflits d'intérêts dans les préconisations faites aux collectivités (solutions techniques, réalisations de travaux) dans le contenu des arrêtés de DUP, comme dans les propositions de substitution à la mise en œuvre des PPC (abandon, interconnexion, forage profond).
En conséquence, au regard de la dimension sanitaire des PPC, la police sanitaire a été jugée comme plus légitime pour assurer officiellement l'instruction des PPC. Cette redistribution a pu non seulement venir perturber des routines et des façons de faire au sein des services de l'État, mais elle a pu aussi remettre en cause des systèmes d'actions locaux fondés sur des arrangements et des relations stabilisées entre services de l'État, collectivités locales et intérêts corporatistes.
À cela vient se surimposer un contexte de réforme générale des services publics (RGPP), se traduisant par la rationalisation des services, et de disparition progressive de l'ingénierie publique. Les services des DDAF, déjà regroupés dans la plupart des départements avec les DDE, comme les DDASS doivent justifier de leur activité. Ce contexte contribue à ce que le transfert de compétence entre les DDAF et les DDASS ne se soit pas toujours opéré dans la « *compréhension mutuelle* ». Les DDASS étant attendues sur l'avancée des procédures, dans certains départements, les luttes internes de pouvoir entre les administrations se sont notamment traduites par le freinage des procédures par la DDAF dans la délivrance des autorisations de prélèvement, nécessitant parfois l'arbitrage du préfet.

2.1.3. Un objectif de résultat et une procédure standardisée dans des contextes d'action multiples

Dans une procédure de délimitation d'un zonage dont le principal critère de détermination est de nature hydrogéologique, les facteurs environnementaux (topographiques, hydrologiques, géomorphologiques, biochimiques…) et d'occupation de l'espace (urbain, rural) jouent un rôle non négligeable. Ils interviennent historiquement dans la structuration initiale de l'AEP (densité de captage, nombre d'abonnés) sur le territoire concerné, mais aussi directement sur la superficie des périmètres et le type de prescriptions. Pour autant, la procédure administrative officielle est sensiblement identique d'une configuration territoriale à l'autre, de même que les délais et les objectifs de résultats assignés aux institutions départementales.
Or, par exemple, en zone de montagne, un département peut posséder près d'un millier de captages et une commune de 200 abonnés être alimentée par plus d'une dizaine de captages sans forcément de possibilité technique de réduction de leur nombre. La charge de travail pour les administrations et les

coûts pour les collectivités et les financeurs sont alors démultipliés[273]. Dans le cas de captages en terrains karstiques, les études préalables sont beaucoup plus longues (expertise), plus techniques (traçage) et plus coûteuses (études, recherche parcellaire, indemnisation) que dans le cas d'un petit aquifère homogène. La taille des périmètres est souvent très importante[274], pouvant impliquer des collectivités non alimentées, voir d'autres départements menant des politiques plus ou moins volontaristes. Il en va de même pour les prises d'eaux de surface, même si celles-ci alimentent souvent une population plus urbaine et donc plus importante ce qui permet une plus grande capacité d'investissement pour les collectivités et moindre impact sur le prix de l'eau.
Les rapports parlementaires sont en désaccord sur l'adéquation suffisante des subventions publiques aux besoins des collectivités et, de ce fait, pour considérer que le coût est un facteur d'échec de mise en œuvre de la procédure. Il semble toutefois exister un consensus pour reconnaître que le coût de la procédure restant à la charge des collectivités, généralement supérieur à 150.000 euros (Cour des comptes, 2003) pour une commune rurale, constitue un problème pour les petites communes. Celles-ci fonctionnent souvent en régie directe, sont autonomes et disposent d'une faible capacité d'investissement humain et financier. Le maire doit en conséquence assumer directement l'image négative de l'impact potentiel de la procédure sur le prix de l'eau.
De façon générale, les travaux et les servitudes agricoles peuvent se révéler onéreuses, d'autant plus si les collectivités possèdent plusieurs captages (cas des communes de montagne) ou si les PPC sont étendus, comme c'est souvent le cas pour les captages en eaux superficielles ou en zones karstiques. Si les collectivités peuvent bénéficier depuis quelques années dans la plupart des départements de taux de subvention groupée pour la procédure administrative pouvant aller jusqu'à 80 %, il n'en a pas toujours été ainsi. Avant la réaffirmation du caractère prioritaire des PPC à l'échelle nationale, les critères d'aide dépendaient fortement de la politique et des priorités propres aux Agences de l'eau et aux départements.

2.1.4. Des politiques départementales d'assistance aux collectivités différenciées

Concernant la phase technique de la procédure, les services de l'État et de nombreux Conseils généraux, aidés des Agences de l'Eau, se sont chargés d'aider les collectivités à entreprendre et mener à bien la mise en place des

---

273 En 1999, la Savoie possédait près de 1400 captages et le Val de Marne 7 (Villey-Desmeserets *et al.*, 2001).

274 Cas dans le Tarn-et-Garonne d'un rapport hydrogéologique délimitant un PPR en zone karstique de 110km².

périmètres de protection (instruction de dossier). Les rapports d'évaluation et le recensement des divers supports de diffusion produits par les institutions territoriales montrent que des efforts ont été réalisés dans certains domaines tels que la sensibilisation et l'information, le financement et l'appui aux collectivités en charge du service d'eau potable (documents, séminaires...) afin de promouvoir et faciliter la compréhension des textes réglementaires et la mise en place des périmètres de protection, mais aussi de renforcer la pression institutionnelle sur les élus locaux.

Toutefois, il existe une grande variabilité entre départements des critères et des taux d'attribution des aides financières (Agences de l'eau, Conseils Généraux), ainsi que des modalités d'assistance technique et administrative (Conseils Généraux et bureaux d'études).

Dans 40 % des départements, le Conseil Général est maître d'ouvrage de la totalité ou d'une partie de la procédure (Villey-Desmeserets *et al.*, 2001).

Cette fonction est assurée le plus souvent par un ou plusieurs agents du Conseil Général, mais il peut aussi faire appel à un prestataire privé (bureau d'études), principalement sous forme d'opérations groupées afin de mutualiser les frais.

La délégation de maîtrise d'ouvrage, si elle permet d'alléger la prise en charge de la phase administrative pour les communes peut comporter l'effet pervers de « démobiliser », voire de « déresponsabiliser », les élus du suivi de la procédure (résultats des études préalables, du diagnostic de l'hydrogéologue, des mesures de l'arrêté). Ces derniers n'ayant pas anticipé les éventuels conflits territoriaux, se voient d'autant plus démunis dans les phases suivantes. De plus, si l'accompagnement n'est pas mené au terme de la procédure, ils peuvent ignorer la phase de matérialisation des prescriptions réglementaires de l'arrêté.

L'appui institutionnel aux collectivités se dessine aussi sous forme d'élaboration de protocoles menés au niveau départemental avec la profession agricole (SAFER et chambre d'agriculture). Ils permettent de déterminer les indemnités à verser aux propriétaires et aux exploitants soumis aux servitudes, afin de limiter les litiges, mais aussi d'évaluer, lors des études préalables, le rapport « coût/efficacité » des servitudes envisagées par la collectivité.

Néanmoins, les phases d'étude parcellaire et d'enquête publique permettant la définition des servitudes peuvent encore durer plusieurs années (Cour des comptes, 2003). La méfiance vis-à-vis d'une procédure administrative, les servitudes et le montant des indemnités demeurent des sources fréquentes de contestation émanant des agriculteurs et des propriétaires fonciers. En conséquence, les organismes professionnels agricoles (Chambres d'agriculture, SAFER...), et notamment du fait de l'ambigüité de leur double casquette de représentant professionnel agricole et de prestataire de service (réalisation de diagnostics d'activité, d'impact socio-économique des PPC), peuvent souvent être conduits à surévaluer le chiffrage des servitudes, à occulter des solutions agronomiques alternatives et le calcul comparatif des répercussions des différentes solutions sur le prix de l'eau.

*

* *

Les éléments inhérents au cadre normatif, au contexte structurel et institutionnel sont autant de facteurs influençant directement les capacités d'investissement (politique et financier) des collectivités territoriales (communes, Conseil Général) et de prise en charge des services de l'État.
Dans les situations de contraintes structurelles fortes comme ailleurs, la « rigidité » du cadre procédural, la complexité et le coût de la procédure ont pu être des arguments pour justifier l'inertie ou le délaissement de la procédure par les autorités publiques estimant la norme inadaptée, impossible à assumer pour les collectivités ou trop contraignante à adapter.
Toutefois, dans le contexte récent d'une primauté de l'exigence de résultats sur l'exigence de moyen, comme vu précédemment (1.3), l'inadaptation du cadre procédural ne peut plus constituer un registre de justification de l'ineffectivité de la mise en œuvre des PPC. Les normes secondaires d'interprétation[275], mais aussi de négociation de la procédure constituent alors une ressource nécessaire pour l'action organisée.

2.2. Confrontation de logiques institutionnelles et normes de négociation

2.2.1. La place de l'expertise : une légitimité négociée

La procédure mobilise deux types d'expertise. Le ou les expertises de prestataires spécialisés (bureaux d'étude, Chambre d'agriculture) constituent en amont un rapport d'étude préalable. L'expertise de l'hydrogéologue agrée, sur la base de ce rapport qu'il peut contester ou demander à être complété, définit les PPC et donne un avis sur les mesures de protection à mettre en œuvre.
L'hydrogéologue doit évaluer les incertitudes entourant l'activité de production d'eau potable au niveau des captages d'eau potable et les traduire en risques formalisés de pollution. Une fois les risques qualifiés en des termes reconnaissables et appréhendables, il définit un périmètre de sécurité et émet des recommandations afin de réduire le degré d'exposition de la ressource en eau captée aux risques de contamination et ainsi, le degré d'exposition des usagers aux risques sanitaires (Borraz, 2003). Les services de l'État instru-

[275] On peut citer à titre d'exemple le financement récent par l'Agence de l'eau Adour Garonne d'une étude visant l'élaboration d'un protocole de mise en œuvre des PPC spécifique aux zones karstiques.

cteurs de la procédure traduisent les propositions en mesures dans l'arrêté de DUP qui, une fois validé par le CODERST et signé par le Préfet, devient réglementaire. Ainsi, les autorités publiques, légitimées par l'expertise scientifique, peuvent notifier les mesures aux élus locaux auxquels incombe la responsabilité de matérialiser et de faire respecter les mesures par les propriétaires concernés.

L'expertise de l'hydrogéologue est individuelle et fait rarement l'objet de débats contradictoires, du fait du caractère perçu comme immuable d'une expertise fondée sur des critères admis comme purement scientifiques, de la temporalité de ce type d'expertise et de la faiblesse des moyens humains disponibles. Toutefois, dans des cas de situations conflictuelles, la mobilisation d'une contre-expertise peut justement constituer, pour les autorités comme les élus locaux, une stratégie, de contournement ou de gain du temps, pour pérenniser une activité polluante ou envisager d'autres solutions sans apparaître démobilisé.

L'expertise hydrogéologique par un effet de cadrage ou comme ressource pour l'action, occupe donc une place prépondérante dans la définition des contraintes matérielles, administratives et financières qui vont conditionner le déroulement de la procédure et les stratégies des collectivités en matière de protection de la ressource en eau DCH (mise aux normes, défection par l'abandon du captage, contournement).

On voit dès à présent que l'idée de la naturalisation et le caractère dépolitisé d'une décision fondée sur une expertise scientifique, gage de neutralité et d'objectivité, vole en éclats dans l'opérationnalisation des procédures fussent-elles d'apparence rigide et réglementaire. L'expertise hydrogéologique et l'expert hydrogéologue font l'objet de multiples remises en cause et de négociations à différents stades de la procédure. Même une absence de contestation peut être symptomatique moins d'un soutien institutionnel que d'une stratégie d'effacement ou d'une délégation de responsabilité des autorités publiques et politiques devant une décision pouvant avoir des impacts politiques et sociaux (Robert, 2008).

Le nombre d'hydrogéologues agréés varie selon les départements. Leur statut (fonctionnaires, experts privés), leurs profils de formation, tout comme leurs compétences en fonction du type de ressource à expertiser, et leur capacité à produire des prescriptions à caractère agronomique sont également variables[276]. Notamment pour ces raisons, dès l'amont de la procédure, les hydrogéologues ont des exigences distinctes sur le contenu du rapport préalable. Malgré la diffusion répandue de cahiers des charges types aux bureaux d'études, la quantité et la qualité du contenu des études peuvent être considérées comme insuffisantes et nécessiter des études et des délais

[276] Une grève des hydrogéologues a eu lieu en 2003 afin d'obtenir un statut juridique et financier clair pour les missions d'expertise réalisées en application de la règlementation sanitaire.

complémentaires. De même, leurs avis peuvent diverger notablement (taille et prescriptions) sur des zones parfois voisines ou sur un même dossier. Les rapports et les entretiens pointent en ce sens de façon redondante des « surévaluations » de la superficie des périmètres et des prescriptions techniques et agronomiques, au titre du principe de précaution ou d'une volonté de « *préserver la nappe dans sa globalité* ».
Le rapport de l'hydrogéologue ne demeure pourtant qu'un avis dans le dossier de DUP. Néanmoins, il constitue un dire d'expert avec lequel les autorités sanitaires hésitent à prendre des libertés dans la rédaction des arrêtés de DUP. Celles-ci craignent en effet d'engager leur propre responsabilité en cas de problème de contamination s'il apparait qu'elles ont opéré des modifications vis-à-vis des prescriptions du rapport hydrogéologique.
Cette gestion, qualifiée de « technocratique et non pragmatique », est en ce sens souvent pointée comme un facteur de blocage pour les collectivités ou les représentants du monde agricole. C'est pourquoi, les modifications interviennent le plus souvent avant la diffusion de la version finalisée du rapport à la suite de négociations entre l'hydrogéologue, les services de l'État, le maître d'ouvrage et parfois la Chambre d'agriculture pendant la visite de terrain ou à l'issue du rapport préliminaire.
Paradoxalement, pour toutes ces raisons les contenus et les rédactions des actes réglementaires instaurant les PPC peuvent être jugés scientifiquement et juridiquement critiquables, trop nombreux, peu lisibles ou encore peu opérationnels pour les collectivités et en conséquence peu légitimes. Les hydrogéologues, les techniciens des DDASS ou des Conseils Généraux ne possèdent en effet pas nécessairement la compétence technique et réglementaire en matière agronomique leur permettant de juger de la pertinence et du degré de contrainte de prescriptions agricoles.
Le déficit des PPC est précisément souvent imputé à la mise en application potentielle ou avérée des préconisations de l'hydrogéologue visant les pollutions diffuses et pouvant affecter les activités agricoles présentes sur le périmètre de protection rapproché. Or, l'inefficacité intrinsèque des PPC face aux pollutions diffuses d'origine agricole (et principalement les nitrates) a longtemps fait débat au sein même des administrations chargées de leur instruction, posant un vrai problème de crédibilité et de légitimité des prescriptions.

2.2.2. Des périmètres de protection : une finalité discutée

Au regard du PNSE 1 et plus récemment de la LEMA de 2006, il semble clair que les pouvoirs publics souhaitent insister sur l'idée que le dispositif des PPC est adapté aux pollutions ponctuelles et que l'on ne peut véritablement préserver un captage des pollutions diffuses qu'en agissant sur les pratiques agricoles à une échelle plus vaste, celle du bassin d'alimentation.

En 2005, à la suite du PNSE 1, une étude du Ministère de l'Écologie et du Développement Durable (MEDD) a justement cherché à évaluer les corrélations entre la qualité des eaux brutes et l'existence d'un périmètre de protection. Si un « impact positif » a pu être observé sur la pollution ponctuelle d'origine bactériologique[277], aucune conclusion évidente ne s'est dégagée concernant la pollution diffuse, celle-ci divergeant selon l'indicateur retenu.
Il est vrai que la notion de périmètre de protection est apparue à une époque où le problème des pollutions diffuses d'origine agricoles ne se posait pas sur la scène publique. On peut même avancer que jusqu'au PNSE, les rédactions des textes réglementaires ne permettaient pas d'opérer véritablement cette dissociation. Chaque acteur intervenant dans la procédure développait en conséquence sa propre représentation de la fonction à attribuer aux PPC et de leur efficacité. Celle-ci étant fortement corrélée à sa conception de la gestion du service d'alimentation en eau (logique curative versus logique préventive) et à sa représentation du degré de dégradation de la ressource en eau concernée et de son impact sur la santé publique.
Ce choix de clarifier les finalités des PPC, parallèlement à l'annonce d'un nouveau dispositif complémentaire sur les pollutions diffuses, renvoie donc à une volonté de voir se restreindre la taille des PPR et les contraintes imposées par les arrêtés afin de limiter les blocages procéduraux.
Cependant, au regard de nos enquêtes menées en 2008 au CERTOP, il semble que le flou demeure encore aujourd'hui au sein des différentes institutions territoriales chargées d'appliquer ou de faire appliquer la procédure et ceci pour au moins une raison. Les PPC demeurent encore à ce jour le seul outil réglementaire de protection de l'ensemble des captages à disposition des autorités sanitaires chargées de prendre les mesures nécessaires pour limiter les facteurs pouvant « *entraîner une pollution de nature à rendre l'eau impropre à la consommation humaine* »[278].
En effet, le dispositif des « aires d'alimentation des captages » visant les pollutions diffuses annoncé par le PNSE 1 en 2004, prévu par la LEMA en 2006, relancé par le Grenelle de l'environnement en 2007 (engagement 101) et inscrit dans le PNSE 2 (action 28) ne concerne au final que 500 captages prioritaires sur les près de 35 000 en fonction en France (cf. Chapitre 7).

---

277 « *Toutes choses égales par ailleurs, l'existence d'une DUP augmente en moyenne de 70% la probabilité de ne pas avoir de streptocoques fécaux au point de captage* » (Buisson, 2005, p.27).

278 Décret n° 89-3 du 3 janvier 1989 relatif aux eaux destinées à la consommation humaine à l'exclusion des eaux minérales modifié par les décrets 90-330 du 10 avril 1990, 91-257 du 7 mars 1991 et 95-263 du 5 avril 1995.

2.2.3. Les PPC exposés à la confrontation de différentes logiques gestionnaires

Au sein même d'un département, les postures vis-à-vis des PPC peuvent sensiblement varier d'un acteur à l'autre, de par leur perception du rôle à attribuer aux PPC, mais aussi, en fonction des objectifs, de la hiérarchisation des priorités et des échéances propres à l'institution qu'ils représentent. Dans les chapitres précédents, les principaux ressorts de ces différentes logiques ont été mis en exergue. Dans ce chapitre, en guise de rappel et de façon très schématique, on peut dire que les hydrogéologues sont porteurs d'une logique sanitaire et environnementale, les DDASS d'une logique prioritairement sanitaire, les Conseils généraux d'une logique d'aménagement du territoire et de rationalisation économique, les Chambres d'agriculture et la SAFER d'une logique de maintien de l'activité agricole, les Agences de l'eau d'une logique incitative par le financement d'actions ou d'infrastructures en vue d'améliorer la qualité des milieux aquatiques.

Si ces logiques gestionnaires ne s'excluent pas systématiquement les unes des autres, elles ne s'inscrivent pas obligatoirement dans les mêmes temporalités, n'impliquent pas les mêmes destinataires et n'ont pas de compte à rendre aux mêmes acteurs. Or, ces logiques institutionnelles, traditionnellement fortement cloisonnées, sont désormais rendues interdépendantes par le renforcement des exigences de résultat. Néanmoins, dans le cadre des PPC, la traduction de cette exigence en objectif et en échéancier de protection dans le PNSE 1 n'a semble-t-il pas permis de dépasser pour le moment ces logiques institutionnelles fortement instituées dans les territoires.

En effet, pour les autorités sanitaires, la priorité de mise en conformité des captages s'applique à tous les captages en service à l'échéance fixée par le PNSE 1 (2010). Alors que parallèlement, la plupart des départements se sont dotés de supports de planification visant la sécurisation des approvisionnements à plus ou moins long terme par la rationalisation des infrastructures (fermeture de captage et interconnexions). Or, dans le bassin Adour Garonne, ces documents conditionnent l'attribution aux collectivités des aides émanant de l'Agence de l'eau. Cette dernière peut se voir en conséquence contrainte de refuser de financer des procédures de protection de captages dont la fermeture a été programmée à plus long terme[279].

*

* *

Le manque de volontarisme des collectivités maîtres d'ouvrage, malgré les adaptations pragmatiques effectuées par les services de l'État, est donc

279 Dans le 9ème programme de l'Agence de l'eau Adour Garonne, les résultats attendus concernant les 2600 unités de distribution jugées non conformes à la réglementation étaient : 300 abandons et 1500 mises en conformité.

généralement imputé à la lourdeur, à la rigidité et aux finalités floues du cadre normatif, ainsi qu'au manque de moyens et aux problèmes de coordination entre les services de l'État. Force est de constater que les conditions de mise en œuvre de la procédure relèvent aussi de façon transversale de variables géographiques, de niveaux de risque sanitaire (alerte, dépassement, pollution accidentelle, épidémie de gastroentérite), de logiques institutionnelles et organisationnelles propres aux territoires.

Les captages d'eau potable se localisent principalement en zone rurale. Dans ces territoires à enjeu agricole et/ou à faible capacité d'investissement humain et financier, les pressions politiques liées aux risques de restrictions agricoles (gel de terre), à leur indemnisation (perte de rendement, de valeur foncière…) et aux conséquences sur le prix de l'eau pèsent fortement sur la décision. Les arguments liés à la lourdeur de la procédure apparaissent alors moins comme des « facteurs de blocage » que comme des registres de justification.

Les PPC s'inscrivent pour les élus locaux dans un conflit d'intérêts entre protection des activités sur le territoire (essentiellement agricoles), mise en conformité réglementaire et augmentation du prix de l'eau. Les collectivités arbitrent en faveur de stratégies d'évitement de conflit par l'ignorance ou le contournement de la réglementation des PPC, parallèlement ou non, à la mise en œuvre de solutions curatives et palliatives leur permettant de distribuer une eau conforme (traitement, forage profond, dilution, abandon de captage, interconnexions). Dans le cas de la protection d'un captage alimentant plusieurs communes ou n'alimentant pas la commune d'implantation, élus locaux et agriculteurs peuvent refuser d'assumer ce qu'ils perçoivent comme une externalisation vers leurs territoires des risques politiques et de la responsabilité de la qualité de l'eau DCH.

Au cœur du déficit des PPC se pose finalement la question d'un décalage entre d'une part, un enjeu majeur de réduction des risques sanitaires au bénéfice de l'intérêt général ; et d'autre part, des origines de pollution à l'échelle du bassin versant et des risques politiques, économiques et sociaux qui ne pèsent que sur les acteurs du territoire du point de captage à protéger (élus et agriculteurs). À ce titre, la politique PPC est caractéristique de coûts sociaux, politiques et économiques concentrés sur un territoire alors que les bénéfices sont diffus.

Face à ce hiatus, plusieurs postures se dessinent. La départementalisation de la gestion des services AEP, comme échelle pertinente pour permettre une mutualisation des moyens et des coûts inhérents à la gestion des risques (sanitaires et associés) en est une (cf. Chapitre 3). Une autre consiste à dépasser le cadre réglementaire par la mise en œuvre de démarches contractuelles, préventives et territorialement négociées.

2.3. *Enjeux agricoles et solutions d'évitement de conflits*

Les PPC sont un dispositif visant à prévenir les pollutions ponctuelles et accidentelles alors que les pollutions diffuses agricoles représentent les principales causes de contamination des captages. En conséquence, les exploitations agricoles sont les principales activités susceptibles d'être soumises à des mesures de restriction et à des servitudes. Afin de faciliter l'acceptabilité de ces mesures et de permettre une gestion intégrée des risques de contamination des ressources en eau DCH, des partenariats entre collectivités distributrices et représentants agricoles (Chambre d'agriculture) sont encouragés par l'incitation économique des Agences de l'Eau pour mettre en œuvre des actions préventives.

En s'appuyant sur les enseignements de travaux antérieurs (Busca, Salles, 2002) et sur ceux du programme EVEC (1 et 2), nous proposons d'analyser les difficultés de l'adoption de mesures préventives en accompagnement des PPC. Ces mesures préventives, en dépit d'une légitimité de « bon sens », doivent faire la démonstration de leur pertinence et de leur efficacité à moyen et long terme. Divers instruments sont disponibles dans le registre des actions préventives, et tous ne disposent pas de la même audience en termes d' « acceptabilité sociale », de « faisabilité administrative ».

Le programme de recherche EVEC 1[280] a mis en exergue qu'en accompagnement des politiques PPC, la « solution préventive » est, généralement, conçue comme un complément aux solutions curatives ou palliatives immédiatement opérationnelles, et qu'à défaut de changements de pratiques significatifs, elle n'a pas de réelle efficacité. Les situations observées où existent des solutions préventives correspondent souvent à des prises de conscience tardives ou à des situations de risque avéré, dans lesquelles les autorités sanitaires alertent sur l'atteinte ou le dépassement de normes de potabilité, et qui plus est, parfois, dans des zones déjà soumises à contrainte environnementale (zone vulnérable aux nitrates). Même dans ces cas, les programmes d'actions se limitent le plus souvent à des actions d'animation, de sensibilisation des agriculteurs aux « bonnes pratiques », de substitution de molécule…

[280] Le programme interdisciplinaire de recherche « l'Eau des villes et l'eau des champs » (EVEC phase 1) a été mené entre 2004 et 2006 (Salles *et al.*, 2006). Il avait pour objectif d'apporter des éléments de compréhension du déficit de mise en œuvre de la réglementation des PPC, ainsi que des éléments d'appréhension de modes de gestion concertés innovants articulant dispositifs réglementaires et contractuels. Neuf études de cas ont été réalisées par trois équipes de recherche (CERTOP/CNRS, CEMAGREF, LATTS/CNRS) à l'échelle de trois territoires (bassin Adour-Garonne, Languedoc, Bretagne). La monographie du SPIDE, exposée dans le chapitre 4, s'inscrit dans ce programme.

Le programme EVEC 2 (Barraqué *et al.*, 2007) confirme en ce sens que, malgré des évolutions institutionnelles[281], les démarches de coopération entre agriculteurs et collectivités distributrices d'eau potable qui accompagnent les mesures de protection de la ressource en eau DCH ne débouchent pas sur des programmes d'actions véritablement préventifs, et sur une conversion à des pratiques agricoles et des modes de production non intensifs (agriculture biologique, diversification animale et culturale).
Les actions proposées par les organismes professionnels agricoles aux collectivités tendent à s'inscrire au mieux dans des dynamiques territoriales pré-existantes, reprenant elles-mêmes le plus souvent des objectifs fixés par des politiques de protection générale et réglementaires (mise en conformité). En se restreignant à l'adoption de référentiels de pratique de type « agriculture raisonnée » et aux outils existants (opérations ferti-mieux, MAE, CTE, CAD…), ces politiques incitatives ont démontré leurs faibles résultats environnementaux et leur capacité réduite à changer fondamentalement les pratiques des agriculteurs (Villey-Desmeserets *et al.,* 2001 ; Busca, 2010 ; Brouwer *et al.,* 2003).
Dans un autre registre, les démarches d'acquisition foncière par les collectivités de terres agricoles situées sur le périmètre de protection de captages, se sont développées en tant que moyens d'action considérés comme plus rapides et plus efficaces. En tant que propriétaire du foncier, la collectivité disposerait ainsi des leviers nécessaires pour limiter les pollutions dans les périmètres de protection des captages et éviter les conflits avec les activités agricoles. Les Agences de l'Eau incitent à ces acquisitions par des subventions de 40 à 70 % et certains départements les subventionnent également (Villey-Desmeserets, 2001). Les Sociétés d'aménagement foncier et d'équipement rural (SAFER) peuvent aider les collectivités à se rendre propriétaires des terrains visés (veille foncière, protocole d'indemnisation, remembrement). Néanmoins, l'acquisition foncière d'une surface significative permettant une maîtrise suffisante de la protection du captage s'inscrit dans un temps long et nécessite des moyens importants.
Dans plusieurs départements, la profession agricole s'organise pour peser sur le niveau de prix des transactions foncières, pour participer à la définition des prescriptions agricoles sur les terres acquises par la collectivité, voire pour défendre le maintien d'exploitations. L'acquisition foncière est donc loin de représenter une solution préventive consensuelle, tant du côté des collectivités, que dans le monde agricole.
Dans le cadre de l'application de la réglementation du Plan d'occupation des sols (POS), il avait déjà été observé que le POS faisait l'objet d'une application plus stricte dans les zones périurbaines où il peut s'inscrire dans une

[281] Le programme de recherche EVEC 2 insiste sur la création, dans les cas d'étude d'Auxerre et d'Eau de Paris, d'institutions spécifiques : l'association pour la Qualité de l'Eau Potable de la Plaine du Saulce (crée en 1998) et Aqui'Brie.

gestion municipale « interventionniste », que dans les zones à dominante rurale où il s'agit de ne pas pénaliser l'installation (ou le maintien) des activités ou des résidents (Salles, 1995). Les stratégies adoptées localement par les élus sont donc de l'ordre de l'évitement afin de garantir la paix sociale, elles sont aussi dominantes dans les positions des autorités politiques départementales (Préfet, Conseil Général).
Les agents des services de l'État regrettent les arbitrages réguliers des préfets en faveur d'intérêts particuliers à la suite de plaintes d'un élu local ou de représentants du monde agricole sur un arrêté ou une mise en demeure de la DDASS. Ils se traduisent notamment par des arrêtés non signés par la Préfecture, signés puis retirés, discutés, non appliqués ou hors des délais réglementaires. Cette absence de soutien « hiérarchique » contribue à réduire non seulement la crédibilité du caractère prioritaire des PPC en tant qu'outil de prévention de la santé publique, mais aussi la crédibilité des avertissements et des menaces de sanction émises par les agents des services de l'État.
Au final, les situations étudiées dans le cadre du programme EVEC (Tableau 10) montrent des disparités croissantes entre les collectivités et les usagers face aux conséquences, sur la qualité des eaux distribuées et le prix de l'eau, de la contamination croissante des ressources en eau DCH. Les collectivités (urbaines, syndicats…) disposant de moyens financiers conséquents peuvent contourner les processus de négociation avec les agriculteurs à l'issue incertaine par des actions telles que la recherche d'une nouvelle ressource moins contaminée, l'acquisition foncière des parcelles du futur PPR et à terme la sanctuarisation du captage (cf. Chapitre 4). Cependant, l'abandon des ressources contaminées et la concentration des contrôles sanitaires, des collectivités et des moyens financiers autour de zones sanctuarisées, relâchent la pression institutionnelle et sociétale sur les activités à l'origine des pollutions diffuses et ne fait que masquer la dégradation des ressources.

	Problématique	Solutions mises en œuvre
Rurale : **Espace à dominante rurale** SPIDE en Val d'Adour (Hautes-Pyrénées), syndicat du Trégor (Côtes-d'Armor), syndicat du Gouessant (Côtes-d'Armor)	- Enjeux agricoles et fonciers dominants (SAU constante, pression démographique faible) - Contamination des ressources AEP tend à être niée : « *les ruraux ne vont pas s'exproprier entre eux pour protéger les zones d'alimentation des captages.* » - Syndicats d'eau potable souvent limités en taille et en moyens financiers - Traitement de l'eau très onéreux faute d'économies d'échelle.	- Services déconcentrés de l'État, Agence de l'eau et Conseils généraux incitent à la concentration des UDI autour de ressources en quantité et qualité adaptées et/ou facilement protégeables - Refus de la perte de l'autonomie communale retarde ces solutions - Nécessité d'un autre facteur, interne au monde agricole, pour voir émerger une solution de type préventive
Urbaine : **Espace à dominante urbaine** (villes moyennes et grandes) Orléans (Loiret), Chèze-Canut (Rennes, Ille-et-Vilaine), Oursbellile (Hautes-Pyrénées), Narbonne (Aude), La Voulzie (Eau de Paris, Seine et Marne), Plaine de Saulce (Auxerre, Yonne)	- Approvisionnement en eau issu de champs captant en milieu rural - Population desservie réside majoritairement en milieu urbain : pôles urbains (+ de 5000 emplois) ou communes sous forte dépendance de la ville - Agriculture très faible, en concurrence avec l'habitat - Centralisation des activités et du pouvoir de la commune centre - Moyens et possibilités d'action importants (proportionnels au nombre d'abonnés)	- Possibilité de prise d'eau de surface (souvent proche des villes et abondante) et de compensation des coûts de traitement importants - Possibilité financière d'acquisition des parcelles entourant les captages d'eau souterraine : → Acquisition mal vécue par les propriétaires, conflits, coalitions foncières puissantes → Rapport de force pouvant se transformer en accord coopératif équilibré
Périurbaine : **Espace rural sous influence urbaine** (idem petites villes) Syndicat des trois cantons (Pyrénées-Atlantiques), syndicat Gave et Baïse (Pyrénées-Atlantiques), Vacquières (Hérault)	- Périurbanisation récente qui modifie les pratiques et les modes de vie de ces espaces : → Pressions démographiques (développement de l'habitat pavillonnaire, fréquentation touristique saisonnière, …) → SAU sous pression foncière - Marché foncier et volumes d'eau distribuée croissants pouvant accroitre les possibilités d'action des collectivités vis-à-vis des exploitants agricoles - Acquisitions foncières problématiques du fait de l'accroissement des coûts fonciers.	- Traitement complémentaire de l'eau du robinet - Stratégie de recherche de nouveaux captages et de sanctuarisation plus incertaine

Sources : Salles (dir.) et al., 2006 (EVEC 1) ; Barraqué (dir.) et al. (EVEC 2)

Tableau 10 – Synthèse des 12 études de cas du programme de recherche EVEC phase 1 et 2

Des démarches préventives de résolution ou d'anticipation des problèmes de contaminations des ressources en eau potable par les pollutions d'origine agricole existent de façon plus aboutie dans plusieurs pays de l'Union européenne. Particulièrement au Danemark et en Allemagne, existe une demande sociale forte des consommateurs pour recevoir « *une eau la plus pure possible* », et cela, sans avoir reçu de traitement. Cette « demande sociale » serait la principale motivation des distributeurs d'eau et des autorités pour donner la priorité à des mesures préventives visant le changement des pratiques agricoles afin de contrôler la contamination à la source (Heintz, 2008).

Des recherches européennes ont montré que des « *co-operative agreements* (CAs)[282] entre les compagnies distributrices d'eau, les agriculteurs et les autorités pouvaient augmenter l'efficacité de la régulation dans le domaine environnemental et ainsi réduire les pressions environnementales sur les ressources en eau sans qu'il soit nécessaire d'acquérir de grandes surfaces agricoles (Brouwer, Heintz, Zabel, 2003).

L'idée sous-tendue est qu'à l'encontre de la théorie de la « *tragedy of the commons* » (Hardin, 1968), les usagers, les agriculteurs et les compagnies distributrices d'eau potable peuvent gérer l'exploitation d'une ressource commune et conclure, sous certaines conditions, des CAs pour réduire les impacts négatifs de l'agriculture sur cette ressource (Willem Van Der Schans, 2003). Dans certains pays d'Europe, ces CAs sont mis en œuvre depuis plus de 20 ans[283].

Pour illustration, les agriculteurs s'engagent à rendre des comptes aux distributeurs d'eau sur la réduction de l'emploi de fertilisants et de produits phytosanitaires, ou la conversion de parcelle en prairies permanentes et reçoivent en échange des compensations financières et des conseils agricoles gratuits. Sur ces sites, il est prévu que la réduction des taux de nitrates et de pesticides soit visible dès 2015. Ces approches pragmatiques, plus que de principe, de la gestion des ressources en eau seraient ainsi plus efficaces en termes de résultats.

L'efficacité environnementale des CAs se mesure sur la qualité de l'eau, mais les actions mises en œuvre peuvent être aussi un indicateur. Un CAs est économiquement efficient si chaque partie prenante y gagne (*win win situation*), soit si le total des dépenses liées au changement de pratique (campagne d'information et suivi de la qualité de l'eau) est inférieur ou égal

---

[282] Les caractéristiques d'un CAs sont le volontariat et l'intérêt personnel des parties prenantes, l'auto-régulation entre les participants, l'engagement des gestionnaires comme initiateurs de la négociation et pourvoyeurs clés des ressources financières, le ciblage d'un territoire spécifique (bassin versant, zone de protection), et des accords écrits entre au moins le distributeur d'eau et les agriculteurs (Heintz, 2008).

[283] Depuis 1998, des CAs ont été recensés dans 9 des 15 États où les 50 études de cas ont été réalisées (Autriche, Danemark, Finlande, France, Allemagne, Luxembourg, Pays-Bas, Suisse et Grande-Bretagne).

aux coûts évités grâce aux changements de pratique, aussi bien au niveau de la production d'eau (coûts des traitements, recherche de ressource...) que des exploitations agricoles (coût des intrants...).
Plusieurs exemples sont révélateurs, dont celui de la ville de Viersen dans le *Bundesland* de la Rhine-Westphalia du Nord (Heintz, 2004). Il y a près de 25 ans, suite à la montée, due à l'agriculture intensive, des concentrations en nitrates dans la nappe d'eau souterraine dans laquelle puisaient quatre captages alimentant Viersen (77 000 habitants), la compagnie distributrice a tout d'abord opté par un forage plus profond. La concentration en nitrate est ainsi passée de 80 à 35 mg/l dans les années 1990. Cependant, face au caractère temporaire de l'efficacité de cette mesure, la compagnie est entrée en négociations avec les agriculteurs. Le résultat est un maintien des concentrations moyennes à 35 mg/l permettant d'éviter une usine de traitement, un bénéfice économique net évalué à plus de 253.000 euros par an, une proportion du coût du CAs sur le prix de l'eau estimée à 3,5 % et bien entendu le bénéfice sanitaire et environnementale d'une solution préservant la ressource et contrastant, comme le souligne l'auteur, avec une « *end-of-pipe approach* ».
Dans le cas bien connu du CA de Munich, crée en 1993, et possédant des moyens autrement plus importants (plus d'1 million d'habitants), le bénéfice net aurait atteint 765.000 euros par an, soit un coût inférieur 0,01 euros par m^3 et une proportion sur le prix de l'eau de 0,7 %. Du point de vue de la qualité de l'eau, les concentrations en nitrates sont passées de 15 à 8 mg/l et les pesticides sont descendus en dessous du seuil de détection. Il faut préciser que l'activité agricole n'était initialement pas majoritairement de type intensif et que les pratiques se sont concentrées sur une agriculture biologique.

*

* *

Selon les évaluations, les services de l'État et les collectivités seraient co-responsables de quarante ans d'inertie et de silence complice sur les défauts de la procédure ayant conduit au déficit d'application de la réglementation des PPC (Miquel, 2003). Il apparaît plus vraisemblable de considérer qu'après plus de 100 ans d'existence et 40 ans d'obligation réglementaire, le dispositif des PPC est une véritable « institution ». En ce sens et à l'encontre d'une vision uniformisatrice et dépolitisée des règles de droit, le dispositif des PPC est un construit social et politique en constante appropriation. Malgré un caractère standardisé inhérent à toute norme réglementaire, la rigidité de son cadre procédural et le flou sur sa finalité donnent lieu à des formes d'adaptation pragmatique et d'appropriation différenciées en fonction des configurations territoriales. La durée de son « mandat » l'inscrit nécessairement dans un processus de routinisation, d'institutionnalisation de façons de faire, d'élaboration de règles du jeu formelles et informelles. Ces éléments arbitrent des relations plus ou moins stabilisées entre les administrations, les experts, les élus locaux et les intérêts corporatistes. Ces interactions débouchent sur des prises en charge différenciées en fonction des situations d'action pouvant aller de l'inertie au dépassement du cadre réglementaire.

Compte tenu de ces éléments, on peut considérer que les conditions d'atteinte de l'objectif de 100 % de captages protégés en 2010 résident principalement dans les capacités des acteurs territoriaux, rendus co-responsables vis-à-vis des conséquences de leurs actions, à coopérer et coordonner leur action. À mesure que s'approchent les échéances réglementaires, il apparait pour les autorités publiques à l'échelle nationale que l'obtention de résultats dépend de l'appropriation des nouveaux outils d'incitations (contrôle, sanction, conditionnement des aides) par les autorités territoriales pour résoudre des situations de risques multi-niveaux (sanitaires, sociaux, politiques et économiques) déjà identifiées comme problématiques.

- L'imposition d'un objectif de résultat peut-elle reconfigurer des logiques institutionnelles et organisationnelles territorialement instituées ?
- Dans quelle mesure ces changements d'objectifs et d'outils de gestion entrent-ils en confrontation avec les cadres normatifs et cognitifs par rapport auxquels s'accomplissent les missions régaliennes à l'échelle régionale et départementale ?

3. La gouvernance des PPC en Midi-Pyrénées : Agiter la carotte et préparer le bâton

Le bassin Adour Garonne et la région Midi-Pyrénées se présentent comme des territoires particulièrement symptomatiques des problématiques relatives à la préservation de la qualité des ressources en eau potable (Annexe 1). Le 9ème programme de l'Agence de l'eau Adour Garonne, fixe notamment comme objectif d'« augmenter la sécurité de l'approvisionnement en eau potable par la protection de captages et des ressources stratégiques ». Cette démarche s'inscrit dans la mise en œuvre de l'action 10 du PNSE 1 (2004-2008) déclinée à l'échelle de la région Midi-Pyrénées au travers du PRSE (2005-2008), dont la responsabilité de la mise en œuvre a été confiée aux autorités sanitaires (DRASS-DDASS). Or, concernant cet objectif ainsi que celui de diminuer de 50 % la population alimentée par une eau non-conforme pour les paramètres microbiologiques et pesticides, le défi est rude (Tableau 11).

La responsabilité de l'instruction des PPC a été, dans le même temps, transférée aux DDASS afin de garantir une meilleure efficacité de l'action publi-

que. Pour justifier de sa compétence, la DRASS Midi-Pyrénées doit, en conséquence, rapidement s'approprier la problématique de l'opérationnalisation territoriale des PPC et devra rendre des comptes à son ministère de tutelle.
En plein tournant néomanagérial des administrations publiques (LOLF, RGPP) (Bezes, 2008) et changement paradigmatique (renforcement des outils coercitifs), l'atteinte des objectifs de résultats accompagnant cette nouvelle responsabilité a initialement été perçue par certains agents régionaux comme une opportunité de justifier le maintien du service santé-environnement. La DRASS doit également faire la preuve de sa légitimité à coordonner l'action 10 du PRSE au niveau régional, en externe, vis-à-vis des autres institutions antérieurement impliquées (Agences de l'eau, services de l'État, Conseils généraux), mais aussi en interne, auprès de ses services départementaux (DDASS).
L'ineffectivité des PPC étant officiellement imputée aux dysfonctionnements proceduraux et au manque de volontarisme des élus locaux, la DRASS Midi-Pyrénées a cherché à renforcer sa crédibilité et à relancer l'action collective par une stratégie d'enrôlement à un double niveau : En externe, elle organise un cadrage des missions et des ressources des partenaires institutionnels de la procédure (3.1) ; et une campagne d'information auprès des maîtres d'ouvrages directs des PPC, les élus locaux (3.2). En interne, elle organise le suivi des objectifs et la constitution de supports méthodologiques destinés à assister les agents départementaux dans le renforcement de leurs missions de police sanitaire (inspection et sanction) (3.3).

		2002		2007	
		Région Midi-Pyrénées	**France métropolitaine**	**Région Midi-Pyrénées***	**France métropolitaine**
Captages AEP protégés (PPC au stade DUP)		14 %*	36 %**	24 %*	50,5 %**
Population alimentée par un captage protégé		n.c	n.c.	44 %*	n.c.
Population alimentée par une eau non-conforme	**paramètre pesticides**	4 %*	9 %**	3,5 %*	9 %**
	paramètre bactériologie	9 %*	5,8 %**	9 %*	4,4 %**

**DRASS Midi-Pyrénées **Ministère de la Santé n.c. non connu*

Tableau 11 – État d'avancement de la protection des eaux DCH en Midi-Pyrénées et en France métropolitaine

3.1. *L'enrôlement des experts*

La première démarche de la DRASS a consisté à demander aux services départementaux de lister les freins à la mise en œuvre des PPC qu'ils rencontreraient sur leur territoire. Sur la base de cette enquête, trois réunions ont été organisées avec les grandes catégories d'intervenants.

Une première réunion a été organisée le 21 juin 2005[284] rassemblant les services participants à l'instruction de la procédure (DDASS et préfecture) et les financeurs (Agence de l'eau) et/ou les maitres d'ouvrage délégués (Conseils Généraux) afin de présenter les objectifs de l'action 10 du PRSE, de mettre en avant les difficultés d'organisation et de clarifier les attributions de chacun dans le déroulement de la procédure. Quatre ordres de difficultés et pistes d'amélioration ont été soulevés[285] : techniques (rappeler les objectifs des PPC, proposer des cahiers des charges pour les études préalables…), financières (différentiel de tarification des hydrogéologues agrées entre fonctionnaires et non-fonctionnaires, fournir un acompte de 90 % du montant des subventions Agence de l'eau aux petites communes…), management (inciter aux opérations groupées, améliorer la coordination entre les services, mise en place de groupes de travail spécifiques aux captages en eaux karstiques et superficielles…) et enfin gestion de la procédure (manque de personnels DDASS, préfecture…).

Puis, une « journée d'information et d'échange » a été organisée par la DRASS le 14 octobre 2005 pour discuter des points soulevés avec les hydrogéologues (agrées et coordonnateur) et les bureaux d'études (une demi-journée chacun) en présence de représentants des autres intervenants (Agence de l'eau, DDASS et services des Conseils généraux) et de sociologues.

Si cette seconde journée de discussion a fait émerger les points de blocage évoqués dans la partie précédente, elle est rapidement apparue avant tout comme une journée de cadrage des missions des hydrogéologues et des bureaux d'étude et de validation des orientations décidées en amont par la DRASS. L'objectif 2008 (80 % des PPC) et 2010 (100 % des PPC), l'aspect « légaliste » et le critère prioritaire de mise en conformité ont été constamment évoqués par les organisateurs pour rappeler aux intervenants leur responsabilité. Concernant l'aspect « discussion collective », différentes questions préétablies ont été soumises à discussion de façon plus ou moins expéditive.

---

[284] Agence de l'eau Adour Garonne (7 représentants), Conseils généraux (12 représentants), Préfectures (3 représentants), DDASS (10 représentants) et DRASS (2 représentants), ainsi qu'un chercheur sociologue.

[285] Compte-rendu de la réunion « PRSE action 10 », 21 juin 2005 à l'Agence de l'eau Adour Garonne.

A l'issue de chaque demi-journée, des préconisations pour l'expertise ont été présentées en guise de synthèse : des prescriptions rédigées de façon pédagogique et en termes d'objectifs clairs et compréhensibles, une argumentation scientifique mesurée et, principalement, des préconisations relatives au contenu du dossier technique validé en séance afin d'uniformiser les dossiers d'enquête préalable réalisés par les bureaux d'études, de limiter la durée d'établissement du diagnostic hydrogéologique à 3 mois. Les participants ont été invités à réagir par écrit sur le contenu de ce dossier qui ne leur avait pas été communiqué avant la réunion.

3.2. L'incitation des élus : proposer la carotte et annoncer le bâton

Par ailleurs, les pouvoirs publics se sont, depuis une vingtaine d'années, et de façon plus renforcée depuis le PRSE, largement concentrés sur un objectif affiché de « responsabilisation » des élus locaux à travers une stratégie incitative par :

- des actions de sensibilisation et d'information (diffusion de plaquettes d'information[286], courriers) sur les objectifs du PRSE et les nouvelles prédispositions en termes de sanctions administratives et pénales des autorités sanitaires ;
- de l'appui technique (DDEA, Conseils Généraux) et méthodologique (guide technique à la mise en œuvre des PPC) ;
- des incitations financières (Agences de l'eau et Conseils généraux).

Sur le plan financier, fort d'une demande émanant de la DRASS[287] portée au Conseil d'administration de l'Agence de l'eau Adour Garonne, les subventions de l'Agence de l'eau ont été conditionnées « *à l'existence ou à la mise en place simultanée des PPC* » ou encore à l'inscription de l'AEP communal dans les schémas départementaux d'alimentation en eau potable (SDAEP). Les communes figurant dans la planification départementale ont par ailleurs été incitées à s'inscrire dans les objectifs du PNSE 1 par l'obtention de financements bonifiés[288] et l'établissement de conventions avec les

---

[286] Les plaquettes d'information ont combiné 2 volets : un volet territorialisé cartographié (croisement de données sociodémographiques et sanitaires) et un volet information (procédure, objectif des PPC, rappel de la responsabilité des élus, sanctions administratives et pénales et accompagnement).

[287] Ingénieur sanitaire responsable du service santé-environnement de la DRASS Midi-Pyrénées et administrateur à l'Agence de l'eau Adour Garonne.

[288] L'Agence de l'eau a renforcé ces taux de subvention pour la procédure des PPC (procédures administratives et travaux) jusqu'au 31/12/2010 (« *150 millions d'€ au service des plans régionaux santé environnement* ») : subvention de 30% à 70% pour les procédures administratives et travaux selon la nature de l'opération.

Conseils généraux permettant d'encadrer des opérations groupées[289] (défis territoriaux) ou lui accordant le statut d'opérateur unique[290].
Cependant, les SDAEP ont pu constituer tant un véritable moteur qu'un frein à la mise en œuvre des PPC. En effet, les points de prélèvements non inscrits dans les priorités départementales n'ont pu disposer de subventions (Agence de l'eau et Conseil Général) pour se mettre en conformité vis-à-vis des autorités sanitaires.
Pour la DRASS, un des premiers objectifs était de franchir l'étape jugée décisive de faire acter les PPC par la délibération de l'ensemble des collectivités n'ayant pas engagé la procédure avant le 31 décembre 2006 (circulaire du 31 janvier 2005). Cet objectif a été globalement atteint à la suite de la campagne d'information et des relances régulières de la part des agents des DDASS. Ce premier « engagement » des collectivités n'assurait toutefois en rien la poursuite de la procédure pour l'ensemble des raisons déjà évoquées.
Effectivement, dès la fin de l'année 2006, les institutions territoriales ont été confrontées à un état des lieux de l'avancement des DUP et de la qualité des eaux, certes en évolution, mais ne permettant pas d'être optimiste sur l'atteinte des échéances fixées par la législation. C'est pourquoi, de façon à anticiper les exigences dont elle aura à répondre, la DRASS a proposé en février 2007 aux préfets de la région Midi-Pyrénées de convertir l'objectif de « 80 % de captages protégés en 2008 » à un objectif de « 80 % de la population alimentée par un captage protégé ».
Conjointement à ces dispositions organisationnelles et incitatives, la DRASS enjoint les agents départementaux à réorienter leur pratique sur des actions plus coercitives par la mise en œuvre de sanctions administratives et pénales, permises la loi de santé publique de 2004.

Ces orientations vers le retour d'un état plus centré sur des missions coercitives, s'inscrivent dans un processus global de réforme visant un renforcement du rôle de l'État vers la réglementation, l'audit, le contrôle et la sanction (Lascoumes, Le Galès, 2009). Déjà présenté dans la LOLF, l'objectif affiché par le gouvernement présidé par Nicolas Sarkozy est la « responsabilisation » des agents par la culture du résultat (Woerth, 2009).
Dans le domaine de la politique de l'eau, le dernier rapport 2010 d'évaluation de la Cour des comptes insiste à nouveau sur la nécessité de renforcer les contrôles, présentés comme le moyen d'améliorer l'efficacité

---

289 « *Un ensemble de communes délèguent la réalisation de la phase administrative de protection au Conseil général qui assure cette tâche en régie ou sous-traitance (SEM, CPIE, Bureau d'études) à l'unité ou par lots homogènes.* » (Réunion Action 10 PRSE, support Power Point Agence de l'eau Adour Garonne, 21 juin 2005, Toulouse).

290 L'Agence signe avec le Conseil Général « une convention pluriannuelle sur la base de listes indicatives cohérentes avec les priorités des SDAEP. » (Réunion Action 10 PRSE, support Power Point Agence de l'eau Adour Garonne, 21 juin 2005, Toulouse)

de l'action de l'État et d'atteindre les objectifs de résultats environnementaux européens. L'idée défendue est qu'un État français plus « volontariste » apparaitra comme plus crédible devant la Commission européenne à qui, il doit précisément justifier de son activité de contrôle (Cour des comptes, 2010).
Toutefois, dans la lignée des travaux sociologiques ayant mis en évidence que « *le droit oriente les conduites, il ne les détermine pas* », il a été démontré que les actions répressives constituaient dans la pratique une exception plutôt qu'une norme, les agents étant davantage attachés à une conception pédagogique du contrôle (Lascoumes, 1990). Ce recentrage des fonctions des services de l'État sur leur pouvoir de police induit donc la constitution d'un nouveau référentiel professionnel pour les agents départementaux.

3.3. Le renforcement de la police sanitaire : un hiatus entre logique légaliste et référentiel professionnel

3.3.1. Le développement de l'inspection et la sanction : une démarche nationale

Les agents des services santé-environnement des DDASS ont en charge le contrôle sanitaire des eaux DCH. Traditionnellement fortement concentrée sur le prélèvement des eaux et l'instruction des PPC et sur une démarche informelle de conseil technique, de sensibilisation et de prévention, leurs attributions officielles tendent aujourd'hui à se recentrer sur des missions de police sanitaire (inspection et sanction)[291]. En effet, le renforcement de la police sanitaire et de l'inspection des installations de production et de distribution d'eau potable se voit affiché, depuis une circulaire de mars 2004, comme mission prioritaire des services santé-environnement des DDASS et des DRASS, pour répondre au déficit d'application des normes sanitaires (circulaire DGS/DAGPB2004/162 du 29 mars 2004). Dans la lignée de ces missions de contrôle, la loi de Santé publique d'août 2004 leur confère en ce sens de nouveaux outils de sanction administrative et pénale qui ont été repris dans la LEMA (Art.10) de décembre 2006.
Dans le cadre de l'action 10 du PNSE 1, la circulaire DGS/SD7A/2005/59 du 31 janvier 2005 définit l'élaboration et la mise en œuvre d'un plan départemental de protection des captages utilisés pour la production d'eau potable afin d'accélérer l'instauration des périmètres de protection. Ce plan prévoit dans le même temps le contrôle de la matérialisation des périmètres de protection et de l'effectivité des prescriptions imposées par l'arrêté. Il est

[291] Article R1321-15 du Code de la santé publique.

donc demandé aux agents des DDASS de contrôler 10 % des captages protégés chaque année.
Afin d'accompagner ce changement de pratique d'intervention en matière de contrôle sanitaire au sein des services santé-environnement des DDASS, une réflexion à l'échelle nationale a été initiée par le bureau des eaux en 2006.
Un groupe de travail national a été constitué afin d'élaborer « un référentiel d'inspection » ayant pour objet, dans un premier temps, les PPC. Un ingénieur d'étude sanitaire de la DRASS Midi-Pyrénées a participé à l'élaboration d'un guide national d'inspection des périmètres de protection.
Le développement et la généralisation de ces missions induisent la formalisation de nouvelles méthodes de travail et d'organisation, mais plus profondément, elle relève d'un véritable changement d'identité professionnelle. Comment les services déconcentrés (DRASS et DDASS) vivent-ils ce changement ? Comment s'y prennent-ils pour adapter leur pratique professionnelle ?

3.3.2. Une réflexion collective instituée à l'échelle régionale

En Midi-Pyrénées, un groupe de travail régional AEP rassemblant des agents des services santé-environnement des DDASS et animé par la DRASS existe depuis 1998. Il a été créé dans le cadre du Plan régional d'action en Santé Environnement (PRASE) et vise à permettre la mutualisation et la diffusion d'informations concernant les évolutions réglementaires, l'utilisation des outils techniques (site internet, outil planning, boitier terrain…), et à produire des guides méthodologiques.
Nous avons entamé un suivi des réunions de ce groupe entre les mois de novembre 2006 et d'avril 2008 afin d'observer les modalités d'incorporation du « nouveau » référentiel professionnel induit par le renforcement des missions d'inspection. Durant cette période, les grandes thématiques des réunions ont été la mise en œuvre des sanctions administratives et pénales, les procédures d'accréditations et de mises en concurrence des laboratoires d'analyse (rédaction du Cahier des Clauses Techniques Particulières CCTP), les évolutions réglementaires (décrets d'application de la loi de Santé publique, LEMA…) et le suivi de la mise en œuvre de l'action 10 du PRSE.
Ce groupe travaillait déjà sur la thématique de l'inspection depuis 2005 : cycle de formations (sanctions administratives et pénales, rédaction des procès-verbaux), inspection d'usines d'embouteillage avec l'appui de l'Agence nationale de sécurité sanitaire des aliments, de l'environnement et du travail (ANSES), inspection de stations de traitement avec l'appui de Veolia et inspection de PPC[292]. Deux stages ont été conduits dans ce cadre

[292] Une fiche consacrée au contrôle des périmètres de protection et des stations de traitement d'eau potable a été intégrée au Programme Régional et Interdépartemental d'Inspection de Contrôle et d'Évaluation (PRIICE) de 2007.

afin de fournir un appui technique aux agents : un stage (novembre-décembre 2006) d'une juriste visant à produire un manuel de mise en œuvre des sanctions administratives et pénales (Marsac, 2006) ; un stage (mai-juillet 2007) de fin d'études d'ingénieur d'étude sanitaire visant l'initiation d'une démarche d'évaluation au niveau des départements de Midi-Pyrénées du guide d'inspection des PPC produit par le groupe national (Giraud, 2007). Cette mobilisation d'expertise démontre l'ambition de la DRASS de disposer de méthodologies pour assurer la mise en application des directives nationales en matière de « retour de l'état contrôleur ».

3.3.3. Une injonction à la sanction comme facteur de relégitimation des services de l'État

Il a été régulièrement reproché aux agents des services de police de l'eau ou de police sanitaire, par les hiérarchies et les rapports d'évaluation, de faire davantage d'« assistance » que d'inspection. La DRASS, responsable de la mise en œuvre de l'action 10, s'est attachée à apporter des preuves administratives (mises en demeure, courriers inter-service...) que tous les moyens à disposition des services sanitaires pour faire appliquer la réglementation des PPC auront été employés, de l'information à la sanction, en passant par l'inspection. La DRASS a recommandé aux agents départementaux de signaler par courrier au préfet tout blocage de la part d'autres services (DDEA, préfecture), de façon à ce qu'une éventuelle non atteinte des objectifs ne puisse être imputée aux services DDASS et que la responsabilité de l'ineffectivité soit reportée sur les élus ou d'autres services. Ces nouvelles dispositions en termes de sanction ont été présentées et validées en réunion de pré-CARE, par les secrétaires généraux de la région, et en conférence administrative régionale (CAR), par les préfets signataires des arrêtés préfectoraux liés au non-respect du code de la santé publique (mise en demeure, consignation de somme...).

La DRASS s'affichait relativement confiante sur la légitimité, l'effectivité et l'efficacité des sanctions administratives et pénales. Elle estimait qu'ils étaient arrivés au bout des possibilités dans le domaine de l'information et de la sensibilisation. De plus, après avoir brandi la menace du bâton par des injonctions répétées auprès des élus et mobilisé les préfets, ils ne pouvaient revenir en arrière au risque de perdre toute crédibilité.

Pour chaque objectif fixé par la loi de santé publique (PPC et non-conformité des eaux distribuées), les agents ont reçu une double recommandation permettant de s'assurer du soutien des préfets : sélectionner des sites dont les faits nécessitant une mise en demeure seraient incontestables (problèmes sanitaires redondants et multiples), et plus officieusement, cibler des territoires à faible influence politique (faible poids politique des élus locaux).

De plus, la DRASS justifiait ces actions par l'importance d'un renforcement de la présence de la police sanitaire et de l'identification de leur mission de service public sur le terrain à l'heure où les grands groupes délégataires obtiennent la certification ISO 22 000 pour assurer l'auto-contrôle des installations et que les laboratoires d'analyses, notamment départementaux, sont soumis au code des marchés publics[293]. Le message global porté par la DRASS est que la présence d'un l'État tutélaire renforcé viendrait faire le pendant à une privatisation d'un certain nombre de services plus techniques. Pour la DRASS, le renforcement de la présence sur le terrain vise également à changer la perception extérieure du rôle des agents de la DDASS souvent limité à l'activité de recueil de prélèvements d'eau, « *les porteurs de bidons* » et à réaffirmer la place de l'État[294].
Cependant, si la DRASS s'est engagée auprès des préfets de façon nette dans la démarche d'inspection et de sanction, elle ne dispose d'aucun pouvoir hiérarchique sur les services départementaux. Elle ne peut donc en aucun cas imposer aux agents d'intégrer dans leur référentiel de pratique professionnel un rôle d'inspection et surtout de sanction auquel ils ne s'identifient pas.

> *« Je pense que pour la jeune génération se sera plus facile que pour nous, c'est nouveau, c'est une culture nouvelle. La preuve on patauge, pas de grille d'évaluation sur les sanctions de sortie. C'est tout un arsenal et pour beaucoup d'agents, ce n'est pas notre culture. On nous dit « pas d'état d'âme », mais ça ne peut pas se faire du jour au lendemain. En plus quand tu es sur un terrain, donc le cas d'une inspection, où tu n'es pas pris en compte, pas pris au sérieux, donc on se remet en cause. Si c'est ça, je ne fais plus d'inspection. »* (Agent DDASS)

Les agents départementaux déclarent mobiliser la plupart des outils (méthodologiques et techniques) produits au sein du groupe régional. Toutefois, ils considèrent que la DRASS est trop éloignée des réalités du terrain pour comprendre les difficultés en termes de pratiques quotidiennes qu'implique la mise en œuvre des injonctions ministérielles, et en conséquence constituer un appui légitime à la décision.

---

[293] Toute une série de réunions du groupe de travail a d'ailleurs porté sur la rédaction d'un CCTP régional pour le lancement de la procédure. Pour des raisons de confidentialité, ce matériau n'a pas pu être exploité dans la thèse. Il est toutefois possible de dire que ces réunions ont été l'occasion d'observer d'une part les enjeux juridiques, institutionnels, organisationnels et territoriaux très forts qui conditionnaient la définition des clauses, ainsi que l'expression des nombreuses incertitudes sur la manière dont la disparition de l'ingénierie publique allait recomposer les missions et les services de l'État.

[294] L'animateur du groupe AEP de la DRASS a suggéré la possibilité de faire apparaître le logo du ministère de la Santé sur les vêtements des agents permettant de visibiliser le statut « public » de représentant de l'État des agents sur le terrain.

De son côté, dans une vision très légaliste et parfois presque caricaturale d'un « agir bureaucratique », la DRASS fonde sa stratégie d'action sur le principe que la mise en œuvre d'une démarche de police doit être automatiquement suivie d'effet : *la règle produit du résultat parce qu'elle existe* (Lascoumes, 1990). Elle ambitionne qu'une fois les premiers contrôles effectués et les premières mises en demeure formulées, les communes, rappelées à leur responsabilité de garant de la santé publique de leurs administrés, mèneront à terme la mise en conformité de leur captage. Or, les agents départementaux, appuyés par 40 ans d'échec d'une approche strictement légaliste des PPC, remettent fondamentalement en question cette perception jugée technocratique estimant que la défection des élus relève de logiques plus complexes et que les leviers permettant d'y remédier ne sont pas encore identifiés. Derrière ce hiatus entre une logique bureaucratique *top down,* relayée par la DRASS, et une logique de souplesse *bottom up,* revendiquée par les DDASS, émane le refus des agents d'assumer une mission coercitive et d'être assimilé au bras armé de l'État.

3.3.4. La police sanitaire : un statut et non une identité professionnelle

Paradoxalement, alors même que les agents des services santé et environnement ont un statut de « police sanitaire », ils refusent d'être assimilés à une fonction qui ne correspond pas à leur identité professionnelle. Les réticences des agents de la police de l'eau à exercer ce rôle répressif, doublées d'une absence de moyens humains, sont pointées dans plusieurs rapports d'évaluation parlementaire et de la Cour des comptes (2003, 2010). Pour y remédier, le rapport Villey-Desmeserets *et al.* (2001) insistait sur la nécessité de développer des moyens spécifiques de contrôle, mais portés par de nouveaux acteurs (agents des collectivités ou contrat avec des établissements publics tels que l'Office national des forêts).
Lors des réunions du groupe de travail AEP Midi-Pyrénées, le problème des limites en termes de compétences pour contrôler l'effectivité de prescriptions agricoles sur le PPR a été soulevé par les agents, ainsi que la question de l'indépendance. Les contrôles sanitaires réguliers dans les départements où les agents résident et où ils exercent leur fonction depuis parfois plusieurs dizaines d'années, peuvent avoir créé des relations de proximité. Mais plus spécifiquement, les agents ont mis en avant la crainte d'être accusés d'être juge et partie dans le choix des sites à inspecter, dans le type de sanction et de travaux à mettre en œuvre, comme ce fut le cas pour les services de la DDEA, avec leur double casquette de police de l'eau et d'ingénierie.
Selon la situation sanitaire et politique départementale, le choix des sanctions à infliger et la sélection « *du premier qui va prendre* » s'avèrent plus ou moins évidents à justifier et à légitimer. De ce point de vue, s'il est

relativement aisé de fournir des arguments face à une collectivité qui fait figure de « mauvais élève », dans le cas d'une absence de traitement adapté, de PPC ou encore de cas redondants de restriction d'usages. Il est plus difficile de tenir cette position dans le cadre d'inspections limitées aux PPC où ce serait par effet pervers des collectivités relativement plus volontaires que les autres qui se verraient sanctionnées.
Une intervention d'un agent d'une DDASS lors d'une réunion du groupe de travail AEP illustre le hiatus entre une pression croissante à faire de la sanction, au nom de l'efficacité et de la réaffirmation de la légitimité de l'État, et les représentations négatives attachées à ce rôle d'inspection et la crédibilité de son efficacité :

> *« Est-ce qu'il faut faire du chiffre, reconduire à la frontière ou obtenir des résultats ? »*

Dans le cadre des PPC, les agents renvoient alors à la pertinence en termes de crédibilité et d'efficacité d'une démarche qui ciblerait les bons élèves. Plus généralement, un autre effet pervers de la logique du résultat « par le chiffre » serait justement de voir se généraliser des contrôles et des sanctions administratives et pénales sur des petites communes, des territoires à faible risque de contestation et à faible rayonnement politique, sans que le risque sanitaire soit significatif à l'échelle départementale.
Justifiant une fonction dépolitisée et basée sur la préservation de la sécurité publique des missions de police, les agents mettent également en doute la légitimité d'une procédure qui relèverait d'une inégalité de traitement entre les communes et les habitants d'un département.

Conclusion du chapitre V

Ce chapitre a cherché à saisir les recompositions de la gestion publique de l'eau DCH à travers une analyse du dispositif réglementaire de préservation commun à l'ensemble des captages d'eau DCH, le dispositif des périmètres de protection de captage (PPC). L'approche retenue a cherché à croiser différentes perspectives : histoire du dispositif et évolution du contenu normatif ; modalités d'opérationnalisation et d'appropriation différenciées ; effets organisationnels, logiques institutionnelles, logiques cognitives et logiques territoriales. Excellent traceur du changement institutionnel, l'analyse du dispositif PPC montre que la logique de résultat traduite en objectif de protection (PNSE), sans reconfigurer véritablement le contenu du dispositif lui-même, pénètre et participe d'une reconfiguration des cadres institutionnels de la mise en œuvre et des interactions entre les acteurs.

Toute une série d'adaptations est opérée pour tenter un passage d'un objectif de moyens à un objectif de résultats, sans avoir à repenser fondamentalement le dispositif ou avoir à mettre à disposition de nouveaux moyens humains aux services de l'État. Ces adaptations concernent des ajustements à la marge de la procédure, un transfert de responsabilité entre services de l'État, un resserrement des finalités, des pressions institutionnelles multi-niveaux sur les administrations et les élus, le recours plus systématique à des instruments formalisés de suivi, d'évaluation, de contrôle et de sanction.

On peut s'interroger sur la portée de ces adaptations pour combler le retard de 40 ans d'inertie sur les PPC et pour atteindre l'objectif de 100 % de PPC protégés en 2010 (contre seulement 30 % en 2002). En effet, l'objectif réglementaire ne peut être raisonnablement fixé et atteint sans considérer la dimension des risques politiques attachés à la gestion de l'eau DCH. La protection des captages reste ainsi marquée par les configurations d'intérêts propres à chaque territoire dont on sait, depuis les travaux sur le pouvoir périphérique, que les services de l'État, moins encore aujourd'hui qu'hier, ne peuvent s'affranchir de leur prise en compte.

En termes de résultat environnemental, il semble établi que, même effectif, le dispositif réglementaire des PPC ne constitue pas, à lui seul, un outil adapté pour permettre la prévention de la contamination des ressources en eau DCH vis-à-vis des risques de pollutions contemporains, et notamment les pollutions diffuses ou chroniques. Cependant, ils conservent une place politique importante dans l'édifice normatif de protection de l'eau au titre de seul véritable outil à disposition des institutions territoriales pour matérialiser des zonages et des planifications de la gestion de l'eau potable sur un territoire. En cela, les nombreuses négociations apparues comme nécessaires à l'occasion de la réglementation PPC préfigurent d'une activité politique à venir plus intense et plus ouverte, dans le champ de la gouvernance de l'eau.

C'est pourquoi, paradoxalement, alors que l'approche légaliste imposée par une surimposition d'objectifs réglementaires et un renforcement des moyens de sanction, peine à redynamiser la préservation des ressources en eau DCH, la médiatisation des enjeux liés à la pollution des eaux DCH a contribué à mettre en tension et en interdépendances un nombre croissant d'acteurs. Elle les a contraints de concevoir, parfois dans l'urgence et de manière spontanée, des solutions adaptées pour pérenniser la distribution d'eau.

Un des effets pervers d'une exigence de résultat essentiellement fondée sur des objectifs quantifiés (100 % des PPC en 2010) est de venir renforcer les solutions immédiates essentiellement curatives et palliatives. Si le bénéfice politique de ces solutions peut être rapide, il s'effectue aux dépens d'options préventives de long terme, dont les retours politiques sont différés dans le temps et diffus sur le territoire.

Les processus d'adaptation des PPC qui ont été observés peuvent également être interprétés comme une défiance à l'égard des injonctions de l'État, lui-même mis en demeure de rendre des comptes dans les prochaines années

vis-à-vis des attentes de l'Europe. Face à des objectifs affichés, l'État chercherait à se décharger sur les acteurs locaux de la responsabilité de la non atteinte des résultats et des sanctions afférentes.
Au niveau européen, les sanctions financières assorties à l'obligation de résultat ne pèsent actuellement directement que sur l'État. En anticipation de la non atteinte des objectifs de résultats (directive ERU, DCE « Bon Etat »), le registre de justification par le report de la responsabilité sur les Agences de l'eau et les collectivités est d'ores et déjà mobilisé par le Gouvernement. La politique PPC offre un réel terrain de convergence des orientations de la politique gouvernementale : une mise en cause des insuffisances en termes de contrôle et de sanction des services de police permet de justifier la réorganisation des services de l'État (RGPP), la critique d'un déficit d'efficacité sanitaire et environnementale permet de justifier un renforcement de l'évaluation, et l'absence de volontarisme des collectivités permet de justifier un transfert des éventuelles sanctions pécuniaires de l'État vers les collectivités et les acteurs des territoires[295].
Dans un contexte de dégradation croissante de la qualité des ressources en eau, la prise en compte des limites du dispositif PPC et le choix des solutions à mettre en œuvre pour y pallier (curatives, palliatives, préventives) dépendent donc du degré d'appropriation territoriale de l'enjeu de l'AEP et du dispositif des PPC. Or, pour le moment, en dépit des évolutions externes et internes aux institutions nationales, les PPC semblent inscrits dans un système de dépendance au sentier emprunté (*path dependance*) tant que domine une logique de gestion des services AEP palliative et dissociée de la gestion du problème de contamination des ressources en eau par les pollutions agricoles diffuses.
Mais qu'en est-il vraiment de la prise en charge des pollutions agricoles diffuses dans les politiques publiques environnementales ?

[295] « *Le Gouvernement avait réfléchi à l'élaboration d'un projet de texte législatif élargissant le champ d'application de l'actuel L. 1511-1-1 du code général des collectivités territoriales (CGCT) à l'ensemble des condamnations pécuniaires de l'État résultant des manquements des collectivités territoriales. Ce projet de texte aurait visé à ce que les sanctions pécuniaires ne pèsent pas sur l'État seul quand les collectivités sont à l'origine des retards se traduisant par de lourdes condamnations financières. Cette réflexion devra être poursuivie dans un dialogue interministériel.* » Réponse du Ministre de l'Intérieur, de l'Outre-mer et des Collectivités Territoriales au rapport d'évaluation de la Cour des Comptes de 2010 sur « Les instruments de la gestion durable de l'eau » (p.650-651).

Chapitre VI – Agriculture intensive et environnement : une incompatibilite irreductible ?

Les enjeux sanitaires et environnementaux, mais aussi socio-économiques et politiques, liés à la contamination des eaux superficielles et souterraines par les substances chimiques d'origines agricoles (fertilisants et produits phytosanitaires) font l'objet d'une préoccupation sociale croissante (santé et environnement) tant dans les médias que dans les rapports d'expertise institutionnelle et les travaux scientifiques.
Cette préoccupation émerge depuis les années 1990 et se renforce dans l'agenda des politiques publiques européennes (Directive nitrates, DCE, Directive REACH…) et nationales (PMPOA volet phytosanitaire, PNSE, LEMA, Plan Végétal pour l'Environnement, Grenelle de l'environnement 2007, ECOPHYTO 2018) qui sont autant d'injonctions à une réduction significative de l'emploi des substances polluantes, et principalement les produits phytosanitaires, dont le secteur agricole est le 1er utilisateur.
Cependant, à l'heure où les États européens et les gestionnaires de la ressource en eau sont mis en demeure de justifier du déploiement de *moyens* suffisants et d'atteindre des *objectifs de résultats environnementaux* (DCE) sous peine de condamnations par la cour européenne, le modèle de politique agri-environnemental européen et français apparaît plus que jamais en question.
De nombreux observateurs soulignent le manque d'efficacité environnementale de dispositifs agri-environnementaux largement négociés par la profession agricole (Busca, 2010 ; Salles, 2006 ; Daniel, Perraud, 2009 ; Bourblanc, 2007) et l'essoufflement d'un modèle agricole dominant inscrit dans des logiques productivistes en difficulté pour assurer un revenu correct aux agriculteurs et souvent incompatibles avec des objectifs de préservation ou de reconquête de la qualité de l'eau (Aubertot *et al.*, 2005 ; Roussary *et al.*, 2010). La tension entre l'économique et l'environnement tend à s'accroître : si les exigences environnementales augmentent, le risque économique devient insupportable ; lorsque le risque économique est jugé supportable, les gains environnementaux sont minimes. L'acuité des enjeux sanitaires et environnementaux vient de façon croissante contester l'hégémonie du modèle de l'agriculture intensive et la protection du monde agricole.
Quels sont les éléments qui montrent la remise en question du modèle de politique agri-environnementale basé sur une coviabilité entre agriculture intensive, environnement et société ?
Les faiblesses de la politique agri-environnementale en termes d'ambition environnementale s'observent à de multiples échelles de structuration de

l'action publique. Elles relèvent tant de la définition, à l'échelle européenne et nationale, des orientations (politiques, économiques et environnementales) données depuis les années 1950 à la politique agricole, que de l'opérationnalisation des dispositifs agri-environnementaux (1.). Une analyse évaluative plus approfondie de l'opérationnalisation concrète d'un dispositif à vocation agri-environnementale en France (GRAMIP), fondé sur une ambition de co-responsabilisation entre gestionnaires et usagers agricoles de produits phytosanitaires autour d'un objectif de résultats environnementaux, permet de montrer les limites et l'essoufflement de la gestion des externalités environnementales de l'agriculture (2.).

1. Un déficit de performance environnementale des politiques agri-environnementales : adhérer aux principes et négocier la contrainte

1.1. Le temps de la prescription : la politique agricole

L'européanisation de la politique agricole s'institutionnalise dès le traité de Rome (1957) qui marque les débuts de la Politique Agricole Commune (PAC) mise en place en 1962. Sur des principes de marché unique et de solidarité financière, elle ambitionne de garantir l'autosuffisance alimentaire des six États membres de la CEE, tout en stabilisant les marchés et en augmentant les revenus des agriculteurs. Depuis la période modernisatrice des années 1950-1960, les politiques agricoles sont donc basées sur des critères d'incitation à la production et de progrès techniques (intensification des activités productives) et ce, quelque soit la situation du marché : soutiens aux marchés (prix institutionnels garantis) et garantie de débouchés (préférence communautaire et stockage public) (Fouilleux, 2008). Le monde paysan doit opérer une véritable « conversion culturelle » pour s'insérer dans un processus de globalisation et de modernisation technique (spécialisation et développement des exploitations), économique (développement de l'industrie agroalimentaire et d'une organisation par filières), professionnelle (organisation en syndicats et coopérations agricoles) et sociale (Mormont, 2009), l'agriculteur moderniste occupant une place centrale dans la représentation du monde rural (gain en poids politique) (Bages, Nevers, 1978 ; Nevers, 1990).
À partir des années 1970-1980, le mouvement de rurbanisation (diversification des formes d'occupation et des fonctionnalités de l'espace rural) et les crises environnementales (pollution des milieux, atteinte à la biodiversité…) et sanitaires (ESB...) successives rendent nécessaire la prise en compte de

critères liés au développement rural, à la préservation de l'environnement, et à la qualité sanitaire des produits agricoles.
Depuis les années 1990, l'institutionnalisation de la problématique environnementale dans la politique agricole de l'Union européenne et des États membres est l'illustration d'une volonté d'afficher une prise de conscience croissante de la responsabilité de l'agriculture dans la contamination des ressources en eau. La PAC suit un processus de réformes continues (1992, 1999, 2003…) tendant vers le découplage des aides aux exploitants et à la promotion de la multifonctionnalité de l'agriculture et de l'espace rural. Cependant, la temporalité et l'orientation des réformes montrent que le degré d'internalisation des exigences environnementales est avant tout corrélé aux exigences des instances de normalisation internationale et aux négociations commerciales mondiales (GATT, Organisation mondiale du commerce), dont la Commission se fait le médiateur (Fouilleux, 2008). C'est pourquoi, la PAC demeure principalement orientée sur le soutien économique à un modèle d'agriculture intensive largement dominant en Europe en termes économiques, sociaux et politiques, de par les multiples filières agricoles, industrielles, de commercialisation et de services qui en dépendent (industrie agro-alimentaire, industrie chimique, transport…).
Les États membres doivent cependant intégrer les mises à l'agenda social et politique de dispositions concernant l'agriculture contenues dans d'autres politiques sectorielles (eau, santé…). Ils doivent ainsi produire et opérationnaliser des dispositifs agri-environnementaux combinant les outils financiers de la PAC et les exigences européennes : de moyens – normalisation, zonage et mise en œuvre de programmes d'action contraignants (Directive Nitrate de 1991) ; puis, aux vues des faibles résultats environnementaux obtenus, des exigences de résultats – atteinte du « bon état » des eaux superficielles et souterraines (DCE de 2000).
Si la PAC est l'objet d'arrangements institutionnels encore marqués par une représentation sectorielle au niveau global et européen, les États disposent d'une marge de manœuvre certaine dans l'application de ses grandes orientations. En France, du fait du poids politique historique du secteur agricole, cette latitude s'exprime dans les lois d'orientations agricoles (LOA) au profit de la préservation des intérêts d'un modèle d'agriculture productiviste dominant. Plutôt que de permettre un rééquilibrage de ces phénomènes, le processus de territorialisation et l'opérationnalisation des dispositifs agri-environnementaux tendent plutôt à les conforter.

1.2. Le temps de l'opérationnalisation : une dynamique d'appropriation stratégique des dispositifs agri-environnementaux

Le volontarisme et les modalités d'intégration de l'environnement et de la dimension multifonctionnelle des espaces ruraux dans les politiques agricoles varient sensiblement en fonction des contextes nationaux : contexte politico-administratif, caractéristiques de l'agriculture (degré d'intensification), poids des syndicats et des organismes professionnels agricoles, degré d'interventionnisme des politiques agricoles, degré de dégradation des écosystèmes, degré de sensibilité de l'opinion publique aux questions environnementales et de santé publique. Certains États sont à l'origine de l'émergence des Mesures agri-environnementales dans la PAC de 1992 (Royaume-Uni, Danemark) (Busca, 2010), d'autres développent des dispositifs volontaires visant la préservation de la qualité de l'eau à la source (Allemagne, Pays-Bas) (Cf. Chapitre 4), ou encore pratiquent des taux de modulation importants (Italie).

Aux Pays-Bas par exemple, la mise en œuvre des orientations de la politique PAC renvoie à un modèle de multifonctionnalité de l'agriculture de type « *liberal environmentalist*» issue de la co-évolution entre « *economic liberalism* » et « *conservationist environmentalism* » (Daniel, Perraud, 2009). Dans l'opérationnalisation de la politique contractuelle agri-environnementale « *Nature Conservation Scheme* », lancée à la fin des années 2000, les experts en écologie contrôlent la procédure. Les indicateurs permettant la définition des zonages des dispositifs agri-environnementaux et déterminant la distribution des aides (contrats de 6 ans), sont basés sur des critères écologiques davantage qu'agricoles. En conséquence, sur la base d'un arrangement politique défini à l'échelon national entre production agricole et environnement, il se dessine une « *multifonctionnalité territoriale* ». Contrairement à la démarche initiale des contrats territoriaux d'exploitation (CTE) français basée sur une multifonctionnalité au sein de l'exploitation agricole, la politique contractuelle lancée aux Pays-Bas se traduit par une segmentation du territoire national en différents zonages allant de « zones naturelles », à des « zones grises » dévolues à l'agriculture intensive. Cette ségrégation spatiale présente deux inconvénients : celui de priver des agriculteurs ne se situant pas dans des zones définies comme d'importance écologique de bénéficier d'aides au changement de pratique ; et de ce fait, celui de ne pas voir se généraliser ces pratiques.

En France, la définition et l'opérationnalisation de la politique agri-environnementale et de multifonctionnalité des espaces ruraux s'apparente à un modèle de « *co-management* » - ou de cogestion (D'Arcimoles, Borraz, 2003) - entre États et profession agricole. Elle s'est bâtie selon une stratégie

conjointe de la profession agricole, principalement les Chambres d'Agriculture, et du ministère de l'Agriculture d'afficher une adhésion aux dispositifs agri-environnementaux afin de mieux en négocier le pilotage et la maitrise d'ouvrage. Leur principal souci était de permettre l'intégration les normes environnementales sans compromettre, voire en accompagnant, le développement économique des exploitations agricoles.
Le programme agri-environnemental s'est ainsi principalement appuyé sur une logique de diversification de moyens - par la combinaison de mesures réglementaires et incitatives (contractualisation, formation et conseil aux agriculteurs, aides financières et redevances) – et, progressivement, de territorialisation des dispositifs agri-environnementaux (Salles, 2006). Les « contrats territoriaux d'exploitation », remplacés par les Contrats d'agriculture durable (CAD), ou encore la requalification récente des mesures agri-environnementales (MAE), en mesures agri-environnementales territorialisées (MAET) en sont une illustration. C'est aussi un glissement vers une logique de résultat dans le sens où la concentration des actions sur des territoires devait permettre, en limitant notamment le saupoudrage des financements, une meilleure efficience et une plus grande efficacité des dispositifs.
Or, un recul de plus de 10 ans, permet de mettre en évidence que les politiques visant à réduire les pollutions diffuses d'origine agricole des années 1990 n'ont pas produit les effets escomptés au regard des importants moyens financiers et organisationnels mobilisés (Cahart *et al.*, 1999). Poser un regard sur les modalités d'opérationnalisation de ces dispositifs publics permet d'éclairer les ressorts complexes du paradoxe entre la revendication d'une évolution des pratiques agricoles par la profession et la faiblesse des dispositifs agri-environnementaux en termes de performance environnementale. Les recherches conduites au sein du CERTOP depuis la fin des années 1990 autour de la dynamique d'appropriation stratégique des dispositifs agri-environnementaux (Busca, 2010 ; Salles, 2006 ; Roussary *et al.*, 2010) sont particulièrement éclairantes de ces constats.

L'appropriation stratégique est conçue comme un « *modèle général d'analyse de la mise en œuvre des dispositifs publics agri-environnementaux* », ayant un effet « *structurant sur les relations de coopération-concurrence entre acteurs institutionnels, publics et professionnels* ». Une analyse sociologique comparative des modalités de mise en œuvre de deux dispositifs agri-environnementaux - le dispositif réglementaire et standardisé Programme de maîtrise de la pollution d'origine agricole (PMPOA - volet élevage) et le dispositif volontaire et incitatif Ferti-mieux a révélé que ce processus d'adaptation ou de recyclage des dispositifs agri-environnementaux - de type réglementaire comme incitatif - par les acteurs agricoles tend à altérer leur efficacité : « [...] *d'une part, par la recherche permanente de compromis institutionnels visant à assurer les conditions de faisabilité orga-*

nisationnelle des dispositifs, d'autre part, par la capacité des agriculteurs destinataires à s'approprier et à transformer les dispositifs dans le sens d'une préservation de leurs intérêts et enfin, par le poids et l'impact d'enjeux socio-économiques propres aux territoires sur lesquels se déploient les dispositifs » (Busca, Salles, 2002, p. IV).

La géographie des problèmes environnementaux apparaît en effet moins déterminante que la configuration locale des enjeux sociaux et économiques. L'absence d'intérêts économiques contradictoires à l'activité agricole tendant à restreindre leur diffusion, même en situation de risques avérés, alors que des situations de concurrence (enjeu touristique) peuvent favoriser leur déploiement, et notamment sur des zones faiblement impactées (Busca, 2010).

Dans le cadre du PMPOA, la procédure réglementaire est l'objet d'arrangements permanents : dans les domaines de l'instruction financière et administrative, du volet fiscal de la redevance et de la définition des prescriptions techniques. Ces adaptations négociées des normes réglementaires, dérogatoires puis généralisées, sont censées garantir la faisabilité administrative et/ou l'acceptabilité sociale du dispositif agri-environnemental par les agriculteurs et maintenir la collaboration interinstitutionnelle. Le même phénomène s'observe lorsque les normes volontaires sont élaborées localement par des organismes agricoles de façon à susciter l'adhésion des agriculteurs sur les territoires. Les résultats indiquent qu'il semble impossible d'opposer radicalement les modes d'action publique *top-down* (descendant et coercitif) et *bottom-up* (ascendant et participatif), puisque lors de la mise en œuvre, ces deux dispositifs s'hybrident. La conséquence étant qu'au final l'ambition environnementale se voit négociée au sein d'une coalition formée presque exclusivement par des agriculteurs « *éco-opportunistes* » et les organisations professionnelles agricoles dans le but de préserver les intérêts économiques agricoles locaux. Les agriculteurs remplacent les objectifs environnementaux par une opportunité technique, économique et sociale, ils pratiquent un « *ajustement individuel des prescriptions environnementales* ». L'aspect environnemental se révèle donc peu intégré et les objectifs environnementaux initiaux rarement atteints dans leur intégralité.

Ces résultats se voient conforter par une analyse de la mise en œuvre du dispositif plus récent des CTE. Ces contrats étaient censés incarner une nouvelle stratégie fondée sur l'hypothèse que la dimension environnementale, en s'inscrivant dans un projet de développement territorialisé, pouvait être un facteur de stabilisation économique et sociale des exploitations agricoles. Pour les mêmes raisons évoquées précédemment et malgré leur succès, ils n'ont pas permis de rompre avec les systèmes économiques, politiques et sociaux de production agricole conventionnels, contribuant au contraire au renforcement du modèle de cogestion entre les Chambres d'Agriculture et les services du ministère de l'Agriculture (Daniel, Perraud, 2009). Au final, les CTE ont fait succès auprès de la petite agriculture (biologique, paysanne) parce qu'ils représentaient l'opportunité d'un dispositif d'aide très peu fréquent pour le public agricole qui mettait par ailleurs déjà en place les mesures préconisées.

*

* *

Cette première partie met en évidence la diffusion d'une logique d'appropriation stratégique de l'enjeu environnemental dans toute la chaine de la décision de la politique agricole aux échelons européens, nationaux et locaux. On peut estimer, notamment au regard des chapitres précédents, qu'elle circule entre et au sein des services ministériels, des administrations déconcentrées, des organismes professionnels agricoles dominés par les syndicats majoritaires (FNSEA), des collectivités territoriales et locales, ainsi que des instances telles que les Agences de l'eau. Comment s'étonner alors du déficit de performance environnemental des dispositifs agri-environnementaux en termes d'objectifs et de résultats ?

Il apparaît que, au niveau prescriptif comme opérationnel, la règle consiste à signifier son adhésion aux principes (objectif environnemental ambitieux, procédures flexibles, transparentes, participatives, légales et efficaces) afin d'entrer dans l'arène et ainsi d'être en capacité de négocier le degré de contrainte et les conditions « acceptables » pour la mise en œuvre : ambition environnementale de principe, souplesse dans les coopérations multi-partenariales (faible ouverture aux intérêts allant à l'encontre du modèle agricole dominant), normes réglementaires et/ou volontaires négociables, contrôle et cautionnement du résultat de la négociation par la communication et la médiatisation… (Salles, 2006).

Si les récentes orientations de la PAC ne laissent pas présager un vrai changement de logiciel dans la conduite de la politique agri-environnementale à l'échelle nationale, qu'en est-il des injonctions relatives aux autres politiques sectorielles (santé, environnement, production alimentaire, aménagement du territoire), des exigences sociales en matière de qualité des produits, de la normalisation par le marché ?

Dans quelle mesure l'introduction d'un objectif de résultats en termes de qualité des milieux aquatiques et les préoccupations sanitaires liées aux produits phytosanitaires reconfigurent-elles les répertoires d'action des acteurs du monde agricole, les modalités d'opérationnalisation des dispositifs agri-environnementaux et leur finalité environnementale ?

2. Les ressorts de l'adoption de pratiques phytosanitaires « innovantes » : entre appropriation stratégique routinisée et facteurs émergents

Cette seconde partie se propose d'illustrer la difficile conciliation entre pratiques agricoles phytosanitaires et environnement sur la base des résultats d'une recherche interdisciplinaire - sociologie, économie et agronomie - (Busca *et al.*, 2007) menée entre 2005 et 2007[296]. La recherche avait pour objet une analyse des programmes d'actions expérimentaux de traitements phytosanitaires encadrés par le Groupe régional d'action pour la réduction des pollutions par les produits phytosanitaires en Midi-Pyrénées (GRAMIP) (Encadré 6). Ces programmes ont été constitués et diffusés sur des bassins versants expérimentaux sélectionnés en fonction de leur orientation technico-économique et des problématiques en matière de protection de la ressource en eau : grandes cultures (céréales) en sec (Gers), grandes cultures (maïs) irriguées (Gers), viticoles (Tarn) et arboricole (Tarn-et-Garonne)[297].
La principale originalité des programmes d'action étudiés réside dans leur caractère expérimental (protocoles et itinéraires techniques « innovants »), fortement territorialisé, non contractuel (sans compensation financière), peu coercitif (sans contrôle et sanction), instrumenté (mesure de la qualité de l'eau) et ambitieux en termes d'exemplarité environnementale puisqu'ils ont vocation, à terme, d'être diffusés à une échelle territoriale plus large : les zones d'action prioritaires (ZAP). La réalisation par les agriculteurs destinataires de la totalité ou d'une partie des mesures proposées est présentée comme un gage de leur adhésion volontaire à la finalité du dispositif : « *la reconquête ou la préservation de la qualité de l'eau* ».
L'hypothèse principale de l'approche sociologique était que la rationalité économique et agronomique supposée des agriculteurs ne peut, à elle seule, expliquer le processus d'adhésion des agriculteurs destinataires aux dispositifs agri-environnementaux étudiés, les processus de diffusion et d'adoption des « pratiques phytosanitaires améliorées »[298] étant impactés par des logiques collectives et individuelles en forte tension.

[296] Étude conduite avant la tenue du Grenelle de l'environnement.
[297] Outre une participation au travail collectif d'animation de réunions, de réalisation des entretiens collectifs et de réflexion, nous avons réalisé 67 entretiens semi-directifs auprès des partenaires institutionnels du programme et des agriculteurs (sur les 77 du volet sociologique) au niveau de trois sites expérimentaux (bassins versants céréalier, maïsicole et viticoles).
[298] La notion de « pratiques améliorées » renvoie à l'ensemble des préconisations et des prescriptions qui ont été définies, expérimentées, validées et diffusées dans le cadre des plans d'action du GRAMIP.

Suite à la circulaire du 01/08/2000 et du programme national d'action phytosanitaire, des groupes régionaux multi-partenariaux ont été constitués sous l'égide des préfets de région. En Midi-Pyrénées, basé sur l'élargissement d'un groupe de concertation sur la problématique phytosanitaire préexistant, le GRAMIP est créé en 2001. Il se compose de différentes instances :

- d'une assemblée plénière présidée par le préfet et co-animée par la DRAF et la DIREN qui se réunit une à deux fois par an. Ses membres se divisent en quatre collèges : utilisateurs de produits phytosanitaires, organismes techniques et scientifiques, administration et établissements publics, et enfin, élus locaux, usagers de l'eau, distributeurs d'eau, associations... ;
- d'un comité d'intervention qui se réunit quatre fois par an et qui valide les projets et coordonne les programmes : Agence de l'eau, Conseil Régional, CRAMP, DIREN, DRAF, DRASS, FREDEC, GIS-ECOBAG ;
- de quatre commissions animées par la DRAF ou la DIREN dont la composition est basée sur le volontariat en fonction des types d'action et des dynamiques départementales. Elles visent à accompagnement ou faire émerger des projets (études, opérations).

À travers ces commissions, le GRAMIP se consacre : 1) à la mise en place d'un réseau de mesures de la contamination des eaux de surface et souterraines (« Surveillance régionale »), 2) à l' « Acquisition de références », 3) à l'élaboration de programmes d'actions (« Diagnostics et plans d'actions ») de réduction des pollutions agricoles sur des zones d'actions prioritaires, ainsi qu'à la « Communication » des connaissances acquises vers les utilisateurs de produits phytosanitaires, le grand public et les décideurs.

Les deux principales sources de financement des actions proviennent du Fonds National de Solidarité sur l'Eau (FNSE), compte spécial du Trésor à employé selon des modalités précisées par la circulaire ; et l'Agence de l'eau Adour Garonne.

Bien que fonctionnant sur le mode d'un co-pilotage DRAF, DIREN et Agence de l'eau, le GRAMIP n'est pas une instance décisionnelle avec un positionnement institutionnel uniforme. Par exemple, le comité des financeurs peut décider de coordonner des financements (matériels des CUMA) ou d'homogénéiser certaines modalités (formulaire de demande d'aides), mais chacun est libre par ailleurs de conduire sa propre politique.

Encadré 6 – Organisation du Groupe régional d'action Midi-Pyrénées pour la réduction des pollutions par les produits phytosanitaires

L'appréhension de l'opérationnalisation des dispositifs agri-environnementaux implique en effet de porter une attention particulière aux cadres d'action des dispositifs étudiés, aux dynamiques professionnelles de conseil, aux pratiques et aux représentations des agriculteurs, soit sur l'expérience et les situations socia-les au concret d'exercice de l'activité agricole.

La première dimension de cette partie porte sur les conditions de mise en partenariat entre acteurs publics et professionnels agricoles, d'élaboration et de diffusion des prescriptions dans le cadre du dispositif GRAMIP. La seconde aborde les pratiques de traitements des agriculteurs et leur perception du risque. Enfin, la troisième cherche à identifier dans quelle mesure, face aux limites de l'action publique agri-environnementale, la demande sociale, les logiques de marché et le risque pour la santé peuvent constituer de nouvelles injonctions en matière d'agriculture et d'environnement.

2.1. Risque environnemental et pratiques améliorées : les règles tacites d'un jeu de dupe

2.1.1. Les effets d'une adhésion des agriculteurs conquise au prix d'une absence de contrainte

De façon paradoxale, alors que les programmes d'action étudiés se fixent pour objectif de modifier les pratiques conventionnelles de traitement phytosanitaire, il apparaît que l'une des principales conditions d'adhésion des agriculteurs et des organisations professionnelles passe par la limitation des contraintes de changement. Pour mettre en œuvre les orientations des politiques à visées environnementales, l'Agence de l'eau et les services de l'État qui ne peuvent pas se porter maîtres d'œuvre, sont dépendants de l'implication : d'une part, des organisations professionnelles agricoles dans les comités de pilotage et techniques des programmes d'action ; et d'autre part, d'un porteur de projet suffisamment légitime auprès des partenaires et des agriculteurs du territoire pour animer leur mise en œuvre à l'échelle des bassins versants. Les actions de l'Agence de l'eau et des services de l'État consistent donc principalement : à initier l'action collective en faveur de l'environnement par l'attribution de soutiens financiers (soutiens directs aux agriculteurs, soutiens à l'animation et à l'accompagnement technique) ; à permettre la diffusion et l'adaptation locale de connaissances et de méthodologies nationales (CORPEN) ; à évaluer la pertinence et l'efficacité des actions. Or, la motivation des partenaires agricoles (chambre d'agriculture, associations ou groupements d'agriculteurs, instituts techniques) est moins orientée par la nécessité d'initier de réels changements dans les traitements phytosanitaires que par le besoin de capter des financements publics et/ou la volonté de visibiliser les efforts consentis par les agriculteurs et de revaloriser une filière agricole socialement stigmatisée. On pourrait même avancer l'hypothèse que le fait de vouloir démontrer l'efficacité agro-économique de pratiques alternatives puisse altérer les arguments et la légitimité historique de certains partenaires fortement investis par des représentants d'un modèle agricole intensif dominant (FNSEA), et/ou aller à l'encontre des intérêts économiques d'autres organisations partenaires (coopératives agricoles vendant des produits phytosanitaires). En l'état, cette ambiguïté dans les objectifs assignés aux programmes d'action du GRAMIP et les intérêts de chacun des partenaires contribue à expliquer :

1. *le faible niveau d'identification et de visibilité* du GRAMIP (composition, organisation, démarche et objectif environnemental) : les porteurs de projets, issus d'organisations professionnelles agricoles (représentants territoriaux des filières de production, FREDEC[299], Chambres d'agriculture, CACG[300], association d'agriculteurs[301]) sont généralement identifiés comme les principaux initiateurs de la démarche agri-environnementale sans être pour autant des relais fidèles du message institutionnel.
2. *le faible niveau de perception* par la profession agricole de l'impact réel des activités agricoles sur la qualité de la ressource en eau : le fait de traiter avec des produits phytosanitaires homologués et aux doses prescrites – même à des fréquences importantes – ne signifie pas nécessairement pour les agriculteurs un surcroît de risque de pollution ;
3. *le faible niveau d'adhésion* des agriculteurs à des pratiques améliorées impliquant des évolutions significatives de leurs pratiques professionnelles (perception du métier et conduite de l'exploitation) : l'adhésion des agriculteurs s'effectue sous les conditions conjointes d'une préservation de leur autonomie de décision en matière de conduite de traitement et d'une prise de risques minimale pour l'adoption de pratiques améliorées. C'est pourquoi l'adoption des pratiques améliorées prescrites sur les bassins versants expérimentaux est clairement facilitée par (et conditionné à) des mesures d'accompagnement techniques et financières prévues dans le cadre de dispositifs publics ; qu'il s'agisse du soutien financier direct aux agriculteurs (financement des bandes enherbées, aide à la mise

[299] Sur le Bassin versant viticole, la Fédération régionale de défense contre les organismes nuisibles des cultures de Midi-Pyrénées (FREDEC) gère la collecte des échantillons d'eau pour les analyses. Depuis 2001, elle est également chargée de diffuser, auprès des viticulteurs, des plans d'action pour réduire les pollutions diffuses (enherbement des vignes, substitution de molécules, lutte raisonnée...) et ponctuelles. Elle assure le contact entre les viticulteurs et la démarche du GRAMIP. La Chambre d'Agriculture est chargée de récolter les cahiers d'enregistrement des pratiques et d'assurer le développement des groupes de lutte raisonnée.

[300] La Compagnie d'Aménagement des Coteaux de Gascogne (CACG) assure la maîtrise d'ouvrage du projet sur le bassin versant du Sousson. Les plans d'action font intervenir des partenaires techniques : la chambre d'agriculture du Gers, le Syndicat d'Aménagement des rives du Sousson, Arvalis Institut du Végétal. Les plans d'action sont identifiés et organisés par un Comité Technique et un Comité de Pilotage *ad hoc* présidé par un membre de l'Association Générale des Producteurs de Maïs (AGPM). Si le partenariat semble élargi, on peut s'interroger cependant sur le niveau de mise en concertation des partenaires techniques. Il semble en effet exister une réelle difficulté - pour le porteur de projet – d'intégrer et de coordonner l'action des acteurs partenaires. La séparation des champs d'action, pollutions diffuses (CACG) et pollutions ponctuelles (Chambre d'Agriculture), semble relever davantage d'une stratégie d'évitement des tensions entre institutions que d'un choix méthodologique.

[301] L'Association des Agriculteurs d'Auradé est créée dès 1992 par les 15 agriculteurs du bassin expérimental. Elle fait suite à l'introduction de la surveillance des concentrations de molécules phytosanitaires dans l'eau par la FREDEC Midi-Pyrénées et le SRPV. Par la suite, l'Association a continué de se développer au travers de différentes actions (label Ferti-Mieux, MAE, CTE...), notamment l'embauche d'un animateur (1998) et la participation aux actions du GRAMIP à partir de mars 2001. Elle comptait, en 2006, 43 agriculteurs membres.

aux normes des bâtiments de stockage des produits, aide à la modernisation du matériel agricole, etc.) ou du soutien destiné à l'organisation et à l'animation des dispositifs GRAMIP (soutien à l'accompagnement technique des chambres d'agriculture, d'associations ou de groupements d'agriculteurs et des instituts techniques spécialisés).

4. *le faible niveau d'accord* sur le transfert de l'expérimentation de l'échelle de la parcelle à l'ensemble de l'exploitation concernée, puis sa généralisation à une échelle plus large (bassin versant) : l'évolution technologique - par exemple en matière de profil écotoxicologique des produits phytosanitaires - se présente pour les agriculteurs et leurs représentants comme la seule alternative acceptable et généralisable ;
5. *le faible niveau d'ambition environnementale* des programmes d'action et des pratiques améliorées qui demeurent pour la plupart limités à des « mesures correctives » aux impacts des activités agricoles conventionnelles sur les milieux aquatiques.

Ces constats soulignent que l'adhésion des agriculteurs et l'implication des professionnels agricoles dans le pilotage des programmes d'action du GRAMIP sont, de même que les dispositifs agri-environnementaux antérieurs, prioritairement soumises à des conditions d'acceptabilité sociale et de faisabilité partenariale qui ont pour caractéristique de détourner les dispositifs de leurs objectifs environnementaux (Busca, 2010).

2.1.2. Pratiques améliorées : définitions ambiguës et faible ambition environnementale

L'objectif à terme du dispositif expérimental GRAMIP est conjointement :

- de démontrer l'efficacité de pratiques phytosanitaires identifiées comme « améliorées » du triple point de vue technico-agronomique (maintien de la productivité), économique (maintien du revenu agricole) et environnemental (réduction les risques de pollution de l'eau) ;
- et de favoriser leur « acceptabilité » par les agriculteurs et les partenaires techniques, afin de permettre leur diffusion à une échelle plus large.

Si les pratiques retenues répondent en règle générale aux deux critères de validation technico-agronomique (organisation du travail peu contraignante, efficacité) et d'absence de risques économiques (coûts de la pratique, maintien du rendement), fondement de la justification de l'adhésion des agriculteurs, aucune des pratiques améliorées n'est véritablement envisagée par ces derniers comme un moyen de substitution à l'emploi des produits phytosanitaires.

Elles correspondent le plus souvent à des mesures correctives et/ou substitutives et/ou complémentaires visant à réduire le nombre de traitements ou à éviter des mécanismes de concentration de résidus d'une même molécule dans l'eau (Tableau 12).

Bassins versants expérimentaux	Pratiques améliorées	Ambition environnementale
Bassin versant arboricole	Confusion sexuelle (diffusion de phéromones sexuelles) dans la lutte anticarpocapse	Association puis substitution au traitement insecticide contre le carpocapse
Bassins versants viticoles : - à dominante vin AOC - à dominante vin de pays/vin de table	Enherbement de l'inter-rang des vignes et des contournières (surfaces non cultivées à l'extrémité des parcelles)	- Limitation de l'emploi de désherbant à la zone située sous le rang de vigne - Frein à l'érosion
	Substitution de molécule et diversification : désherbage post atrazine	Limitation de la concentration d'une même molécule dans l'eau
Bassin versant grandes cultures en sec	Bandes enherbées le long des cours d'eau	- Limitation du risque de transfert de substances chimiques dans les eaux - Frein à l'érosion
	Substitution de molécule : Désherbage tournesol	Limiter la concentration d'une même molécule dans l'eau
Bassin versant grandes cultures irriguées	Bandes enherbées le long des cours d'eau	Limitation du transfert de substances chimiques dans les eaux
	Désherbage de post-levée en maïs	Limiter le risque de transfert des substances chimiques dans les eaux

Tableau 12 – Caractéristiques des pratiques améliorées diffusées sur les bassins versants expérimentaux du GRAMIP

Quelques exemples illustrent les ressorts des choix et des justifications, mais aussi les contradictions dans la mise en œuvre des pratiques améliorées sur les bassins versants expérimentaux.

1. La pratique améliorée est appliquée lorsqu'elle permet la convergence entre des intérêts économiques, commerciaux (exigence des circuits de commercialisation, des consommateurs) et agronomiques.

Par exemple, l'enherbement inter-rang a un impact sur la structure du sol (amélioration de la portance et de la structure du sol, limitation de l'érosion et du ruissellement), sur la vigueur de la vigne (baisse de rendement de 15 à 30 % liée en partie à la concurrence hydrique), ainsi que sur la qualité du vin (bonification). Par ailleurs, il a un coût économique (implantation et entretien) qui peut être en partie compensé par la baisse des coûts de traitement et n'impliquerait pas de charge de mécanisation et de main d'œuvre rédhibitoires. Pour ces raisons, il est compatible avec une logique de production et de commercialisation de vin AOC qui impose des rendements limités afin d'accroitre la qualité du produit. De plus, en tant que pratique visible sur les parcelles agricoles, il permet une valorisation commerciale de l'aspect environnemental notamment lors de la vente à la propriété. A contrario, il est jugé pénalisant dans une logique de production de vin de table ou de vin de pays (logique de rendement, produit à faible coût, circuit de commercialisation plus opaque au consommateur). C'est notamment pourquoi en 2005, 93 % des vignes étaient déclarées enherbées dans le bassin à dominante vin AOC contre 12 % dans le bassin à dominante vin de pays et de vin de table. Les parties suivantes montreront que d'autres facteurs contribuent à expliquer les réticences des agriculteurs envers l'enherbement.

2. La pratique améliorée est adoptée, et parfois même lorsque son coût est plus élevé que la pratique conventionnelle, si elle reconnue comme pouvant apporter une efficacité agronomique identique et/ou supplémentaire : la pratique permet de renforcer la sécurité de la culture (réduction du risque de maladie et d'impasses techniques) et/ou d'assurer le rendement.

Concernant la problématique du carpocapse en arboriculture par exemple, la pratique améliorée (confusion sexuelle) a en fait été employée en complément et non en substitution aux traitements insecticides (Salles, 2007). De fait, sa mise en place a permis aux agriculteurs de mieux s'assurer contre le risque du ravageur, mais en accroissant le coût global de 221 €/ha et avec un gain environnemental mineur (moyenne annuelle de 6 traitements avec confusion, contre 9 sans confusion) (Roussary *et al.*, 2010). Ainsi, dans les cas étudiés, si son adoption permet une réduction du nombre de traitements, elle demeure inférieure au protocole préconisé initialement.

3. Une pratique améliorée qui se limite à la substitution d'une molécule interdite et/ou retrouvée dans les eaux par une autre au profil écotoxicologique *a priori* plus favorable à l'environnement, peut conduire à des effets pervers et se révéler peu profitable à la qualité de l'eau. De même, l'adoption de pratiques améliorées de réduction des traitements (nombre de passages ou zonages) conduit régulièrement à des augmentations significatives de doses apportées, destinées selon les agriculteurs à renforcer la prévention et à réduire les risques économiques et agronomiques.

Lorsque l'ensemble des agriculteurs d'un bassin versant adopte un même protocole de traitement substitutif, la molécule de substitution apparaît logiquement à son tour de façon importante dans l'eau. De même, lorsque la préconisation collective propose une diversification des molécules destinées à éviter ce problème, et surtout à lutter contre la résistance prématurée des maladies ou des ravageurs, cela génère une baisse de la concentration de chaque matière active, mais également la coprésence d'une plus grande diversité de substances. Le choix de privilégier une gestion à court terme et non contraignante sans mener une réflexion conjointe sur l'évolution des systèmes de production d'un point de vue agronomique et environnemental à l'échelle de l'exploitation et du territoire conduit logiquement à une impasse technique. Dans le cas du bassin versant céréalier, les agriculteurs ont fourni la preuve de leur engagement collectif dans la démarche du GRAMIP en adhérent largement à la préconisation malgré le surcoût engendré par l'emploi d'une molécule de substitution plus chère à l'hectare (Busca, Roussary, 2007). Il faut préciser qu'elle était perçue par ailleurs par les agriculteurs comme présentant un gain dans l'organisation du temps de travail et une efficacité agronomique supérieure. Il n'en demeure pas moins que ce qu'ils revendiquent comme un « engagement » ne débouche pas sur des résultats environnementaux. De façon paradoxale, le choix d'une pratique améliorée censée garantir l'acceptabilité d'un dispositif à vocation environnementale en n'engageant aucun véritable changement de référentiel pour l'agriculteur, pourrait à terme venir alimenter la défection des agriculteurs aux dispositifs agri-environnementaux.

4. La pratique améliorée jugée « risquée » d'un point de vue agronomique se diffuse en dehors des circuits de conseil censés la préconiser : via des « agriculteurs *leader* », qualifiés de « techniques » par les autres agriculteurs et reconnu en tant que « bon chef d'exploitation » (« bon rendement », « bonne gestion des parcelles », matériel de pointe).

Les modalités de diffusion et les conditions d'adoption de la pratique améliorée préconisée dans le bassin versant grande culture irriguée (maïsicole) sont illustratives[302]. La stratégie de traitement « tout en post-levée » est estimée risquée et contraignante, tant par les agriculteurs ne la pratiquant pas, que par les techniciens de coopérative chargés de la diffuser. Pour l'agriculteur, elle présenterait des risques techniques (dépendant des

[302] Le passage de l'expérimentation parcellaire au développement de « pratiques améliorées » à plus grande échelle a longtemps été retardé par le porteur de projet et les partenaires techniques. Sous la pression des financeurs et du GRAMIP, la CACG a finalement opté en 2006 pour la stratégie « désherbage du maïs en post-levée ». Le choix de la stratégie - diffusée initialement et principalement suite à l'interdiction de l'atrazine – a été réalisé suite à une étude-diagnostic menée en 2005 auprès des maïsiculteurs en collaboration avec les coopératives de la zone (établissement d'une liste de maïsiculteurs et définition des critères de conversion). L'action auprès des agriculteurs devait commencer dès la campagne morte saison 2005-2006. Or, lors de l'étude, il est rapidement apparu que le choix de la pratique dite améliorée était loin de faire l'unanimité au sein des comités techniques et de pilotage. À l'heure où le projet était lancé, le débat technico-agronomique était encore présent autour de la pertinence du choix. La CACG se définissant comme un porteur de projet peu légitime en matière de conseils phytosanitaires, le choix a été fait de confier la diffusion de la pratique du traitement en post-levée aux techniciens des coopératives. Même s'ils sont chargés de proposer plus largement cette option aux agriculteurs, ils semblent néanmoins peu convaincus par l'efficacité de la pratique.

facteurs du milieu, matériel performant, fenêtre de traitement réduite), agronomiques (levée tardive des adventices, prolifération) et économiques (rattrapage couteux). En conséquence, son adoption par les agriculteurs contraint le technicien qui doit assurer un suivi de terrain personnalisé plus important et qui, en cas de perte de rendement, court le risque d'une perte de confiance et de légitimité. De plus, d'un point vu strictement commercial, il est préférable de s'assurer la vente « à l'avance » d'une stratégie de prélevée connue, plutôt que de prendre le risque ne pas pouvoir anticiper les produits adaptés aux adventices qui émergeront en post-levée.
Ces éléments éclairent le paradoxe d'une stratégie de traitement qui, lorsqu'elle est mise en œuvre sur le bassin, semble avoir été initiée hors des circuits de conseils des coopératives voire parfois contre l'avis des techniciens : réunion dans le cadre de la démarche bassin versant, pratique ancienne de 20 ans, *bouche à oreille* extra régional.
Les principaux facteurs de mobilisation pour les agriculteurs pratiquant le « tout en post-levée » (S3) sont l'efficacité reconnue à coût équivalent ou inférieur ; le fait de réaliser des traitements ciblés et justifiés par l'observation à dose réduite ; et le gain d'image en matière de protection de l'environnement. Les agriculteurs reconnaissent que cette pratique nécessite un matériel récent et bien réglé, de la précision et une certaine technicité. Ils développent en parallèle des cultures dites techniques – comme le tabac – et ont réalisé des essais sur de petites surfaces avant de généraliser la post-levée à la totalité de leurs parcelles de maïs. Les freins à l'adoption de la post-levée sont principalement identifiés par les agriculteurs pratiquant la stratégie du « tout en pré-levée » (S1) ou celle du « pré-levée et du rattrapage » (S2), qui constitue une pratique jugée comme plus efficace sur le plan agronomique. Aucun agriculteur ne s'est estimé insatisfait de la stratégie mise en œuvre (et particulièrement la S2), c'est notamment pourquoi les agriculteurs employant la S1 envisageraient de se convertir à la S2 largement avant la S3. Leur organisation actuelle du travail serait peu compatible avec la stratégie S3, notamment la pratique répandue du binage, la nécessaire technicité étant là encore le principal argument invoqué. D'un point de vue économique, le coût des produits est estimé beaucoup plus élevé par les agriculteurs (cet argument est pourtant contredit par l'étude économique) et la prise de risque pour les cultures plus importante. Dans un autre registre qui sera développé dans la suite du chapitre, elle induirait un « *salissement de la parcelle* » (présence d'herbes) difficilement conciliable avec les conceptions dominantes du métier d'agriculteur. Enfin, les agriculteurs se retranchent dans la posture du « *prouvez-nous* », en avançant être en attente d'une réelle démonstration de l'efficacité agronomique de la stratégie S3 et de ses impacts positifs sur l'environnement.

Comme cela fut déjà démontré dans des travaux antérieurs, ces adaptations pragmatiques des pratiques améliorées, liées pour partie à la capacité d'autonomie de décision des agriculteurs, ont pour effet de les détourner partiellement de leur finalité environnementale au profit d'objectifs économiques ou d'amélioration de conditions de travail (Busca, 2010 ; Salles, 2006).

2.1.3. Conseil et partenariat : grande diversité et faible visibilité de l'enjeu environnemental

Depuis plusieurs années, on assiste sans conteste à une diversification des sources de conseil et de formation agricoles (services déconcentrés du ministère de l'Agriculture, Chambre d'Agriculture, ADASEA, coopératives agricoles, centre de gestion, Instituts techniques…) (Busca, Bargueno, Bages, 1995). Dans le cadre de la démarche du GRAMIP, l'intervention et la mise en partenariat de ces multiples sources sont censées permettre le renforcement du conseil « raisonné » en matière de pratiques de traitements phytosanitaires par la diffusion d'un message cohérent à différents niveaux : Avertissements Agricoles® (SRPV[303]), groupes de lutte raisonnée, formations par filière relatives aux types de produits phytosanitaires à utiliser et aux conditions de traitements (épandage, matériel agricole…), suivi technico-économique par les techniciens de coopératives. Cependant, la multiplication des sources d'information et des messages diffusés aux agriculteurs peuvent générer des conseils parfois contradictoires.

Dans l'univers complexe du conseil, les agriculteurs semblent privilégier celui diffusé par les coopératives, notamment les bulletins d'information de ces dernières aux bulletins payants du service de la protection des végétaux.

D'autant plus que l'argument « sécuritaire et/ou commercial » des coopératives et la demande d'une « prise de risque zéro » de la part des agriculteurs convergent fortement, au risque de limiter parfois les initiatives visant à des changements de pratiques de traitement (traitements raisonnés, solutions alternatives au traitement chimique...) et d'altérer en finalité les objectifs du GRAMIP.

La superposition de zonages (zone vulnérable, ZAP…) et de dispositifs à destination d'agriculteurs (MAE, CTE ou CAD, aides à l'amélioration du matériel agricole, pratiques améliorées, formations, démonstrations...) sur des territoires identifiés comme dynamiques (Auradé, Sousson), et à ce titre fortement sollicités pour initier des actions collectives à visées agri-environnementales, induit des problèmes de mises en cohérence des actions. D'une part, elle génère une forme d'essoufflement de l'engagement des partenaires

[303] Le service régional de la protection des végétaux (SRPV) est un service des DRAF (actuelle DRAAF). Il exerce des missions de contrôle, d'expertise et d'appui technique en matière de traitements phytosanitaires. Jusqu'à sa substitution par la direction générale à l'alimentation (DGAL), il réalisait des bulletins d'Avertissements Agricoles® par filière de production (en Midi-Pyrénées : vigne, arbres fruitiers et grandes cultures). Ces missions relatives à l'expérimentation sont en cours de disparition.

techniques se traduisant par une démultiplication et/ou superposition des réunions, un déficit dans la capitalisation des acquis, une faible mise à jour des référentiels ou des plans d'action. D'autre part, elle engendre un désintéressement progressif des agriculteurs sollicités pour participer à des réunions d'information ou à des expérimentations sur parcelles sans nécessairement qu'ils identifient les dispositifs dans lesquels ils s'inscrivent et leurs objectifs (Busca, Roussary, 2007). Au premier plan de ces objectifs virtuels, celui de préservation ou de reconquête de la qualité de l'eau explicitement affiché par le GRAMIP, mais dont il a été démontré qu'il est peu véhiculé par les porteurs de projet et traduit dans les pratiques améliorées.

Ce message est d'autant plus dilué que les sources de conseil en matière de traitement phytosanitaire semblent au final s'accorder, au nom d'un principe de précaution vis-à-vis du risque économique (rendement et bénéfices), sur la diffusion d'un conseil relativement « sécuritaire » du point de vue de la protection des cultures.

2.1.4. Conseil raisonné et règles de décision : un sentiment de « sécurité » insuffisant

Du point de vue du raisonnement des pratiques de traitement, la plupart des agriculteurs des bassins versants sont abonnés, parfois gratuitement, au bulletin d'Avertissements Agricoles® de la SRPV. Le bulletin donne une situation pour une filière et territoire (par exemple l'ensemble du vignoble du Gaillac) en fonction des remontées de terrain et des modélisations de maladies, mais ne se réclame en aucun cas d'un conseil opérationnel en termes de traitement. Les agriculteurs des bassins versants viticoles déclarent d'ailleurs utiliser le bulletin d'avertissements essentiellement pour suivre les informations réglementaires. La gestion des risques de maladies au niveau local est laissée au soin des bulletins techniques émis dans le cadre de groupes de formation à la « lutte raisonnée » ou par les coopératives agricoles. Ce qui devrait permettre en théorie à l'agriculteur de traiter encore moins que ce qui est préconisé dans le bulletin. Mais, la lutte raisonnée a-t-elle réellement cette vocation prioritaire ?

Tout d'abord, afin d'éviter une confusion fréquente, il faut préciser que la « lutte raisonnée », qui s'appuie sur le référentiel public « Agriculture raisonnée », ne peut être assimilée à des pratiques qui s'apparenteraient à l'Agriculture biologique qui répond à des exigences de certification précises.

Impulsée par la FNSEA et soutenue par le réseau « Forum de l 'Agriculture Raisonnée Respectueuse de l'Environnement » (association interprofessionnelle, FARRE) afin de restaurer l'image de l'agriculture conventionnelle, l' « Agriculture raisonnée » ne possède pas de cahier des charges précis et n'est pas un signe de qualité (Fouilleux, 2008).

Chargé de l'animation des groupes de lutte raisonnée sur le territoire du Gaillacois[304], l'ensemble des techniciens de la chambre d'agriculture et des caves coopératives s'accorde à considérer que les pratiques de traitement insecticides et notamment acaricides ont nettement évolué à la baisse ces dernières années (Données UIPP). La lutte raisonnée y contribue par l'apprentissage de l'observation. Par contre, le traitement des maladies (mildiou, Oïdium) étant basé strictement sur des stratégies préventives et des cadences de traitement préétablies (tous les 15 jours à partir de mai), la baisse du nombre de traitements est moins significative. La décision de non-traitement contre les maladies constitue une prise de risque pour les cultures que les techniciens qui élaborent le message hésitent à faire prendre à l'agriculteur. Ils préfèrent les former à l'observation et les laisser maîtres de la décision finale.

> *« On donne une information objective qui permet à chacun de prendre sa décision. Mais en général le conseil, c'est d'être couvert. En aval on peut dire que l'on aurait pu éviter deux traitements, mais en amont, c'est difficile de le prévoir. Parce que si le viticulteur ne traite pas, il peut perdre toute sa récolte. Cette année c'est sûr qu'il y a eu beaucoup de traitement pour rien, mais à moins d'être sûr de ce qu'il va se passer sur la zone, c'est impossible. »* (Animateur d'un groupe de lutte raisonnée)

Le développement des groupes de lutte raisonnée est une des principales actions de la Chambre d'agriculture du Tarn dans l'amélioration des pratiques phytosanitaires. Au niveau des bassins versants expérimentaux, très peu

[304] Les groupes de lutte raisonnée ont été créés en 2000 à l'initiative de la Chambre d'agriculture du Tarn et les caves coopératives de Gaillac. Entre 2000 et 2005, le nombre de participants est passé de 66 à 180. Tous les mardis d'avril à août, les techniciens de la Chambre d'agriculture, des caves coopératives se réunissent durant 1 à 2 heures pour élaborer un message technique. Les techniciens de coopératives ont été invités à participer aux réunions a posteriori en tant que conseillers techniques. Le message est basé sur les données des Modèles Potentiels Système de l'Institut technique des vins (simulation hebdomadaire de la pression Mildiou, Oïdium, Black-Rot), les données des 7 stations météorologiques sur Gaillac et les prévisions, le bulletin d'Avertissements Agricoles® de la protection des végétaux, les observations de chacun sur son secteur, les parcelles témoins et y compris des agriculteurs participants. Les nouveaux adhérents sont obligés de suivre une formation initiale payante (30 euros) d'une journée et demie à l'Institut français de la vigne et du vin sur les maladies, leur symptôme, les stratégies de traitement et le fonctionnement du modèle. Les réunions sont gratuites. Les viticulteurs reçoivent le message technique sous forme de fax la veille de la réunion dans les vignes de l'un des viticulteurs du groupe. Il est parfois spécifié un choix de produit en fonction de la maladie et de la situation, les questions liées à la technique de la vigne (enlevage, effeuillage, période d'éclaircissage chimique…), les aspects réglementaires. Parallèlement, la réunion « bout de champs » avec les viticulteurs a deux objectifs, faire passer l'information reçue par fax et discuter au cas par cas de l'opportunité de tel ou tel traitement, avec tel ou tel produit.

d'agriculteurs y sont adhérents[305] : sur les 9 viticulteurs rencontrés, quatre sont adhérents actifs à un groupe de lutte raisonnée. Parmi eux, trois possèdent des parcelles sur le bassin versant à dominante AOC et un sur le bassin versant à dominante vin de table et vin de Pays. Les facteurs d'adhésion à un groupe de lutte raisonnée sont divers :

- une obligation contractuelle (CTE, contrat de production raisonnée des caves coopératives) plus fortement présente sur le bassin versant à dominante AOC ;
- un service gratuit permettant « un gain économique et environnemental », l'aide à la décision et l'appréhension du risque ;
- la formation et un conseil de source « non-commerciale » sur les conditions de traitement phytosanitaire, source de plus en plus recherchée par les agriculteurs et que certains seraient prêts à rémunérer ;
- la diffusion d'informations diverses, l'entraide et la mutualisation d'expériences avec les autres viticulteurs adhérents au groupe de lutte raisonnée.

Le principal facteur de démobilisation invoqué pour l'adoption de la lutte raisonnée est « la prise de risque ». Elle résulte d'une capacité d'appréciation personnelle et d'une expérience propre au vécu du viticulteur, qui leur permettent de juger de la pertinence et de la fiabilité du conseil qui leur est adressé. Par ailleurs, la lutte raisonnée imposerait, selon certains exploitants, une organisation du temps de travail trop contraignante pour les grosses exploitations ou les non coopérateurs qui préfèrent respecter strictement leurs propres cadences de traitement. Paradoxalement, ces mêmes agriculteurs - et notamment ceux pratiquant la vente à la propriété de vin AOC-peuvent pratiquer par ailleurs l'enherbement des vignes. Ils peuvent ainsi afficher une forme de labellisation environnementale qui s'inscrit en fait dans leur logique production, tout en conservant des pratiques de traitement systématique dont le raisonnement ne constitue pas une pratique suffisamment visible au regard des risques et des contraintes perçus.
Sur les bassins versants grandes cultures, sur des traitements ponctuels (type fongicide ou insecticide), les agriculteurs peuvent porter leur attention sur la dimension « avertissements » des bulletins émis par la SRPV ou se tourner vers les instituts techniques spécialisés partenaires de la démarche GRAMIP (CETIOM, Arvalis). Mais là encore, le conseil demeure relativement large.
De plus, les réunions d'informations organisées dans le cadre de la démarche bassins versants expérimentaux interviennent après la campagne d'achat des produits en morte-saison, période d'hiver et de ralentissement des activités culturales, où une grosse partie des approvisionnements est effectuée selon des modalités qui seront développées par la suite.

[305] La chambre d'agriculture est chargée de récupérer les cahiers d'enregistrement de pratiques phytosanitaires et participe aux réunions bilans, mais elle est identifiée par les viticulteurs presque exclusivement sous la casquette de conseils œnologiques.

Concernant les Chambres d'Agriculture, si leur positionnement stratégique dans les années 1990 (Brives, 1998) leur permet de détenir aujourd'hui le quasi-monopole du pilotage et de l'animation des dispositifs agri-environnementaux, elles demeurent largement démunies en termes de capacité de conseil agricole auprès des agriculteurs (Busca, Bargueno, Bages, 1995). En effet, au regard de leurs moyens humains et de leurs ressources économiques, l'accroissement de la technicité (diversité des itinéraires techniques et des produits phytosanitaires) ne leur permet pas de prétendre concurrencer les sources de conseil agricole de proximité en matière de conduite de traitement phytosanitaire.
Il en découle que le conseil « raisonné » (Avertissements Agricoles® et lutte raisonnée), malgré les précautions qu'il internalise, n'apporte pas un sentiment de sécurité suffisant à l'agriculteur pour qu'il remette en cause des pratiques de traitement chimique de type préventif inscrites dans la routine et le conseil du technicien de coopérative de vente de produits phytosanitaires. Les réseaux de commercialisation (coopératives, négociants…) des produits, souvent les seuls acteurs de proximité en termes de conseil spécifiquement phytosanitaires, demeurent les principaux dépositaires du conseil technique en matière de traitements.

2.1.5. L'ambiguïté du conseil et des relations entre conseiller de coopérative et agriculteur : une captation réciproque

Aux dires des agriculteurs rencontrés, la « *traditionnelle relation de confiance* » entre le technicien de coopérative et l'agriculteur, ainsi que l'application stricte des ses prescriptions (calendrier de traitement pré-établi), tendrait à évoluer, du fait notamment d'un contexte d'incertitudes économiques et agronomiques, et d'une technicisation croissante des pratiques. L'achat de produits phytosanitaires fait l'objet d'une plus grande attention et est soumis à une justification d'efficacité et à une demande plus forte d'appui technique de la part des agriculteurs. La diversification des sources de conseil sur l'initiative des agriculteurs ou induite par le dispositif GRAMIP en est une des expressions. En conséquence, pour les coopératives, l'argumentaire et la stratégie de vente des produits tendent à se reconfigurer, au moins dans les discours, vers un renforcement de la prise en compte de la nécessité d'un raisonnement des pratiques phytosanitaires et du conseil technique accompagnant l'acte commercial. C'est pourquoi on assiste à la généralisation des appellations gommant la dimension commerciale telles que conseiller technico-commercial ou même conseiller technico-économique.
Le conseil diffusé (stratégie de traitement) et les dispositifs mis en place pour capter le client (Cochoy, 2004) agriculteur (acheteur de produits), mais le plus souvent conjointement lui-même vendeur à la coopérative (acheteur de sa production) sont variables selon :

- le parcours professionnel, l'ancienneté, la formation du technicien (École d'ingénieur, école de commerce, reconversion…) ;
- la nature des objectifs de résultats assignés aux conseillers par la coopérative (vente, limitation des stocks, fidélisation des clients, rendement, technique) ;
- ainsi que le statut (adhérent, membre du conseil d'administration, acheteur-vendeur occasionnel) et le niveau d'exigence de l'agriculteur (efficacité des produits, minimisation du risque de perte de rendement, ristourne/avance financière, garantie d'achat des productions agricoles).

De même, les dispositions des agriculteurs conditionnent les modalités de réception du conseil et l'installation d'une relation de défiance et/ou de confiance avec le conseiller. Cette relation du capté au capteur est notamment influencée par la caractérisation par l'agriculteur de « profils types » de conseiller et/ou de coopératives, elle-même déterminée par le degré de marchandisation des relations entre l'agriculteur et la coopérative.

Si le nombre d'entretiens réalisés ne permet pas de mesurer toute la complexité des profils d'agriculteurs, de conseiller et de coopératives, et des dispositifs de captation réciproque qu'ils mobilisent, à titre d'illustration, il est possible d'en présenter les éléments les plus saillants.

<u>De commercial de « *coopérative captatrice* », à technicien de « *coopérative de proximité* »</u>

- Le « *commercial* » est une appellation assez péjorative qui désigne un conseiller accusé de fonctionner par prescription automatique (« *c'est l'ordonnance, comme chez le docteur* ») en fonction des objectifs prioritairement financiers de sa coopérative (produits coûteux, quantités surévaluées, …) sans intégrer les particularités agronomiques et les différents niveaux de vulnérabilité des parcelles agricoles.
- Le « *technico-commercial* » propose un itinéraire technique et des conditions de vente à la convergence des intérêts entre agriculteur et coopératives mentionnés supra.
- Le « *technicien pratique* » est avant tout reconnu comme compétent techniquement et disponible pour se rendre sur le terrain. Il peut ainsi prodiguer des conseils « *qui ne poussent pas à la consommation* » (réduction de dose, traitement ciblé…), sans mettre en péril le revenu de l'agriculteur. Ainsi, même dans le cas où le prix des produits est estimé plus cher, il peut être considéré comme légitime puisqu'internalisant un conseil technique adapté.
- La *« coopérative de proximité»* est indépendante d'un groupe et fonctionne encore dans un « *esprit coopératif* », elle est garante en ce sens d'une certaine éthique. Son conseil d'administration est pluraliste et décisionnel. Elle privilégie le conseil ou, si elle ne dispose des moyens nécessaires, n'incite pas à l'achat de produits et pratique une

redistribution transparente en payant le « *premier producteur comme le dernier* ». Les groupements coopératifs notamment sont des structures qui attirent des agriculteurs nostalgiques d'un temps où selon eux les coopératives visaient la mutualisation des moyens et des risques liés au marché par le regroupement des agriculteurs et procuraient un « service de proximité ».

- La « *coopérative captatrice* », par opposition à l'idéal type précédent, est accusée de pousser à la consommation et de favoriser les agriculteurs « *gros livreurs* » du point de vue de la disponibilité des conseillers, mais aussi par les critères d'achat des productions agricoles (achat par tranche de tonnage) et d'attribution des primes. Les vrais « paysans » n'ayant pas leur mot à dire au niveau du conseil d'administration où les gros producteurs sont majoritaires. Sans pour autant franchir le pas de « quitter » leur coopérative, certains agriculteurs dénoncent un service de plus en plus dépersonnalisé (affaiblissement d'une relation de l'agriculteur à son conseiller) et déterritorialisé (méconnaissance des parcelles de son client).

<u>Les dispositions des agriculteurs aux conseils et aux dispositifs de captation des coopératives agricoles</u>

Les conditions d'intégration du conseil dans les pratiques dépendent du degré de dépendance de l'agriculteur à cette source de conseil. Cette dépendance est plus ou moins forte en fonction de l'habitus de l'agriculteur - des représentations relatives à l'exercice de son métier, de son expertise (capacités d'observation, connaissance des adventices, des caractéristiques et de l'historique de ces parcelles), de sa perception du risque - et de sa capacité à expérimenter et à croiser les sources d'information (voisinage, revues spécialisées, réseau de connaissances, instituts techniques spécialisés, internet).
Malgré tout, les agriculteurs possèdent une marge de manœuvre limitée pour acquérir une connaissance actualisée sur des produits et des itinéraires techniques proposés par les coopératives en évolution constante (nom des produits, fonction, conditions d'application et dosage). Certains agriculteurs mentionnent leur difficulté à juger du rapport quantité-qualité-prix du conseil diffusé, de le comparer véritablement avec d'autres (opacité de la gestion financière dans la communication entre agriculteurs) et ainsi de faire jouer la concurrence entre les coopératives comme certains de leurs collègues.
Cependant, réduire la capacité d'action de l'agriculteur à un rôle d'exécutant serait nier sa capacité à influer même modestement sur le conseil par le choix du mode de consommation (fidélité, mise en concurrence, diversification) qu'il estime le plus adapté à ses besoins (achat, conseil technique et/ou commercial) et à ses exigences (« champs nickel », protection à moindre coût, à dose minimum). Cela reviendrait aussi à exclure sa capacité d'interprétation dans l'opérationnalisation des prescriptions. Or c'est bien parce que l'aspect « *sécuritaire* » (garantir l'efficacité et maintenir

sa réputation) pour les techniciens de coopératives converge avec une exigence de « *prise de risque zéro* » des agriculteurs que la stabilité de la relation de défiance-confiance entre agriculteurs et conseiller se maintient.
La conséquence étant que les conseillers se risquent peu à conseiller des traitements en deçà des doses homologuées (ou sur des types de traitements spécifiques et connus), de même que les agriculteurs se risquent peu à adapter ce conseil « *par le bas* ».
C'est pourquoi la pratique commerciale de la vente en morte-saison, dénoncée par les gestionnaires publics ou certains agriculteurs comme contraire aux principes même de raisonnement des pratiques, demeure encore aujourd'hui un moment clé dans la définition des pratiques phytosanitaires de nombreux agriculteurs. Si elle peut être considérée comme un instant privilégié dans la relation d'échange entre conseiller et agriculteur (bilan de l'année écoulée, visite des parcelles,) permettant un travail de co-conception de la stratégie de traitement, elle est surtout primordiale dans la réalisation des objectifs de chiffre d'affaires des commerciaux et des coopératives : la vente à l'avance de programmes de traitement parfois prédéfinis, notamment par « packs promotionnels » (non dissociables, non repris ou sous conditions de rachat d'un autre traitement), permet de tirer les prix sur le volume des produits et de limiter le stockage. Pour les agriculteurs, l'achat en morte-saison est associé à une économie de coût des stratégies phytosanitaires : réductions sur les produits, stratégie *clé en main,* garantie de disposer des quantités suffisantes, anticipation des coûts… Cependant, eux-mêmes pour éviter le stockage de produits déjà achetés, auront logiquement tendance à employer ces produits sans s'être interrogé sur la pertinence du traitement au regard de la pression sanitaire réelle sur la totalité ou certaines zones des parcelles (bases de la démarche de raisonnement des pratiques). En ce sens, des opérations de soldes existent par ailleurs en cours de campagne. Les agriculteurs d'un bassin versant expérimental se sont ainsi vus proposés une promotion pour un produit fongicide couplé à un avertissement d'alerte pour ce même objet.
Parallèlement, dans un contexte économique perçu comme difficile par les agriculteurs et de concurrence territoriale entre coopératives, les stratégies commerciales de fidélisation, pour ne pas dire de création de dépendance de la clientèle, interviennent à différents niveaux de la relation entre agriculteurs, conseillers et coopératives : lors de l'acte de vente à la morte saison décrit précédemment, par les systèmes de prêts, d'avances sur trésorerie ou de comptes approvisionnement (la somme des achats est déduite de la vente de la production agricole), par les contrats d'exclusivité (l'agriculteur est tenu d'acheter la totalité ou presque de son approvisionnement à la coopérative pour bénéficier d'une prime lors de la vente de la production ou de « chèques-cadeaux » à valoir sur les prochains achats), par la participation au conseil d'administration…

Ces dispositifs font donc appel à une pluralité de registres d'action pour capter les agriculteurs qui relèvent finalement de stratégies relativement communes dans le champ commercial (créer le besoin, fidéliser le consommateur...) (Cochoy, 2004). Mais ils trouvent un écho parce qu'ils s'inscrivent dans une logique d'assurance pour le conseiller comme pour l'agriculteur. Le problème est que, de ce fait, ils tendent à inciter aux traitements systématiques (en plein, préventifs), et ce, même en cas de faible pression, allant parfois directement à l'encontre des messages voire de la pratique améliorée diffusée par le dispositif GRAMIP (traitement en post-levée du maïs). Elles rendent faiblement visibles et mesurables le calcul coût-efficacité d'un produit et/ou d'une stratégie de traitement, et surtout le calcul coût-efficacité-rendement. On comprend pourquoi le rendement reste un critère prépondérant en termes de logique de production et de reconnaissance pour les agriculteurs au détriment de critères de valeur d'achat/coût de production (exploitation, main d'œuvre, intrants, produits phytosanitaires).

La diversification des moyens de communication (téléphone-fax, téléphone portable, internet), la diffusion de conseils standardisés, les stratégies commerciales induisent donc une routinisation des pratiques phytosanitaires des agriculteurs. Cette routinisation a pour effet de limiter en retour les marges de « raisonnement » des pratiques.
Ces éléments illustrent l'ambiguïté du partenariat avec les coopératives du fait de la difficulté à faire coïncider un positionnement environnemental revendiqué, celui de conseil au raisonnement des traitements, avec des pratiques commerciales visant à approvisionner les agriculteurs du territoire en produits phytosanitaires.

2.1.6. Les firmes phytosanitaires : un « partenaire » qui brouille le message

Dans le même ordre d'idée, l'intégration dans la démarche GRAMIP de partenaires appartenant directement aux réseaux de production des produits phytosanitaires (UIPP[306], firmes phytosanitaires) – et sur lesquels les agriculteurs et leurs représentants externalisent pour beaucoup la responsabilité de la contamination des ressources en eau - vient à nouveau remettre en question la volonté institutionnelle de dépasser le tout chimique.
Sur les bassins viticoles, l'une des stratégies adoptées par les porteurs de projet GRAMIP pour encourager les viticulteurs à diversifier leurs pratiques de désherbage a été la distribution de produits de substitution, au profil envi-

[306] Créée en 1918, l'Union des industries de la protection des plantes (UIPP) est une organisation professionnelle qui rassemble les principales entreprises qui mettent sur le marché et commercialisent des produits phytosanitaires (19 entreprises représentant 96% du marché français selon l'UIPP).

ronnemental jugé plus « favorable », destinés à leur faire expérimenter par eux-mêmes de nouvelles techniques. À l'initiative de la SRPV, des représentants de firmes de produits phytosanitaires ont ainsi été associés à la démarche pour proposer des produits adaptés à des situations locales et sur des parcelles à risques. Le correspondant de l'entreprise réalise un suivi des parcelles, propose des préconisations aux viticulteurs et est invité à participer à la réunion de bilan annuel.

Ces essais sur des parcelles identifiées *« à risque »* sont un moyen commercial pour les sociétés de faire connaître des produits aux agriculteurs, de communiquer sur la prise en compte des aspects environnementaux et de valoriser ainsi une image sociale. Elles communiquent notamment sur le spectre d'activité très large de leur produit et leur profil environnemental qui en feraient des produits à faible risque de transfert dans les eaux, du fait de leur bonne rémanence dans le sol et dont le risque de résidus dans les vins serait de zéro[307].

L'analyse du fonctionnement de ce dispositif montre que les produits, même distribués gratuitement, ne sont pas systématiquement utilisés par certains viticulteurs des bassins versants en raison notamment de l'insuffisance de la quantité distribuée pour remplir un pulvérisateur complet. Plus fondamentalement, si la plupart des viticulteurs qui ne l'employaient pas déjà déclarent l'avoir testé, très peu sont prêts à adopter durablement ces produits perçus comme peu efficaces au regard de leur coût supérieur et principalement sur des parcelles non enherbées.

Par exemple, le Pledge est un herbicide pour la vigne dont la vente et l'usage se développent fortement à l'extérieur des bassins. Cependant son utilisation expérimentale sur les bassins versants expérimentaux est sujette à controverse. D'une part, il est classé très toxique (T+) et les viticulteurs expriment le sentiment que les prescripteurs, en privilégiant son usage, sont davantage soucieux de la préservation de l'environnement que de leur santé. D'autre part, son coût/ha est rédhibitoire pour les viticulteurs ne pratiquant pas d'enherbement inter-rang (à dire d'exploitants, 270 €/ha pour un désherbage en plein, contre 40 €/ha pour un désherbage sous le rang), c'est également un produit qui nécessite des conditions d'application particulières. Enfin, certains viticulteurs désapprouvent le principe d'une intrusion des firmes phytosanitaires dans les dispositifs expérimentaux de lutte raisonnée et estiment que boycotter leur produit représente une forme de résistance. Cette posture permet à nouveau de relativiser le caractère passif des agriculteurs qui *ne sont pas dupes de participer à un jeu de dupe*.

[307] L'enquête de terrain a été réalisée avant la polémique relative à la publication, par les associations du réseau « Pesticides Action Network Europe » (PAN-Europe), des résultats d'une campagne d'analyses réalisée sur des vins de différentes provenances géographiques et dénonçant une contamination généralisée par des résidus de produits phytosanitaires.

*
* *

Tant que les programmes d'action agri-environnementaux étaient évalués sur leur effectivité, les logiques d'action décrites dans cette partie renvoyaient à des règles du jeu tacites où chaque joueur trouvait son compte et le système une certaine efficacité sociale (mise en partenariat et adhésion des agriculteurs). Or, le dispositif GRAMIP est évalué sur l'efficacité environnementale de ses actions pour répondre à une injonction de résultats. Cependant, dans l'opérationnalisation du dispositif, l'appropriation stratégique (Busca, 2010) des programmes d'action apparaît routinisée au point d'être devenue une norme stabilisée de mise en œuvre. C'est-à-dire que ses modalités sont aujourd'hui tellement inscrites dans les logiques d'action collective en matière d'« écologisation » (Mormont, 2009) des pratiques agricoles que l'expérimentation d'alternatives aux traitements chimiques est compromise avant même d'avoir pu faire la preuve de son efficacité agronomique, économique et environnementale.
Au prisme de l'analyse, il semble que ce qui pourrait apparaître comme un malentendu dans les modalités de construction et de diffusion des programmes d'action du GRAMIP relève davantage d'un cercle vicieux entretenu par un jeu de dupe entre gestionnaires, porteurs de projet et agriculteurs.
Dans quelle mesure les risques sanitaires et environnementaux sont-ils intégrés par les agriculteurs dans leurs systèmes de représentations, leurs pratiques individuelles et leurs modes de justifications ?

2.2. Des pratiques individuelles marquées par une faible tolérance au risque technique et économique

Confirmant des situations déjà observées dans l'analyse des relations entre agriculture, environnement et société (Busca et al., 1999 ; D'Arcimoles, Borraz, 2003), la revendication d'une responsabilité partagée, d'une externalisation de responsabilité, voire d'une position de victime dans la contamination des eaux par les pollutions diffuses et ses impacts sanitaires sont mobilisées quasi systématiquement par les agriculteurs. D'une part, ils se considèrent captifs (Cochoy, 2004) des dispositifs mis en place par les firmes phytosanitaires et les coopératives agricoles, et dépendants des exigences du marché. D'autre part, ils jugent que la contribution des autres usagers de produits phytosanitaires (collectivités, SNCF, industries, jardiniers) n'est pas suffisamment prise en compte dans l'imputabilité des causes de contamination des ressources en eau.
Sur cette base, si on constate dans les discours l'émergence d'une prise de conscience des risques sanitaires et environnementaux liés aux produits phy-

tosanitaires, elle demeure peu appliquée dans les pratiques professionnelles quotidiennes.

2.2.1. Face au salissement de la parcelle, la seule pratique acceptable demeure la solution chimique

Comme développé précédemment, la réduction de dose ainsi que l'adoption de techniques alternatives aux traitements phytosanitaires sont souvent perçues par les agriculteurs comme une prise de risque technique et économique peu acceptable : risque de prolifération des adventices, risque de bouleversement dans l'organisation du travail agricole, risque de surcoût lié aux éventuels traitements de rattrapage, risque de perte de rendement… Ces perceptions des risques renvoient directement à des représentations individuelles et collectives du métier d'agriculteur fortement ancrées.
Pour illustration, en viticulture, l'enherbement est généralement associé à une baisse de rendement difficilement conciliable avec une production vin de table et vin de pays. Mais plus fondamentalement, les entretiens avec les agriculteurs révèlent que pour la majorité d'entre eux, même si l'enherbement était compatible avec leur logique de production, l'introduction d'un élément perçu comme « sale » et entrant en concurrence avec la vigne est difficilement tolérable. Dans la conscience collective « *une belle vigne, c'est une vigne propre* [sans herbe] *et bien chargée en raisin* ».
Il existe un rapport à l'herbe historiquement négatif, ce n'est pas « *une végétation* » mais un « *parasite* » à éradiquer et associé dans les mémoires à un travail pénible. *A contrario*, le désherbage chimique total est perçu comme une modernisation du travail agricole ayant permis une économie de coût et de temps. Ainsi, pour la plupart des agriculteurs rencontrés sur les quatre bassins versants, la présence d'herbes ou de nuisibles sur une parcelle agricole renvoie à un « champ sale », « mal entretenu », soit à une pratique professionnelle défaillante. À l'inverse, un « champ propre » est la démonstration d'une certaine technicité, d'un « bon agriculteur », d'un bon « producteur », puisque le rendement est souvent directement associé à cette image.

> *« Dans l'esprit de l'agriculteur, le champ doit être propre, pas sale, c'est la fierté du champ, c'est encore dans les esprits. On y reviendra peut-être et ça passera beaucoup mieux ! […] Parce que le coût dans 2-3 ans, ce sera le même, mais il faut attendre. Mais de voir le champ de maïs tout vert. Pour moi le frein sera là, pas le coût ! »* (Agriculteur, bassin versant maïsicole)

Cette expression, « maïs tout vert », pour qualifier le refus d'une présence importante d'herbes dans son champ de maïs comme principal frein à l'adoption de la pratique améliorée du désherbage en post-levée du maïs, est illustrative du fort ancrage de cette représentation. Sortie de son contexte,

cette expression serait incompréhensible pour un néophyte, pour qui, *a priori* un champ de maïs est justement « vert ».
Ces représentations positives ou négatives constitutives de l'identité professionnelle des agriculteurs sont largement relayées et entretenues par un champ lexical d'usage commun répandu aussi bien entre agriculteurs que dans le domaine de la recherche agronomique et de la prescription que dans l'univers du conseil agricole, et même chez le jardinier amateur luttant contre les « mauvaises herbes ».

2.2.2. Risques « pollutions ponctuelles et santé » : une prise de conscience, mais peu de mise en pratique

Les institutions publiques (SRPV), privées (coopératives agricoles), les organismes de santé (Mutualité sociale agricole) et les revues professionnelles agricoles diffusent aujourd'hui un message commun relatif à la limitation des risques de pollution ponctuelle et accidentelle et à la protection de l'utilisateur. Dans la majorité des cas, les agriculteurs revendiquent une expérience personnelle qui leur assure une maîtrise suffisante.
Les agriculteurs reconnaissent prendre de plus en plus conscience de l'impact de l'emploi des produits phytosanitaires sur leur santé : pression familiale, responsabilité pénale vis-à-vis de leurs employés, expérience de mise en contact avec des produits (hospitalisation et immobilisation, gènes), connaissance de cancers déclarés dans le voisinage. On peut noter que de plus en plus d'agriculteurs font appel à des prestataires (entrepreneurs, CUMA) pour effectuer certains traitements, ce qui peut présenter l'intérêt d'éviter un investissement coûteux dans un pulvérisateur. Cependant, au quotidien, s'ils possèdent des outils de protection (gants, masque, combinaison…), leur utilisation systématique demeure encore peu répandue ou réservée à certaines phases (remplissage du pulvérisateur) et/ à certains produits jugés plus nocifs (insecticides), aussi bien dans l'ancienne que dans la nouvelle génération.

> *« Il y avait encore le brouillard au-dessus de la culture, je me disais « mon système nerveux », j'ai arrêté, mais j'ai recommencé le lendemain »* (Agriculteur, Bassin versant maïsicole)

L'inconfort des protections ainsi que l'image négative qu'elles renvoient vers le voisinage, potentiellement composé de néoruraux, et le « client », surtout dans le cas de vente à la propriété, sont autant de facteurs de démobilisation. Par ailleurs, les innovations techniques telles que les cabines de tracteurs équipées de filtres (rarement renouvelés) ou des conditionnements de produit plus adaptés (produits encapsulés), permettent en fait de justifier le déficit de protection corporelle. En définitive, l'argument santé est encore peu mobilisé par les agriculteurs et en conséquence peu mobilisa-

ble par les gestionnaires pour promouvoir l'adoption de pratiques agricoles orientées sur la réduction des traitements phytosanitaires.
Au niveau de la gestion des risques de pollutions ponctuelles et accidentelles, les agriculteurs engagés dans des dispositifs agri-environnementaux contractuels (CTE, CAD…) semblent logiquement plus réceptifs aux changements de pratiques et à la mise aux normes. Pour les autres, certaines pratiques évoluent sensiblement (dilution du fond de cuve, espace dédié au remplissage et au lavage du pulvérisateur), d'autres sont reconnues, mais sans être considérées comme prioritaires (local pour le stockage des produits phytosanitaires), ou encore ne sont pas systématiques (suivi des collectes des produits phytosanitaires non utilisés et des emballages vides) et enfin, certaines sont jugées sans intérêt (triple rinçage des bidons). À l'inverse, les conseils liés aux conditions de traitement (prise en compte de l'hygrométrie) semblent parfaitement intégrés par l'ensemble des agriculteurs puisqu'ils permettent de garantir une efficacité agronomique tout en réduisant les doses et les coûts.

*

*   *

S'ils ne sont pas véritablement nouveaux, certains éléments tendent à prendre de plus en plus d'importance dans les registres de légitimation et d'action des agriculteurs. Ainsi, alors que la normalisation de type *top down* est accusée de conduire à des impasses techniques et les précurseurs en matière de démarches agri-environnementales menacés d'être lésés, la normalisation par le marché tend à gagner en légitimité auprès des agriculteurs (Fouilleux, 2008). Cette dernière fonde elle-même sa légitimité sur la défense des intérêts des consommateurs et de la prise en compte d'une demande sociale en matière de qualité sanitaire et environnementale croissante, au travers des figures rhétoriques du client de la qualité » (donneurs d'ordres) et du client de qualité (citoyens) (Cochoy, 2002).

2.3. Les facteurs émergents : effets pervers des politiques antérieures, normalisation commerciale et « demande sociale »

2.3.1. Les effets pervers de la normalisation par ajustement

Les agriculteurs utilisent des produits phytosanitaires « homologués » après une procédure d'autorisation de mise sur le marché (AMM). Ils sont donc agréés et seraient utilisés le plus souvent conformément aux conditions d'utilisation prescrites (dosage, conditions d'épandage). La définition réglementaire de doses maximales d'apports autorisés pour chaque produit vise à

prévenir les excès dans l'utilisation des produits phytosanitaires. Or, cette normalisation des pratiques par la quantité d'apports a pour effet pervers de provoquer chez les agriculteurs une assimilation des doses maximums à des normes de bonnes pratiques phytosanitaires. C'est pourquoi, même lorsque le discours des organismes de conseil et/ou de vente de produits sur les bassins versants étudiés tend à inciter les agriculteurs à des réductions de doses, sur certains traitements et dans certaines conditions, en raison notamment de leur coût économique, les pratiques concrètes de traitement échappent pour partie à cette rationalité strictement financière (Busca, Roussary, 2007).
Dans un autre registre, les agriculteurs considèrent plusieurs mesures réglementaires comme ambiguës et contradictoires. La perte d'efficacité plus rapide de certains produits (phénomènes de résistance) et la non ré-homologation de produits peu coûteux présentant des risques sanitaires ou environnementaux conduisent à des impasses techniques devant lesquelles ils s'estiment démunis. Ces mesures les obligeraient en conséquence à doser davantage des produits autorisés[308], mais parfois jugés moins efficaces, voire à contourner la réglementation[309], alors que des traitements obligatoires et contrôlés par le SRPV (contre la cicadelle à flavescence dorée en viticulture) sont estimés être plus nocifs et parfois inutiles et coûteux.
De même, les conséquences du passage à un fonctionnement réglementaire et individuel de mesures telles que les bandes enherbées, initialement volontaires et pratiquées sur deux bassins versants expérimentaux dans un cadre précurseur (dès 1989 pour le bassin versant céréalier et 1999 pour le bassin versant maïsicole) et collectif (association d'agriculteur, syndicat mixte de rivière), sont un autre argument de démobilisation des agriculteurs. En effet, les bandes enherbées déclarées en « autres utilités » dans le cadre de MAE ou de CTE, pendant les années de référence 2000-2001-2002, n'ont pu être déclarées « en gel » et ainsi éligibles aux droits à paiement unique de la PAC. Cette hétérogénéité est perçue comme allant à l'encontre des principes d'équité de traitement et de solidarité, à l'origine de la démarche, en provoquant une pénalisation des agriculteurs volontaires. Significative d'une incohérence dans l'articulation des dispositifs agri-environnementaux, elle tend à décrédibiliser les mesures mises en œuvre au risque de limiter le futur engagement des agriculteurs dans des dispositifs volontaires.
De plus, le changement de pratiques induit par la mise « en gel pertinent » des bandes enherbées induit des changements dans l'organisation du travail agricole qui modifieraient : d'une part, la perception de l'efficacité agronomique (maintien des berges et frein à l'érosion versus foyer d'adventices proche des cultures) et environnementale (limitation de la contamina-

[308] En viticulture, on peut noter le rabattement massif sur l'aminotriazole et le glyphosate.

[309] Dépassement des quantités/ha de glyphosate limitées pour la vigne en justifiant un achat pour les céréales, achat des produits en Espagne…

tion des eaux versus cas de pollutions accidentelles) des bandes enherbées par les agriculteurs ; d'autre part, leur niveau d'implication dans l'entretien (semage et broyage) de terres jugées *in fine* non productives ; voire, engendrerait une implantation de certaines bandes enherbées en gel « non pertinent » sur les parcelles (dans le sens des écoulements) (Busca, Roussary, 2007).

Alors que ces mesures réglementaires correctives aux pratiques agricoles conventionnelles sont perçues comme peu crédibles pour gérer les questions phytosanitaires, la problématique de la pollution de l'eau est souvent associée par les agriculteurs à celle des normes de qualité des produits : selon eux, satisfaire aux exigences des chartes de production des filières marchandes (grande distribution, caves coopératives) équivaut à considérer leurs pratiques comme respectueuses de l'environnement et à l'afficher comme tel.

2.3.2. La normalisation environnementale via les filières de commercialisation et la demande sociale

Sur les bassins versants expérimentaux, la production de vins AOC est commercialisée principalement au travers la vente directe (à la propriété, dans les marchés) et les caves coopératives[310]. La principale est la vente directe à la propriété lors de laquelle la qualité gustative, la garantie sanitaire, le respect de savoir-faire, sont les principaux arguments commerciaux face à des consommateurs reconnus comme, sinon exigeants, à minima de plus en plus curieux des pratiques agricoles (culture, traitement et récolte). Cela justifie le coût du produit et nécessite une valorisation et une visibilité des « pratiques raisonnées » mises en œuvre sur l'exploitation.

Pour les mêmes raisons, les caves coopératives, elles-mêmes soumises aux cahiers des charges de certains clients (grande distribution), exigent, au travers des contrats de production raisonnée (AgriConfiance®), une normalisation de la globalité des pratiques phytosanitaires (mise en conformité avec la réglementation, enregistrement des pratiques, contrôle du matériel).

---

[310] Les vins de Table et vins de Pays sont des vins de consommation « ordinaire » basés principalement sur un rapport qualité-prix avantageux. Ils sont commercialisés, en vrac ou en bouteille, simultanément à travers trois réseaux de commercialisation (négoce, vente directe à l'exploitation ou au marché). Le principal demeure le négoce, très présent sur le territoire étudié, c'est alors essentiellement la productivité qui détermine l'acte de vente et le revenu. La vente directe à l'exploitation est souvent complémentaire du négoce. Là encore, c'est le rapport qualité quantité prix qui domine. Enfin, la vente sur les marchés en vrac ou en bouteille permet de compléter les revenus. Dans le cadre de la production de vin de pays, aucune exigence particulière en matière de changement de pratiques phytosanitaires n'est exprimée par le marché.

Plus généralement, une des conséquences de la complexité croissante de la mise en conformité avec les exigences de qualification des processus de production agricole (D'Arcimoles, Borraz, 2003) est le recours plus systématique à des professionnels de la qualité. Cependant, cet élargissement des acteurs intervenants dans la normalisation des pratiques phytosanitaires par les filières de commercialisation présentes sur les bassins versants ne s'étend pas jusqu'aux consommateurs, même si certains prétendent agir en leur nom. Le manque de cohérence de certaines Chartes (exigences variables selon la charte, selon les régions) et les autorisations de dérogations certaines années (demande supérieure à l'offre nécessitant d'abaisser les critères de qualité) relèvent d'arrangements organisationnels qui se doivent de rester opaques au consommateur puisqu'ils interrogent directement la fiabilité d'une régulation des pratiques par le marché. Or, accroitre la transparence des dispositifs de normalisation par le marché (Chartes, contrats) peut contribuer parallèlement à élever le niveau de vigilance et de suspicion des consommateurs sur les produits concernés (Cochoy, 2002).
Dans le même ordre d'idée, certaines professions agricoles tendent à masquer les moyens, les conditions et les origines de production[311]. Plusieurs campagnes de presse et ouvrages scientifiques mentionnent la nocivité pour la santé des résidus de pesticides mesurés dans les aliments (fruits, vins…) et pointent du doigt les nombreux traitements pratiqués. Ainsi, communiquer auprès des consommateurs sur la baisse des traitements revient à prendre le risque de voir exposé le nombre de traitements importants encore pratiqués (Salles, 2007).
C'est pourquoi, les agriculteurs préfèrent avancer l'argument que contrairement aux produits issus d'une concurrence mondialisée accrue[312], leurs produits constituent une garantie sanitaire et environnementale aux consommateurs, les produits importés (Chili, Chine, Espagne) n'étant pas soumis aux mêmes contraintes (réglementations ou filières commerciales).

*

* *

Le principe semble partagé qu'il est aujourd'hui plus efficace de privilégier ou *a minima* d'adjoindre au traitement chimique (systématique et/ou préventif) la pratique de l'observation des parcelles et de diffuser, via différentes sources de conseil, des compétences dans ces deux domaines.

[311] Une des illustrations étant la difficulté pour le GRAMIP et le porteur de projet de trouver des arboriculteurs prêts à s'engager dans la démarche des bassins versants expérimentaux et les clauses de confidentialité sur la localisation du bassin versant test fixées avant le démarrage de l'étude socio-économique.
[312] La baisse des prix, la réduction des marges, les exigences de qualité des produits, la raréfaction d'une main-d'œuvre qualifiée et les pressions de la distribution feraient peser une tension plus forte sur l'activité agricole.

Paradoxalement, chacun s'accorde à reconnaître que la réponse la plus efficace aux risques de dégradation des récoltes demeure la lutte chimique. Pourtant, au regard des éléments développés, l'introduction de la problématique environnementale par une instance telle que le GRAMIP, serait susceptible de trouver un écho au travers de la triple exigence du marché, de la société civile et de la réglementation. En attestent les orientations nationales récentes (plan pour le développement de l'agriculture biologique), mais dont le réel volontarisme reste encore à démontrer. Par ailleurs, il faut garder à l'esprit que même chez les consommateurs de produits alimentaires issus de l'agriculture biologique, l'acte d'achat est justifié par des préoccupations renvoyant principalement à la santé et au bien-être individuel (plaisirs gustatifs), davantage qu'à la préservation de l'environnement et au bien-être collectif (Lamine, 2008).

Plus généralement, les critères de « qualité » des consommateurs en matière de produits agricoles sont souvent subjectifs, du fait d'un niveau de connaissance de débats et d'enjeux complexes aléatoires ; très diversifiés, en fonction de la hiérarchisation des critères de choix de consommation - sanitaire, environnemental, gustatif, visuel, éthique, équitable, pécuniaire... (Dubuisson-Quellier, 2009) ; et parfois contradictoire « une belle pomme, grosse, sans tâche, pas chère, sans traitement ni conservateur ».

Il en découle des pratiques de consommation qui rendent peu mesurable le réel degré de responsabilisation des consommateurs et d' « écologisation des pratiques » de par la multiplicité de combinaisons de critères possibles : 1) achat de fruits de saison sur le marché et produits en France ; 2) achat de fruits de saison BIO en grande surface et non produits en France, 3) achat de fruits de saison BIO en grande surface, produits en France et sur-emballés, 4) achat de fruits BIO-équitables dans un BIOCOOP et non produits en France...

En ce sens, les réorientations des actions du GRAMIP ne peuvent s'appuyer sur le seul répertoire d'action de la responsabilisation individuelle des consommateurs vis-à-vis d'enjeu environnementaux collectifs par le « *buycott* »[313]. Du fait que l'opérationnalisation des dispositifs agri-environnementaux et les ressorts des pratiques phytosanitaires font appel à des logiques d'action individuelles et collectives complexes et diversifiées, les répertoires d'action se doivent d'être multi-niveaux.

[313] À l'image de l'Agriculture biologique en France, ce mode d'action peut induire des effets pervers en termes de pratiques environnementales. Le succès commercial des produits BIO a induit une demande supérieure à l'offre en termes de quantité et de diversification des produits. À l'échelle nationale, il est devenu nécessaire de recourir à l'importation de produits biologiques. À l'échelle de l'Union européenne, l'harmonisation des labels biologiques, à travers la création d'un label bio européen en janvier 2009, est accusée de faire régresser les exigences de certains labels nationaux (tolérance d'un seuil de présence d'OGM) et notamment le label AB français (Dubuisson-Quellier, 2009).

Conclusion du chapitre VI

Le dispositif des pratiques améliorées, pensé comme un dispositif collaboratif innovant, ne présente pas les garanties escomptées. Tel qu'il a été opérationnalisé par les partenaires institutionnels et sur les bassins versants expérimentaux, il se révèle dans l'incapacité de répondre aux objectifs initiaux du GRAMIP : dans un cadre partenarial élargi, expérimental et sur la base du volontariat des agriculteurs, proposer des pratiques agricoles alternatives et innovantes, acceptables d'un point de vue agro-économique, et efficaces d'un point de vue environnemental (protection de l'eau).

En effet, même lorsque la pratique améliorée peut être considérée comme alternative au traitement chimique, sa mise en œuvre répond davantage à des logiques de rationalisation techniques et économiques qu'à la recherche de résultats environnementaux ou de protection sanitaire. L'effet pervers est que la pratique alternative se voit détournée, par exemple en pratique additive, et perd de son sens et de son efficacité environnementale.

De façon plus générale, comme les dispositifs agri-environnementaux précédents, le processus de sélection et de mise en œuvre des pratiques améliorées demeure « agrico-centré », peu perméable à de réelles innovations en matière de traitement (pratiques améliorées alternatives à la lutte chimique) et encore fermé à l'intégration de nouveaux acteurs (associations de consommateurs, d'environnement, agriculteurs pionniers en pratiques alternatives et acteurs politiques locaux). Par ailleurs, la faible perception des objectifs du GRAMIP par les agriculteurs, l'absence d'appropriation des pratiques améliorées (et de diffusion spontanée hors du périmètre expérimental), la prise en compte timide des risques sur la santé sont autant d'éléments qui conduisent à remettre en question la capacité du dispositif GRAMIP à faire évoluer des pratiques phytosanitaires conditionnées par des rationalités technico-économiques, des conceptions du conseil et des représentations sociales largement partagées au sein du monde agricole.

Le bilan des expérimentations est équivoque. Sur les quatre bassins versants expérimentaux, deux bassins (grandes cultures) ont dépassé la phase d'expérimentation en intégrant un Plan d'Action Territorial (PAT) plus étendu. Cependant, seul le bassin versant grande culture en sec et son association d'agriculteurs, au cœur de programmes d'action depuis les années 1980, semble véritablement inscrit dans une dynamique territoriale et multipartenariale autour d'un enjeu eau potable, démontrant à nouveau sa capacité d'adaptation stratégique au contexte social et politique (Busca, 2010). Les résultats des expérimentations conduites sur le bassin arboricole et les bassins viticoles n'ont pas pu être valorisés, respectivement suite au refus des acteurs du territoire de voir les données concernant les traitements phyto-

sanitaires diffusées, et du fait d'une absence de résultats probants et d'un portage territorial.
Au final, ce chapitre montre de façon plus générale que l'action collective du dispositif GRAMIP semble être à bout de souffle.
La nécessité de tirer les enseignements de cette inertie pour le GRAMIP se pose avec d'autant plus d'acuité que depuis 2007 le GRAMIP est en sommeil, du fait des récents programmes et processus de réforme institutionnelle intervenant au niveau européen (FEADER), national (RGPP, LEMA, Programme de Développement Rural Hexagonal, Plan végétal pour l'Environnement, Plan ECOPHYTO 2018) et régional (changement de programme pluriannuel au sein des Agences). Ils entrainent conjointement un remaniement de certains services (services régionaux et départementaux des ministères de l'Agriculture, de l'Écologie et de la Santé) et la création de nouvelles instances (ONEMA, CRAE, COREAM) chargées de définir en fonction de leur attribution (orientation, coordination, financement) une stratégie régionale en matière de phytosanitaires. Le GRAMIP réorganisé a ainsi vocation à intégrer le comité régional ECOPHYTO. Ce comité est censé intervenir dans la mise en œuvre de programmes concertés de réduction des pollutions diffuses d'origine agricole au niveau des Aires d'Alimentation des Captages (AAC) prioritaires, de façon à limiter le degré de traitement nécessaire à la potabilisation de l'eau brute (cf. Chapitre 7).
Or, les résultats de l'analyse de l'expérimentation GRAMIP interrogent sur la capacité du modèle de coviabilité entre agriculture intensive, société et environnement à produire en intégrant des exigences et des normes environnementales et sanitaires perçues par les agriculteurs comme de plus en plus nombreuses, et de moins en moins légitimes au regard des résultats environnementaux produits.
La présence de matières actives dans les eaux ne cesse de s'accroitre. L'idée dominante exprimée par de multiples intervenants (services de l'État, Agence de l'eau, Chambres d'Agriculture, agriculteurs, conseillers techniques et commerciaux...) est bien que le point limite de la réduction des traitements phytosanitaires en agriculture conventionnelle semble désormais atteint et qu'il est improbable de les « raisonner » davantage sous peine d'une prise de risque trop importante pour les cultures et pour la viabilité des exploitations agricoles. Une des questions réside alors dans l'existence ou pas de marges de manœuvre des agriculteurs pour s'adapter à ce qui est encore largement qualifié de « contrainte environnementale » - y compris dans le champ politique[314] et de la recherche agronomique - dans la mesure

[314]Le discours du Président de la République Nicolas Sarkozy au dernier Salon de l'Agriculture (2010), marqué médiatiquement par la formule « [...] *l'environnement, ça commence à bien faire* », montre à nouveau que, malgré l'affichage d'une prise de position politique en faveur d'un changement de référentiel dans le domaine de la gouvernance environnementale (Grenelle), la primauté du critère environnemental ne résiste pas longtemps

où les conditions de commercialisation imposées par le marché ne leur permettent pas de récupérer les coûts de leur adaptation ou leur manque à gagner (Roussary *et al.*, 2010).

Il semblerait que ce soit finalement les exigences des filières de distribution et des clients directs qui émergent comme les plus acceptables par les agriculteurs, puisque jugées plus légitimes. Elles contribuent ainsi à crédibiliser les normes réglementaires qu'elles intègrent (D'Arcimoles, Borraz, 2003) - qui seraient alors mieux respectées –, mais aussi à décrédibiliser d'autres mesures réglementaires accusées de renforcer les impasses techniques. Cependant, ce mode de régulation des pratiques agricoles par le marché s'inscrit dans une économie globalisée qui alimente encore nettement un modèle d'agriculture intensive, même si le marché des filières de commercialisation « alternatives » se développe en parallèle.

Toutefois, ces filières de production ont des exigences qui sont loin de converger vers une conception universelle des attributs de qualité sanitaire et environnementale des exploitations et des produits agricoles. En ce sens, elles ne peuvent représenter, à elles seules, un mode de régulation des problèmes environnementaux fiable.

C'est pourquoi, en l'état, le véritable enjeu semble être de diversifier les répertoires d'action, de repenser l'organisation, l'appui financier et les modalités de redevabilité de ce type de dispositifs, afin de créer les conditions d'une véritable co-responsabilisation de l'ensemble des acteurs.

à la crise économique et aux enjeux politiques, économiques et sociaux du maintien d'un modèle agricole dominant en Europe.

Chapitre VII – Les Aires d'alimentation des captages : vers une co-responsabilisation territoriale ?

Les analyses de formes de recomposition institutionnelle, organisationnelle et instrumentale dans la gestion publique de l'eau DCH développées dans les chapitres précédents ont permis de mettre en évidence les nombreuses tensions liées à une gestion sectorisée de la qualité des eaux DCH (services AEP vs pollutions agricoles). Cette gestion est marquée par une difficulté à intégrer l'interdépendance croissante des enjeux de santé et d'environnement, cristallisant ainsi la nécessité d'un changement de référentiel global (Jobert, Muller, 1987).

L'objectif de ce dernier chapitre est de faire porter l'analyse sur des formes d'action collective en cours d'émergence qui, par leur fonction et leur organisation, prétendent avoir tiré parti des apprentissages des échecs des dispositifs antérieurs. Après avoir fait endosser aux PPC depuis les années 1960 - à défaut d'autres instruments de protection réglementaire disponibles - un rôle de protection des eaux DCH contre l'ensemble des pollutions (ponctuelles et diffuses), et après 10 ans d'obligation de résultat (DCE), la fin des années 2000 voit l'émergence d'un nouveau dispositif de protection explicitement dédié aux pollutions diffuses.

Le dispositif des aires d'alimentation de captages[315] (AAC) prioritaires est prévu dans les projets de réforme de la Loi sur l'eau et inscrit dans la LEMA de 2006[316]. Toutefois, il n'a été véritablement reconnu d'intérêt général et opérationnalisé que dans le cadre du Grenelle de l'environnement (engagement 101) au niveau de « 500 captages prioritaires » (sur près de 36.000 captages en activité)[317]. Il est présenté comme l'instrument adapté pour

---

[315] Une aire d'alimentation d'un captage d'eau potable est définie selon des critères hydrogéologiques. Elle peut avoir une superficie de plusieurs centaines d'hectares (voire milliers d'ha). Elle correspond « *aux surfaces sur lesquelles l'eau qui s'infiltre ou ruisselle participe à l'alimentation de la ressource en eau dans laquelle se fait le prélèvement, cette ressource étant actuellement utilisée pour l'alimentation en eau potable ou susceptible de l'être dans le futur.* » (« Identification des 500 captages « Grenelle » », [en ligne], http://www.ecologie.gouv.fr/Identification-des-500-captages,10136.html, page consultée le 15 décembre 2009)

[316] L'article 21 de la LEMA de 2006 (article L211-3 du code de l'environnement) élargit la protection des captages à l'obligation de délimiter des aires d'alimentation au niveau de captages identifiés comme « *d'une importance particulière pour l'approvisionnement actuel ou futur* ».

[317] L'article 27 de la loi de programmation du 3 août 2009 (n°2009-967) relative à la mise en œuvre du Grenelle, Loi « Grenelle 1 » : « [...] d'ici à 2012, des plans d'action seront mis en œuvre en association étroite avec les agences de l'eau pour assurer la protection des 500 captages les plus menacés par les pollutions diffuses, notamment les nitrates et produits

restaurer la cohérence et l'efficacité dans l'action publique en matière d'eau DCH. Outre cet objectif « ambitieux » de protection, censé être expérimenté sur 500 captages, puis éventuellement généralisé, le dispositif AAC comporte trois innovations propres à la synthèse qu'il représente entre les instruments classiques de gestion de l'AEP et les dispositifs agri-environnementaux territorialisés.

La première innovation est que le dispositif des AAC est un dispositif réglementaire à destination des pollutions diffuses sous la maîtrise d'ouvrage des collectivités distributrices. La seconde innovation est qu'il contraint ces dernières à prendre en charge l'animation d'une démarche concertée de mise en œuvre de programmes d'action agri-environnementaux incitatifs et territorialisés (définition et mise en œuvre). La troisième innovation réside dans la possibilité, pour les autorités, de réviser et/ou de rendre obligatoires des mesures agri-environnementales par arrêté préfectoral à l'issue d'une période de 3 ans suivant sa publication[318], en cas d'insuffisance de niveau de mise en œuvre par les acteurs concernés par rapport aux objectifs initialement fixés[319].

On peut considérer que le dispositif AAC inaugure une forme originale de document de planification de la protection de l'eau DCH. Il s'agit en effet de désigner des espaces comme ayant vocation à être des lieux de préservation de l'eau au nom de laquelle seraient justifiées des interdictions et des prescriptions en termes d'usages des sols. À l'image des plans d'urbanisme - qui dès leur création en 1919 ont suscité des critiques contre une atteinte à la propriété privée -, les AAC préfigurent-elles une normalisation des usages des territoires de l'eau potable ?

Par le dispositif AAC, les institutions territoriales (État, Agence de l'eau, collectivités territoriales et locales) sont rendues explicitement interdépendantes (territorialement et sectoriellement) et, de ce fait, comptables et co-responsables des résultats de l'action collective vis-à-vis des objectifs fixés en terme qualité de l'eau. Pour atteindre l'objectif d'efficacité environnementale assigné aux AAC, les institutions territoriales se doivent d'engager un processus de décloisonnement de leur politique (interne et externe) et de

---

phytosanitaires. Les agences de l'eau développeront un programme spécifique sur les aires d'alimentation de captage et adapteront leurs ressources ainsi que leurs concours financiers à cet effet. Sur les périmètres de captage d'eau potable, la priorité sera donnée aux surfaces d'agriculture biologique et d'agriculture faiblement utilisatrice d'intrants afin de préserver la ressource en eau et de réduire ses coûts d'épuration. […] »

[318] 12 mois dans le cas des autorisations d'utilisation des ressources en eaux non conformes.

[319] Décret n°2007-882 du 14 mai 2007 relatif à certaines zones soumises à contraintes environnementales et modifiant le code rural ; Circulaire d'application du 30 mai 2008 (DGFAR/SDER/C2008-5030, DE/SDMAGE/BPREA/2008-n°14, DGS/SDEA/2008), Courrier interministériel du 26 mai 2009 à destination des préfets de région et de département ayant pour objet la « Mise en place des programmes de protection des aires d'alimentation des 500 captages « Grenelle » ».

construire de nouveaux systèmes de coopération multi-partenariaux et territoriaux.
Dans quelle mesure l'acuité des enjeux de l'AEP, le recentrage de la finalité de l'action publique sur l'objectif de qualité des eaux brutes et l'introduction d'un nouvel instrument comme les AAC peuvent-ils reconfigurer les logiques d'action collective en matière de gestion publique de l'eau DCH ?
Le caractère émergent des dispositifs AAC a nécessité la mobilisation d'une approche méthodologique et analytique spécifique (*in itinere*). Les acteurs interrogés ont mis l'accent sur leur perception de la gestion de l'eau DCH, sur des critères *a priori* de crédibilité du dispositif, sur l'effet supposé de l'introduction de l'obligation de résultat, sur les conditions et les moyens d'une transformation de la gouvernance de l'eau DCH par les AAC (1).
En observant deux configurations territoriales différentes, il s'est agi notamment de rechercher des signaux émergents pouvant préfigurer des tendances à venir en matière de recompositions institutionnelles[320] :

- une configuration territoriale « agrico-centrée » (Tarn-et-Garonne), caractérisée par l'hégémonie d'un modèle d'agriculture intensive (2.) ;

[320] Les travaux de recherche présentés dans ce chapitre ont été conduits dans le cadre d'une expertise sociologique, « *ACT'eau : Acteurs des aires d'alimentation des captages et territoires de l'eau* », menée par le CERTOP entre avril 2008 et décembre 2009 (Roussary, Salles, Akermann, 2010). La recherche a porté sur quatre départements : Gers, Pyrénées-Atlantiques, Lot, Charente, Tarn-et-Garonne. Les critères de sélection des départements ont été notamment : la problématique de la ressource en eau potable et de l'agriculture (état d'avancement des PPC, des PAT et de la qualité de l'eau, présence d'une future AAC, niveau de pression des activités agricoles), le caractère innovant de la gestion de l'eau dans le département (départementalisation, programme de restauration de la qualité des ressources en eau), l'état des relations interinstitutionnelles intra et interdépartementales.
Des entretiens semi-directifs ont été effectués auprès des principaux partenaires institutionnels intervenant dans la gestion de l'eau DCH à l'échelle régionale et départementale, de porteurs de projets (MAET-PAT), ainsi que des élus locaux (12 entretiens en Charente et 9 en Tarn-et-Garonne). Parallèlement, les réunions du comité de suivi de l'étude ACT'eau (Agents de l'Agence de l'eau Adour Garonne, de la DRASS et de la DIREN Midi-Pyrénées, du Conseil Général du Gers et du Tarn-et-Garonne et d'ECOBAG), la participation à trois réunions du comité de pilotage d'un PAT porté par le SIAEP de Saint-Fraignes (Charente), ainsi que l'organisation d'une journée d'étude sur les AAC et de restitution d'ACT'eau ont été l'occasion d'une observation participante des interactions autour de l'enjeu de préservation des ressources en eau DCH. Cette dernière journée a rassemblé une quarantaine de participants : Agents de l'Agence de l'eau Adour Garonne, de Chambre d'agriculture, des services de l'État départementaux et régionaux, des Conseils généraux, ainsi que des élus locaux, un hydrogéologue, des animateurs PAT et MAET (coopérative agricole, CNASEA), des chercheurs, des étudiants et associations (Sociétés pour l'Étude, la Protection et l'Aménagement de la Nature dans le Sud-Ouest - SEPANSO, Fédération Régionale des AgroBiologistes - FRAB).
Du fait des précédents travaux en matière de mise en œuvre de dispositifs portant sur l'adoption de pratiques « améliorées » en matière de traitement phytosanitaire par les agriculteurs (Busca et *al.*, 2007), le choix a été fait de ne pas rencontrer directement d'agriculteurs (même si certains élus locaux se révèlent être par ailleurs agriculteurs sur les territoires concernés) et de se concentrer sur des représentants des chambres d'agriculture, coopérative, animateurs de PAT et élus locaux.

- et une configuration territoriale en situation de risque de contentieux européens (Charente), organisée autour de la mise en œuvre depuis les années 2000 d'un programme de restauration de la qualité des eaux DCH au niveau des bassins d'alimentation de captage (3.).

1. AAC : une rupture avec le cloisonnement des politiques AEP et agri-environnementales ?

Si les services de l'État (MISE) sont officiellement chargés de la coordination de la procédure, dans la lignée des récentes orientations communautaires (DCE) et nationales en matière de gestion de l'eau (LEMA), les Agences de l'eau sont explicitement confirmées dans leur position de plaque tournante de l'organisation et de la mobilisation des financements relatifs à la mise en place de cette nouvelle politique.
Après une sélection des captages devant figurer dans l'inventaire des 500 prévus par le Grenelle, la procédure prévoit : une délimitation des AAC, une phase de diagnostic territorial des risques et des pressions agricoles (pollutions diffuses, prélèvement pour l'irrigation), le choix de zones d'action déterminées au sein des AAC et sur lesquelles les programmes d'actions seront déclinés en vue de préserver les ressources en eau (mesures concernant les pratiques agricoles ou la gestion de l'espace). Ces programmes, appuyés pour l'instruction et le financement sur les MAET, doivent être arrêtés au plus tard à l'automne 2011 et assortis d'une évaluation de leur niveau de mise en œuvre d'ici au 15 mai 2012[321]. Il est prévu qu'ils soient financés principalement par les Agences de l'eau, le ministère de l'Agriculture et de la Pêche, et des fonds européens.
Néanmoins, les communes ou syndicats AEP concernés, étant, de même que pour les PPC, les maîtres d'ouvrage de cette démarche, se voient réglementairement contraintes d'internaliser dans le budget AEP le portage de dispositifs agri-environnementaux.
Lors de la phase d'enquête de terrain, les AAC étaient un dispositif émergent au niveau départemental. Le processus de sélection des captages prioritaires par les services de l'État et de l'Agence de l'eau Adour Garonne était en cours et les informations sur les modalités concrètes de leur mise en œuvre

[321]Les programmes agri-environnementaux territorialisés (MAET, programmes de développement de l'agriculture biologique) ou le volet agricole des plans de gestion (liés aux autorisations exceptionnelles d'utilisation d'eaux brutes non conformes) peuvent être sélectionnés sous conditions de l'engagement avancé d'une « *dynamique satisfaisante* » ou d'une « *concertation locale* » et d'un « *niveau d'exigence* » permettant « *sans aucun doute possible, une protection efficace des captages prioritaires dans les délais prévus* » (Courrier du 26 mai 2009).

étaient encore floues. Durant les entretiens, particulièrement avec les élus, la mise en œuvre des AAC ne pouvait être donc être abordée que de façon « conceptuelle » et prospective. L'analyse concomitante a, en conséquence, porté sur l'appréciation (retours d'expérience et perceptions) des acteurs institutionnels, de futurs maîtres d'ouvrage des AAC et de représentants du monde agricole :

- Sur le processus de mise en œuvre de deux dispositifs, dont les AAC intègrent les principales caractéristiques, et auxquels ont été consacrés les deux précédents chapitres, les Plans d'action territoriaux (PAT), anciennement qualifiés zones d'action prioritaire (ZAP), et les périmètres de protection de captage (PPC) (Figure 8) ;
- Sur le processus de sélection des captages prioritaires.

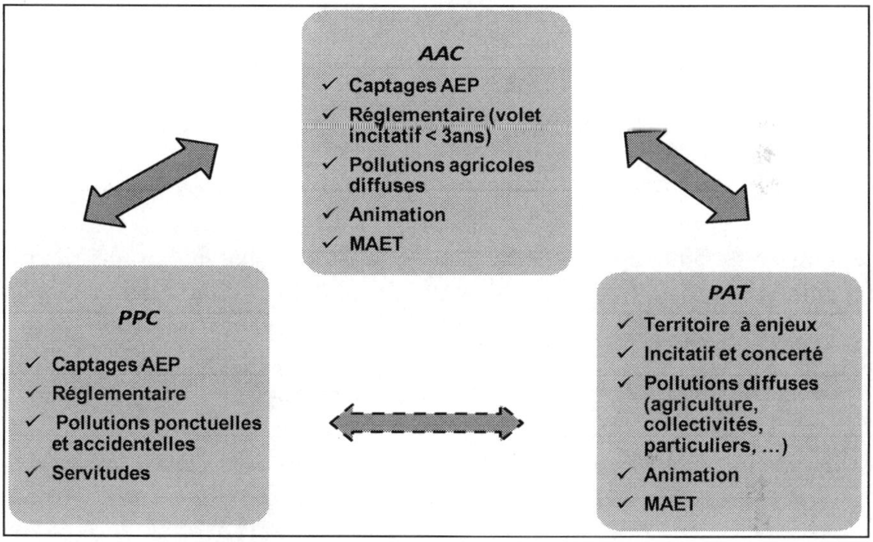

Source : Roussary, Salles, Akermann, 2010.

Figure 8 - Dispositifs de préservation de la ressource en eau intégrés dans l'analyse

1.1. Les AAC pour restaurer la qualité des eaux DCH : un dispositif symbolique ?

Avant même son opérationnalisation territoriale, les acteurs institutionnels rencontrés posent un regard relativement critique sur les AAC. La défiance porte :

- sur les modalités de son émergence dans l'espace public lors du Grenelle de l'environnement ayant favorisé l'inscription des AAC sur l'agenda politique (affichage politique et médiatique de dispositions prévues par une Loi existante) ;

- sur son adéquation avec la problématique des pollutions agricoles diffuses que les AAC sont censées traiter (manque d'ambition, incertitudes, ambigüités) ;
- sur les principes d'organisation et de mise en œuvre envisagés (critères de sélection des captages prioritaires, instruments techniques et financiers, caractère incitatif-coercitif) ;
- sur les modalités territoriales de son opérationnalisation.

Une majorité des acteurs rencontrés critique le mode de présentation des AAC comme une mesure symbolique qui, prévue dans la LEMA, émerge sur l'agenda politique et médiatique dans le cadre du Grenelle de l'environnement. La pression gouvernementale exercée sur les services des ministères à l'occasion du Grenelle pour faire s'inscrire dans une même temporalité « visibilité médiatique » et action politique s'est traduite, dans un premier temps, par des messages brouillés sur la justification et la finalité des AAC. Cette forme de communication a généré des *a priori* négatifs, une décrédibilisation de l'instrument auprès des acteurs chargés de le mettre en œuvre administrativement et de justifier son intérêt auprès des destinataires.

Le nombre de 500 captages à protéger en priorité apparaît comme un chiffre « publicitaire » et de ce fait arbitraire. Il est considéré comme répondant à l'opportunité médiatique d'un double affichage, environnemental et politique, vis-à-vis de la communauté européenne et des citoyens momentanément plus attentifs à la problématique environnementale.

D'une part, les critères de sélection des captages prioritaires sont fixés *a posteriori* par la Direction de l'eau et la Direction générale de la santé[322] : « *état de la ressource vis-à-vis des pollutions par les nitrates ou les pesticides ; caractère stratégique de la ressource aux vues de la population desservie et de la substituabilité de la ressource ; volonté de reconquérir certains captages abandonnés* »[323]. D'autre part, afin de répartir l'effort, chaque département a été chargé de « faire remonter » une liste de 6 à 10 captages parmi les plus menacés de son territoire. Ces critères de sélection, assortis d'un court délai de réponse (31 mai, repoussé au 30 juin 2008) tombant en pleine période d'élections municipales, illustrent pour les acteurs départementaux le décalage entre des critères de visibilité politico-médiatique et des critères de pertinence environnementale.

Ce mode de sélection statistique et administratif est jugé comme ne reflétant pas l'ampleur et la répartition géographique des contaminations des ressources en eau par les pollutions agricoles diffuses sur le territoire national. Or, les autorités publiques étaient en attente d'un dispositif de pré-

---

[322] Courriers Direction de l'eau-DGS du 18 octobre 2007 et du 28 février 2008.
[323] Courrier interministériel du 26 mai 2009, *op.cit.*

servation des pollutions diffuses transposable[324] à l'ensemble des captages leur permettant de rendre plus efficients les PPC, en levant une fois pour toutes l'ambigüité sur leur finalité. Ainsi, le chiffre de 500 captages prioritaires au regard des 35 500 captages du territoire national et de l'état de dégradation des ressources apparaît comme peu crédible pour envisager même une amorce de reconquête de la qualité des eaux brutes. Dans un premier temps, c'est d'ailleurs un chiffre de 1800 captages qui va remonter à la Direction de l'eau (Akermann, 2008), illustrant la volonté de certains départements de se saisir des AAC pour signifier la nécessité d'une action politique plus en adéquation avec les objectifs affichés.
La circulaire du 30 mai 2008 viendra limiter l'ambition d'efficacité environnementale des AAC en précisant que compte tenu, notamment, de l'importance et de la variabilité des temps de réponse des milieux : « *La non atteinte des résultats environnementaux escomptés selon l'échéancier prévu, ne constitue donc pas un critère pour rendre obligatoire l'application des mesures du programme d'action.* » L'estimation « *d'une mise en œuvre insuffisante par les acteurs concernés, au regard des objectifs et de l'échéancier initialement fixés* » ne pourra reposer que sur des « *indicateurs de réalisation* » évaluables et contrôlables « *dans un cadre contractuel ou réglementaire au niveau individuel des exploitations* », tels que certaines MAET récentes citées comme exemple (réduction de l'Indice de fréquence de traitement (IFT), réduction de la fertilisation…)[325].
Or, faire porter l'injonction de résultat *a maxima* sur la qualité des eaux brutes, ou *a minima* sur un taux de contractualisation à des MAE, ne relève pas de la même ambition, et par là, de la même échelle de gestion des problèmes, de la même organisation institutionnelle, de la même implication des acteurs partie-prenantes, des mêmes instruments (de financement, de diagnostic, de concertation et d'évaluation), du même niveau de contrainte sur les activités agricoles et les collectivités, et finalement, des mêmes mécanismes d'imputation des responsabilités.
Cet écart entre les valeurs véhiculées par le dispositif et les ressources vient renforcer le sentiment que le véritable changement en matière de gestion des pollutions agricoles diffuses dépend, avant tout, d'un changement de contexte structurel et de référentiel global qui dépasse les acteurs locaux :

[324] Le dispositif AAC est jugé non transposable aux contextes hydrogéologiques complexes du sud-ouest de la France (eaux superficielles, zones karstiques).
[325] Les MAET étaient à cette période fortement critiquées tant par le monde agricole que par les services déconcentrés de l'État du point de vue de leur effectivité, de leur efficience et de leur efficacité : complexité administrative, problèmes de références techniques et économiques, cahiers des charges inadaptés, difficultés d'adaptation de l'outil aux spécificités territoriales, effort de réduction demandé aux agriculteurs perçu comme irréaliste, mise en doute de l'efficacité environnementale, mesures correctives sans changement global de la conduite de l'exploitation. La très faible souscription dans les PAT aux MAET illustre selon eux la défiance des destinataires et de leurs représentants (campagne de boycott par les Chambres d'agriculture).

tant que demeure une contradiction forte entre normalisation environnementale et normalisation agricole (PAC), ce type d'ajustement et d'effet d'annonce ne peut avoir d'impact. En ce sens, même le double caractère incitatif et coercitif des programmes d'action prévu par le dispositif réglementaire, qui constitue en soi une innovation, est fortement relativisé en tant que signal de l'affirmation d'un volontarisme politique concernant la gestion des pollutions agricoles.

Les acteurs sont conscients que les AAC vont s'accompagner très certainement de nouvelles contraintes (réglementaires, contractuelles, financières) pour les collectivités territoriales et les agriculteurs, compensées par un fléchage et une concentration des allocations de ressources sur les territoires retenus et l'activité agricole. C'est pourquoi, pour certains, les AAC pourraient constituer un facteur de déstabilisation des dynamiques territoriales contractuelles (refus d'engagement, attentisme, rupture) et des coopérations multi-partenariales existantes, qu'elles soient régionales (Programme Re-Sources Poitou-Charentes), départementales (schéma départemental) ou locales (PAT).
Concernant le passage au réglementaire, alors que certains acteurs des organismes gestionnaires de l'eau sont plutôt favorables au système de la « carotte et du bâton », d'autres craignent que la conversion de mesures agri-environnementales contractuelles en mesures réglementaires soit perçue comme une épée de Damoclès par la profession agricole[326].
Si ce renforcement affiché du pouvoir régalien est présenté comme le signe d'un volontarisme politique, le manque de crédibilité de l'argument du passage au réglementaire tient aussi au faible crédit accordé aux capacités de contrôle des services de l'État. Les AAC apparaissent dans le double contexte d'un déficit de mise en œuvre des dispositifs antérieurs (PPC, MAET, mise aux normes des STEP...), eux-mêmes soumis à des échéanciers (PNSE, Directive ERU, DCE), et de la rationalisation des services de l'État (RGPP). Or, l'insuffisance des moyens humains et financiers pour atteindre les objectifs fixés dans les temporalités assignées est régulièrement avancée pour justifier l'ineffectivité des dispositifs.
Par ailleurs, dans des départements où s'exerce un important lobbying du monde agricole, les agents des services de l'État rencontrés (DDASS-DDEA) estiment avoir perdu toute crédibilité coercitive à la suite de prises de position contradictoires de leur préfet (refus de signer des procès-verbaux ou arbitrage en faveur des intérêts agricoles et des élus locaux).

326 La circulaire prévoit que seules les activités agricoles sont concernées par la potentielle issue réglementaire des programmes d'actions alors même que la reconnaissance d'une responsabilité partagée vis-à-vis des pollutions avait été présentée comme une condition de financement, d'engagement des partenaires agricoles et de réussite des démarches PAT.

> *« Il n'y a pas de lobbying à la préfecture, mais de l'intimidation oui. Il y a des départements où les services de l'État prennent des décisions d'une certaine manière, dans le 82 certaines ne sont tout simplement pas prises, ou laissées en suspens. Par exemple, le contrôle des prélèvements agricoles en période de restrictions, [...] le préfet sait bien que certains agriculteurs ne les respecteront pas, et il ne veut pas avoir de soucis parce qu'il a fait remonter des procès-verbaux. Mais même si les inspecteurs font des procès verbaux, il y en 1 sur 20 qui abouti et ce n'est pas que sur ce département, c'est dans tout ce qui est lié à la mise en application du droit de l'environnement. »* (Agent Agence de l'eau Adour Garonne 3)

> *« Moi je ne vois pas les choses sur un angle stratégique, départemental, je ne vois pas un truc comme ça s'engager sans que les services préfectoraux contactent la profession. Ce n'est pas possible. [...]* ***Nos relations entre un Président de Chambre d'agriculture et la préfecture c'est au moins toutes les semaines, alors la préfecture ne mettra rien en application tant qu'elle n'aura pas discuté avec un Président de la Chambre d'agriculture,*** *ça moi j'en suis persuadé. »* (Agent Chambre d'agriculture 1)

Ces éléments de défiance à l'égard du réglementaire et de contradiction institutionnelle qui affectent la crédibilité des autorités publiques, renvoient directement à l'importance des questions de cohérence interne et externe aux institutions territoriales, et notamment l'Agence de l'eau identifiée comme le principal acteur de la mise en œuvre des AAC au niveau des captages prioritaires.

1.2. Les AAC : un outil de restauration de la cohérence institutionnelle ?

Les chapitres précédents ont insisté sur les intérêts et les logiques d'action contradictoires ainsi que sur le manque de convergence entre les niveaux de gouvernance et les institutions territoriales (DDASS, MISE, Agence de l'eau, Conseil Général, Préfecture...) vis-à-vis de la gestion de l'eau DCH. Rappelons que des exigences contradictoires pouvaient concerner : la mise en conformité réglementaire, l'exigence sanitaire, les missions de police de l'eau, la sécurisation qualitative et quantitative des ressources, la rationalisation des coûts, le maintien de la paix sociale... Ces dernières participent du

cloisonnement entre la gestion des services d'eau et la préservation des ressources en eaux brutes[327].
Dans le paysage fragmenté de la gestion de l'eau, les AAC, par leur visée de protection de l'eau DCH, rétablissent un lien fonctionnel direct entre les actions (et conjointement les services techniques et administratifs) chargées de la protection de l'eau contre les pollutions agricoles, et celles chargées de la distribution d'une eau conforme. Cependant, cet objectif normatif, nécessitant un décloisonnement des services, est loin de trouver un écho immédiat. Dans cette section, il s'agit plus particulièrement d'illustrer les difficultés du décloisonnement des deux volets de la gestion de l'eau DCH en portant le regard sur des aspects de fonctionnement institutionnel propre à l'Agence de l'eau Adour Garonne (Encadré 7).

L'Agence de l'eau Adour Garonne (260 agents) comporte un siège (Toulouse) et cinq délégations (Toulouse, Bordeaux, Pau, Brive et Rodez). Les services du siège sont organisés en trois départements liés au fonctionnement et quatre départements thématiques (espace rural, collectivités territoriales (eau potable-assainissement), industries et prospective, planification et évaluation).
Les délégations ont pour mission d'« *animer les Commissions territoriales, de susciter les opérations territoriales (SAGE, PGE, PAT, contrats de rivières), d'accompagner la mise en œuvre de la DCE, de mettre en œuvre sur leur territoire la politique d'intervention de l'Agence dans les domaines de l'assainissement des collectivités locales, de l'eau potable, de l'agriculture, des milieux aquatiques et de la ressource* »[328]. Chaque délégation se compose pour cela de deux départements thématiques : eau potable et assainissement, et espace rural. En leur sein, les chargés d'interventions sont responsables de la gestion d'un ou plusieurs territoires départementaux. Si la structuration des services peut varier selon les Agences (territoires administratifs, SAGE, thématiques), la compartimentation des objectifs, des compétences et des ressources en matière de prise en charge des questions relatives à l'eau DCH est loin d'être propre à l'Agence de l'eau Adour Garonne (Narcy, 2004 ; Zakeossian *et al.*, 2007).

Encadré 7 - Organisation des services au sein de l'Agence de l'eau Adour Garonne

Face aux pressions des planifications européennes (Directives), nationales (LEMA, Grenelle) et régionales (programme de mesure du nouveau SDAGE), la nécessité d'ajuster la politique et l'organisation interne de l'Agence de l'eau à la transversalité des « nouveaux » enjeux s'est imposée comme la condition d'une meilleure performance environnementale et éco-

[327] Elles s'illustrent à nouveau dans l'absence de prise en compte initiale des AAC dans des politiques de planification relatives à l'eau DCH : le 4ème Programme Nitrates construit sans prise en compte des AAC, un schéma départemental qui privilégie l'interconnexion et l'abandon de captages prévus en AAC (Roussary, Salles, Akermann, 2010).
[328] www.eau-adour-garonne.fr, site consulté le 15 mars 2010.

nomique des actions : « *Nous avons introduit les notions de priorité, de sélectivité et d'efficacité sur le milieu.*»[329]
Une fois les échéances et les objectifs de mise aux normes des stations d'épuration relatifs à la Directive ERU atteints, la concentration des ressources va mécaniquement se reporter sur les prochaines échéances (DCE 2015, ECOPHYTO 2018). Du fait de ce contexte, et de la prégnance des facteurs agricoles dans les caractérisations des sources de contaminations des ressources en eau, les révisions du programme de mesure tendraient à donner davantage de place à l'« espace rural » (baisse des enveloppes assainissement pour amender les politiques pollutions diffuses) et aux démarches préventives.
Néanmoins, du fait d'une politique historiquement axée sur gestion « fluxiale » de l'eau (Narcy, 2004), les chargés d'interventions émettent des doutes quant à la crédibilité des messages et des moyens financiers apposés aux objectifs de concertation et de résultat environnemental récemment promus par l'Agence. Sans revenir sur les analyses développées dans les chapitres précédents, on peut mentionner : la critique d'une politique de financement encore fortement axée sur une « logique tuyau » (interconnexions des réseaux d'eau potable, mise aux normes des STEP, grands projets d'aménagement hydrauliques de soutien à l'irrigation) permettant un évitement de la confrontation avec les intérêts agricoles et ceux des collectivités, tous deux fortement représentés au sein du Comité de bassin et du Conseil d'administration ; un refus de mobiliser les consommateurs autrement que par les redevances en prenant position en matière de communication sur des questions comme l'agriculture biologique ; en ne mettant pas en œuvre une consultation du public adaptée et crédible (réponses dans les questions, mauvaise stratégie de diffusion, problème d'organisation) au regard des objectifs annoncés et des coûts importants occasionnés.

> « *Je pense que les gens pourraient accepter de manger des pommes un peu tachées [...] mais ça changerait toute l'organisation. Derrière les coopératives vont vendre moins de produits donc c'est sûr que ça va changer parce que les rendements seront moins importants. [...] Mais moi je pense que la solution pour avoir du gain c'est de faire de la sensibilisation auprès des consommateurs. Ce n'est pas au monde agricole de le faire, mais à nous* [Agence de l'eau]. *On fait des pla-*

[329] Les axes prioritaires du 9ème programme d'intervention (2007-2012) de l'Agence de l'eau Adour Garonne et surtout sa révision de septembre 2009 (1552 M€, soit +6%) en esquissent les premières tendances. « [...] *deux possibilités ont été combinées en redéployant les interventions de l'Agence par une modulation des taux d'aide ainsi qu'une sélectivité accrue des aides apportées aux projets contribuant le plus à l'atteinte des objectifs de la DCE et en relevant les taux de redevances pour augmenter les ressources.* » (http://www.eau-adour-garonne.fr/page.asp?page=2156, page consultée le 15 mars 2010). Cette augmentation des redevances, permise par la LEMA, concerne principalement les usagers domestiques, plus gros contributeurs au budget des agences.

quettes pour dire d'acheter de la lessive sans phosphate et on ne pourrait dire aux gens de préférer le label AB ? Mais ça c'est interdit à l'Agence. Pour le moment nous notre problème c'est de dire qu'il faut changer les pratiques sur les phytosanitaires, mais on n'a pas le droit de dire que le bio, c'est une solution. » (Agent Agence de l'eau Adour Garonne 3)

La méconnaissance des arènes de décision, le sentiment d'un manque de transparence interne et externe sur les ressorts des décisions et des actions viennent alimenter chez ces derniers un sentiment d'impuissance : « *on est des rustines* », de « *bons petits soldats* ». Or, ce sont bien eux qui sont censés véhiculer, au travers de leur implication dans des projets d'action concertée (initiation, animation, incitation, assistance au montage de projet), le message de préservation des milieux aquatiques auprès des autres institutions territoriales et des acteurs sociaux.

Après une sectorisation historique des problématiques AEP et pollutions agricoles, la politique et l'organisation de l'Agence butent aujourd'hui sur une intégration croissante des problèmes tels que la protection de l'eau DCH. Or, c'est un changement de « culture », d'identité et de pratique professionnelle qui est demandé aux agents.

Les chargés d'interventions eau potable/assainissement et espace rural n'ont pas les mêmes itinéraires de formation et de professionnalisation, ils ne travaillent pas sur les mêmes objets techniques, ils n'ont pas les mêmes interlocuteurs. Les chargés d'interventions eau potable/assainissement ont traditionnellement en charge l'instruction des dossiers d'assistance technico-économiques en eau et d'assainissement auprès des collectivités. Ils sont relativement préservés de la gestion des situations de contestation locale, même si la question des PPC peut être source de conflits interinstitutionnels. Ils sont plutôt réticents à travailler sur les questions des pollutions agricoles faisant appel à des compétences techniques nouvelles, mais aussi à des compétences en matière de gestion de la concertation ou de conflits. Les dossiers gérés par le département espace rural sont perçus comme les plus difficiles à instruire du fait du poids du lobbying agricole au sein du bassin Adour Garonne. C'est pourquoi, faute d'une coopération spontanée, et pour accélérer l'hybridation des cultures, les directions incitent les chargés d'interventions eau potable/assainissement à des formations internes aux problématiques de l'espace rural, voire à en assumer des fonctions en supplément de leur propre dossier.

Dans ce contexte, les AAC interviennent comme un véritable activateur du processus de rapprochement des services et notamment au siège. Au démarrage de la recherche ACT'eau, les responsables de l'unité « Eau Potable » (Département Collectivités Territoriales) et de l'unité « Maîtrise des pollutions agricoles » (Département Espace Rural) n'ayant traditionnellement pas de véritable domaine de compétence en commun, n'avaient quasiment aucun

contact dans le cadre de leurs attributions professionnelles. Les réunions du comité de suivi de l'étude étaient alors l'occasion d'un échange réciproque d'informations, parfois contradictoires, émanant de l'amont (Direction de l'eau et Direction générale de la Santé) et de leurs services respectifs au sein des différentes délégations. Ces services ne communiquaient eux-mêmes que très récemment eux-mêmes autour de la question de la sélection des captages prioritaires. Un an après le démarrage de l'étude, du fait d'une concentration des moyens relatifs à la prévention des pollutions diffuses agricoles sur les AAC, ils travaillent en concertation systématique sur ces dossiers.
Après plusieurs dizaines d'années de logique de gestion palliative dans le traitement des pollutions des ressources en eau DCH, la coordination des services eau potable et espace rural vis-à-vis de l'impératif de préservation des ressources en eaux brutes semble s'amorcer.

> *« On commence enfin à innover [...] C'est des gens* [départements collectivités et espace rural au siège] *qui n'ont jamais travaillé ensemble et qui commencent à fonctionner un peu ensemble parce qu'on commence à réfléchir en préventif avant le curatif. Nous* [service eau potable/assainissement] *on dit tant de pesticide et tant de nitrate, mettez une unité comme ça. Même si l'espace rural essayait de diminuer les apports dans les rivières, ça n'avait pas d'influence chez nous dans le curatif. »* (Agent Agence de l'eau Adour Garonne 2)

*

* *

La capture politique de la médiatisation de l'enjeu environnemental plutôt que de permettre la mise en œuvre d'une politique concertée autour d'un objectif de résultat sur la qualité des eaux brutes par l'intermédiaire du dispositif des AAC, a induit un mode de régulation strictement « *top down* » et bureaucratique. Ces conditions d'émergence tendraient à renforcer le constat redondant d'une réponse politique à la mise en visibilité d'enjeux publics par la surimposition de nouvelles dispositions et procédures réglementaires, sans une évaluation préalable de l'interdépendance des enjeux, des dispositifs antérieurs, des ressources et du temps nécessaires à l'appropriation et à la concertation territoriale.
Comment alors envisager l'organisation d'une mise en œuvre territoriale qui n'alimente pas ou ne reproduise pas cette inertie politique vis-à-vis de la prise en charge des problèmes sanitaires et environnementaux ?
Une première analyse des dispositions des acteurs vis-à-vis du dispositif AAC à venir indique la perception d'un réel décalage entre les valeurs portées par le dispositif (restauration de la qualité des eaux brutes, concertation, responsabilisation collective) – valeurs généralement partagées par les acteurs, et le portage politique national jugé essentiellement médiatique ainsi

que les moyens d'action associés (échéanciers, critères de sélection des captages prioritaires, instruments techniques et financiers).
Ces éléments d'analyse sont symptomatiques de l'intériorisation des difficultés auxquelles se trouvent confrontés des acteurs institutionnels pris quotidiennement dans le « sentier de dépendance » de la gestion de l'eau DCH : poids de la stabilisation de règles du jeu formelles et informelles, de routines, de formes d'organisation, de valeurs, de représentations, de l'échec relatif des précédents dispositifs. Ils s'estiment à nouveau confrontés à ce qu'ils perçoivent comme un nouvel effet d'annonce destiné à masquer un désengagement politique persistant vis-à-vis de la problématique de la pollution des ressources en eaux brutes.
Pourtant, malgré une certaine défiance et le reproche d'une attitude « passive » en interne et en externe de leurs institutions d'appartenance (Agences de l'eau, services de l'État, Chambre d'Agriculture, Conseil Général, collectivités...), les entretiens mettent en évidence chez les agents et les personnels des services de l'eau « *une volonté d'agir...* » et le souhait « *de ne pas reproduire les erreurs du passé...* ».

- Face aux incohérences des politiques multi-niveaux tiraillées entre des exigences sanitaires (conformité des eaux distribuées), des objectifs d'aménagement territorial (rationalisation), environnementaux (restauration des eaux brutes) et agricoles (maintien des systèmes en place) la nécessité, pour les institutions territoriales, de restaurer une cohérence dans leur pratique professionnelle s'impose de façon croissante.
- Face au sentiment prégnant d'impuissance, les entretiens font émerger moins une critique des AAC en tant que telle, qu'une volonté manifeste d'un « changement de logiciel » et une aspiration à restaurer et/ou asseoir une crédibilité individuelle et institutionnelle vis-à-vis des hiérarchies, des autres institutions territoriales, des collectivités et des usagers (habitants, agriculteurs...).

En d'autres termes, pour nombre d'acteurs lassés de cautionner les incohérences de leurs actions et de leur institution, les AAC pourraient, sous certaines conditions, constituer un moyen de redonner de la crédibilité à l'action publique et d'assurer les missions sanitaires et environnementales d'intérêt général de préservation de la ressource en eau. Parmi ces conditions figurent la nécessité d'articuler des référentiels et des logiques d'aménagements (réseaux) à des logiques milieux (pollutions ponctuelles et diffuses), de donner les moyens d'associer systématiquement du préventif au curatif (conditionnement des financements au même titre que les PPC), de disposer du temps nécessaire, de la pérennité des moyens humains et financiers, de la garantie d'un soutien institutionnel et politique.
À court terme, une condition préalable essentielle à la mise en place des AAC semble donc être de restaurer la crédibilité des AAC aux yeux des acteurs responsables de leur effectivité administrative (État, Agence de l'eau,

Conseil Général), pour favoriser leur réception par les acteurs destinataires et permettre leur effectivité territoriale (collectivités, monde agricole, usagers).

- L'appropriation des exigences de résultat faites à la gestion de l'eau DCH (sanitaire, environnementale, sociale et économique) par les autorités publiques et les destinataires peut-elle redonner de la crédibilité et du « sens » aux AAC ?
- Les AAC peuvent-elles constituer un moteur de cohérence institutionnelle, de décloisonnement interne et externe de la gestion de l'AEP et de la gestion des pollutions agricoles diffuses au sein des territoires ?

Pour tenter d'apporter des éléments de réponse à ces questions portant sur un dispositif encore émergent, l'analyse concomitante de la mise en œuvre des AAC s'est concentrée sur deux configurations territoriales où semblent se dessiner des formes émergentes, et relativement inédites, de reconfigurations des modes gestion corporatistes et palliatifs des pollutions agricoles diffuses[330] :

- Le département du Tarn-et-Garonne est représentatif d'une configuration territoriale « agrico-centrée ». Les autorités publiques peinent à mettre en œuvre des programmes d'action agri-environnementaux volontaires du fait du poids des intérêts corporatistes agricoles. En 2007, un positionnement inédit d'une coopérative agricole sur des projets MAET dédiés à l'atteinte des objectifs de résultat environnemental fixés par la DCE est venu déstabiliser les lignes de force conventionnelles.
- Le département de la Charente est représentatif d'une configuration territoriale, préfigurant les AAC, où l'obligation de résultat est dictée par l'urgence et le risque (sanitaire et politique). Dans un contexte régional de risques de contentieux européens pour la contamination des eaux par les pollutions agricoles diffuses, le département est inscrit depuis 2000 dans un programme de restauration de la qualité des eaux DCH, fondé sur des systèmes de collaborations multi-partenariales, et sur un engagement volontaire des collectivités distributrices dans le portage de programmes d'action concertés et incitatifs.

---

[330] En Charente, 12 entretiens semi-directifs ont été réalisés auprès de la DDASS, de la MISE (DDAE), du Conseil général, de la Chambre d'agriculture, du Syndicat départemental d'harmonisation de l'alimentation en eau (SHEP), des chargés d'intervention AEP et espace rural à l'Agence de l'eau Adour Garonne, de l'animateur du programme Re-Sources Poitou-Charentes, de l'animateur du PAT porté par le SIAEP St-Fraignes et de trois présidents de SIAEP concernés par les AAC. Par la suite, une participation à trois réunions du comité de pilotage du PAT Saint-Fraignes a pu être opérée.
En Tarn-et-Garonne, 9 entretiens semi-directifs ont été réalisés auprès de la DDASS, de la MISE (DDAE), du Conseil général, de la Chambre d'agriculture, des chargés d'intervention AEP et espace rural à l'Agence de l'eau Adour Garonne, d'une coopérative agricole porteuse de projet MAET et de deux présidents de syndicats (AEP et aménagement hydraulique).

2. Le Tarn-et-Garonne : d'une configuration « agrico-centrée » vers un régime de gouvernance territoriale « par le marché » ?

Le Tarn-et-Garonne est un département représentatif d'un modèle de gestion de la problématique des ressources en eau que l'on peut qualifier d'« agrico-centré » dans le sens où les intérêts corporatistes agricoles sont fortement représentés et souvent considérés comme prioritaires au sein des collectivités distributrices d'eau potable, du Conseil Général et de l'Agence de l'eau. Cette pression des intérêts corporatistes agricoles sur les institutions départementales chargées de la gestion publique de l'eau DCH et de la gestion des ressources en eaux superficielles et souterraines a progressivement conduit à une situation problématique du point de vue de la sécurisation des ressources qualitativement et quantitativement (2.1).
La Chambre d'agriculture s'est imposée comme un acteur influant et un porteur de projet incontournable des dispositifs agri-environnementaux sur le territoire. Les services de l'État et les chargés d'interventions de l'Agence de l'eau peinent à initier des projets agri-environnementaux autour d'un objectif de restauration de la qualité des eaux (contrat de rivière, PAT) (2.2).
Le resserrement des exigences de résultat et l'introduction de mécanismes de régulation par le marché dans la gestion des pollutions agricoles diffuses peuvent-ils initier un rééquilibrage des pouvoirs au sein d'une gouvernance départementale de l'eau DCH conditionnée au maintien d'un modèle d'agriculture intensive (2.3) ?

2.1. Une agriculture intensive dominante et une rationalisation des ressources qui atteint ses limites

Le département du Tarn-et-Garonne regroupe 226 849 habitants en 2006, dont la commune de Montauban concentre plus d'un quart. Après la Haute-Garonne (agglomération toulousaine), il est le département à la plus forte croissance démographique (gain de 20 000 habitants entre 1999 et 2006) de la région Midi-Pyrénées. Néanmoins, il peut difficilement être qualifié de département urbain. En effet, si les communes urbaines regroupent 41 % de la population, 91 % des communes sont rurales (moins de 2 000 habitants) (Insee, 1999).
La superficie agricole exploitée représente près de 60 % de la superficie du département[331]. En termes de production agricole, les exploitations se spécia-

[331] Entre 2000 et 2007, l'activité agricole en UTA a diminué, mais la part des chefs d'exploitation demeure prépondérante (54% en 2007). La baisse du nombre d'exploitations a

lisent de façon croissante sur les grandes cultures et l'élevage (bovin lait) entrainant une légère augmentation de la part des surfaces labourables qui constituent 79% de la SAU départementale en 2007. Les productions fruitières (arboriculture) et les surfaces en cultures permanentes sont corrélativement en légère baisse. Les productions végétales constituent 80% de la production agricole qui se répartie à peu près équitablement entre fruits et légumes (pommes), et grandes cultures (blé, maïs irrigué). En 2004, le Tarn-et-Garonne était le premier producteur de pomme et de prune de France. En 2007, les productions d'agriculture biologique (à 60% fourrage et céréales) correspondaient à 2,5% des exploitations et à 2,5% de la SAU (moyenne nationale 2% et régionale 2,7%). Si les surfaces irrigables sont en légère baisse depuis 2002, du fait d'une réorientation de surfaces en maïs irrigué vers des céréales à paille, le Tarn-et-Garonne, le Gers et la Haute-Garonne concentrent plus des 2/3 des surfaces irrigables de la région Midi-Pyrénées (DDEA 82, 2009). La production fruitière génère un prix au producteur élevé ainsi qu'un chiffre d'affaires important du fait d'un grand nombre d'intermédiaires. Avec la production légumière, ils sont des pourvoyeurs d'emplois non négligeables à l'échelle départementale. L'agriculture est présentée par le Conseil Général comme « *la base de l'économie du territoire en milieu rural* » avec 11 233 équivalents plein temps (exploitants, main-d'œuvre familiale, salariée) sur les exploitations en 2004, auxquels viennent d'ajouter les effectifs salariés des entreprises des différentes filières[332].

Concernant l'AEP, le réseau est relativement structuré puisque seulement 44 captages alimentent les 195 communes (DDASS 82). Si le nombre de captages en eau souterraine est plus important, les captages en eaux superficielles desservent 57% de la population[333]. En octobre 2008, 37,5% des captages bénéficiaient d'une DUP (62% de la population) et 22,5% (10,3% de la population) avaient des avis hydrogéologiques rendus[334].

---

entrainé une hausse de la surface des exploitations au bénéfice des plus grandes (100 ha et plus) orientées sur les productions en grandes cultures et en élevage. La part des petites exploitations (moins de 20 ha) demeure malgré tout la plus importante en 2007 (44,5%), expliquant une moyenne des SAU par exploitation (38 ha) plus faible que la moyenne régionale (48 ha), et nationale (52 ha) (DDEA 82, 2009).

[332] Conseil Général 82, « Bilan de la Campagne agricole 2004. L'agriculture, un des piliers de l'économie du Tarn-et-Garonne », http://www.cg82.fr/?page=agriculture&action=rubrique&id=8, page consultée le 16 mars 2010.

[333] BRL Ingénierie (2003), *Réalisation d'un schéma départemental d'alimentation en eau potabl*e, SDAEP, Rapport de phase 2, rapport définitif, novembre, 67p.

[334] Le Conseil Général assure la maîtrise d'ouvrage déléguée de la phase administrative des PPC pour les collectivités depuis 1992. Cependant, en 2008, un conflit s'est ouvert entre les services de l'État et le Conseil Général sur une procédure de protection d'un captage en zone karstique impliquant des servitudes agricoles sur le PPR et le PPE, et des coûts importants en actes administratifs pour les financeurs (Agence de l'eau, Conseil Général). Le Conseil Général est intervenu directement auprès du préfet en menaçant de se retirer de la maîtrise

En 2003, le SDAEP fait état d'une répartition des communes en: 18 structures intercommunales assurant la distribution et la production d'eau potable pour les communes adhérentes, 5 structures intercommunales de production d'eau potable, et 8 structures intercommunales assurant uniquement la distribution, 19 communes non regroupées. La majorité d'entre elles ont délégué la production et la distribution de l'AEP à des sociétés privées (90% pour la production, 67% pour la distribution), ce qui représente environ 60% de la population. Le réseau est jugé performant au regard d'un rendement moyen de 71% (65% sur le bassin Adour Garonne).
La qualité des eaux distribuées est « globalement satisfaisante » pour le paramètre bactériologique. Concernant les pesticides, en 2008, le Tarn-et-Garonne fait partie des quatre départements du bassin Adour Garonne dont la part de la population concernée par les non-conformités est la plus importante. La qualité est jugée « bonne » pour les nitrates (à l'exception de 3 unités à surveiller), alors que les ¾ du territoire départemental sont classés en zone vulnérable. Cette « qualité » des eaux distribuées est en fait la résultante d'une politique d'abandon des ressources souterraines (plus d'une quinzaine) aux teneurs trop élevées en nitrates depuis le milieu des années 1990, notamment sur le linéaire Garonnais (Becerra, Lefelle, 2006). De nombreuses collectivités se sont ainsi interconnectées et se sont concentrées sur les ressources en eaux superficielles plus abondantes (Garonne) ou des nappes souterraines de meilleure qualité. Les captages en eaux superficielles (Garonne, Aveyron, Gimone, Tarn), ainsi que les ressources en eau d'origine karstique, sont toutefois régulièrement en dépassement pour les paramètres pesticides. Les solutions curatives et palliatives viennent donc encore une fois au secours de l'AEP, mais pour combien de temps ?
En 2003, le bureau d'études chargé de l'élaboration du SDAEP peine à fournir des propositions de rationalisation supplémentaire. Il fait plutôt état d'un faible nombre de captages, d'un manque de diversification et de sécurisation des ressources, de problèmes de qualité (pesticides, turbidité, branchements en plomb) et de situations de crise et de pénurie d'eau. Pour sécuriser l'AEP, il recommande prioritairement la recherche de nouvelles ressources de substitution, la réalisation d'interconnexions de secours et la mise en conformité des captages.

---

d'ouvrage pour la totalité des procédures PPC en cours ou à venir si la DDASS ne réduisait pas le périmètre d'application des mesures préconisées par l'hydrogéologue. Cet évènement a produit un effet de révélateur des divergences et des rapports de force s'exerçant entre services de l'État, Conseil Général, Agence de l'eau et Chambre d'agriculture sur la question de la préservation des eaux DCH.

2.2. Une hégémonie territoriale de la Chambre d'agriculture qui « verrouille » la médiation avec les agriculteurs…

La Chambre d'agriculture du Tarn-et-Garonne comporte un service environnement depuis une dizaine d'années. Il est principalement consacré à l'information et aux montages de projets d'animation et de concertation sur des problématiques telles que les déchets, les plans d'épandage, le suivi de démarches bassin versants, la zone vulnérable, les produits phytosanitaires, l'amiante… Ce service est perçu par certains agents des services de l'État comme une vitrine permettant de « *ramasser de l'argent sans avoir trop de contrainte* ». Ils imputent d'ailleurs le turn-over des agents (4 agents en 4 ans) au manque de valorisation de leur statut qui découragerait les personnes motivées ou au fait que ceux qui prendraient trop d'initiative seraient rapidement éconduits.
Les relations entre la Chambre d'agriculture et les administrations déconcentrées du ministère de l'Agriculture par exemple sont parfaitement matérialisées par l'organisation de leurs locaux respectifs. Chaque institution se partage une moitié d'un même bâtiment physiquement séparé à chaque étage par des escaliers et un ascenseur. Alors que l'accès à la Chambre d'agriculture est ouvert, à chaque palier, la porte d'accès aux bureaux des services de la DDEA possède un code et un interphone. Ce système viserait à empêcher l'envahissement « régulier » de membres de la FDSEA, syndicat majoritaire à la Chambre d'agriculture.

> *« Ils nous ont habitués quand ils n'arrivent pas à obtenir satisfaction par les voies négociées à venir casser de la DDA. »* (Agent DDEA 82)

Le renforcement récent du degré d'exigence de l'Agence de l'eau en matière de montage de projet et de justification des impacts des financements alloués induirait, du point de vue des représentants de Chambre d'agriculture, un climat de suspicion quant aux réelles motivations de la profession. La Chambre d'agriculture est fortement dépendante des financements de l'Agence de l'eau. Elle se voit de façon générale de plus en plus concurrencée dans la réponse aux appels d'offres par des bureaux études spécialisés ou d'autres organismes professionnels agricoles (ADASEA, CIVAM, coopératives). Si la Chambre d'agriculture estime conserver une forte « légitimité » sur le département, elle se voit néanmoins mise en demeure de changer sa « vitrine », ou de modifier sa stratégie d'implication dans les programmes agri-environnementaux (réponse aux appels d'offres, montage et portage de projet).

> *« La directive aujourd'hui à l'Agence de l'eau c'est de mesurer ce qu'on finance, on cherche à mesurer un impact. Donc quand ils montent un PAT, ils prennent des pincettes et ils croisent les doigts*

pour qu'on mesure moins de pesticides. » (Agent Agence de l'eau Adour Garonne 3)

De fait, la position des chargés d'interventions de l'Agence de l'eau en Tarn-et-Garonne est ambiguë. D'un côté, ils sont satisfaits d'un recentrage des exigences de l'Agence de l'eau qui contraint le lobbying agricole en obligeant les représentants agricoles à prendre davantage en compte l'enjeu milieu. Mais dans le même temps, dans ce département, cette position les place en situation de conflit direct avec la Chambre d'agriculture.
Bien qu'elle soit perçue comme un relai défaillant auprès des agriculteurs, en n'étant pas, contrairement aux coopératives agricoles, l'échelon qui pèse dans la décision, la Chambre d'agriculture parvient encore à s'imposer comme un porteur de projet incontournable par son monopole institutionnel sur les questions agricoles du département. Elle dispose de ce statut du fait de sa forte représentativité au sein des syndicats agricoles majoritaires (FNSEA) – et inversement -, mais aussi au sein des mairies à dominantes rurales, des conseillers municipaux et généraux. Cet investissement du champ institutionnel territorial lui permet d'exercer une pression politique directe sur les administrations départementales, le Conseil Général, les préfets successifs, jusqu'au sein du conseil d'administration de l'Agence de l'eau Adour Garonne, dont son président est membre.
Les agents territoriaux (Agence de l'eau, services de l'État) expriment le sentiment d'une absence de reconnaissance de la part des hiérarchies des difficultés inhérentes à la mise en œuvre de dispositifs réglementaires (PPC) ou à l'accompagnement de projets multi-partenariaux et concertés (PAT) d'une part ; et d'autre part, de leur capacité à juger, au regard de ce contexte environnemental et politique très défavorable, de la validité de mesures de protection (servitudes) ou de l'ambition d'un projet d'action.

> *« Il y a une animatrice qui présente le document, [...] moi j'ai validé les actions après si elles sont mal retranscrites et rédigées quelquefois de façon maladroite, je considère qu'à partir du moment où j'ai travaillé avec eux, j'ai validé le principe, si je juge que le principe est bon et doit être présenté à nos administrateurs ça m'embête de me faire retoquer les dossiers sachant que derrière, j'ai 6 mois de travail sur le terrain avec les acteurs.* » (Agent Agence de l'eau Adour Garonne 3)

Ce type de divergence entre la position des chargés d'interventions territoriaux et le siège rejaillit directement sur la crédibilité du pouvoir d'influence et d'action (coercitive, décision) des administrations et de leurs agents, mais aussi tout simplement sur leur droit à présenter leur position. Une des stratégies des agents « espaces ruraux » de l'Agence de l'eau consiste par exemple à passer par d'autres interlocuteurs, tels que la cellule environnement du Conseil Général, pour être son « porteur de voix » sur le terrain. Mais pour contourner les verrous posés par la Chambre d'agriculture, elle peut aussi décider d'accéder aux sollicitations d'autres organismes tels que coopératives agricoles pour qui l'agri-environnement peut tout comme les Chambres d'agriculture, devenir une opportunité économique.

2.3. La niche agri-environnementale : vers une régulation par le marché ?

Les techniciens de coopératives agricoles sont les premiers « conseillers » des agriculteurs en matière de traitement (cf. Chapitre 6). Dans le département du Tarn-et-Garonne, les distributeurs (In Vivo, Coop de France) revendiquent à ce titre de plus en plus une légitimité pour se saisir de projets agri-environnementaux afin de faire évoluer les pratiques, tout en limitant au maximum les risques agronomiques et économiques pesant sur l'activité des exploitations agricoles, et leur propre activité par la même occasion.
En 2007, la coopérative agricole Qualisol[335] s'est ainsi constituée comme un porteur projet original de MAET réduction de l'indice de fréquence de traitement (IFT)[336].
Ce projet s'inscrit dans un appel à projet sur la période 2007-2013 diffusé par la DRAF Midi-Pyrénées[337] qui présente deux particularités. La première est une exigence d'articulation explicite des MAET avec l'objectif d'atteinte du bon état des eaux sur des bassins versants définis comme prioritaires au titre de la DCE ; la seconde est un appel à candidature ouvert à des organismes privés. Ce choix s'inscrit dans un partenariat régional entre le service de protection des végétaux (DRAF) et les distributeurs de produits phytosanitaires engagés depuis plusieurs dizaines d'années dans la conduite de démarches expérimentales, telles que menées dans le cadre du groupe régional d'action phytosanitaire Midi-Pyrénées (GRAMIP). Après des demandes renouvelées de la DRAF auprès de la Direction générale de la forêt et des affaires rurales (DGFAR), pour la première fois en France, un distributeur privé est ainsi éligible à la maîtrise d'ouvrage d'un dispositif agri-environnemental (Vila, 2009), au détriment des Chambres d'agriculture porteuses de projet conventionnelles des dispositifs agri-environnementaux.

---

[335] La coopérative Qualisol appartient au groupe Coop de France. Elle compte près de 150 salariés répartis dans 20 établissements et réalise un chiffre d'affaires annuel (en augmentation de 20% en 2008) de 90 millions. Elle collecte près de 250 000 tonnes de céréales auprès de 4000 agriculteurs du Tarn-et-Garonne et du Gers.

[336] Nombre de doses homologuées appliquées à l'hectare pour une famille de produits phytosanitaires.

[337] La DRAF assure l'instruction des dossiers de candidatures et la fonction de guichet unique pour la gestion des fonds européens pour l'agriculture et le développement rural (FEADER) et l'Agence de l'eau Adour Garonne.

Plus fondamentalement, c'est un signal fort en termes d'évolution des modes de régulation des problèmes de pollutions agricoles puisqu'il officialise un partenariat financier entre État et sociétés privées, et vient illustrer une nouvelle forme de transfert au marché et aux acteurs privés de la prise en charge des risques de pollution liés aux activités agricoles[338].

Ce projet de MAET est implanté sur le territoire du bassin versant de la Gimone alimentant le captage de Beaumont de Lomagne et desservant environ 6000 habitants. Grâce au financement MAET, le principe est de tester un suivi technique, tout en compensant la baisse de la vente d'intrant par la rémunération du conseil. L'objectif pour la coopérative étant de facturer durablement le conseil, il s'agissait par le biais de la MAET de mettre en place une prestation de service (25€/ha) et non d'obtenir des crédits d'animation. Le principe de dissocier commercialement la vente des approvisionnements du conseil en matière de fertilisation et de traitement n'est cependant pas nouveau (Paillotin, 2000), même s'il a été plus fortement relancé dans le cadre du Grenelle du l'environnement et de la mise en œuvre du plan ECOPHYTO 2018.
Le portage des MAET représente un moyen, pour la coopérative Qualisol, de tester en grandeur nature un changement de fonctionnement du marché qui s'impose de plus en plus comme nécessaire pour faire face aux demandes des agriculteurs (suivi administratif des dossiers PAC, demande de soutien strictement technique), également pour répondre à différentes formes de concurrence (centre de gestion), et pour conserver son statut de principal interlocuteur de terrain. Les registres d'argumentation employés par la coopérative sont très ouvertement commerciaux, économiques et techniques. La coopérative reconnaît que l'enjeu « qualité de l'eau », pourtant explicite pour des MAET-DCE, n'a pas été initialement considéré dans le lancement du projet MAET. Le choix du territoire du bassin versant de la Gimone, rivière fortement impactée par les pollutions agricoles diffuses, a été orienté par la DRAF.
L'objectif économique face à la hausse continue des prix des intrants et des produits phytosanitaires a constitué l'argument prioritaire pour convaincre les agriculteurs de se lancer dans un projet de réduction de leur utilisation. Un autre argument était que si l'objectif de réduction n'était pas atteint sur une année, il n'y aurait des pénalités financières que sur l'année en cours et non sur les 5 années de la contractualisation (comme c'était le cas pour les CTE). D'autre part, un des atouts de la coopérative est le développement d'une filière BIO lancée en 2002 avec les CTE qui lui permettent de justifier de ressources et de compétences en matière d'accompagnement au changement de pratiques. Des agriculteurs « bios » sont par ailleurs inclus dans la

338 En 2009, la Commission européenne se déplacera d'ailleurs sur le territoire pour rencontrer les partenaires de la démarche.

démarche en tant qu'« appui technique ». Ces dispositions constituent, en plus d'un affichage commercial, des ressources de légitimation auprès des financeurs et des agriculteurs du territoire.

> *« [...] les trois bios présents dans la zone, on leur a mis la mesure qui va leur rapporter 146 €/ha sans rien faire de plus, c'est une sorte de reconnaissance, [...] en contrepartie ce qu'on leur a demandé [...] c'est d'intervenir en tant que conseiller, mais intervenir avec les machines, des herses étrilles, chez les agriculteurs conventionnels. »* (Technicien de coopérative agricole)

Pour atteindre les objectifs de réduction, la coopérative prévoit : de privilégier les produits s'utilisant en dessous de la dose homologuée, de proposer des semences permettant des allongements de la rotation des cultures, et d'utiliser des techniques de désherbage mécanique. Cependant, la condition du respect de ces mesures est que les agriculteurs ne baissent ni leur rendement, ni le niveau de qualité de leur récolte, « *quitte à traiter deux fois !* ». Cette condition est prioritaire tant pour les agriculteurs que pour la coopérative porteuse de projet.

La baisse du chiffre d'affaires sur la vente des produits phytosanitaires pour la coopérative est intégrée au projet, le coût de la rémunération du conseil ayant été calculé pour compenser cette perte. Cependant, l'intégration du risque de baisse des niveaux de productions agricoles (quantité et qualité) n'est pas négociable du fait de son impact économique sur les conditions d'achat et de vente de productions agricoles inscrites pour certaines dans des démarches qualité qui fondent l'image de marque de la coopérative. Le pari économique est donc de compenser la baisse du chiffre d'affaires de la coopérative par du conseil payant, censé garantir aux agriculteurs un maintien équivalent des rendements, avec une moindre utilisation des intrants.

2.4. *Quand la coopérative privée déplace les lignes... : une source de déstabilisation de la Chambre d'agriculture ?*

Lors de la première version du projet, la coopérative a sondé ses adhérents pour estimer le potentiel de contractualisation. La coopérative a ainsi pu déposer un dossier de demande de financement annonçant un potentiel d'engagement de 80-90 agriculteurs et de 4000 ha de surface en MAET contractualisée.

L'ampleur du projet a contribué au soutien indéfectible des services de la DDEA qui voient dans le portage du projet par la coopérative une double opportunité. La DDEA trouve un débouché aux crédits MAET qu'elle peine à attribuer en totalité - faute d'un niveau de contractualisation suffisant avec les agriculteurs et faute de soutien des organismes professionnels agricoles fortement opposés à ce dispositif jugé inadapté. D'autre part, l'émergence d'un porteur de projet reconnu au sein du monde agricole permet à l'administration locale de contourner la Chambre d'agriculture et de reconquérir une part de légitimité en interne et au sein du système d'action départemental.

Cependant, la DDEA n'est pas la seule source d'attribution des crédits MAET, l'Agence de l'eau y contribue également. Or, l'Agence de l'eau Adour Garonne conditionne l'attribution des financements MAET eau à leur insertion dans un plan d'action territorial (PAT) qui constitue un cadre de planification de programmes d'action concertés et multi-partenariaux ayant pour objectif la restauration de la qualité de ressources en eau prioritaires au titre du SDAGE et au titre d'un enjeu AEP. À l'échelle de territoires pertinents pour atteindre cet objectif, les PAT reposent sur la mise en interdépendance des acteurs (administrations, collectivités, agriculteurs, associations et organismes privés) par la combinaison d'actions individuelles, dont les MAET, et d'actions collectives (animation et sensibilisation) à destination de l'ensemble des usages (jardins amateurs, usagers eau potable). On le voit, si l'initiative de l'opérateur privé séduit les services de l'État par son « ambition », au regard des faiblesses du territoire en matière de dispositifs agri-environnementaux, il manque une adaptation des procédures pour rendre ce projet MAET éligible.

La coopérative se tourne alors vers la Chambre d'agriculture pour l'assister dans la conception d'un programme d'action dont l'ampleur dépasse leur domaine de compétence et leur moyen, mais aussi leur objectif commercial initial. Or, la Chambre d'agriculture avait précédemment affiché une position très critique vis-à-vis des MAET en général (à l'instar de ses représentants régionaux et nationaux), et du projet de MAET porté par la coopérative en particulier.

Le projet de la coopérative présente en effet un risque économique pour la Chambre d'agriculture, de par la concurrence occasionnée par un positionnement des distributeurs sur des dispositifs agri-environnementaux, source d'activité et de financement[339]. Il présente aussi un risque de perte de crédibilité et de perte d'influence politique auprès des administrations publiques et des agriculteurs. Si la coopérative parvenait « seule » à obtenir des résultats, efficients en termes de changement de pratiques et efficaces d'un point de vue environnemental, les principaux registres de justification de la chambre d'agriculture qui fondent le maintien de pratiques agricoles intensives sur le département (inadaptation agronomique des dispositifs agri-environnementaux, prise de risque économique, inefficacité environnementale) se verraient rendus obsolètes.

[339] La Chambre d'agriculture déposait un projet de financement de PAT à l'Agence de l'eau Adour Garonne à la même période.

Après une période de « négociation », un compromis est trouvé : la coopérative gèrera les MAET et la Chambre d'agriculture animera la démarche PAT. La coopérative trouve ainsi un partenaire qui possède une expérience de la gestion administrative relative au montage et à la coordination de plans d'action territoriaux, et lui apporte une légitimité auprès des élus locaux et des agriculteurs non adhérents. De son côté, la Chambre d'agriculture peut afficher son association à un projet innovant, porté par un acteur agricole possédant les moyens humains et techniques qui lui font défaut pour assurer une présence sur le terrain et qui demeure un représentant d'un modèle d'agriculture intensive. Ce transfert de compétences lui permet conjointement de ne pas mettre directement en cause sa responsabilité en cas de perte économique pour les agriculteurs ou de non-atteinte des résultats (agro-économiques et environnementaux) assignés au MAET.

> *« La* ***Chambre d'agriculture*** [président] ***avec les MAE*** *a été* ***beaucoup plus frileuse*** *que nous en disant [...] on* ***risquait de faire rendre obligatoire ces objectifs de baisse****. Alors nous on a dit [...] on ne pratiquait pas la politique de l'autruche. De toute façon pour dire que la* ***réduction*** *[...] deviendra une pression supplémentaire pour les agriculteurs,* ***si on ne la teste pas on ne pourra pas le dire****. Et puis quel est le risque pour l'agriculteur ? [...]. Si le suivi technique est bon, l'agriculteur le paiera. [...]* ***au lieu de payer des produits, l'agriculteur paye une prestation de suivi*** *donc [...],* ***aucune intervention de l'État nécessaire,*** *tout le monde s'y retrouve. La* ***coopérative paie son personnel terrain****, ça permet* ***d'arriver à ses objectifs de rendement et de qualité*** *[...]* ***Deuxième situation****, [...] on s'aperçoit que la* ***réduction des intrants fait baisser les rendements****, enfin fait prendre des risques très importants aux agriculteurs [...]. Ca veut dire que* ***si on veut dans les zones prioritaires réduire l'utilisation des intrants, il faudra payer les agriculteurs*** *et à quel niveau ? [...] il faudra peut-être la quantifier et* ***c'est en appliquant ces réductions d'intrant qu'on le verra****. Dans tous les cas, on aura les moyens de pouvoir répondre. Si l'État dit cette zone a de gros soucis au niveau de la qualité des eaux, on impose une réduction d'intrant, oui, mais il faudra aider cette zone. »* (Technicien de coopérative agricole)

2.5. Des logiques institutionnelles tenues par une obligation de résultat

Le projet de PAT issu du partenariat entre la coopérative et la Chambre d'agriculture - auquel viendront s'associer d'autres parties prenantes[340] - est soutenu par les services départementaux de l'État et par le chargé d'interventions de l'Agence de l'eau. Il sera pourtant débouté deux fois par les instances de l'Agence de l'eau Adour Garonne au siège[341].

Comme cela a déjà été soulevé au chapitre précédent dans le cadre des bassins versants expérimentaux du GRAMIP, le partenariat entre États et sociétés privées, de même que le double statut de prescripteur/vendeur des coopératives n'est pas sans ambiguïté. C'est une des raisons principales pour laquelle l'Agence de l'eau a refusé de soutenir le projet dans un premier temps, tout en justifiant son refus par des problèmes de fonds, puis de forme : la première fois au motif d'un problème de superposition de zonages entre celui des MAET proposé par la coopérative et celui du PAT proposé par la Chambre d'agriculture ; la seconde fois au motif d'insuffisances rédactionnelles.

Cette divergence est révélatrice de logiques institutionnelles qui ne s'inscrivent pas dans les mêmes registres de redevabilité. La DDEA doit justifier de l'attribution de moyens permettant de limiter les niveaux de pression sur les ressources en eau par l'intermédiaire de dispositifs agri-environnementaux pré-formatés (MAET). L'Agence de l'eau doit appliquer un principe de sélectivité des aides, c'est-à-dire qu'elle doit justifier de l'attribution des financements aux projets qu'elle aura jugés comme permettant de contribuer « le plus » à l'atteinte des objectifs de résultats fixés par la DCE.

Toutefois, la mise en interdépendance des conditions d'attribution des fonds publics (MAET, PAT) « contraint » finalement les administrations territoriales (État et Agence de l'eau) à coordonner leur action quelque soit leur politique interne. On voit bien à travers cet exemple, comment une exigence de résultat sur la qualité des eaux DCH tend à créer des formes d'interdépendance et de co-responsabilité inédites entre les institutions à l'échelle des territoires. Toutefois, pour que ces formes de co-responsabilité puissent être considérées comme « achevées », au regard des exigences assignées (DCE), il faudrait qu'elles impliquent aussi la Chambre d'agriculture, la coopérative,

---

[340] Le SIAEP du captage de Beaumont de Lomagne (sensibilisation des usagers), le Syndicat d'aménagement hydraulique de la Gimone (gestion et aménagement des berges), l'association Campagne vivante (plantage de haies) et le Conseil Général 82 (animation des actions en zones non agricoles). La répartition des compétences entre Conseil Général (gestion des questions non agricoles) et Chambre d'agriculture (gestion de tout ce qui concerne le domaine agricole) est un accord établi de longue date sur le département.

[341] L'impact de ce type de divergence entre position du siège et position de la délégation a été développé dans la section 2.2.

les agriculteurs, les collectivités et les usagers vis-à-vis d'un objectif de résultat environnemental.
C'est dans ce contexte de tensions entre Agence de l'eau et Chambre d'agriculture, et dans cette situation d'incertitudes concernant la validation des projets (MAET, PAT), que les premières directives nationales concernant la mise en application des AAC ont été diffusées aux services déconcentrés de l'État. Les services départementaux de la MISE et de la DDASS ont été chargés d'organiser la concertation et de sélectionner les captages prioritaires. De son côté, l'Agence de l'eau envisage de restreindre au périmètre des futures AAC, l'attribution des financements PAT. L'interdépendance des programmes de financements et des institutions territoriale demeure, mais les cartes sont redistribuées au sein des services de l'État.

2.6. La sélection captages prioritaires : de la prévention du risque sanitaire à l'anticipation du risque politique

Le dispositif des AAC a constitué dès son émergence à l'échelle départementale un outil de territorialisation des politiques publiques territoriales pré-existantes (PAT MAET). Il intervient dans un triple contexte : un contexte territorial dominé par les intérêts corporatistes agricoles, un contexte institutionnel de lutte de pouvoir entre l'Agence de l'eau, les services de l'État et la Chambre d'agriculture, mais aussi de divergence entre la DDASS et le Conseil Général en matière de protection des captages d'eau potable.
Dans quelle mesure ce contexte politique et institutionnel a-t-il impacté le processus de sélection des captages prioritaires ?
Les premiers critères de sélection des captages prioritaires diffusés aux chefs de MISE pour constituer une pré-liste ont été d'ordre sanitaire et environnemental : niveau de dégradation des ressources en eau (nitrates et pesticides), caractère stratégique (Zones à Protéger pour le Futur, Zones à Objectifs plus Stricts), objectif de reconquête de ressources abandonnées. Selon les départements, dès cette étape les négociations se limitent aux services de l'État ou intègrent l'Agence de l'eau, le Conseil Général et éventuellement, souvent sous forme de consultation officieuse, la Chambre d'agriculture et les collectivités potentiellement concernées. Certains départements firent ce choix de consultation afin d'anticiper, dès l'amont, des problèmes de mise en œuvre, bien qu'une phase de concertation infra-départementale soit prévue par la suite.
Dans le département du Tarn et Garonne, la « pré-liste » propose cinq captages qui, étant donné le contexte hydrogéomorphologique, incluent des captages en eaux superficielles fortement contaminées par les pesticides, et des captages en eaux d'origine karstique (Tableau 13).

L'élaboration de cette liste, destinée à être annexée au SDAGE, a été perçue par les agents de l'État comme une opportunité de repositionner des captages qui avaient été écartés sur l'agenda des politiques de planification territoriale : captages retenus comme non prioritaires dans le SDAEP ou non inscrits au SDAGE, captages dont la procédure PPC fait l'objet de contentieux interinstitutionnels (financement des études préalables, des servitudes) ou d'absence de mobilisation des collectivités.
La réunion de concertation infra-départementale a rassemblé des représentants de la DDASS, de la DDEA-MISE, de la cellule environnement du Conseil Général, le responsable de l'unité AEP au siège de l'Agence de l'eau et des chargés d'interventions espace rural et eau potable/assainissement de la délégation. La Chambre d'agriculture a été volontairement écartée par la MISE, qui, en conflit régulier avec elle, souhaitait que le débat reste centré sur des « considérations techniques ».
Un accord s'est alors dessiné sur trois des cinq captages proposés[342] :

- Le captage sur la Gimone est conservé puisqu'il remplit les critères de sélection et qu'une démarche MAET et PAT est en cours de lancement. Cependant, il n'était pas inscrit au SDAGE de par « *la difficulté de mise en œuvre d'un programme d'action sur une AAC en eau superficielle* ». La réponse du comité départemental, inscrite au compte-rendu, est que malgré le peu de probabilité d'obtenir une diminution significative de la dégradation de la qualité des ressources en eau superficielle, « *au titre de la DCE toutes les masses d'eau doivent être protégées [...]* ».
- Le Lac du Tordre est retenu pour la taille de son bassin versant (1200 ha) relativement modeste pour une ressource en eau superficielle, le faible nombre d'exploitations concernées (546 ha, 16 agriculteurs recensés), et « *sous réserve de mobiliser les porteurs de projet potentiel* ».
- La source du Couron est maintenue puisqu'elle remplit les critères nationaux (nitrates) et est déjà inscrite au SDAGE.
- Le captage de Ladoux et la source de Labrot ne sont pas retenus au titre qu'ils ne remplissent pas les critères nationaux (teneurs moyennes en nitrates inférieures à 40 mg/l).

[342] Compte-rendu de réunion AAC 29 février 2008.

	ESU ESO	PPC	Moy. NO3 (mg/l) entre 2003 2007	Concen-tration Pesticides unitaire (max µg/l)	Débit (m^3/j)	Pop.	ZOS/ ZPF	SDAEP 2003
Gimone	ESU	en cours	26,5	3,47	2263	6159	Oui/ Non	Straté-gique
Barrage du Tordre	ESU lac	DUP		0,98	809			Straté-gique
Ladoux	ESO	en cours	37,8	0,27	576	1626	Non	Straté-gique
Source de Labrot	ESO Karst	Avis Hydro-géologue 2002	32		448	528	Oui/ Non	utile
Source du Couron	ESO Karst	Avis Hydro-géologue 2002	42		392	532	Oui/ Non	utile

Source : Compte-rendu de réunion AAC 29 février 2008, SDAEP 2003

Tableau 13 – Caractéristiques des captages prioritaires retenus en pré-liste MISE 82

À l'issue de cette concertation, un consensus semble donc s'être dégagé entre les administrations départementales. Cependant, au niveau régional, le responsable du service santé-environnement de la DRASS Midi-Pyrénées, par ailleurs administrateur à l'Agence de l'eau, juge que des programmes d'action sur une aire d'alimentation de captages en eaux superficielles, généralement très vaste, sont trop complexes à mettre en œuvre, trop coûteux à financer et trop contraignants à contrôler *a posteriori*. Il intervient donc pour imposer au niveau du bassin Adour Garonne un nouveau critère de sélection des captages prioritaire qui limite les choix aux captages prélevant en eau souterraine. La Gimone est alors retirée de la liste.
Cette position vient renforcer l'argument d'un dispositif faiblement transposable et va créer une certaine incompréhension au niveau de la DDASS du Tarn-et-Garonne. Elle va adopter une stratégie de contournement des « blocages locaux » et du niveau régional en mobilisant l'échelon national. Elle demande à la Direction générale de la Santé d'arbitrer sur la question des eaux superficielles et sur le choix de certains captages.
Parallèlement, la concession sur le retrait de la Gimone lui permet d'insister sur la réinscription de la source du Couron dont la procédure PPC n'est pas achevée du fait de désaccords entre États, Conseil Général et Agence de l'eau sur la conduite de la procédure sur ce type de contexte hydrogéologique karstique.

« La Source du Couron, vous n'allez pas me dire que c'est stratégique [532 personnes desservies], *mais la DDASS a dit « il faut le mettre, on m'a enlevé la Gimone, on met au moins celui-là », et comme ça c'est remonté et comme ça correspondait au profil qualitatif ... Et à côté on va voir un captage de la Beauce qui alimente 300.000 personnes. Le captage stratégique c'est celui de Valence d'Agen, mais comme on n'apporte pas l'outil, qu'il n'est pas adapté... »* (Agent Agence de l'eau Adour Garonne 2)

Finalement, peu de captages ayant été retenus sur le bassin Adour Garonne au regard des objectifs initiaux (100 puis 57), les discussions sont relancées avec les services départementaux et notamment sur le cas de la Gimone. La Gimone est un des points noirs en termes de qualité des eaux pour les autorités départementales : contamination importante en pesticides, absence de solution de substitution, qualité moyenne de la rivière (indice IBGN).
À cette même période, l'Agence de l'eau Adour Garonne annonce officiellement une attribution des financements PAT fléchée sur les AAC. Si la Gimone n'était pas retenue comme AAC, cette condition pourrait laisser craindre un abandon des deux seuls projets ayant pu être initiés sur le territoire de la Gimone : le projet de MAET porté par la coopérative et le projet de PAT porté par la Chambre d'agriculture.
Les finalités de la sélection des captages prioritaires et les modalités d'opérationnalisation des AAC se dessinent avec la parution de la circulaire du 30 mai 2008. Alors que l'Agence de l'eau revoit sa position vis-à-vis des projets MAET-PAT, paradoxalement, c'est alors la Chambre d'agriculture qui pourrait menacer de se retirer. En effet, le dispositif des AAC prévoit la possible issue réglementaire de mesures agri-environnementales inscrites dans le programme des AAC au regard de critères encore non véritablement définis. Or, la Chambre d'agriculture est fortement opposée à toutes issues réglementaires de dispositifs agri-environnementaux.

« Parce que nous, en tant qu'organe représentant de la profession, on peut devenir frileux pour s'impliquer dans tel ou tel dossier, si on est frileux, les agriculteurs sur le terrain le seront d'autant plus. » (Agent Chambre d'agriculture 1)

À l'issue de négociations plus ou moins formelles auxquelles viendra s'ajouter l'argument du refus du département voisin du Gers de classer la Gimone en AAC, elle sera finalement réintroduite dans la liste (Tableau 14). Dans le courant de l'année 2008, le projet de MAET porté par la coopérative sera validé par la Commission Régionale Agro-environnementale (CRAE), suivi du PAT.

	Pré-liste MISE	Concertation intradéparte-mentale 29/02/08	Réunion DRASS-DIREN	Liste captages Grenelle 03/08/09
Gimone	Retenu	Retenu		Retenu
Tordre	Retenu	Retenu	Retenu	Retenu
Ladoux	Retenu			
Source de Labrot	Retenu			
Source du Couron	Retenu	Retenu	Retenu	Retenu

Source : Compte-rendu de réunion AAC 29 février 2008, entretiens, MEDD

Tableau 14 – Étape de sélection des captages prioritaires retenus en Tarn-et-Garonne

Ainsi, de critères de sélection basés sur les caractéristiques qualitatives et quantitatives des ressources en eau, vont progressivement se substituer des critères pragmatiques de faisabilité administrative et de réception sociale propre à chaque contexte départemental (Figure 9). Venant confirmer les résultats des recherches conduites sur les causes des déviations de but des dispositifs agri-environnementaux (Busca, 2010), on peut citer à titre d'exemple :

- la simplicité administrative (pas d'eaux de surface et pas de territoires d'interdépartementaux),
- la réception par les élus locaux futurs maîtres d'ouvrage et le monde agricole,
- des petits bassins versants non stratégiques du point de vue de l'AEP, mais dont le faible nombre d'agriculteurs permet d'envisager un investissement plus efficient (concentration des financements, capacité de contrôle plus importante) des autorités publiques, et un risque moindre de contestation sociale,
- le maintien de dynamiques locales pré-existantes ou en cours (PAT Gimone)…

Certains départements ne pouvant parvenir à un accord entre institutions territoriales, des arbitrages du préfet ont été effectués conduisant le plus souvent au retrait des captages des listes. Alors que la Charente en propose une dizaine, certains départements n'ont proposé aucun captage ou un seul.

Les caractéristiques des captages finalement retenus sont révélatrices de la dilution du caractère stratégique, d'un point de vue sanitaire et environnemental, du fait d'un contexte d'urgence médiatique et de l'intériorisation par les autorités publiques des facteurs de blocage inhérents à la mise en œuvre de ce type de dispositif (PPC et dispositifs agri-environnementaux) et aux contextes territoriaux (état des relations interinstitutionnelles, enjeux locaux…).

> *« On n'a pas encore travaillé avec la Chambre d'agriculture donc aujourd'hui s'il n'y a pas d'AAC, ce n'est pas parce qu'on a cédé à la pression agricole, mais parce qu'on s'est mis nous-mêmes des barrières, on s'est bridé nous-mêmes et après cela se comprend, comment mettre une AAC sur un captage sur la Garonne ? Quand on a décidé de travailler sur une première grille de définition des AAC, d'entrée, on nous a dit : que des eaux souterraines, donc on a retiré un grand nombre de ressources qui n'étaient pas adaptées à la grille. »* (Agent Agence de l'eau Adour Garonne 2)

A l'échelle nationale, après un an et demi de navettes entre services ministériels et services déconcentrés, les ministères en charge du développement durable, de la santé et de l'agriculture ont diffusé en août 2009 une liste de 507 captages correspondant à 844 ouvrages de prélèvement. Certainement pour les raisons évoquées précédemment, ils se révèlent très inégalement répartis entre, mais aussi au sein des bassins hydrographiques (Figure 10).
Sur le bassin Adour Garonne, alors qu'un chiffre d'une centaine de 100 captages par bassins était initialement prévu, seulement 57 captages prioritaires sont retenus, dont 60% en Région Poitou-Charentes[343].
À titre d'illustration de possibilités de variations importantes selon les bassins dans la désignation des captages prioritaires, le Bassin Seine-Normandie dispose sur son territoire de 250 « captages Grenelle ». Ils s'inscrivent dans un inventaire de 400 Bassins d'alimentation de captages (BAC) prioritaires identifiés dans le Programme de Mesures DCE (PDM 2010-2015) comme devant être protégés en 2015, et dans un inventaire plus large visant la protection de 1700 BAC en 2027.

[343] 3 en Haute-Garonne, 1 dans le Gers, 3 dans le Lot, 1 en Hautes-Pyrénées, 2 dans le Tarn, 3 dans le Tarn-et-Garonne, 4 en Dordogne, 2 dans les Pyrénées-Atlantiques, 3 dans le Cantal, 13 en Charente, 6 sur la partie Adour Garonne en Charente-Maritime et 16 sur la partie Adour Garonne en Deux-Sèvres (Liste Ministères de la Santé et de l'Écologie au 3 août 2009).

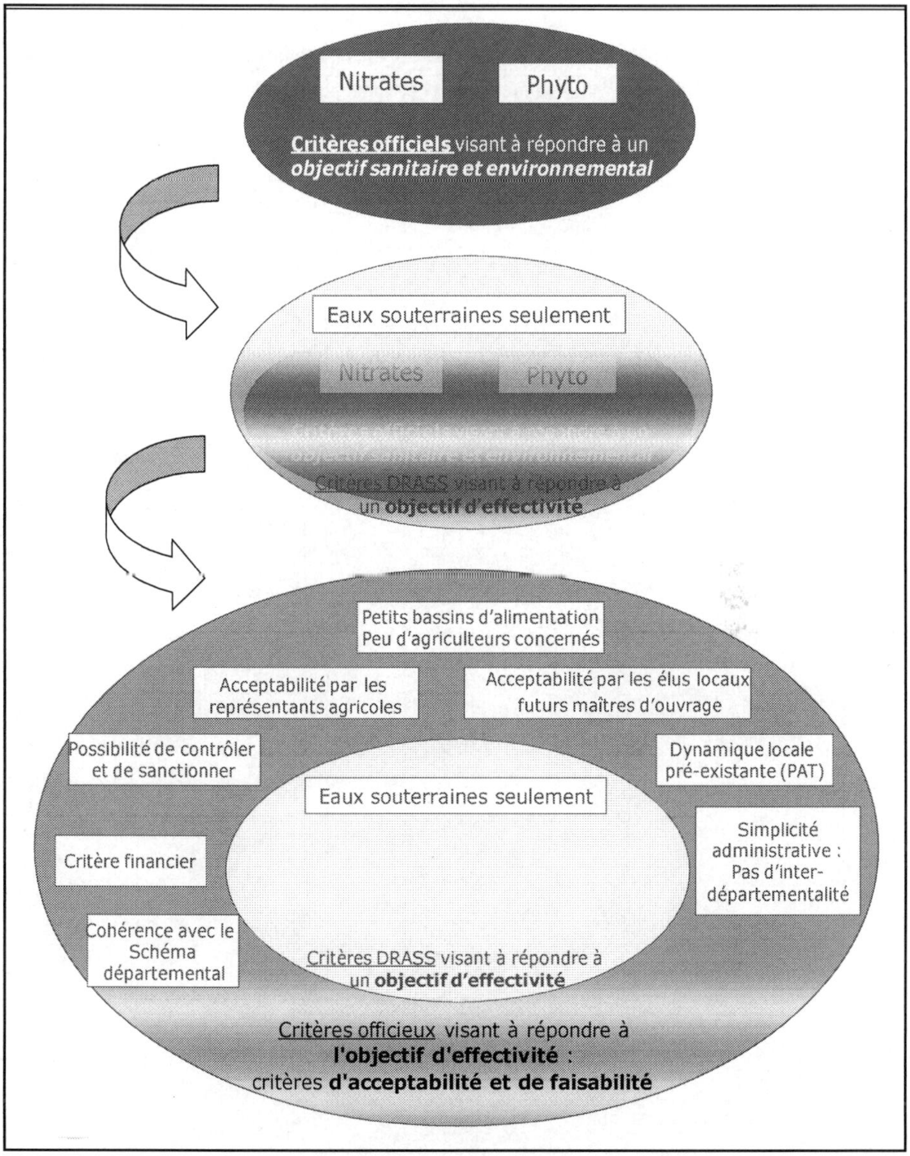

Source: Roussary, Salles, Akermann, 2010.

Figure 9 - La sélection des captages prioritaires : d'une priorité sanitaire et environnementale à une priorité politique et sociale

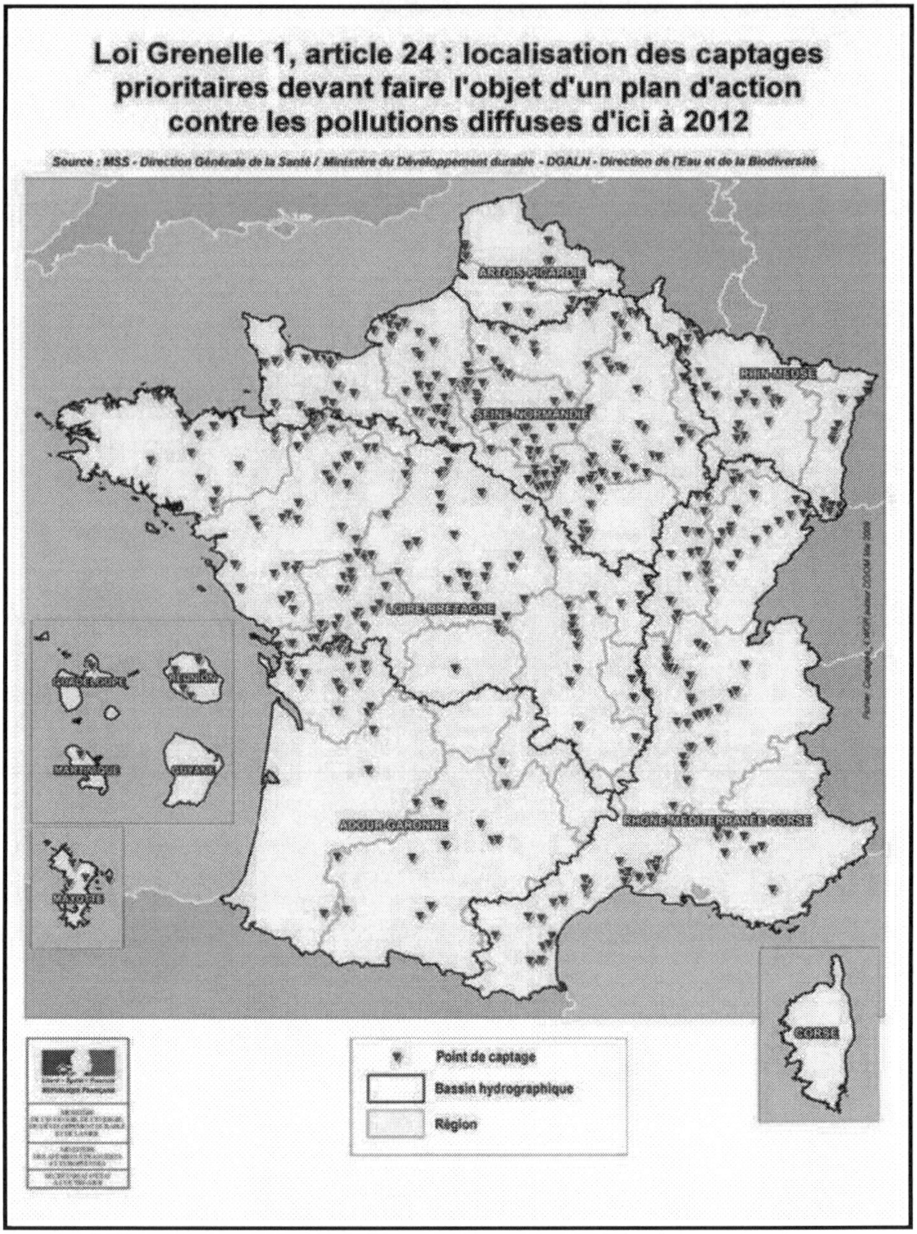

Figure 10 – Carte de la répartition des captages prioritaires « Grenelle » au 3 août 2009

*

* *

Ces dernières décennies ont clairement été marquées par une appropriation stratégique de l'enjeu environnemental par la profession agricole et les relais du syndicalisme agricole dominant (Busca, 2010). Les dispositifs agri-environnementaux ont été fondés sur des exigences de moyens justifiant un financement de changements de pratiques déclarés et expliquant largement le déficit d'efficacité environnementale avéré des dispositifs agri-environnementaux. L'introduction d'une logique de résultats, notamment dans la DCE, change-t-elle la donne ?

Si on observe les perceptions de d'émergence des AAC sur l'agenda politique national et territorial (1.), et le processus de sélection prioritaire, il semblerait que, malgré une attente forte des institutions territoriales d'une action politique plus forte en direction des pollutions agricoles diffuses, les critères de faisabilité territoriale s'imposent.

Toutefois, concernant la profession agricole, au même titre que la négation de la problématique environnementale n'a plus été tenable au tournant des années 1990 et a donné lieu à l'entrisme de la profession agricole dans la politique agri-environnementale (Brives, 1998), l'exigence d'efficacité vis-à-vis de la qualité de l'eau DCH tend à imposer un nouveau repositionnement stratégique.

Illustration de la rhétorique et des jeux médiatiques classiques, le dernier salon de l'agriculture, a consacré un clair changement de stratégie, l'alliance jusque-là privilégiée de la profession agricole avec leurs traditionnels partenaires économiques (banque, industrie agro-alimentaire, agro-chimie...) ne semble plus être un rempart suffisant à une érosion de l'audience politique, notamment contestée au niveau européen. Il est fait désormais explicitement appel au soutien du consommateur, du citoyen comme défenseur de « son » agriculture, de son alimentation et comme recours à la dégradation des conditions de vie des agriculteurs, et à des mécanismes de marché (grande distribution, concurrence mondialisée) défavorables aux revenus agricoles.

Au-delà de cet affichage conjoncturel, qui ne renvoie pas nécessairement à un soutien à des pratiques moins intensives, le glissement est certainement plus profond qu'il n'y parait et témoigne d'un changement de stratégie. Il semble clair que les innovations en termes d'agri-environnement, répondant à l'exigence de résultats, émergent moins à l'initiative des acteurs institutionnels classiques que d'acteurs en rupture avec le modèle agricole intensif dominant (agriculture biologique, paysanne). En se positionnant sur le « marché » (circuits courts type AMAP, filière AB...) avec des arguments de qualité sanitaire et environnementale, de réduction du coût d'intrant, d'anticipation de réglementations (ECOPHYTO 2018), ces acteurs jouent d'autant d'atouts que les défenseurs de valeurs écologiques (agriculteurs bio, écologie politique, etc.) (Fouilleux, 2008 ; Roussary *et al.*, 2010 ; Busca, Vidal, 2010). Mais l'agri-environnement est aussi de plus en plus saisi par

des acteurs du marché plus « conventionnels » (distributeurs, certificateurs, marketing) qui essaient de se positionner dans un mouvement consumériste *a contrario* souvent contestataire des mécanismes de marché (Dubuisson-Quellier, 2009).
Le cas observé en Tarn-et-Garonne d'un soutien, au final collectif, des acteurs de la sphère publique (État, Agence de l'eau, Chambre d'agriculture) à une prise en main d'un dispositif public par un acteur privé (coopérative distributrice) est-il significatif d'un changement de paradigme ou d'un brouillage des lignes ?
Il semble que, dans ce cas, si le portage du dispositif agri-environnemental par la coopérative a permis de faire bouger quelques lignes, ce mouvement ne s'est pas opéré en faveur d'une plus grande représentativité de la société civile. Les syndicats d'eau, les usagers d'eau potable et les associations de l'environnement persistent à être les grands absents de ce type de régulation.

Abordons justement maintenant une configuration territoriale de gestion qui ambitionne de traiter les risques sanitaires et environnementaux liés aux pollutions agricoles diffuses par un changement de système de production, afin de restaurer la qualité des ressources en eau DCH. Piloter et co-financé par un syndicat AEP et les institutions territoriales (Agence de l'eau, Région, Département) sur des fonds publics (facture d'eau, redevances et impôts), cette démarche peut-être interprétée comme une tentative de faire advenir un régime de gouvernance territoriale de l'eau DCH « par les usagers ».

3. La Charente : d'une configuration d'urgence sanitaire et environnementale vers un régime de gouvernance territoriale par les usagers ?

L'ensemble des autorités publiques du département de la Charente (Conseil Général, syndicats) s'affiche comme parties prenantes du programme régional Re-Sources initié au début des années 2000 par la préfecture de région face au constat de la dégradation des ressources en eau DCH et au risque de crise sanitaire et de risques politiques (zone de contentieux européen) qu'elle induit.
Dans ce contexte particulier de tension sur la distribution de l'eau, le programme Re-sources vise la reconquête de la qualité des ressources en eau en s'appuyant sur un engagement volontaire et un portage de collectivités distributrices dans une démarche associant les acteurs locaux (communes, agriculteurs, usagers), départementaux (Conseil Général, services de l'État, syndicats mixtes) et régionaux (Agences de l'eau, Régions, services de l'État) dans la mise en œuvre de programmes d'action sur les bassins d'ali-

mentation des captages (BAC). L'expérimentation conduite sur des sites pilotes ambitionne d'être généralisée à l'ensemble des BAC de la région. Par cette démarche multi-partenariale et concertée, l'objectif est de créer les conditions d'une co-responsabilisation des acteurs vis-à-vis de l'enjeu sanitaire et environnemental de préservation de la qualité des eaux.
La Charente apparaît pour les institutions régionales (Agence de l'eau, Région) comme un département représentatif de la problématique AEP du bassin Adour-Garonne et une forte implication dans l'opérationnalisation du programme Re-Sources est attendue. Elle prend forme par une collaboration étroite entre les institutions départementales (services de l'État, Conseil Général, syndicat départemental), et s'observe plus particulièrement par une implication politique volontariste au niveau du site pilote du SIAEP de Saint-Fraigne.

- Quels modes d'organisation sont prévus pour atteindre cet objectif ambitieux (2.1) ?
- Quelles sont les conditions identifiées pour permettre l'opérationnalisation des grands principes qui le sous-tendent (2.2) ?

Treize captages ont été sélectionnés comme prioritaires en Charente, soit près d'un quart des AAC du bassin Adour Garonne. Il est prévu que l'ensemble des sites retenus soit intégré au programme Re-Sources.
Cependant, si les deux dispositifs (BAC-AAC) partagent la même finalité, ils présentent au moins deux différences notables dans les moyens d'action : un engagement volontaire des collectivités (BAC), versus un dispositif réglementaire (AAC) ; un programme d'action incitant à des pratiques alternatives à destination de l'ensemble des usages, versus une possible issue réglementaire des mesures agri-environnementales centrées sur l'activité agricole.

- En quoi la restructuration des enjeux à l'échelle nationale peut-elle conforter ou entrer en contradiction avec la dynamique territoriale engagée par le programme Re-Sources en Charente (2.3) ?

3.1. Une démarche régionale visant une responsabilisation des institutions territoriales vis-à-vis de la préservation des eaux DCH

3.1.1. Le spectre de la condamnation par l'Europe : une initiative régionale de reconquête de la qualité des eaux DCH

L'émergence du programme Re-Sources au début des années 2000 s'inscrit dans un triple contexte (environnemental, politique et d'expérimentations sur des bassins versants test). Tout d'abord, les autorités régionales se sont trouvées confrontées à une succession d'états des lieux (IFEN, étude DRASS-DIREN) pointant la dégradation des ressources en eau en Poitou-Charentes : près de 150 captages ont été désignés comme prioritaires du fait de leur vulnérabilité aux pollutions d'origine agricole et plus de 25 captages AEP ont été fermés dans les 25 dernières années suite à des contaminations (nitrates). Du fait de cette dégradation, plusieurs départements de la Région Poitou-Charentes sont menacés de contentieux européens depuis 2004 (Vendée, Charente-Maritime, Deux-Sèvres) ce qui a donné lieu à des demandes de plan de gestion et à une première condamnation par un arrêt en manquement de la Cour de justice des communautés européennes en date du 31 janvier 2008. Le programme Re-Sources s'inscrit dans l'argumentaire de la DDASS 79 tenue de se rendre régulièrement au ministère pour justifier de sa mobilisation sur la question.

> *« En Poitou-Charentes, avec les politiques déjà engagées, il a été estimé que quatre masses d'eau sur cinq risqueraient de ne pas atteindre le bon état sur l'ensemble de la région en 2015. Cet objectif ne serait pas assuré pour 85 % des eaux superficielles [...] à cause de modifications physiques [...], de la présence de matières organiques, des pesticides, des nitrates et des perturbations hydrologiques. [...] 70 % des eaux souterraines risqueraient de ne pas atteindre un bon état en 2015 dans la région à cause de la présence des nitrates, des pesticides, et des prélèvements excessifs. »*[344]

À l'origine de la démarche lancée par la préfecture de région sont aussi intervenues des discussions entre les services de l'État et la Chambre régionale d'agriculture qui a déclaré s'impliquer en prenant acte de sa part de responsabilité dans les origines de pollutions. À cette initiative, se sont raccrochés deux Conseils Généraux (16 et 79), les Agences de l'eau Loire-Bretagne et Adour Garonne, ainsi que de manière discrète dans premier temps, la Région, alors présidée par Jean-Pierre Raffarin (UMP).
Parallèlement, à la même époque, plusieurs expérimentations sur des bassins versants test ont été conduites au sein de l'Agence de l'eau Loire Bretagne (Bretagne eau pure), qui partage avec l'Agence de l'eau Adour Garonne la mise en œuvre de la politique de l'eau à l'échelle de la région Poitou-Charentes. Tout comme les AAC qu'elle précède, la démarche Re-Sources s'est ainsi construite autour de l'adaptation des grands principes du SAGE à l'échelle de bassins d'alimentations de captage (BAC) définis d'un point de vue hydrogéologique.
Sur 109 bassins d'alimentation en eau potable vulnérables aux pollutions diffuses identifiés comme prioritaires (étude DRASS-ANTEA), 13 ont été validés par le comité de pilotage du programme, sur candidature volontaire

---

[344] Perspective 2015 suite à l'état des lieux de 2004 et ses résultats en Poitou-Charentes (http://www.eau-poitou-charentes.org/IMG/pdf/DCE.pdf, page consultée le 23 janvier 2009)

des structures porteuses de projet. Dans l'objectif de prendre en compte les responsabilités multiples, des actions globales devaient être définies et conduites afin de « *changer les comportements, pour réduire et limiter les impacts de l'Homme, via ses pratiques professionnelles (en agriculture, dans l'entretien des routes et des espaces urbanisés ...) ou individuelles (jardinage familial, activités de loisirs...), sur la ressource en eau.* »
En juin 2008, 15 sites pilotes étaient en activité sur la région Poitou-Charentes, cependant leur densité est très inégale selon les départements : 7 en Deux-Sèvres, 3 en Charente, 2 en Charente-Maritime et 1 dans la Vienne.

3.1.2. Une problématique AEP prégnante en Charente

Du fait de la problématique régionale (contentieux communautaires, SAGE imposé), et de l'impact au niveau départemental des pressions agricoles (nitrates, phytosanitaires), l'amélioration de la qualité des eaux superficielles et souterraines constitue un enjeu majeur pour le département de la Charente (préservation des aquifères profonds, suivi de la qualité des eaux superficielles, développement de l'assainissement des collectivités).
Récemment, le bilan du 3ème programme de la zone vulnérable a indiqué une hausse depuis 2004 des concentrations en nitrates au niveau de plus de 70 % des captages, précédemment masqué par des années de sécheresse.
La Charente est un département rural (53% de la population) et les espaces agricoles (élevage, viticulture, céréales, polyculture élevage) occupent 62 % de l'espace charentais : dont 75 % de terres arables, 11 % de cultures permanentes et 14 % de surfaces toujours en herbe (Agreste, 2007).
Toutefois, lors des entretiens, les services de la DDEA constataient une tendance au retournement des prairies dans la partie nord du département, encore relativement préservée des contaminations par les nitrates, laissant craindre à terme un classement plus important de la surface départementale en zone vulnérable.
La gestion des ressources en eau en période d'étiage constitue également un axe important de la politique de l'eau menée par les autorités départementales (Conseil Général, services de l'État, EPTB). Les usages agricoles sont les principaux utilisateurs des ressources en eaux superficielles (41,8 %) et souterraines (53,7 %)[345].
Concernant la structuration de l'AEP, les 404 communes sont alimentées par seulement 99 captages (93 % en eaux souterraines). Elles s'organisent en 117 UDI et 50 collectivités compétentes, dont 40 syndicats et 10 communes

[345] Répartition des prélèvements d'eau en 2006 pour les eaux souterraines : 53, 7% agriculture, 7,3% industrie et 39% usages domestiques (Donnée 2006, Eider, EA01ADET&EAO1BDET).

indépendantes[346]. Allant dans le sens d'une intercommunalité développée, les services AEP sont donc relativement structurés bien que les collectivités soient, selon le syndicat département d'harmonisation du prix de l'eau (SHEP), attachées avant tout à leur territoire, voire leur terroir (grand champagne, petit cognac). Certaines collectivités sont interconnectées, mais ont fait le choix de conserver leur autonomie en se limitant à des conventions, d'autres syndicats regroupés ont refusé d'intégrer des communes sans ressource ou ayant peu investi dans leur réseau. Cette volonté d'autonomie ne se traduit pas forcément par une gestion en régie puisque 80 % des collectivités sont en affermage[347].

Ces 25 dernières années, selon la DDASS une quarantaine de captages ont été abandonnés, ou remplacés par des forages profonds, principalement pour des raisons de débit insuffisant, de vulnérabilité ou de difficultés de protection (ouvrages à petits débits en nappe libre ou en zone karstique). Ces éléments contribuent à expliquer, conjointement à la mobilisation à plein temps d'un agent DDASS sur les PPC, un taux de procédures de protection des captages achevées en mai 2008 de 59,6 %. Mais aussi une relative « bonne » qualité des eaux brutes au niveau des captages demeurant en activité (nitrates et pesticides)[348].

Après une période de rationalisation importante des ressources, les limites de la substitution de ressource sont estimées atteintes, l'objectif est aujourd'hui de sécuriser l'AEP en limitant l'abandon des ressources existantes, perçu comme un droit à polluer par les agents de l'État actuellement en poste, en recherchant de nouvelles ressources et en travaillant sur les possibilités d'interconnexions de sécurité entre les ressources.

3.1.3. Une démarche multi-partenariale et multi-niveaux coordonnée à l'échelle régionale

La Région participait au comité technique, mais le vrai tournant dans son implication est intervenu au changement de mandature et au choix déclaré de la nouvelle Présidente socialiste, Ségolène Royale, de s'impliquer davantage dans le programme en créant une cellule de coordination hébergée au sein des locaux du Conseil régional. Une animatrice fut ainsi recrutée en septembre 2005 sur des fonds européens, Agence de l'eau et région. La Région revendique de ce fait une légitimité à coordonner les différentes instances : comité des financeurs (collectivités maitres d'ouvrage, État, Conseil Régional, Conseil Général, Agences de l'eau), comité technique

---

[346] http://www.cg16.fr/fileadmin/user_upload/Pdf/dev_local_environnement/eau_et_rivieres/eau_potable/SIAEP_2008.pdf, page consultée le 23 janvier 2009.

[347] La part des abonnés concernant les services AEP en régie n'est que de 6% (Conseil Général 16, 2008).

[348] https://poitou-charentes.sante.gouv.fr/accueil/eau_robinet/synthese/syntheses_regionales/env_synthesesregionales.html, page consultée le 23 janvier 2009.

(État, Conseil Général, Agences de l'eau, Chambres d'agriculture, coopératives, Groupe Régional d'action phytosanitaire Poitou-Charentes, bureaux d'études...), et le réseau des animateurs (accompagnement individuel et collectif).
Dans la tradition des procédures collaboratives, la volonté initiale est de « balayer large » en associant les acteurs économiques, – notamment les interlocuteurs des agriculteurs – et associatifs en lien de près ou de loin avec la gestion de l'eau (protection de la nature, consommateurs, activités sportives, pêche...). Toutefois, dans l'opérationnalisation, comme cela s'observe encore dans la plupart des situations, la présence des associations environnementalistes et de consommateurs ne se traduit pas par une présence systématique.
La cellule de coordination régionale a par ailleurs vocation à mutualiser les références existantes ou produites au cours du temps, afin de diffuser des cadres méthodologiques communs (élaboration d'une Charte zéro pesticide pour les collectivités) permettant d'améliorer l'efficacité du processus au fur et à mesure de sa mise en œuvre. À ce titre, l'absence de mutualisation des références (expérimentation, rapports d'études) et de coordination entre les positions des deux Agences de l'eau vis-à-vis des BAC (critères de financement, indicateurs d'évaluation) est pointée par la cellule d'animation comme une difficulté. Si l'Agence de l'eau Loire Bretagne du fait d'un recul critique avec le programme Bretagne Eau pure est présentée comme apportant une légitimité et une cohérence au programme, notamment par le fléchage de ses financements sur les BAC, la politique de l'eau menée par l'Agence de l'eau Adour Garonne est jugée moins volontariste et moins ouverte à l'innovation que celle prônée par la Région en matière de préservation des eaux DCH.

3.1.4. Une réorganisation nécessaire des services au sein de la délégation de l'Agence de l'eau Adour Garonne

Du fait de la dynamique lancée par la région Poitou-Charentes, la délégation de Bordeaux est devenue par effet « *bottom up* », une « délégation test » d'une démarche de rapprochement des services au sein de l'Agence de l'eau. Ainsi, bien qu'au sein de la délégation de Bordeaux le projet ait été initialement piloté par le département Espace Rural, le chargé d'interventions eau potable/assainissement a été associé à la démarche en tant qu'interlocuteur traditionnel des collectivités territoriales.
Il travaille depuis en binôme avec son correspondant à l'espace rural, voire en tant que référent principal sur certains sites. Si ces deux agents concèdent les difficultés liées à l'acquisition d'un nouveau domaine de compétence (enjeux, techniques, réglementations, acteurs...) et à l'intégration d'une charge de travail supplémentaire, ils revendiquent une réelle plus-value en

termes de cohérence professionnelle et institutionnelle et un besoin de communication, d'acquisition de références et d'outils pour asseoir cette démarche. Cependant, dans un contexte de rationalisation des effectifs, ils insistent sur le fait que leur position est loin d'être représentative des prédispositions des autres chargés d'interventions :

> *« C'est le tuyau ! Moi on me regarde, tout le monde sait que je mouille dans la politique agricole, c'est mal vu, on vient me voir. Ils ont la trouille de se voir donner du travail en plus « Si on y arrive, ça va être généralisé avec d'autres problématiques comme l'industrie». Dans la démarche de réduction d'effectif, il faut savoir où on peut gagner des postes, ici c'est la plus grande délégation [...]. On supprime les politiques d'intervention qui vont libérer des postes au siège et être transférés aux délégations, ça c'est l'objectif, mais dans la réalité, ce sont des thématiques supplémentaires et quand il faut passer de l'une à l'autre, c'est sportif. Moi je suis de formation technique de traitement, rien de commun avec l'agriculture et la technique agricole, une approche agriculture, en tout cas pour moi ce n'est pas facile, [...]. Jusqu'à début juin [2008], vous demandiez à un chargé d'affaires eau potable ce qu'était un PAT, il y en avait 99 % qui ne savaient pas. »* (Agent Agence de l'eau Adour Garonne)

*

* *

Les grands principes du programme Re-Sources sont inscrits dans sa démarche : un accord collectif sur le constat d'un enjeu sanitaire et environnemental, une démarche multi-partenariale et concertée, des collectivités engagées dans la coordination des actions et leur financement, un co-financement État, Agence de l'eau et collectivités territoriales, un objectif de changement durable des pratiques impactant la qualité des ressources des eaux. Quelles sont les conditions de l'opérationnalisation des principes en action ?

3.2. Les conditions de l'opérationnalisation des grands principes de la démarche Re-Sources en Charente

3.2.1. Des relations interinstitutionnelles stabilisées autour de la problématique AEP

Les services de l'État (DDASS, DDEA), du Conseil Général et du syndicat départemental ont dégagé des moyens humains sur la problématique de la préservation de la ressource en eau.

La DDASS possède une personne attitrée aux PPC qui attache de l'importance au contact avec les collectivités (présente au minimum une fois par an aux comités syndicaux pour présenter le bilan annuel de la qualité de l'eau). Cette implication est permise par le regroupement des communes qui réduit sensiblement le nombre des interlocuteurs par rapport à d'autres départements. À la DDEA, différents services et groupes de travail sont concernés par la problématique de la ressource en eau (police de l'eau, animation de la MISE, AEP, assainissement, gestion des services publics, irrigation, agriculture, pluviale…).
Le Syndicat d'harmonisation du prix de l'eau (SHEP) a été créé en décembre 1979. Toutes les collectivités du département y sont adhérentes[349]. C'est donc un acteur départemental majeur avec une affiliation marquée au Conseil Général. Le SHEP est un Syndicat mixte, dont le Conseil Général est membre, et qu'il finance à 50 %. Les autres 50 % sont financés par les collectivités pour les PPC et la gestion du SDAEP. Il n'assure pas la maîtrise d'ouvrage de la distribution d'eau potable, ses missions statutaires sont la recherche et l'application de mesures destinées à réduire les disparités des prix de vente de l'eau (SATEP) ; ainsi que l'étude, la proposition et la participation aux actions de gestion quantitative et qualitative de la ressource en eau (PPC). Il est présidé en 2008 par le vice-président du Conseil Général, qui occupe par ailleurs la fonction de Président du SIAEP de St-Fraigne et de maire de cette commune. Dans le cadre du programme Re-Sources et de la mise en œuvre des AAC, il va héberger et « coordonner » l'animation sur les captages concernés sur le département de la Charente, excepté le Syndicat de St Fraigne qui héberge son animatrice.
Concernant l'AEP, le Conseil Général possède un rôle de financeur[350] (PPC, Re-Sources) et c'est le SHEP qui constitue l'interlocuteur principal en matière de planification et d'animation de l'AEP. La 3ème révision du SDAEP est d'ailleurs sous la maîtrise d'ouvrage du SHEP.
Les deux agents de l'État plus particulièrement en charge de l'eau DCH (responsable PPC à la DDASS et MISE à la DDEA), l'animatrice du SHEP et la responsable de l'AEP au Conseil Général affichent de très bonnes relations qui, de fait, permettent et facilitent une cohérence à la politique départementale AEP. Ces différents services travaillent en concertation sur

[349] À l'exception des communes de Montjean (rattachée du syndicat 79) et Ambernac (qui représente peu d'habitants et refuse d'adhérer).

[350] Le Conseil Général possède néanmoins un service d'aide à la gestion de l'assainissement (SAGA) et une cellule rivière. Il assure la maîtrise d'ouvrage d'un programme de recherche en eau depuis 1993 afin de fournir de nouvelles ressources en eau potable aux collectivités et gère des ouvrages sur le fleuve Charente. En 2005 les budgets consacrés à la qualité de l'eau et à l'alimentation en eau potable ont été doublés. En 2008, le Département a fait le choix de maintenir son effort en apportant un appui technique et financier important aux collectivités en ce qui concerne l'assainissement (budget de 1, 8 M€) et l'adduction en eau potable (budget de 800 000 €) (www.cg16.fr, site consulté le 23 janvier 2009)

plusieurs projets relatifs à l'AEP : la mise en œuvre des PPC, le programme Re-sources, l'élaboration d'un protocole départemental d'indemnisation pour les agriculteurs avec la SAFER et le nouveau SDAEP chargé de définir les grandes orientations en matière de gestion des ressources en eau et les investissements à engager par les collectivités territoriales à un horizon de 10 ans.

3.2.2. L'internalisation des coûts et le portage de l'animation : une condition clé de la responsabilisation des collectivités distributrices

Au titre de leur responsabilité juridique dans la distribution de l'eau potable, les collectivités sont apparues comme pouvant être plus fédératrices et surtout plus neutres dans la prise en charge du traitement des pollutions diffuses que les Chambres d'agriculture, porteuses de projet traditionnelles de ce type de démarche. En Charente, l'adhésion des trois syndicats AEP à la démarche relève initialement d'une « désignation volontaire » à l'issue d'un ciblage des sites par les autorités basé sur : l'état de dégradation de la ressource, une volonté d'expérimentation sur des problématiques agricoles différenciées (viticulture, élevage et céréales) et la motivation des collectivités à l'issue de nombreuses sollicitations des autorités départementales.

Une animation spécifique est prévue pour chaque site. L'animateur est chargé d'assurer, au nom de la collectivité, la gestion administrative et financière, de coordonner la procédure de diagnostic de territoire (CCTP, sélection des prestataires) et l'élaboration des programmes d'action, et enfin d'en faire le bilan. Les partenaires institutionnels peuvent aider les collectivités dans le choix et le pilotage des animateurs des différents sites pilotes d'un même département. Le recrutement d'un animateur à temps complet hébergé par la structure distributrice est validé par la cellule régionale comme une condition primordiale pour une responsabilisation effective des collectivités vis-à-vis de l'objectif de restauration de la qualité des eaux brutes. Tout comme pour le financement des plans d'action, les collectivités reçoivent des aides financières de l'Agence de l'eau, de l'État (Fond national de solidarité pour l'eau), du Conseil Général et Régional. Le total des aides publiques ne pouvant excéder 80 %, elles doivent internaliser à minima 20 % des coûts dans leur budget AEP ; le but à terme étant de pérenniser cet emploi. Or, l'intérêt du programme et de son animation - au regard du niveau d'étude exigé (Master) et du salaire correspondant - est souvent jugé injustifié par les élus de communes ou de petits syndicats au budget AEP restreint. Les conditions de recrutement de l'animateur par la collectivité sont identifiées par les acteurs comme le nœud du problème. Elles semblent en effet cristalliser les enjeux inhérents à l'AEP, à la gestion

des pollutions diffuses et au maintien des systèmes d'action locaux sur chaque territoire.
Sur certains sites, des arrangements locaux ont dû être opérés (mi-temps, gestion d'autres projets, délégation à la Chambre d'agriculture) pour obtenir l'adhésion des collectivités. En Charente, deux SIAEP n'ont pas souhaité prendre un animateur à temps plein, une personne a donc été recrutée pour assurer la gestion de ces deux sites et c'est le syndicat mixte départemental qui l'héberge gratuitement. En Charente-Maritime, où le poids des organismes professionnels agricoles est fort, le syndicat départemental des eaux a délégué la prestation à la Chambre d'agriculture. En Charente, les partenaires incitent fortement les collectivités à ne pas recruter l'animateur au sein du personnel de la Chambre d'agriculture afin d'assurer autant que possible la neutralité du portage de projet et son ambition environnementale.
Dans un autre registre, les tâches concrètes (contenu et temporalité) et l'importance du travail d'animation ne sont pas reconnues par ces collectivités. Il en découle que si ces emplois constituent des tremplins vers des postes plus valorisés (collectivités territoriales), les conditions de travail (salaire, activité, installation) ne retiennent pas les animateurs durablement sur les sites. Du fait de ces compromis, les acteurs institutionnels constatent *in fine* une moindre implication des présidents de syndicats et des animateurs qui entraine, entre autres, une phase de diagnostic plus longue.
La dynamique de mise en œuvre du programme à l'échelle des sites pilotes repose pour beaucoup sur le statut de l'animateur et les intérêts de son institution de référence, mais aussi sur ses compétences. Traditionnellement, les profils valorisés et exigés pour l'animation de programmes d'action territoriaux environnementaux sont orientés vers des compétences dans les sciences et techniques, telles que l'agronomie, l'hydrologie, la biologie des milieux aquatiques et la gestion économique des exploitations agricoles. Les compétences directement liées aux sciences humaines et sociales, telles que la mise en relation des systèmes biologiques, politiques et sociaux, ainsi que la gestion de la concertation sont le plus souvent ignorées. Cela au titre que, pour avoir une légitimité auprès des partenaires agricoles et des agriculteurs, l'animateur doit être capable de mesurer les risques (économiques et agronomiques) que le changement de pratiques fait peser sur l'exploitation. Or, la faiblesse de l'adhésion aux dispositifs agri-environnementaux, leur manque de performance environnementale, les arrangements opérés avec les Chambres d'agriculture et les difficultés rencontrées par les animateurs sur d'autres sites-pilotes (manque d'implication des élus), ont conduit à des démissions et même à une procédure de licenciement suite au constat d'une absence de compétence en matière d'animation. En conséquence, les partenaires du département de la Charente tendent à repositionner leurs critères de recrutement.

« Le frein en termes de recrutement, c'est que les syndicats veulent prendre des gens sans expérience parce qu'ils veulent les payer au SMIC. Mais des gens qui sortent de l'école et qui sont capables d'aller faire de l'animation sur le terrain il faut les trouver. Il faut avoir cette ouverture d'esprit, ce n'est pas un exercice scolaire. Il faut améliorer la qualité de l'eau certes, mais il n'y a pas que ça, il y a des gens en face. Et au niveau du recrutement, est-ce qu'on a vraiment besoin de quelqu'un de technique ? » (Animatrice SHEP)

Ce repositionnement s'inscrit dans une réflexion plus globale menée au sein des institutions départementales sur la nécessité d'un diagnostic global du fonctionnement des exploitations agricoles, comportant des dimensions agronomiques, économiques et sociologiques, pour appréhender des freins et des leviers au changement de pratiques agricoles à l'échelle de l'exploitation.

3.2.3. Changer les pratiques agricoles : une réflexion globale à l'échelle de l'exploitation et de son territoire

Au regard des constats du manque de performance environnemental reconnu des dispositifs agri-environnementaux antérieurs, les outils proposés par le Programme de Développement Rural « Hexagonal » (PDRH), tels que les MAET ou le plan végétal pour l'Environnement (PVE)[351], sont voulus comme une étape intermédiaire - pouvant faciliter l'appropriation des agriculteurs et l'insertion économique dans une démarche globale de changement de pratiques - et non comme une finalité.

La limitation du « champ des possibles » en matière d'évolution des pratiques agricoles à un catalogue d'action possiblement subventionnable, dont les limites en termes d'impact environnemental ont été largement démontrées, apparaît pour les autorités publiques comme un frein aux actions innovantes. De même, la veille et l'achat foncier peuvent constituer pour les collectivités un outil de préservation de la qualité de l'eau relativement durable et financé par l'Agence de l'eau au niveau des PPC.

Cependant, cette orientation n'est pas l'unique solution promue par les partenaires du programme Re-Sources dans le sens où elle ne traite pas le problème à la source et ne crée pas systématiquement de prise de conscience sur la nécessité de faire évoluer l'ensemble des pratiques du territoire, et particulièrement les pratiques agricoles. Au regard du manque d'efficacité

[351] Le PVE vise à soutenir l'investissement et l'acquisition de matériel agricole (CUMA et exploitants) permettant la mise en œuvre de pratiques agricoles contribuant à la reconquête de la qualité des eaux. Sur la période 2007-2013, l'enveloppe prévisionnelle globale de financement (Union européenne et partenaires financiers du programme) des MAE et PVE s'élève à environ 40 millions d'euros (Re-Sources Poitou-Charentes).

environnementale des outils financiers conventionnels (MAE), c'est une modification radicale du système de culture qui est prônée à l'échelle des captages prioritaires conjointement à une réflexion à l'échelle de l'exploitation (diversification, conversion totale ou partielle) et du territoire (échange de terre, création de filières commerciales).

En Charente, les partenaires du programme Re-Sources s'inscrivent dans ce cadre tout en reconnaissant cependant que cette posture est difficile à tenir auprès des acteurs du monde agricole dans un contexte d'économie mondialisée et un cadre européen (PAC) qui contribue à favoriser les cultures intensives céréalières. C'est pourquoi les partenaires se sont donnés comme objectif, au moins sur les premières années, de proposer gratuitement des diagnostics d'exploitation pour ne pas qu'ils soient perçus comme une contrainte par les agriculteurs. Il s'agit, par cette porte d'entrée sur l'exploitation, d'identifier des agriculteurs pionniers, ceux les plus « impactants » sur l'environnement, et il s'agit plus généralement d'obtenir des renseignements qui pourront justifier ou mieux réorienter les productions agricoles. La finalité n'est pas d'aboutir nécessairement à une contractualisation à des MAET, mais, de proposer aux exploitations concernées une évolution plus ambitieuse des pratiques à moyen terme.

Si l'expérimentation de démarches innovantes soutenues financièrement et techniquement, telles que la conversion d'exploitations en agriculture biologique, telles que le développement de filières courtes, donne des résultats probants, les partenaires envisagent un effet boule de neige sur le territoire.

> *« C'est dur à tenir [...] si ce n'est sur le terrain d'avoir un discours qui va au-delà de la carotte financière des institutions. Aborder avec eux l'approche de leur activité, pourquoi ceux qui considèrent qu'ils ne polluent pas en sont à ces considérations, pourquoi ce mode, quels sont les freins au changement ? Si ça leur fait peur, pourquoi ? Et ça va au-delà du métier qu'on peut avoir au départ qui est d'animer, de faire en sorte que les agriculteurs... il faut d'abord faire de la sociologie, c'est complètement déstabilisant. Et in fine on pourra dire derrière, il y a des compensations financières, mais là il faut être sacrément bon pour montrer que le moins est meilleur que le plus. »*
> (Animatrice SHEP)

Les partenaires sont conscients que tout changement radical d'orientation productive des exploitations est porteur d'une incertitude économique forte qui limite toute capacité de changement. Le parti pris d'accompagner chacun des exploitants à titre individuel relève de démarches de mise en capacité (*empowerment, capacity building*) qui sont désormais le lot commun des principes du développement durable. L'innovation réside dans le fait que la nécessité de la participation des acteurs et de leur adhésion au sens de la politique proposée oriente l'animation vers une prise en compte de variables sociologiques jusque-là peu considérées comme déterminantes.

3.2.4. L'intégration d'une dimension sociologique aux diagnostics classiques : une Agence de l'eau qui innove moins vite que les réflexions des acteurs de terrain

La prise en compte de la dimension « sociologique » dans la compréhension des leviers au changement de pratiques agricoles a émergé d'une réflexion collective au sein du comité de pilotage (représentants DDASS, DDAE, syndicat départemental, Conseil Général, Agence de l'eau), initiée par des recherches personnelles (lectures sur l'histoire du monde agricole, discussions auprès des animateurs et d'agriculteurs) de l'animatrice du SHEP, hydrogéologue de formation.

> *« Déjà je suis issue d'un milieu rural, mais je ne suis pas du tout sensibilisée, je n'ai pas de compétence agronomique, mais du fait de ce milieu agricole et de la misère agricole et pas celle des grands exploitants, le fait est que je me suis posée des questions. J'ai parlé avec des animateurs [...] sans expérience et du fait que la seule ressource qu'ils aient quand on les envoie sur le terrain c'est les MAE. Une carotte qui quand on creuse, on voit qu'elle ne fonctionne pas. Quand je parlais avec les agriculteurs, je voyais qu'il y avait un fossé énorme. Il y avait quelque chose qui me manquait, mais je n'arrivais pas à mettre des mots dessus. [...] il y a autre chose à faire, avant de proposer cette carotte où tu es sûr que ça va échouer. D'abord, comprendre ce que sont l'eau et l'environnement pour eux et au fur et à mesure de cette approche-là est arrivé tout ce côté sociologique. Et là en parlant avec l'animateur en 6-7 mois, en parlant avec les services de l'État. Ce n'est pas arithmétique comme l'État veut le faire croire par la pression à la contractualisation avec les MAE. Par rapport au contexte, ce n'est pas cohérent, si on veut y arriver il faut voir ailleurs. »* (Animatrice SHEP)

Dans le cadre de la phase du lancement des offres pour la réalisation de diagnostics individuels d'exploitation fondés notamment sur une analyse sociologique des trajectoires d'exploitation, une demande de financement du SIAEP de St-Fraigne, soutenue par les chargés d'interventions Agence de l'eau en tant qu'outil de changement et de concertation, a donc été déposée à l'Agence de l'eau Adour Garonne. Or, le coût de cette démarche innovante de diagnostic, estimée à 1500 euros par diagnostic, ne rentrait pas dans les cadres conventionnels de financement de diagnostics technico-économiques (900 euros). Elle a donc été dans un premier temps refusée par l'administration au siège de l'Agence provoquant une forte incompréhension

sur le terrain ; notamment parce qu'à cette même période, le travail empirique de l'étude sociologique ACT'eau démarrait en Charente, soutenue par les responsables des unités AEP et Maîtrise des pollutions agricoles au siège et co-financée par l'Agence de l'eau.
Après une mobilisation des acteurs locaux argumentant qu'une grille de sélection conventionnelle ne pouvait être appliquée à des projets proposant des outils innovants pour atteindre les objectifs du 9ème programme, un financement expérimental des 10 premiers diagnostics a pu être obtenu.
L'appel d'offres des diagnostics a été lancé sous la forme d'un marché avec consultation. Ainsi, des bureaux d'études ont pu répondre, au même titre que la Chambre d'agriculture contrainte de s'associer avec des partenaires pouvant assurer la partie sociologique. À l'issue de la procédure d'appel d'offre, la Chambre d'agriculture n'a d'ailleurs pas été retenue par le SIAEP, le marché ayant été confié à un bureau d'études du sud-est de la France.
Cet exemple des difficultés d'aboutissement d'une demande de financement de diagnostics d'exploitation agricole associant au volet technico-économique un volet sociologique est significatif d'une triple évolution émanant du local : une demande de cohérence au sein de l'Agence de l'eau ; une modification des représentations des ressorts de la décision en matière de pratiques agricoles, non plus strictement technico-économiques ; mais aussi une volonté des élus de signifier la remise en question de la légitimité et de la compétence des représentants du monde agricole à accompagner une évolution vers des pratiques alternatives à l'agriculture intensive.

3.2.5. Une Chambre d'agriculture contrainte de repositionner son affichage

Les agriculteurs de Charente sont reconnus par les services de l'État et les chargés d'interventions de l'Agence de l'eau Adour Garonne comme peu « *virulents* » par rapport à d'autres départements (« *des arrêtés sécheresse et des contrôles qui se passent bien* ») et relativement « *précurseurs* », notamment les irrigants dans la gestion volumétrique (pose de compteur). Cette stabilité dans les relations entre monde agricole et administrations serait la résultante d'une forte tension sur la ressource et d'un apprentissage des intérêts, des stratégies et des attentes de chacune des parties. Dans cette idée, même s'ils se limitent pour le moment à de l'affichage, des signes d'un repositionnement de l'institution à plus ou moins long terme sont perceptibles, notamment vis-à-vis de la filière BIO. À cette fin, les conseillers ont été chargés de prospecter sur les perceptions de la BIO auprès des agriculteurs « conventionnels » par l'intermédiaire de questionnaires.

> *« Il y a 15 ans, on avait technicien bio ici et animateur de l'AMAB et il y a eu un clash, je ne sais pas de quelle nature, politico... ce qui fait que l'AMAB est partie de la Chambre d'agriculture et le technicien*

s'est fait viré, [...] après, nous, ça fait quelques années qu'on a repris un technicien qui faisait bio, diversification, mais qui faisait pas un gros forcing en bio, là ça repart, on a passé aussi une convention au niveau régional avec Agrobio Poitou-Charentes pour qu'on puisse apporter un soutien technique. » (Agent Chambre d'agriculture 2)

Toutefois, les pistes d'innovations concrètes des pratiques agricoles privilégiées par l'institution, demeurent orientées sur l'innovation technique, la diversification des cultures, l'allongement des rotations et le développement des filières permettant de faire évoluer les pratiques sans entrainer une prise de risque pour l'agriculteur et surtout sans bouleverser les systèmes de production en place. Cependant, la démarche des BAC, qui concentre une grande partie des financements en matière de dispositifs agri-environnementaux et dont la maîtrise d'ouvrage des plans d'action est portée par les collectivités distributrices, amène la Chambre d'agriculture à devoir reconfigurer ses stratégies de prestations de service en matière de dispositifs agri-environnementaux.

Dans l'étude de cas précédente, en Tarn-et-Garonne, la Chambre d'agriculture était mise en concurrence avec une coopérative agricole. Toutefois, cette dernière n'étant pas porteuse d'une remise en cause du modèle agricole dominant, un compromis avait pu être trouvé. Dans cette nouvelle configuration, avec le programme Re-Sources, la Chambre d'agriculture se voit concurrencée par les syndicats d'eau potable engagés volontairement dans une démarche de changement de système de production.

Un premier projet de plate-forme phytosanitaire porté par la Chambre d'agriculture et transformé en PAT pour répondre aux critères de financement de l'Agence de l'eau a été refusé au titre de son manque de pertinence du point de vue environnemental. L'acceptation du projet en seconde instance était conditionnée à son insertion dans un autre projet de PAT déposé par le SIAEP de Saint-Fraigne dans le cadre du programme Re-Sources.

Consciente des réticences des partenaires (État, Agence de l'eau et SIAEP) à son implication dans le portage du projet, la Chambre d'agriculture a finalement retiré son projet de PAT pour se concentrer sur la prestation qu'elle pourrait fournir dans le cadre des plans d'actions conduits par la suite. De même, l'incapacité de la Chambre d'agriculture à s'imposer comme pilote du PAT (Re-Sources) laissait craindre une perte de contrôle sur le contenu des actions. C'est pourquoi la Chambre d'agriculture s'est finalement retirée du comité de pilotage du PAT St-Fraigne pour limiter sa participation à la commission agricole afin d'afficher un positionnement politique plus clair auprès de ses adhérents des syndicats majoritaires (FNSEA).

3.2.6. Le site pilote du SIAEP de Saint-Fraigne : le registre de la responsabilité revendiquée

Le SIAEP de la région de Saint-Fraigne[352] s'est engagé dans le programme en 2002 suite à la contamination croissante de la source alimentant le captage de Moulin Neuf par des pollutions diffuses d'origine agricole. En 1986, des teneurs importantes en nitrates, puis en pesticides (triazines et métolachlore) dans les eaux brutes obligent le syndicat à procéder à des recherches de nouvelles ressources, puis à la réalisation d'un forage profond permettant de diluer les eaux superficielles (1997), ainsi qu'à la mise en place d'une unité de traitement des pesticides (2000). Après la mise en œuvre de solutions curatives et palliatives coûteuses, le Programme Re-Sources est présenté par le président du SIAEP comme un cadre d'action permettant de rassembler les acteurs locaux autour d'un animateur local afin de mettre en œuvre des solutions préventives à même de gérer les problèmes de pollutions de façon pérenne par une action conduite sur l'ensemble de l'aire d'alimentation du captage.

Le poids politique et la légitimité du président du SIAEP de Saint-Fraigne sont pour beaucoup dans l'opérationnalisation territoriale de la démarche Re-Sources et les expérimentations conduites dans ce cadre. Sa profession d'agent de la DDE lui confère des compétences de gestion de projets. Ses multiples responsabilités - vice-président du Conseil Général, président de la Communauté de commune d'Aigre, vice-président du Pays Ruffeçois et surtout président du SHEP – lui permettent de disposer d'un pouvoir d'autorité et d'influence non négligeable au niveau local et départemental.

En tant que maire, il est à l'origine de plusieurs projets d'aménagement : la reconversion de 40 ha de culture de maïs irrigué en zone humide, pour laquelle l'Agence de l'eau Adour Garonne lui a remis une distinction (l' « action d'or »), la réintroduction de la culture du chanvre et la création d'une filière de production de fibre végétale. Il s'inscrit dans la démarche Re-Sources en 2002 dès les premières sollicitations des services de l'État.

Son adhésion au programme s'inscrit selon lui directement dans les principes de son engagement politique et de sa responsabilité en tant qu'élu local socialiste : l'attrait d'une démarche environnementale, préventive et intégrée, basée sur des actions plus concrètes que les PPC et qui s'étendront à l'ensemble du bassin versant. Il affiche une volonté d'être précurseur et moteur, « *devant l'action* », en anticipation de mesures annoncées comme prochainement réglementaires. Il vante une solution préventive moins coûteuse qu'une usine de dénitrification et permettant de distribuer durablement de l'eau potable. L'adhésion à la démarche expérimentale Re-

[352] Le SIEAP de la région de Saint-Fraigne fédère 15 communes charentaises. Il alimente 2 457 abonnés (soit 4 713 habitants), ainsi qu'une partie des abonnés du Syndicat voisin de Villefagnan. Le service AEP est exploité en affermage par la SAUR, dont le contrat est actif jusqu'en 31 Décembre 2012.

Sources lui permet dans le même de temps de conforter une assise politique territoriale et de gagner en influence auprès des financeurs (Agence de l'eau), espérant ainsi des retombées positives pour la commune (financement de projets d'aménagement).

> *«L'adaptation du programme Re-Sources à l'ensemble des bassins de la Charente, je peux me tromper, mais je pense qu'on a eu raison de le faire. Je pense que c'est une bonne chose, [...] et que si on veut vraiment être dans notre rôle d'élu ces actions on va les multiplier sur tout le territoire de la Charente, voire du Poitou. Je me battrai, si je suis devenu Président du SHEP [syndicat mixte départemental] c'est aussi pour ça. »* (Président de SIAEP 5)

Les élus du comité syndical ont été plus difficiles à convaincre de l'intérêt d'une démarche environnementale dont la mesure de l'efficacité s'inscrit sur le long terme et dont le coût des actions et de l'animation par une personne qualifiée doit être internalisé par le syndicat à hauteur de 20 % minimum. Après une longue phase de lancement et de réalisation de diagnostic territorial de 3 ans, une première animatrice a été recrutée en 2005 à mi-temps, quelques mois après son départ et l'embauche d'une nouvelle employée, le poste a été converti en plein temps.
Le Président du SIAEP estime que son statut de conseiller général lui a permis de donner davantage de poids à ses arguments aussi bien auprès des élus des communes adhérentes ou concernées par la démarche, qu'auprès du monde agricole. Selon lui, les freins initiaux se situent davantage au niveau de la conciliation des exigences des financeurs.

> *«Pour ma part, je n'y vois que des avantages même si c'est long. Je ne vous dis pas les six années qu'on vient d'essuyer, les gens nous disent avec leur franc-parler : « Mais à quoi ça sert, ça ne sert à rien, on s'embête pour rien...» mais petit à petit voilà. Et puis ça nous permet d'avoir des relations avec l'Agence de l'eau, ça nous permet de faire prendre en compte des choses qui ne l'avaient pas été. »* (Président de SIAEP 5)

Pour l'animatrice, au-delà des discours engageants de son président, la confrontation quotidienne avec les intérêts agricoles, les difficultés de mobilisation des autres collectivités et, à terme, des particuliers sont une réalité. L'important délai entre l'annonce de l'adhésion au programme (2002) et les premières prises de contact (2006) a nécessité de redynamiser les liens avec les agriculteurs (réunions publiques et campagne de démarchage MAE) et les collectivités (appui du Pays pour élaborer des plans de désherbage) qui se ne sentent pas investis dans le programme. Ces derniers peuvent être en effet sollicités pour participer à des actions alors qu'ils ne sont pas alimentés par le SIAEP.

*

* *

Les autorités départementales et régionales se sont saisies du dispositif émergent des AAC comme une opportunité pour faire adhérer de nouvelles collectivités à la démarche Re-Sources. Si les collectivités engagées dans ce programme à son lancement étaient « volontaires » (situation d'interdépendance choisie), il n'en va pas nécessairement de même pour la dizaine de maires ou présidents de syndicats qui se trouvent contraints, depuis 2008, mettre en œuvre le nouveau dispositif réglementaire (AAC) et s'inscrire dans un programme territorialisé ambitieux de reconquête de la qualité des eaux brutes.

Sous quelles conditions des collectivités non impliquées volontairement dans la démarche Re-Sources initiale sont-elles prêtes à adhérer aux deux dispositifs et à porter véritablement le projet ?

3.3. Inscrire le dispositif des AAC dans la continuité de la dynamique engagée

3.3.1. La nécessité de faire converger la démarche Re-Sources et le dispositif des AAC

Dès la parution de la circulaire du 30 mai 2008, la Région Poitou-Charentes a pris l'initiative de rédiger un courrier pour préciser la convergence de la démarche des AAC avec les actions conduites en Poitou-Charentes et pour justifier de la nécessité d'un échange entre la Région, l'État et les collectivités territoriales afin d'organiser la coordination des deux dispositifs. Cette convergence s'est révélée, une fois de plus, plus ou moins aisée en fonction des départements, pour les raisons évoquées précédemment et notamment du fait de la variable partisane et du niveau de pression politique exercé par la chambre d'agriculture au sein de chaque département.

> *« Donc très positif en Deux-Sèvres et en Charente, un très bon relationnel entre le niveau régional, les administrations, le Conseil Général de Charente et les animateurs en place. En Charente-Maritime, ça à l'air d'être plus la DDA qui prend la main [...]. En Vienne, c'est la totale inconnue ! [...]Si on écoute le préfet, il n'y a pas de problème de qualité donc pourquoi définir des AAC [...], et objectivement il y en a. »* (Animatrice Re-Sources régional)

L'arrivée des AAC a eu un effet important sur la dynamique engagée sur le territoire. La Région a pris conscience que les financements des Agences seraient désormais fléchés en priorité sur les AAC, limitant ainsi l'engage-

ment volontaire des élus sur d'autres ressources prioritaires qu'elle avait envisagé de protéger.
En Charente, une réaction rapide des autorités a permis une première sélection par la DDASS de 7 captages prioritaires dès la diffusion des critères de sélection dans le premier courrier conjoint des services de la Direction de l'eau et de la Direction générale de la Santé (18.10.2007). Après le second courrier (28.02.08), une liste de 10 captages, incluant les trois captages du programme Re-Sources et les 3 captages en dérogation CSP nitrates et/ou pesticides, s'est rapidement imposée et a été validée par les autres administrations territoriales[353].
Dès le 30 juin 2008, les services de l'État ont organisé une réunion pour présenter la démarche aux maires et présidents de syndicats concernés en insistant notamment sur la fin, à moyen terme, du financement des solutions curatives et l'opportunité de bénéficier d'un accompagnement administratif, technique et financier dans la réalisation de mesures qui deviendront à terme obligatoires pour l'ensemble des captages.

> *« [...] je ne suis pas sûr que les Agences de l'eau continuent à financer les unités de traitement dans le temps. Ils vont peut-être financer les premières, mais le but c'est quand même de reconquérir la qualité de l'eau dans le cadre de la DCE. Non, mais au début, je pense qu'il y en a qui sont motivé. Déjà ils étaient contents de venir à la réunion donc après on verra sinon on s'adaptera, mais je pense qu'ils ne disent jamais non, ils ne se rendent peut-être pas compte. »* (Agent DDEA 16)

Dès les premières réunions, les maires ou présidents de syndicats des sept collectivités nouvellement concernées sont incités à envoyer des courriers-types préparés par le SHEP pour lui permettre d'intervenir et d'obtenir un financement groupé pour la réalisation des études préalable. De même, il leur est proposé de partager le coût de l'embauche d'une animatrice qui sera hébergée au SHEP. Réalisée dans l'urgence, la démarche des autorités vise à ne pas laisser de place à la démobilisation des élus en anticipant les freins financiers classiquement invoqués.

3.3.2. Des responsables de l'AEP conscients des enjeux, mais circonspects: le registre de la responsabilité subie

En Charente, les élus et Présidents de syndicat AEP sont perçus par les administrations (Région, Agence de l'eau et Département) comme relative-

---

353 Sur ces sites, les eaux ont une teneur moyenne en nitrates supérieure à 40 mg/l en 2007. Les valeurs maximales en pesticides totaux vont de 0,16µg/l à 1,14µg/l selon les captages. Le débit moyen des 10 captages est de 800m^3 par jour (de 220 à 1400 m^3/j), pour une population moyenne de 4870 habitants (de 1479 à 8381 hab.).

ment plus facilement mobilisables sur la question de la protection des ressources en eau DCH du fait d'un travail continu de sensibilisation des services de l'État, d'une prise de conscience croissante des responsabilités judiciaires liées à la dégradation des ressources en eau. Ces constats se retrouvent dans les entretiens conduits auprès d'élus récemment inscrits dans la démarche AAC et Re-Sources (précisons toutefois qu'aucun des élus rencontrés n'avait une profession agricole).
Les élus reprennent à leur compte les arguments diffusés de la prise en charge financière, de la nécessité du portage de l'animation et de l'anticipation de la généralisation de la mesure et du passage au réglementaire.

> *« Ce n'est pas parce que c'est réglementaire, c'est parce que dès l'instant où on peut être pris je ne vois pas pourquoi on n'en profiterait pas. De toute façon, je vais vous dire un jour ou l'autre il faudra le faire donc autant le faire gracieusement que de payer. [...] Si on commence un truc et qu'on ne le finit pas, je ne vois pas l'intérêt ! »* (Président de SIAEP 4)

La démarche AAC-Re-Sources est reconnue comme pertinente au regard de la dégradation des ressources en eau par les activités agricoles et c'est pourquoi elle reçoit de leur part un accord de principe. Cependant, l'internalisation des coûts de dégradation par la collectivité, qui va mécaniquement se reporter sur la facture d'eau des usagers, se justifie moins à leurs yeux. Les élus critiquent une superposition de dispositifs censés traiter des problèmes dont ils ne maîtrisent ni les causes ni les finalités. Ils expriment le sentiment de payer une fois de plus pour la défaillance et le désengagement de l'État vis-à-vis d'un arbitrage entre agriculture intensive et préservation des eaux DCH.

> *« On a fait cette étude, je pense on va en être à l'enquête publique, le coût [...] c'est phénoménal, c'est 100-150 000 euro pour un PPC, et je vous dis qu'est-ce qui va en ressortir ? Je ne sais pas et puis maintenant, on arrive avec ces captages prioritaires, pourquoi ? [...] on nous a dit ben oui monsieur votre station on ne vous la renouvellera pas dans 10 ou dans 15 ans, votre eau brute devra être bonne. Qu'est-ce que vous voulez que j'y fasse moi ? On a qu'à déjà interdire tout ce qui est pesticide, tout ce qui est nitrate [...] il y aurait des trucs, il me semble, très simples à faire. Très simple pour nous ! Maintenant, on va détériorer le milieu agricole. »* (Président de SIAEP 3)

Un élu est pénalement responsable de la qualité de l'eau fournie au robinet des consommateurs et non de la qualité des eaux brutes. Gérer le risque environnemental est donc pour eux une tâche « optionnelle » et remplie d'incertitudes. Par contre, les risques sanitaires qui relèvent de leur responsabilité sont plus facilement maîtrisables à court terme. Ils estiment à ce titre avoir fait le nécessaire en mettant en place les PPC et en consacrant d'importants investissements dans des stations de traitement et des interconnexions de secours.

> *« C'est vrai qu'en réalité la station va nous coûter cher, le Conseil Général, Adour Garonne et tous nos clients, mais derrière on a un résultat, notre eau est potable, maintenant je ne suis pas convaincu que de faire nos aires de captage qui vont nous coûter peut-être au final aussi cher, on ait le même résultat.»* (Président de SIAEP 3)

*

* *

La phase de mise en œuvre concrète des actions débutant à peine, la réception de la démarche Re-Sources n'est pas encore mesurable. Les acteurs prônent une vraie recherche de cohérence dans les positions individuelles et collectives des partenaires institutionnels et de la collectivité.
Lors de la restitution des premiers diagnostics expérimentaux d'exploitation par le bureau d'études, en présence des agriculteurs, les résultats ont été jugés insuffisants par l'ensemble des parties prenantes au regard de l'objectif fixé qui était de faire émerger des projets de conversion partielle ou totale des d'exploitations agricoles à des modes de production alternatifs à la lutte chimique. Plusieurs critiques ont été émises, concernant la méthodologie et la mise en œuvre et les préconisations.
D'un point de vue méthodologique, la prise en compte de la dimension sociologique par le bureau d'études - ne comprenant pas de sociologue de formation – a été jugée insuffisante alors même qu'elle avait été estimée comme déterminante dans le cahier des charges des diagnostics. Par souci d'accès au terrain et d'adhésion des agriculteurs à la démarche, lors des rencontres avec les agriculteurs comme dans le traitement des données, les prestataires ont concentré leur activité (en temps et en moyens) sur la phase de bilan technico-économique et environnemental des exploitations. Cette priorisation s'est opérée au détriment d'un temps de discussion et d'appropriation de la démarche Re-Sources et d'une analyse de la trajectoire de l'exploitation et des capacités de conversion de l'exploitant. Les prestataires ont surtout mis l'accent sur les attentes des agriculteurs en termes de maintien ou d'optimisation technico-économique des systèmes de production en place. Le temps d'entretien - qui aurait dû être consacré à retracer l'historique de l'exploitation - et le temps d'analyse sociologique de la conduite de l'exploitation et des pratiques agricoles ont été minorés.
De ce fait, en termes de résultat, les prestataires n'ont pas réussi à présenter au comité de pilotage de véritables orientations stratégiques à l'échelle de l'exploitation, innovantes et/ou alternatives, chiffrées (individuellement et

collectivement) à moyen-long terme et pérennes. Les premiers diagnostics se sont en effet limités à l'inscription de l'exploitation dans des dispositifs à court terme (MAET- PVE) et à des pistes d'amélioration de conduite d'exploitation, de pratiques de type raisonné (fertilisation, phytosanitaires, aménagement de l'espace) et de mises aux normes des installations.
Après consultation des agriculteurs présents, il est par ailleurs apparu que beaucoup de résultats de nature technico-économique – au demeurant le fruit d'un travail conséquent de croisement de données recueillies par le bureau d'études - étaient déjà connus de la plupart des agriculteurs. Ces derniers ont en effet de plus en plus recours à des organismes comptables spécialisés dans la gestion technico-économique et financière des exploitations agricoles. Les agriculteurs se sont cependant déclarés satisfaits de ces diagnostics gratuits qui d'une part, confirmaient des données connues et d'autre part, apportaient des éléments de connaissance plus précis sur les niveaux de vulnérabilité de leurs parcelles agricoles et les risques de transfert des substances chimiques dans les eaux.
Cette évaluation collective a permis d'illustrer et de mieux formaliser l'objectif initial de la démarche, à savoir : partir d'un objectif de changement non pré-prédéfini et entamer une réflexion avec l'agriculteur sur les ressources à mobiliser (techniques, agronomiques, économiques, politiques et sociales), à court et à moyen terme, à l'échelle de l'exploitation et des territoires, pour atteindre cet objectif.
Pour les partenaires institutionnels (État, Agence de l'eau, Conseil Général, Région) et le président SIAEP, ces diagnostics – dont le coût est directement ou indirectement assumé par les usagers d'eau potable – ne sont pas destinés à financer « *une version améliorée des dossiers PAC* ». Ils sont présentés clairement comme un investissement qui se justifie pour le SIAEP uniquement dans la mesure où un changement radical de pratique agricole, ou plus fondamentalement de système agricole, contribue à restaurer la qualité des eaux brutes et permet, à plus long terme, de récupérer cet investissement sur la réduction des traitements curatifs et du prix de l'eau distribuée.
Une fois les objectifs reformulés en ces termes, une réflexion collective entre les partenaires institutionnels et les membres du bureau d'études a porté sur l'explicitation du détournement de cet objectif et sur la nécessité pour le bureau d'études de trouver les compétences leur permettant de mobiliser la dimension sociologique dans les diagnostics et de renforcer l'objectif de conversion des exploitations à court ou moyen terme.
On mesure dans ce recadrage des objectifs et des modalités de la prestation du bureau d'études, le caractère performatif des réunions collectives et des finalités prêtées à l'expertise sociologique. Longtemps exclusivement fondées sur une culture et une expertise technique pour l'AEP, ou technico économique pour l'agriculture, les politiques de l'eau DCH intègrent désormais explicitement une dimension socio-culturelle qui tend à être con-

sidérée comme la principale variable permettant d'atteindre les finalités environnementales exigées par les textes réglementaires européens.

Conclusion du chapitre VII

Dix ans après la DCE, le principe d'une obligation de résultat pourtant clairement affiché dans la DCE, n'apparaît que très progressivement dans les dispositifs de gestion de l'eau. Néanmoins, les risques de contentieux européens, le refus de l'État d'en assumer le coût, une certaine prise de conscience des usagers, et la mobilisation des technostructures des Agences - qui trouvent là un chantier d'envergure pour les années à venir - ont conduit à une pression croissante des institutions sur les élus responsables juridiquement de la délivrance d'une eau conforme.

Le Grenelle vient donner une impulsion nouvelle à la LEMA en imposant un objectif de préservation des 500 captages prioritaires, et la circulaire de mai 2008 impose une démarche en deux temps d'incitation, puis d'obligation, de mesures agri-environnementales.

De ce point de vue, les AAC apparaissent à ce jour comme le dispositif agri-environnemental le plus abouti en termes de respect des obligations de résultats exigés par la Directive Cadre Européenne sur l'eau. Faute d'un recul suffisant, il n'est pas possible de mesurer, aujourd'hui, l'effet de ces nouvelles dispositions sur la préservation de l'eau. Cependant, au travers des dispositions et des attentes des acteurs et des premiers pas des expériences en cours, on peut se faire une idée : va-t-on assister comme on le voit depuis près de 30 ans de politiques agri-environnementales à une réappropriation de cette procédure par la profession agricole. ? Observe-t-on un changement significatif ?

Il faut d'abord observer que la démarche AAC introduit des termes assez innovants, via le Grenelle, puisque l'accent est mis sur la réduction forte des intrants, la préférence accordée au Bio sur des aires prioritaires… On serait ainsi dans la voie d'une possible planification et d'un zonage des territoires de l'eau potable. Ce qui serait inédit.

Mais si l'on s'en remet à une perception pessimiste exprimée par différents acteurs, il semblerait que les AAC à peine nées soient happées dans le cercle vicieux de la gestion de l'eau DCH. Ce « scénario du pire » est en fait avant tout symptomatique, dès le lancement des AAC, d'une dilution du message par la méthode employée, au niveau national, puis territorial.

Essentiellement attentifs aux conditions d'application locales, les opérateurs qui seront amenés à mettre en œuvre les AAC critiquent leur utilisation politique : médiatisation, affichage arbitraire de 500 captages, inadaptation à l'objectif de résultat, manque de moyens…

Or, les institutions territoriales à qui a été déléguée la responsabilité de cette mise en œuvre devront rendre des comptes sur les objectifs annoncés : à l'État, qui devra assumer les sanctions financières ; mais aussi aux principaux contributeurs, les usagers.
C'est pourquoi, plusieurs opérateurs, notamment parmi les agents de l'État, veulent croire à un « changement de logiciel » et à une restauration de la crédibilité de l'État et du politique.
Le contexte réglementaire se voit aujourd'hui relayé par une demande sociale croissante émanant des consommateurs en matière de transparence et de participation dans la gestion des services d'eau potable et d'information sur la qualité des eaux distribuées (nitrates, pesticides, résidus de médicaments, nanotechnologie, résidus de traitement de l'eau…). Celle-ci, justement initialement fortement axée sur la qualité et le prix de l'eau distribuée, tend à se déplacer vers la qualité de l'eau à la source (Grenelle de l'environnement, États généraux de l'eau à Toulouse). Ce déplacement du degré d'exigence des usagers vers la préservation de la ressource et la « participation du public »[354] pourrait modifier les critères et les attentes « de démocratie et d'efficacité » (Salles, 2006) assignés à l'action publique en matière de gestion de l'eau DCH.
Au regard de ce potentiel de mobilisation, le dispositif AAC pourrait constituer un outil de restauration de la crédibilité, de la cohérence et de l'efficacité de l'action collective en matière d'eau DCH afin, par effet « *bottom-up* », de remettre « le politique » face à ses responsabilités. Faire d'une appropriation stratégique qui neutralise ou réduit l'efficacité des dispositifs réglementaires/agri-environnementaux (Busca, 2010), une appropriation contrôlée qui, pour atteindre l'objectif assigné de protection de l'eau DCH, agit moins comme un simple instrument administratif que comme un outil de pilotage des territoires de l'eau DCH.
Ce qui semble attirer l'attention sur les AAC, c'est justement la possibilité de mettre en interdépendance les territoires de l'eau brute, avec les territoires de la distribution. Mais aussi l'introduction d'innovations qui sont moins le fait de la profession agricole instituée qui plaide encore et partout pour de l'ajustement des pratiques (MAET), mais plutôt le fait de « nouveaux » entrants. Il s'agit, dans les cas observés, d'une part, d'opérateurs du marché qui voient dans l'environnement une niche économique ; d'autre part, de collectivités distributrices qui, face aux incertitudes croissantes des solutions curatives, se voient contraintes de s'engager dans de nouvelles voies pour pouvoir garantir l'approvisionnement de leurs usagers à l'avenir. Mais rien n'interdit d'envisager, « ici » comme dans d'autres configurations, que le jeu soit déjà ou puisse s'ouvrir à d'autres intervenants du marché et de la société

[354] Sur la participation du public, dans le cadre de l'application de la DCE (art.14), nous renvoyons à la thèse d'Olivier NOTTE (2012).

civile porteurs de solutions alternatives au modèle agricole intensif dominant (circuits-couts, associations, usagers).

On a vu dans les chapitres précédents que, le plus souvent, la paix sociale implique de laisser l'agriculture en dehors de normalisations fortes. Pourtant, certaines collectivités se lancent dans des expérimentations sur des conversions d'exploitation (cf. Charente). On assiste bien là à un changement de positionnement vis-à-vis de l'agriculture.

Sans voir pour l'instant le résultat de ces recompositions, nul doute que les lignes traditionnelles « frémissent ». Le pilotage n'est plus laissé à la seule profession agricole, une animation est prévue, les services des Agences « gestion des pollutions diffuses agricoles » et AEP convergent, les moyens financiers sont ciblés sur des territoires « châteaux d'eau » encadrés par plus de contraintes, la dimension technique est moins prioritaire au bénéfice d'approches plus sociologiques. Si véritablement des transformations des modes de gouvernance de la qualité de l'eau DCH s'esquissent au travers des AAC au niveau des 500 « captages Grenelle », il reste à confirmer qu'« une perte de sens » (Lorrain, 2004) ne vienne pas limiter l'élargissement des AAC expérimentales à d'autres territoires de l'eau DCH.

On sait que les instruments d'action publique ne sont pas neutres (Lascoumes, Le Galès, 2004). Ils sont porteurs de sens, dans la double acception de « direction » (*vers où aller ?*) et de « signification » (*dans quel but ?*). Une des pistes qui semble se dessiner à la lecture du cas de la Charente est que la démarche sociologique peut constituer une ressource pour conjointement : accompagner les acteurs des territoires dans une *quête de sens* ; et mettre à l'épreuve de régimes d'action publique impliquant des formes de solidarité plus diversifiées, plus explicites, entre usagers et entre territoires de production et de consommation - d'eau potable, de produits agricoles…

CONCLUSION

La vulnérabilité croissante et continue de la qualité des ressources en eau DCH aux pollutions diffuses d'origine agricole, la nécessité de sécuriser les approvisionnements en eau (qualitativement et quantitativement), la revendication d'une plus grande transparence, d'une solidarité (mutualisation des coûts) et d'une meilleure équité dans l'accès au service d'eau potable (qualité, prix), participent d'un renforcement des interdépendances entre les politiques de santé et d'environnement. Au niveau européen, ce processus s'est traduit, via la Directive Cadre européenne sur l'Eau de 2000, par une exigence de performance sanitaire, environnementale, économique et sociale des services AEP, sous peine de sanctions financières pour l'État français.

Ces multiples exigences, au premier rang desquelles l'exigence de résultat environnemental sur la qualité des eaux brutes, supposaient d'articuler une logique de gestion bureaucratique et techniciste du risque sanitaire, jusque-là dominante dans le domaine de l'AEP (référentiel anthropocentriste), avec une logique environnementaliste et participative en voie d'émergence (référentiel écocentriste).

Pour s'imposer et compenser les asymétries, ce référentiel européen des politiques de l'eau DCH, relayé par les technostructures étatiques et celles des Agences de l'eau, nécessitait de recourir à des mécanismes explicites de coopérations multi-partenariales entre les acteurs (publics, privés) de la filière de gestion des services AEP, et ceux de la filière de gestion des pollutions des ressources en eau DCH, de l'échelon national à l'échelon local.

En France, dans la lignée des principes de gouvernance néolibéraux prônés à l'échelle internationale, ce processus s'inscrit dans un projet politique, économique et social (dernières lois de décentralisation, Charte de l'environnement, LOLF, RGPP) qui promeut la rationalisation renforcée et la responsabilisation individuelle et collective, et de façon de plus en plus explicite, la responsabilisation par la « logique de résultat », comme une condition d'efficience et d'efficacité des politiques publiques.

Ce pilotage croissant des politiques par la responsabilité transforme les relations entre les acteurs : par la prolifération d'instruments de surveillance, de contrôle et de redevabilité ; et par la montée d'instruments de la prise à témoin des usagers, dans des arènes de concertation et d'expression qui leur sont plus ou moins dédiées (recueil de doléances, observatoire participatif, débats et réunions publiques).

Dans ce contexte, la convergence entre les exigences sanitaires et environnementales en matière d'eau potable a créé les conditions d'une recomposition de la gouvernance de l'eau DCH. L'ensemble des acteurs de

l'eau se voit placé dans une situation d'interdépendance et de co-responsabilité vis-à-vis des résultats environnementaux de leur action collective.
Afin de saisir et de rendre intelligibles ces processus de recompositions multi-formes et multi-niveaux, la démarche de recherche s'est inscrite dans une sociologie pluraliste (Dubar, 2008 ; Corcuff, 2009) du point de vue théorique et des échelles d'analyse.

L'analyse de la négociation de la LEMA, a révélé les tensions pour articuler le nouveau référentiel européen - s'imposant comme un cadre normatif apparemment incontournable- aux modes de gouvernement traditionnels de l'eau potable, hérités des intercommunalités et de la loi sur l'eau de 1964[355].
De façon schématique, on peut dire que le débat au parlement a été le théâtre d'un affrontement entre deux logiques de gestion de l'eau. Le Sénat visait prioritairement à renforcer l'autonomie des départements (maintien d'un Fonds départemental), pour leur donner les moyens de décision politique et d'autonomie financière afin de perpétuer et moderniser leur rôle de médiation et de soutien auprès des communes rurales, devant assumer des contraintes organisationnelles, techniques et financières croissantes. Dans le pur esprit de la décentralisation, cette vision apparait au fil des débats « territorialo-centrée », en reléguant le niveau national au rang de contrôle *a posteriori*, et en ne prenant pas véritablement en compte les responsabilités vis-à-vis de l'obligation de résultats attendus par l'Europe.
Du côté de l'Assemblée nationale et du gouvernement, le choix d'une argumentation en termes de gestion intégrée – même si le terme a disparu des discours, victime certainement d'un succès prématuré lors de la loi de 1992 — présente un double intérêt. D'abord, celui de conserver le contrôle de la politique de l'eau vis-à-vis de l'Europe, à laquelle l'État devra rendre des comptes en 2015. En second lieu, cela permet de conserver un contrôle sur les politiques locales, en exigeant des Agences de l'eau, et des partenaires qui auront contractualisé avec elles (dont les départements majoritairement détenus par la gauche), de respecter des engagements formalisés dans les programmes de mesures DCE (nouveaux SDAGE 2009) et inscrits dans le 10e programme des Agences. Cela permet également de mieux contrôler la destination des moyens des Agences, par le contrôle des redevances, et en direction d'une application plus ciblée du principe pollueur-payeur. Ce rééquilibrage est recommandé par les évaluations successives qui pointent des décisions de financement encore trop fortement orientées sur la préservation du modèle d'agriculture intensive.
Le choix de la gestion par bassin versant, assortie d'une contractualisation avec les départements, permet ainsi à l'État de garder la main sur la redevabilité vis-à-vis de l'Europe par le contrôle de la planification des politiques

[355] Les aides des Agences de l'eau ont protégé indirectement la petitesse des intercommunalités de l'eau, et, de ce fait, retardé un processus de concentration des unités de gestion.

de l'eau, tout en demeurant en phase avec l'objectif d'une rationalisation et d'une meilleure planification au niveau du département. Le département conserve ainsi l'atout du contrôle de l'opérationnalisation des politiques de l'eau DCH, nœud de toutes les appropriations stratégiques (Busca, 2010). Dans une convergence des principes de subsidiarité européenne et de décentralisation, on peut considérer que les deux logiques permettent aux acteurs d'y trouver leur compte en termes de conservation du pouvoir politique, du moins, dans les principes affichés dans les cadres normatifs.

Changeant de focale, l'analyse s'est déplacée vers la mise à l'épreuve de la tension conceptuelle entre gouvernance européenne et gouvernement local de l'eau par l'observation de l'opérationnalisation d'un processus de départementalisation. Comme le laissaient entendre les conclusions de l'analyse de la LEMA, le département n'est pas sorti amoindri de la négociation. Ses principaux atouts résident d'une part, dans sa légitimité de proximité à l'égard des communes, acquise par l'héritage d'une gestion de l'AEP fortement conditionnée à des réseaux notabiliaires ; et d'autre part, dans la capacité des Conseils Généraux à se saisir de manière volontariste d'enjeux qui vont dans le sens du référentiel européen et national (rationalisation des services, sécurisation des ressources...). L'analyse a montré également l'importance du portage politique du dossier AEP, dont les Conseils Généraux peuvent tirer un réel crédit politique, d'autant plus lorsque leur orientation politique s'oppose au pouvoir central. L'eau potable tend à devenir un champ d'action politique particulièrement visible et porteur électoralement en raison des oppositions idéologiques affichées comme radicales entre les tenants de la délégation privée de la distribution de l'eau et ceux qui se présentent comme les défenseurs du service public.

Un autre enseignement concerne la difficulté de positionnement de l'Agence de l'eau. Désormais prise en étau entre, d'une part, le contrôle de ses ressources par le Parlement et, d'autre part, le partenariat incontournable avec les Départements pour diffuser les crédits et les aides qu'elle gère, l'Agence de l'eau voit se réduire ses marges d'autonomie pour développer sa propre politique tournée vers la satisfaction des objectifs de la DCE. Il est significatif que ce soient les exigences en matière d'environnement qui soient le plus perméables à la négociation – notamment avec le monde agricole - par rapport à celles, présentées comme incontournables et urgentes, des risques sanitaires dont la prévention ne saurait être différée. Enfin, si l'horizon de la participation plus active des usagers à la gestion de l'eau, pourtant devenue l'antenne des discours politiques, en particulier depuis le Grenelle de l'environnement, semble encore rester hors d'atteinte, on observe que la question de la « gouvernance » apparait désormais - par un effet d'affichage ou pas - comme la première des priorités des nouveaux SDAGE.

Si on place la gouvernance au premier rang, c'est donc que l'on considère comme majeures les questions de coopération entre les acteurs pour lesquelles une expertise sociologique peut apporter une intelligibilité utile à l'action collective.

À l'échelle locale des services AEP, l'analyse a montré la permanence d'une logique de gestion palliative à la contamination des eaux DCH par les pollutions agricoles diffuses, et ce, même lorsqu'une situation de crise sanitaire (interdiction de consommation) reconfigure soudainement les cadres de perception de la gestion quotidienne en un problème de santé publique. On observe qu'en dépit de la crise, les modes de régulation privilégiés restent sur le registre technique (interconnexions de réseaux, abandon de captages, sécurisation des approvisionnements). Ce registre permet de garantir la paix sociale vis-à-vis des milieux agricoles en évitant de faire porter les contraintes sur le modèle agricole, pourtant à la source de la dégradation de l'eau. La prévention technique du risque sanitaire se double d'une prévention d'un risque politique pour les élus locaux et leurs relais administratifs : le transfert d'un renchérissement du coût de l'eau vers les usagers est privilégié à un affrontement politique incertain avec les intérêts agricoles du territoire. Ce « désengagement » politique, qui devient un facteur d'explication plus générale du paradoxe d'une meilleure conformité et d'une moindre qualité de l'eau potable, montre comment se perpétue une logique de gestion palliative de l'eau DCH qui contribue à renforcer la vulnérabilité de la ressource en eau, mais aussi potentiellement à terme, à accroître des risques sanitaires différés (Becerra, Roussary, 2008).
Le pari, encore incertain, d'une mise à jour de ces mécanismes aux usagers et de l'opinion publique, constitue certainement une des clés d'un changement de stratégie des gestionnaires de l'eau vis-à-vis de la protection de l'eau DCH.

L'analyse du dispositif réglementaire des périmètres de protection de captage relate l'« histoire » de 40 ans d'incapacité chronique des pouvoirs publics à protéger les captages d'eau potable dans les cadres définis par la loi. Les causes récentes de l'ineffectivité des PPC tiennent moins à l'aspect technique (encore que l'expertise requise est fine), qu'à des facteurs liés aux politiques territoriales et aux arbitrages entre activités, et notamment l'agriculture. À défaut d'autres outils disponibles pour protéger la qualité des eaux DCH, les autorités publiques responsables (les maires et les administrations) se sont trouvées prises en étau entre deux solutions : la défection, mais difficilement tenable du fait de la responsabilité pénale qui les engage désormais ; et la mise en place de PPC minimalistes comme alibi à une impossible réduction des pollutions agricoles diffuses par cet outil.
Depuis le début des années 2000, la relance des PPC et la détermination d'échéances et de seuils (100 % de captages protégés en 2010) a constitué un double signal politique : celui d'un renforcement d'une pression institutionnelle sanitaire et environnementale (DCE), et, celui d'une intégration

croissante des principes de performance, de rationalisation des services (évaluation, contrôle) et de redevabilité (contrôle sanction), prévus par l'Europe et repris dans les programmes politiques des gouvernements successifs. La politique PPC se présente comme un réel terrain de convergence entre les orientations libérales de la politique gouvernementale et la position attentiste des collectivités rurales. D'une part, l'État peut justifier de la réorganisation de ses services (RGPP) pour pallier un déficit de contrôle et de sanction, et également cautionner un recours plus systématique à l'évaluation pour offrir des garanties d'efficacité aux exigences européennes. D'autre part, la conception sélective et restrictive de la politique PPC par les collectivités (protection de captages stratégiques, interconnexion généralisée et abandon des captages les plus conflictuels avec l'activité agricole) privilégie une recherche de paix sociale avec le monde agricole aux dépens d'un renchérissement de l'eau pour l'usager et d'une dégradation globale de l'environnement.
La logique de résultat de la DCE, sans encore reconfigurer véritablement le contenu du dispositif PPC lui-même, pénètre et participe d'une reconfiguration des cadres institutionnels, de la mise en œuvre et des interactions entre les acteurs. Toutefois, cette pression institutionnelle, par le transfert de responsabilité, en ne transformant pas fondamentalement les conditions de mise en œuvre, vient finalement conforter une logique de gestion à court terme (urgence sanitaire, limitation des risques politiques) et ainsi renforcer la logique de gestion palliative (rationalisation des points de captage).

À partir du milieu des années 2000, la logique de résultats environnementaux exigés par l'Europe imprègne progressivement les dispositifs agri-environnementaux. Des instruments intégrant l'expérimentation de pratiques alternatives et/ou innovantes en matière de traitement phytosanitaire, sont censés avoir tiré parti des leçons de l'absence de performance environnementale des dispositifs antérieurs, par une bonne performance agro-économique et par la fixation d'un objectif de résultat sur la qualité des eaux. L'analyse du processus de sélection et de mise en œuvre des pratiques « améliorées » révèle deux constats d'autant plus significatifs qu'ils ne sont pas « nouveaux ». D'une part, on observe la permanence d'une action collective « agrico-centrée », peu perméable à de réelles alternatives agronomiques, et fermée à l'intégration de nouveaux acteurs (associations de consommateurs, d'environnement, agriculteurs « alternatifs » et acteurs politiques locaux). L'essentiel de l'action et du conseil – en dépit du caractère expérimental déclaré et partagé - reste conditionné par un objectif de garantie du rendement. D'autre part, on observe des facteurs émergents, tels qu'une prise de conscience de la part des agriculteurs des risques des traitements phytosanitaires sur leur santé, ou encore la montée en légitimité des normes de qualité des produits imposées par les filières de commercialisation.

Plus fondamentalement, l'analyse montre les limites que permet d'illustrer l'expérimentation étudiée. La logique d'ajustement, entre réduction des traitements et garantie des rendements, témoigne d'une incompatibilité radicale entre le modèle d'agriculture intensive défendu par le poids politique des corporatismes et les objectifs affichés de préservation des ressources en eau. Réduire trop drastiquement les traitements, c'est la garantie de rendement agronomique qui vacille ; inversement, conserver le niveau de traitements nécessaire à une production garantie, et c'est alors le bénéfice environnemental qui reste insuffisant. Si l'on y ajoute l'incapacité de l'agriculture à assurer les revenus suffisants aux agriculteurs et à proposer un prix à la consommation acceptable pour le revenu des consommateurs, c'est alors tout l'édifice du modèle agricole intensif qui est en cause. C'est certainement un des apports importants de l'analyse sociologique des dispositifs que de montrer les limites exprimées par les acteurs de la portée des politiques d'ajustement de l'agriculture intensive pour protéger la ressource en eau potable.

Dix ans après la DCE, le principe d'une obligation de résultat n'apparaît de façon explicite que très progressivement dans les dispositifs de gestion de l'eau. Il aura fallu attendre la LEMA de 2006 et la relance du Grenelle en 2007, pour que soit transposée l'exigence d'une restauration de la qualité des eaux DCH à la source (article 7 de la DCE), à travers le dispositif des AAC et des 500 « captages Grenelle ». Ce dispositif est construit comme une tentative de dépasser les limites des dispositifs « classiques » de préservation de l'eau DCH et de gestion des pollutions agricoles. Les AAC sont une démarche d'incitation, puis d'obligation, à l'élaboration de programmes d'action agri-environnementaux ambitieux, sous la maîtrise d'ouvrage des collectivités distributrices d'eau potable, ouvrant une voie inédite, à l'instar de l'urbanisme, à une forme de planification et d'un zonage des territoires de l'eau potable.

Toutefois, à peine nées, les AAC ont été happées par la frénésie médiatique du Grenelle de l'environnement altérant sensiblement leur crédibilité auprès des acteurs opérationnels de la gestion de l'eau. Ces derniers expriment cependant une volonté de restaurer la cohérence, la légitimité et l'efficacité de leur action dans la préservation des ressources en eaux DCH contre les pollutions diffuses agricoles.

Les deux régimes de gouvernance territoriale étudiés ont permis de montrer l'émergence de « nouveaux » entrants dans la gouvernance de la qualité des eaux DCH : les acteurs du marché (coopératives, grande distribution), qui voient dans l'agri-environnement une niche économique potentiellement porteuse d'avenir et pour lesquels les Agences de l'eau peuvent ponctuellement apprécier le rôle d'interface dans la relation fournisseur-client ; et les usagers d'eau potable au nom desquels les collectivités distributrices s'engagent plus activement dans des solutions préventives et durables à long terme, quitte à sanctuariser des territoires en interdisant des pratiques agricoles intensives.

Ces formes d'alliance inédites avec les acteurs du marché ou avec les usagers remettent en cause les coopérations traditionnelles avec les organismes professionnels agricoles qui pourraient voir le contrôle des dispositifs agri-environnementaux leur échapper. La confirmation d'une telle tendance qui s'ébauche est incertaine et dépend, notamment, de l'explicitation de ces enjeux auprès des usagers – notamment urbains - de l'eau potable, et de leur capacité de mobilisation collective. Alors qu'en Allemagne des associations d'usagers urbaines revendiquent collectivement une qualité de leur eau potable à la source, reconfigurant ainsi les activités – notamment agricoles- sur les « champs captant », alors que la ville de New-York s'est engagée dans un contrôle étroit du foncier sur le bassin d'alimentation de la mégalopole, en France, les signes de ce type de mobilisation sociale et institutionnelle tardent encore à apparaître.

On peut considérer que les 500 premières Aires d'Alimentation de Captages prioritaires (et d'autres identifiées à l'échelle des bassins) participent de l'émergence d'un processus de planification environnementale à l'échelle nationale. Au-delà des anciennes politiques de protection, on observe l'émergence de territoires de l'eau potable (les AAC), de territoires de biodiversité (les trames vertes et bleues du Grenelle de l'environnement). Il reste à voir la portée des prescriptions sur ces nouveaux zonages et à déterminer comment ils s'articulent avec les activités existantes.

Une planification pourrait conduire à une forme de sanctuarisation et de concentration de moyens au niveau de zones explicitement dédiées à l'alimentation en eau potable. Ces territoires « châteaux d'eau » seraient ainsi soumis à une pression institutionnelle, foncière et réglementaire forte sur les activités agricoles, contraintes à la conversion à des systèmes de production tels que l'agriculture biologique. À l'instar des biais observés avec les SDAEP, le risque de cette planification par la rationalisation des espaces est de voir les autres « territoires de l'eau potable » (30.000 points de captages) désinvestis par les autorités locales, et laissés « à la merci » des pollutions diffuses.

Toutefois, des signaux permettent d'être plus optimiste. On voit par exemple des technostructures telles que l'Agence de l'eau Seine-Normandie, dont le territoire est fortement impacté par les pollutions agricoles diffuses, projeter de dépasser largement l'objectif du Grenelle en programmant 1700 BAC (sensiblement similaire à la démarche AAC) pour 2027.

Par ailleurs, les instruments AAC ont aussi dans leur « philosophie » le principe de création de nouvelles solidarités territoriales pour garantir la pérennité d'une distribution d'eau potable de qualité. Il reste cependant à convertir ces principes en action.

Les trois projets de lois de décentralisation et de réforme de l'action publique[356], bien qu'ils enterrent un certain nombre de mesures du projet de réforme du précédent gouvernement[357], semblent eux aussi révélateurs d'un retour de la planification. Ils poursuivent l'objectif de rationalisation de la carte intercommunale et de généralisation des intercommunalités à fiscalité propre par l'élargissement des compétences obligatoires des intercommunalités (plan local d'urbanisme), par la modification des modalités de dotation financière, par la création de métropoles... On peut émettre différentes hypothèses concernant la gouvernance de l'AEP : un renforcement de la départementalisation de la gestion AEP par le processus de rationalisation des intercommunalités ; une concurrence accrue entre Département et collectivités urbaines, du fait d'un développement des métropoles ; des formes de planification à l'échelle interdépartementale ou régionale.

Une autre perspective qui semble se dessiner en termes de gouvernance des eaux DCH est une demande explicite, émanant de divers acteurs « de terrain », pour une contribution de la sociologie permettant d'éclairer, sous un angle « nouveau », la problématique des eaux DCH, et surtout pour accompagner un changement significatif en matière de pratiques agricoles, d'action collective et finalement de gouvernance territoriale de l'eau DCH.
Voilà que la « sociologie de la gouvernance » se retrouve elle-même « objet » des recompositions qu'elle se propose d'analyser. Cette question rejoint des débats récurrents, sur les figures et les postures d'intervention des sociologues (Ollion, 2009 ; Sapiro, 2009) (académique, experte, publique, professionnelle, critique, appliquée, clinique...) comme en témoigne l'actualité des débats internationaux sur la finalité de la pratique sociologique suite au discours du Président de *l'American Sociological Association* (ASA) en 2004, Michael BURAWOY, appelant à une « *sociologie publique* » ; mais aussi sur des questionnements autour de la performativité dans les sciences sociales[358].
Sans entrer de plain-pied dans ces débats, nous proposons d'esquisser des pistes de réflexion[359] participant à la construction d'une sociologie « pour l'action » (Granier, Uhalde, Salles, 2008).

---

[356] La réforme a été fractionnée en trois projets de lois présentés en Conseil des ministres le 10 avril 2013.

[357] « Projet de Loi de réforme des collectivités territoriales », n° 60, Sénat, enregistré à la Présidence du Sénat le 21 octobre 2009.

[358] Colloque « Performativité et Politique : Au-delà de la Sociologie économique. », 23-24-25 octobre 2008, Toulouse, MSHS-Toulouse, Centre for Research on Socio-Cultural Change, CERTOP, LIRHE.

[359] Cette partie conclusive est rédigée sur la base : de lectures (Boltanski, 2009 ; Dubar, 2008 ; Corcuff, 2009 ; n°16 de *Sociologies Pratiques*, 2008 ; n° 176-177 de *Actes de la recherche en sciences sociales*, 2009...) ; d'une expérience à construire tirée d'une contribution à plusieurs recherches-action (GRAMIP, ACT'eau) ; et principalement sur la base d'échanges avec les membres de l'équipe PEPS (CERTOP) et de sociologues pratiquant au quotidien une

Se demander quelle peut être la contribution de la sociologie dans la recomposition des modes de pilotage de l'action publique, implique, en premier lieu, que le sociologue soit saisi, et se saisisse, d'une demande - d'établissements publics, d'associations, de services de l'État, d'appels à projets des collectivités territoriales, d'acteurs des milieux professionnels et économiques…

Les acteurs, dont la perception d'un problème social a motivé la demande d'expertise sociologique, transcrivent rarement leurs attentes en des termes et des notions dans lesquels le sociologue se reconnaît. Le plus souvent reléguée, dans l'imaginaire collectif, à un savoir éloigné des réalités concrètes, la sociologie est désormais invitée à faire la « preuve » de son « opérationnalité ». Les demandes pressantes d'« expertise sociologique » s'expriment le plus souvent sous la forme d'évaluation, d'audit, d'ingénierie sociale, d'enquête d'opinion, de management de la concertation et de la participation… Le présupposé implicite le plus fréquent est que le « social résiste » aux propositions et injonctions normatives des dominants ou des gestionnaires, et que le sociologue peut donner les clés de l' « acceptabilité sociale ».

Ces formulations, et les objectifs normatifs qui les accompagnent, ont d'emblée pour effet de rebuter le sociologue, dont l'expertise est réduite à une technique « néo-managériale » qui méconnait les conditions du travail sociologique.

Faut-il pour autant laisser les attentes des acteurs sociaux, commanditaires ou destinataires, « lettre morte », au risque de laisser le champ de « la transformation de la réalité sociale » ouvert aux seuls « *dominants* » ?

On pourrait imaginer une implication raisonnée du sociologue, « pas à pas », qui lui permette d'apporter à la société une intelligence des situations sociales avec la rigueur théorique et méthodologique de l'analyse sociologique, sans se compromettre lui-même.

Une première condition consiste en une clarification de l'origine et de la finalité de la demande, mais aussi en termes de délais et de moyens indispensables au travail sociologique.

Une deuxième condition est de disposer de la liberté de reconstruire et de reformuler la demande au service d'une démarche sociologique sans céder à des exigences de solutions immédiates. Il faut donc imaginer des moyens d'inscrire, dans les modes de coopération, ces principes qui peuvent paraître « trivial », mais pourtant essentiel pour clarifier d'emblée certaines formes d'« incompréhension » ou d'« instrumentalisation ».

Une troisième condition renvoie au fondement du travail sociologique : comprendre une « réalité sociale » perçue et/ou vécue dans laquelle les

---

sociologie « appliquée ». Si ces propos n'engagent que leur auteur, je remercie sincèrement toutes ces personnes pour la richesse de discussions ouvertes et réflexives.

acteurs et leurs actions s'inscrivent. Le travail du sociologue peut s'interrompre à ce point vis-à-vis du terrain d'investigation pour trouver ses développements classiques vers la voie académique.
Mais une autre étape peut consister à s'assurer que l'« élucidation » (Dubar, 2008) des mécanismes de construction de la réalité sociale arrive à destination de l'ensemble des acteurs impliqués. Au-delà du nécessaire travail de communication et de publication « académique », on peut concevoir, sur les « territoires » étudiés, des formes de restitutions collectives, des débats, des formats particuliers de publications... afin de contribuer à modifier le rapport des acteurs à la réalité sociale. Être « présent » pour poser des conditions sur le cadre de la restitution et pour accueillir les retours critiques des acteurs, peut être un moyen d'expliciter et d'affiner des éléments d'analyse, mais aussi de prévenir une démobilisation des acteurs face aux résultats, ou une rétention de la production sociologique par des acteurs en position de force.
Il est envisageable de pousser plus loin la démarche sociologique en proposant d'accompagner les acteurs pour peser sur la réalité sociale et les rapports sociaux et contribuer, par l'appropriation d'une analyse sociologique, à une émancipation (Boltanski, 2009), à une capacité réflexive des acteurs, à l'expression de nouvelles formes de solidarités et d'action collective.

Cette conception contributive et critique de la sociologie (Uhalde, 2008) a été appliquée à l'accompagnement du dispositif AAC (cf. Chapitre 7 et étude ACT'eau, Roussary, Salles, Akermann, 2010).
Dès leur création, les AAC ont été fortement décrédibilisées aux yeux des acteurs de l'eau par la médiatisation jugée excessive du Grenelle de l'environnement et par une « perte de sens » ressentie entre les objectifs et le contenu. Pour l'autant, l'analyse sociologique a révélé de fortes attentes de tous les acteurs pour concrétiser un projet partagé et considéré d'intérêt général d'une meilleure protection de l'eau potable. La contribution de la sociologie a consisté à proposer à l'ensemble des acteurs une intelligibilité des enjeux et des processus de régulation de la protection de l'eau. Un accompagnement systématique des acteurs du territoire vise à réduire des asymétries de connaissance et de pouvoir (rapports de domination entre référentiel agricole dominant et préservation de l'eau DCH) ; à mettre à jour des blocages bureaucratiques. Plus fondamentalement, il s'agit de contribuer à refonder une action collective dans laquelle les principes de co-responsabilité, de partenariat, d'information, de redevabilité, de résultat environnemental, dont le sens est largement dévoyé par les logiques d'inspiration néolibérales et managériales décrites dans cet ouvrage, puissent retrouver un sens partagé.
En critique du désengagement de l'État, et du transfert de responsabilité systématique vers les acteurs collectifs et individuels locaux vis-à-vis des

résultats de leur action, il s'agit d'« éclairer » (Boltanski, 2009) la société sur les contradictions et sur les conséquences des actions politiques et d'inventer des mécanismes de redevabilité pour mettre le/la politique face à ses responsabilités (Salles, 2006).

Le « renversement » du dispositif AAC, dans une perspective de responsabilisation solidaire entre territoires et acteurs des pollutions (agricoles, collectivités, usagers), territoires et acteurs de production (d'eau potable et de produits agricoles), et territoires et acteurs de consommation, constitue une piste pour redonner du « sens » (direction et signification) à l'action publique en matière de préservation de la qualité des eaux DCH.

Il s'agit de plaider pour une sociologie « imaginative » (Mills, 1977) et ouverte à la réflexivité des acteurs sociaux ; pour une critique sociologique (Alter, 2008) en capacité d'assumer pleinement son expertise ; et ce, parce qu'elle maintient, à chaque étape, une posture « critique » à l'égard de la réalité sociale que sociologues et acteurs sociaux contribuent ensemble à performer.

POSTFACE

« Protéger l'environnement coûte cher.
Ne rien faire coûtera beaucoup plus cher »
[Kofi Annan, 2002]

Ce livre d'Aurélie Roussary plus que le terme d'une trajectoire de thèse est une ouverture sur une interrogation qui croît à bas bruit : pourquoi sommes-nous, en tant que société organisée, très régulée, incapables de protéger nos ressources en eau destinées à la consommation humaine ? L'enjeu s'est déplacé lentement d'une problématique ponctuelle, entre stations de traitement des eaux usées et rejets industriels à un enjeu territorial diffus, celui des pollutions réparties sur l'ensemble du territoire. Et maintenant, Aurélie Roussary ouvre des pistes et interrogations qui ne devraient pas rester sans réponse si notre modèle de gestion de l'eau en France tient à conserver un statut exemplaire !

Parmi ces pistes j'invite à être particulièrement attentif à X enjeux et défis :

- Rapprocher enjeux de santé et d'environnement changerait profondément notre conception de la mise en protection des ressources. Déjà, dans la Prospective Eau et Milieu Aquatique (Sebillotte *et alii*, 2003), le scénario du rapprochement des politiques de santé et des politiques environnementales était celui qui modifiait le plus radicalement les comportements des acteurs, … y compris de la recherche.

- La prise en charge de la logique de résultat impliquerait des modifications majeures des pratiques des acteurs en présence. En particulier, comment garantir un résultat à la suite d'un changement concerté de pratiques agricoles dans une aire d'alimentation de captage ? L'enjeu est ici de construire une planification concertée des systèmes de culture sur le très long terme en validant en continu l'efficacité des changements de systèmes agraires. Planifier et observer *in situ* et de façon pérenne sont deux activités aptes à construire des relations durables entre acteurs confrontés à ce problème.

- Le temps est structurant d'un changement de stratégie des gestionnaires vis-à-vis de la protection des ressources en eau. Pourquoi les actions sont-elles si lentes à s'initier dès les premières annonces d'une dégradation? Pourquoi ce rythme souvent lent des dégradations, mais quasi inexorable en l'absence de changement radical de pratiques agricoles, n'est-il pas utilisé pour enclencher immédiatement une action drastique ? Enfin, pourquoi persister dans des actions, aides publiques et contractualisations limitées à quelques années, quand nous savons tous que la protection des ressources en eau doit être pérenne, donc avec une posture collective de type patrimoniale ?

- Les ressources en eau se dégradant souvent inexorablement, la solution la plus généralement employée est, après avoir constaté une dégradation de la qualité des eaux, de fermer les captages … « en chassant » ensuite d'autres ressources[360]. Ainsi, en 10 ans, 506 captages ont été fermés en France pour des teneurs en nitrate excessives, 183 pour des teneurs en pesticides excessives, et 189 pour ces deux causes réunies. Nous gâchons, pour des raisons de pollution diffuse agricole, plus de 80 captages chaque année. Mais une question demeure : qui porte la responsabilité du gâchis de ces investissements longs, patients et coûteux pour capter et distribuer les ressources en eau, investissements qui se sont souvent organisés sur de nombreuses générations humaines ? En un mot, de quel droit anéantir les efforts des générations qui nous ont précédé, et de quel droit amputer les ressources des générations qui nous suivrons ?

- Pour l'ensemble des acteurs « fortement interdépendants et co-responsables des résultats environnementaux de leurs actions collectives », comme le précise dans sa conclusion Aurélie Roussary, les compétences à mobiliser et à acquérir sont encore à structurer. Par exemple, pourquoi seuls les hydrogéologues ont un statut d'agrément dans une problématique qui mobilise avec la même acuité, climatologues, agronomes, sociologues, économistes et juristes ? Pour parvenir à des protections efficaces de ressources, comment devrait être composé, organisé et évalué le collectif en responsabilité de proposer, suivre et contrôler les changements à mettre en musique ?

- Un changement de position des acteurs dans le jeu social est à instruire autour de l'abandon du « tout traitement curatif », au profit de la « protection préventive » des captages. Comme le montre Aurélie Roussary, nous en sommes encore loin ! Ainsi, pour un département français, les sommes investies jusqu'en 2005, furent de 55 millions d'euros pour les solutions curatives (installations de traitement et interconnexions de réseau) pour 6 millions d'euros pour les solutions préventives (protection des captages). Pourquoi les relations entre acteurs ne permettent-elles pas de modifier ce ratio ? Quelles reconfigurations des réseaux d'acteurs seraient capables de renverser cette tendance ?

---

[360] Secrétariat d'Etat à la Santé (2012), *Abandons de captages utilisés pour la production d'eau destinée à la consommation humaine,* bilan février 2012, 22 pages.

- Maintenant, une piste complémentaire est à explorer, comme nous l'avons récemment initiée, celle des protections réussies et de leurs bricolages modestes mais parfois géniaux. En effet, ce n'est plus l'étude fine des échecs et des raisons massives de ces échecs qui doit guider seule nos actions de chercheurs, mais avec la même exigence, celle des quelques réussites discrètes, dispersées, et souvent très imaginatives inventées par des collectifs où les élus en charge de ces territoires ont souvent eu un rôle extrêmement moteur. Pourquoi ne pas concentrer maintenant nos efforts de chercheurs sur ces rares, mais innovantes, gestions territoriales où les activités agricoles furent profondément re-designées pour sauver les ressources en eau ?

- Enfin, posons-nous la question des raisons et des acteurs, qui décennies après décennies préservent les formes d'agriculture peu compatibles avec la protection des ressources en eau patrimoniale ? L'enjeu est dans ces territoires où s'élaborent les ressources en eau de construire des gestions à long terme des systèmes de production capables de protéger ces ressources quelques soient les évolutions des marchés agricoles, des Politiques Agricoles Communes. Comment découpler, dans ces terroirs de l'eau, l'agriculture des logiques de marché à l'œuvre et mettre ces agriculteurs en situation d'être insérés dans une logique de territoire gérée par les élus ? Comment construire enfin une action collective qui inverse les priorités : la variable à tenir est la construction du rendement qualitatif de l'eau, la variable d'ajustement est le niveau des productions agricoles ?

Une contribution majeure de cet ouvrage est ainsi de construire des perspectives innovantes et réalistes pour une implication des sociologues dans cette « bataille de l'eau ». La question étant, à quelles conditions un sociologue peut-il apporter son intelligence des situations sociales dans la construction de nouvelles organisations territoriales ? Mais plus que les conditions de cette insertion du sociologue dans des situations très souvent conflictuelles, ce qui me semble poser une question majeure aux sociologues, comme à toutes les autres disciplines interrogées par cet enjeu de la gestion publique de la qualité de l'eau en France est : comment expliquer à nos concitoyens et partenaires européens les raisons pour lesquelles nous risquons collectivement échouer ?

… en mettant ce livre entre toutes les mains des acteurs et citoyens concernés par ces territoires particuliers que sont les terroirs des eaux consommés par les humains !

Marc Benoît,
Directeur de recherche à l'INRA

BIBLIOGRAPHIE

Les références renvoyant à des articles de presse, des rapports d'expertise technique propre à un cas d'étude, des données statistiques spécifiques, ou encore aux débats parlementaires de la LEMA, sont indiquées en notes de bas de page dans chaque chapitre.

ADF, CFE (2006), *Les départements et l'eau, enquête auprès de 58 conseils généraux*, Paris, Avril.

AGENCE DE L'EAU ADOUR GARONNE (2007), « 40 ans d'action pour l'eau », in *Revue de l'Agence de l'eau Adour-Garonne*, n°100, décembre.

AGENCE DE L'EAU ADOUR GARONNE (2009), « Objectif : de l'eau potable de qualité », in *Revue de l'Agence de l'eau Adour-Garonne*, n°106.

AGENCE EUROPEENNE POUR L'ENVIRONNEMENT (2005), *L'environnement en Europe - État et perspectives 2005*, AEE.

AGENCE EUROPEENNE POUR L'ENVIRONNEMENT (2007), *L'environnement en Europe - Quatrième évaluation*, Synthèse, AEE.

AGENCES DE L'EAU (1999), « Protection des prises d'eau de surface : quelles stratégies ? », *Étude,* n° 7.

AGENCES DE L'EAU (1999), « Mise en place des périmètres de protection des captages, bilan et analyse d'expériences positives », *Étude,* n°67.

AKERMANN, G. (2008), *Évaluation des freins et des leviers à la mise en œuvre du dispositif de préservation de l'eau : Aire d'Alimentation des Captages prioritaires*, Mémoire de Master 2 sociologie, Université Toulouse.

ALTER, N. (2008), « 1968-2008: du sociologique critique à la critique sociologique », in *Sociologies Pratiques*, PUF, pp. 131-136.

ANTOINE, J., ROUX, A.-L. (2004), « Eau et territoires : vers une gestion intégrée », in Actes de la journée d'études « Les territoires de l'eau », Arras, Université d'Artois.

ATTALI, J. (Pr.) (2008), *Rapport de la Commission pour la libération de la croissance française*, La Documentation française.

AUBERTOT, J.N., BARBIER, J.M., CARPENTIER, A., GRIL, J.J., GUICHARD, L., LUCAS, P., SAVARY, S., SAVINI, I., VOLTZ, M. (Éds) (2005), *Pesticides, agriculture et environnement. Réduire l'utilisation des pesticides et limiter leurs impacts environnementaux*, Rapport d'expertise scientifique collective, INRA-CEMAGREF, France.

BAGES, R., NEVERS, J-Y. (1978), « Les agriculteurs et le pouvoir local », in *Les Cahiers français*, n°187, pp. 44-50.

BAGES, R., NEVERS, J-Y. (2002), *Telles qu'en elles-mêmes... les municipalités des petites communes après les élections de 2001*, CERTOP.

BARBIER, R. (2011), « La sécurisation de l'approvisionnement en eau potable : un tour d'horizon des enjeux et des leviers d'action », in BOULEAU, G., GUERIN-SCHNEIDER, L. (dir.), *Des tuyaux et des hommes,* Editions QUAE.

BARBIER, R., ROUSSARY, A., SALLES, D., CAILLAUD, K., CANNEVA, G., MICHON, S., LARGE, A., RENAUD, E, GHIOTTI, S., WEREY, C. (2011), « Le changement d'échelle dans l'action publique environnementale. Analyse comparée de régimes de gouvernance départementale de l'eau destinée à la consommation humaine », The international conference Territory and Environment: from representations to action, December 8-9.

BARRAQUE, B. (1997), « Subsidiarité et politique de l'eau », in FAURE, A., *Territoires et subsidiarité. L'action publique locale à la lumière d'un principe controversé*, Paris, L'Harmattan.

BARRAQUE, B. (1999), « Le ministère de l'environnement et les Agences de l'eau », in LASCOUMES, P. (dir.), *Instituer l'environnement. Vingt-cinq ans d'administration de l'environnement*, L'Harmattan, pp. 103-127.

BARRAQUE, B. (2003), Past and future sustainability of public water policies in Europe, in *Natural Resources Forums (JNRF)*, Nations-Unies, Blackwell Publishing, Oxford-Malden, vol.27, n°3, août, pp. 200-211.

BARRAQUE, B. (2004), « Aspects institutionnels de la gestion durable de l'eau en Europe », in Cybergeo, séminaire de recherche du GDR Rés-Eau-Ville (CNRS 2524) « L'eau à la rencontre des territoires », Montpellier, France, 27-28 et 29 mai 2004, mis en ligne le 15 novembre 2004, modifié le 7 mai 2007. URL : http://www.cybergeo.eu/index1260.html. Consulté le 30 mars 2009.

BARRAQUE, B. (2005), « Sociologie du compteur d'eau », in MATHIEU N., GUERMOND Y. (eds), *La ville durable, du politique au scientifique*, Versailles, INRA Editions, pp. 119-128.

BARRAQUE, B. (2007), « La santé, l'environnement et la gouvernance de l'eau », conférence invitée dans le *Cycle Environnement et Santé : quelle place pour le droit ?* Observatoire Euro-Méditerranéen en Environnement et Santé, Ville de Marseille, Faculté de droit, 11 Janvier 2007, publication de la Ville de Marseille, pp 11-24.

BARRAQUE, B. (2007), « Les Agences de l'eau et le contexte de la régionalisation », in *Responsabilité et Environnement*, n°46, Avril, pp.73-80.

BARRAQUE, B. (2008), « Aux origines du Génie rural et du droit moderne des cours d'eau : Benjamin Nadault de Buffon (1804 - 1880) », in *Pour mémoire*, n°4, pp. 26-47.

BARRAQUE, B. (dir.), BOSC, C., DOUSSAN, I., VIAVATTENE, C. (2007), *Eau des Villes, Eau des Champs. Pour une évaluation adaptée à la démarche du développement durable*, rapport final, programme D2RT du ministère de l'Écologie [en ligne] http://www.territoires-rdd.net/recherches/barraque_axe1/barraque_rapport.pdf.

BECERRA, S., LEFELLE, E. (2006), *La gestion publique de la vulnérabilité des ressources en eaux souterraines aux pollutions agricoles : une action publique désengagée. Le cas de Saint-Nicolas-de-la-Grave*, Rapport de recherche pour le deuxième programme d'ECOBAG, SALLES, D. (dir.), CERTOP-CNRS, Toulouse, septembre.

BECERRA, S., ROUSSARY, A. (2008), « Gérer la vulnérabilité de l'eau potable : une action publique désengagée ? », in *Natures, Sciences et Sociétés*, n°16, pp. 220-231.

BECERRA, S., PELTIER, A. (dir.) (2009), *Risques et environnement : recherches interdisciplinaires sur la vulnérabilité des sociétés*, Paris, L'Harmattan.

BECK, U. (2001), *La société du risque, sur la voie d'une autre modernité*, Paris, Aubier.

BERRIET-SOLLIEC, M., KROLL, J-C., TROUVE, A., WAVRESKY, P. (2006), « Mise en œuvre du Règlement de Développement Rural par les régions européennes : des leviers économiques diversifiés », in CAPRON, P. (dir), *Convergence et dynamique d'Innovation au sein de l'Espace Européen*, Bruxelles, Editions De Boeck.

BERRIET-SOLLIEC, M., SHMIDT, B., TROUVE, A., AUBERT, F. (2009), « Second pilier de la PAC et développement rural : le RDR est-il vraiment rural ? », in AUBERT, F., PIVETEAU, V., SCHMITT, B. (coords), *Politiques agricoles et territoires*, Versailles, Editions QUAE, pp. 165-182.

BEZES, P. (2008), « Le tournant néomanagérial de l'administration française », in BORRAZ, O., GUIRAUDON, V. (dir.), *Politiques publiques.1, La France dans la gouvernance européenne*, Presses de Sciences Po, pp. 215-254.

BLESSIG, E. (2005), *Le suivi des propositions de la Délégation sur l'internet haut débit, la gestion de l'eau, le traitement des déchets et contrats de plan Etat-régions*, Rapport d'information n°2439, Délégation à l'aménagement et au développement durable du territoire, Assemblée Nationale, 5 juillet.

BOLTANSKI, L. (2009), *De la critique. Précis de sociologie de l'émancipation*, Paris, Gallimard.

BORRAZ, O. (1997), « Des pratiques subsidiaires vers un régime de subsidiarité ? Les obstacles institutionnels à l'introduction de la subsidiarité en France, à la lumière de l'exemple suisse», in FAURE, A., *Territoires et subsidiarité. L'action publique locale à la lumière d'un principe controversé*, Paris, L'Harmattan, pp. 21-65.

BORRAZ, O. (2005), « Vers une sociologie du risque », in BORRAZ, O., GILBERT, C., JOLY, P.B., *Risques, crises et incertitudes : pour une analyse critique*, Cahiers du GIS Risques collectifs et situations de crise (3), Grenoble, MSH Alpes.

BORRAZ, O. (2008), *Les politiques du risque*, Paris, Presses de Sciences Po.

BORRAZ, O., GILBERT, C., JOLY, P.B. (2005), *Risques, crises et incertitudes : pour une analyse critique*, Cahiers du GIS Risques collectifs et situations de crise (3), Grenoble, MSH Alpes.

BOULEAU, G. (2008), « L'épreuve de la directive cadre européenne sur l'eau », in *Responsabilité et Environnement*, n°49, janvier, pp. 84-91.

BOURBLANC, M. (2007), *Les politiques de reconquête de la qualité de l'eau face aux pollutions agricoles : Changement et stabilité dans les arrangements institutionnels en Côtes-d'Armor (France) et dans le Noord-Brabant (Pays-Bas)*, Thèse de doctorat en science politique et en science de gestion, Institut d'Études Politiques de Paris et la Radboud Universiteit Nijmegen (Pays-Bas).

BRIVES, H. (1998), « L'environnement, nouveau pré-carré des Chambres d'Agriculture », in *Ruralia*, n°2, pp. 73-83.

BROUWER, F., HEINZ, I. and ZABEL, T. (Eds) (2003), *Governance of Water-related Conflicts in Agrienvironmental and Water Policies in the EU*, Kluwer Academic Publishers, Dordrecht/Boston/London.

BUISSON, G. (2005), *Évaluation de l'efficacité environnementale des périmètres de protection des captages*, Série Études, n°05-E07, Document de travail, DE4, MEDD.

BUSCA D. (2010), *L'action publique agri-environnementale. La mise en œuvre négociée des dispositifs agri-environnementaux*, Paris, Harmattan.

BUSCA D., SALLES D. (2002), *Agriculture et environnement. La mise en œuvre négociée des dispositifs agri-environnementaux*, Rapport final, CERTOP-CNRS-UTM, Programme de recherche « Concertation, Décision et Environnement », novembre.

BUSCA, D., BARGUENO, M-L., BAGES, R. (dir.) (1995), *Du conseiller agricole au conseiller d'entreprise: redéfinition des pratiques professionnelles et formes de régulation*, Toulouse, CERTOP-CRAMP, UTM.

BUSCA, D., CARPY-GOULARD, F., DUMONT, A., LABEDAN, G., ROUSSARY, A., SALLES, D. (2007), *L'adoption de « pratiques améliorées » dans la conduite des traitements phytosanitaires. Une analyse sociologique et économique des plans d'action du GRAMIP*, CERTOP-UTM-UMR CNRS 5044, IE-Purpan, Agence de l'eau Adour Garonne.

BUSCA, D., ROUSSARY, A. (2007), « Bassin versant céréalier : synthèse de l'analyse sociologique », in BUSCA D., CARPY-GOULARD F., DUMONT A., LABEDAN G., ROUSSARY A., SALLES D., *L'adoption de « pratiques améliorées » dans la conduite des traitements phytosanitaires. Une analyse sociologique et économique des plans d'action du GRAMIP*, CERTOP-UTM-UMR CNRS 5044, IE-Purpan, Agence de l'eau Adour Garonne.

BUSCA, D., VIDAL, M. (2010), « L'écologisation des pratiques viticoles ; préférences et collectivité dans la conduite d'un projet de normalisation environnementale en viticulture », Colloque AISLF, Association Tunisienne de Sociologie, « Eau, lien social et dynamiques locales », Hammamet, 15-17 avril.

CAHART, P., BURGARD, L-R., JOLY, A., ROGEAU, C., BENETIERE, J-J., GRAVAUD, A., LE BAIL, P., VOGLER, J-P. (1999), *Rapport d'évaluation sur la gestion et le bilan du programme de maîtrise des pollutions d'origine agricole*, ministère de l'Économie, des Finances et de l'Industrie, de l'Aménagement du territoire et de l'Environnement, de l'Agriculture et de la Pêche.

CANNEVA, G., PEZON, C. (2008), « Des communes aux communautés, la révolution invisible des services d'eau en France », in *Flux*, n°74, octobre-décembre, pp. 56-67.

CHABBAL, J. (2007), « Le risque invisible, la non-émergence d'un problème public », in *Politix*, n°70, pp. 169-195.

COCHOY, F. (2002), « Une petite histoire du client, ou la progressive normalisation du marché et de l'organisation », in *Sociologie du travail*, n°44, pp. 357-380.

COCHOY, F. (2004), « La captation des publics entre dispositifs et dispositions, ou le petit Chaperon rouge revisité », in COCHOY, F. (dir.), *La captation des publics*, Toulouse, Presses Universitaires du Mirail, 2004, pp. 11-68.

COMMISSARIAT GENERAL AU PLAN (1997), *Évaluation du dispositif des Agences de l'eau, Rapport au gouvernement*, Paris, La Documentation française.

CORCUFF, P. (2009), *Les nouvelles sociologies*, Paris, Armand Colin, 2ème édition.

COSTA, O., JABKO, N., LEQUESNE, C, MAGNETTE, P. (2001), « La diffusion des mécanismes de contrôle dans l'Union Européenne : Vers une nouvelle forme de démocratie ? », in *Revue française de science politique*, vol. 51, n°6, pp. 859-866.

CROZET, P. (2001), « La mise en jeu de la responsabilité des acteurs territoriaux : une nouvelle donne pour la gestion locale ? », in *Politiques et management public*, vol.19, n°3, septembre, pp. 55-77.

CROZIER (1970), *La société bloquée*, Paris, Seuil.

COSANDEY, C (dir.), BIGOT, S., DACHARRY, M., GILLE, E., LAGANIER, R., SALVADOR, P-G. (2003), *Les eaux courantes*, Paris, Belin.

COUR DES COMPTES (1997), *La gestion des services publics locaux d'eau et d'assainissement*, Rapport public particulier, janvier.

COUR DES COMPTES (2003), *La gestion des services publics d'eau et d'assainissement*, Rapport public particulier, Synthèse, décembre.

COUR DES COMPTES (2010), « Les instruments de la gestion durable de l'eau », *Rapport public annuel 2010*, pp. 618-655.

D'ARCIMOLES, M., BORRAZ, O. (2003), « Réguler ou qualifier ? Le cas des boues d'épuration urbaines », in *Sociologie du travail*, n°45, pp. 45-62.

DANIEL, F-J., PERRAUD, D. (2009), "The multifunctionality of agriculture and contractual policies. A comparative analysis of France and Netherlands", in *Journal of Environmental Management*, vol. 90, Supplement 2, pp. 123-138.

DE CARMANTRAND, B. (2004), « Les Lois sur l'eau françaises : méandres et divagations de la Loi sur l'eau. Les évolutions dans la rédaction de la future loi sur l'eau », in http://www.eauxglacées.com/spip.php?page=imprimer&id_article=511, page consultée le 2 juin 2009.

DECROP, G. (1998), « Les scènes locales de risques. Points de vue de Geneviève Decrop et Pierre A. Vidal-Naquet », in Actes de la dixième séance du Séminaire du Programme risques collectifs et situations de crise du CNRS, 19 mars 1998, Grenoble, MSH Alpes.

DE LAURIERE, F. (2006) « Aspects juridiques de la procédure », Communication à la journée d'étude : « Périmètres de protection des captages d'eau destinée à la consommation humaine », 18 octobre, Ministère de la Santé – Direction générale de la Santé.

DEWEY, J. (2003), *Le Public et ses problèmes*, Pau, Publications de l'université de Pau.

DIRECTION GENERALE DE LA SANTE (2005), *La qualité de l'eau potable en France, Aspects sanitaires et réglementaires*, Dossier d'information, 7 septembre.

DROBENKO, B. (2004), « De la pratique du minimalisme : la transposition de la directive cadre eau », in *R.J.E*, n°3, pp. 241-256.

DUBAR, C. (2008), «Le pluralisme en sociologie : fondements, limites, enjeux», *Socio-logos*, Numéro 1, mis en ligne le : 29 mars 2008. URL : http://socio-logos.revues.org/document20.html, Consulté le 5 avril 2010.

DUBUISSON-QUELLIER, S. (2009), *La consommation engagée*, Paris, Presses de Sciences Po.

DURAN, P. (1999), *Penser l'action publique*, Paris, LGDJ.

DURAN, P., THOENIG, J.C. (1996), « L'Etat et la gestion publique territoriale », in *Revue Française de Science Politique*, vol. 46, n° 4, pp. 580-623.

EUROPEAN ENVIRONMENTAL AGENCY (2009), *Water resources accros Europe — confronting water scarcity and drought*, EEA Report n° 2/2009.

EVRARD, C. (2006), *Les agences de l'eau : entre recentralisation et décentralisation*, Paris, l'Harmattan.

FAUCHER-KING, F., LE GALES, P. (2007), *Tony Blair, 1997-2007. Le bilan des réformes*, Paris, Presses de Sciences Po.

FAURE, A. (2006), « Action publique locale et consensus politique », in ARNAUD, L., LE BART, C. et PASQUIER, R., *Idéologies et action publique territoriale*, Rennes, Presses Universitaires de Rennes, pp. 143-158.

FAURE, A. (2007), « Une nouvelle critique territoriale ? », in FAURE, A., NEGRIER, E. (dir.), *Les politiques publiques à l'épreuve de l'action locale*, Paris, L'Harmattan, pp. 275-283.

FAURE, A., MULLER, P. (2007), « Objet classique, équations nouvelles », in FAURE, A. (dir.), LERESCHE, J-P., MULLER, P., NAHRATH, S., *Action publique et changements d'échelles : les nouvelles focales du politique*, Paris, l'Harmattan, pp. 9-19.

FLAJOLET, A. (2006), Rapport n°3070 fait au nom de la commission des affaires économiques, de l'environnement et du territoire sur le projet de loi adopté par le Sénat sur l'eau et les milieux aquatiques (n° 2276 2e rect.), enregistré à la Présidence de l'Assemblée nationale le 3 mai 2006.

FLAJOLET, A., SIDO, B. (2006), Rapport n°3528, Assemblée nationale, n°127, Sénat, fait au nom de la commission mixte paritaire chargée de proposer un texte sur les dispositions restant en discussion du projet de loi sur l'eau et les milieux aquatiques, 19 décembre 2006.

FLORY, J.C (2003), *Les redevances des agences de l'eau*, Rapport au Premier Ministre et à la Ministre de l'Ecologie et du Développement Durable, Paris, Octobre.

FOUILLEUX, E. (2008), « Les politiques agricoles et alimentaires », in BORRAZ, O., GUIRAUDON, V. (dir.), *Politiques publiques. 1. La France dans la gouvernance européenne*, Paris, Presses de Sciences Po, pp.113-146.

GAUDIN, J-P. (2002), *Pourquoi la gouvernance ?*, Paris, Presses de Sciences Po.

GERSTLE, J. (2003a), « Démocratie représentative, réactivité politique et imputabilité », in *Revue française de science politique*, vol. 53, n°6, pp. 851-858.

GERSTLE, J. (2003b), « La réactivité aux préférences collectives et l'imputabilité de l'action publique », in *Revue française de science politique*, vol. 53, n°6, pp. 859-885.

GHIOTTI, S. (2004), « Les territoires de l'eau et la décentralisation. La gouvernance de bassin versant ou les limites d'une évidence », in Actes de la journée d'étude « les territoires de l'eau », Arras, Université d'Artois, pp.5-25.

GHIOTTI, S. (2007), *Les territoires de l'eau. Gestion et développement en France*, Paris, CNRS.

GHIOTTI, S., HAGHE, J-P. (2004), « Bassin versant et politique de décentralisation : une instrumentalisation », Séminaire de recherche du GDR Rés-Eau-Ville (CNRS 2524) « L'eau à la rencontre des territoires », Montpellier, France, 27-28 et 29 mai 2004.

GIBLIN, B. (2003b), « L'eau : une question géopolitique en France aussi », in *Hérodote*, n°110, pp. 9-28.

GILBERT, C. (2003), *Risques collectifs et situations de crise. Apports de la recherche en sciences humaines et sociales,* Paris, l'Harmattan.

GIRAUD, S. (2007), *Mise en œuvre du référentiel national d'inspection des périmètres de protection des captages d'eau destinée à la consommation humaine en Midi-Pyrénées, Synthèse et propositions d'amélioration*, Mémoire de l'École Nationale de la Santé Publique, Rennes, septembre.

GOXE, A. (2007), « Gouvernance territoriale et développement durable : implications théoriques et usages rhétoriques », in R. PASQUIER, V. SIMOULIN, J. WEISBEIN (éds), *La gouvernance territoriale. Pratiques, discours et théories*, Paris, LGDJ, coll. « Droit et Société » t. 44, pp. 151-170.

GRANDGIRARD A. (2007), *De la gestion intégrée comme doctrine à l'intégration comme défi de gestion*, Thèse pour le Doctorat en Sciences de Gestion, École des Mines de Paris.

GRANDGIRARD, A., BARBIER, R., TSANGA TABI, M (2009), « Le Département, un acteur clef de la politique de l'eau », in *Économie rurale*, n°309, vol.1, pp. 22-33.

GRANDGIRARD, A., NORVEZ, F., BARBIER, R. (2004), *Un chef de file pour la politique de l'eau ?*, Rapport pour le Ministère de l'Écologie, de l'Environnement et du Développement Durable, Paris.

GRANIER, F., UHALDE, M., SALLES, D. (2008, « Agir en sociologue. Comprendre, débattre, concevoir, accompagner », in *Sociologies Pratiques*, n°16, PUF.

GREMION, P. (1976), *Le pouvoir périphérique*, Paris, Le Seuil.

GRUJARD, E (2003), « La gestion de l'eau à l'épreuve des territoires », in *Hérodote*, n°110, pp. 47-69.

GRUJARD, E. (2004), « Gérer l'eau potable : un enjeu de proximité », communication à l'Institut Français de Géopolitique.

HACHE, E. (2007a), « Néolibéralisme et responsabilité », in *Raisons politiques*, vol 4, n° 28, pp. 5-9.

HACHE, E. (2007b), « La responsabilité, une technique de gouvernementalité néolibérale ?», in *Raisons politiques*, vol 4, n° 28, pp. 49-65.

HARDIN, G. (1968), "The Tragedy of the Commons", in *Sciences*, vol.162, n°3859, pp. 1243-1248.

HEINZ, I. (2004), « Kooperation zwischen Wasserversorgungternehmen und Landwirten - Eine EU-weite Analyse", in *GWF Wasser Abwasser*, 145(4), pp. 263-267.

HEINZ, I. (2008), « Co-operative agreements and the EU Water Framework Directive in conjunction with Common Agricultural Policy », in *Hydrology and Earth System Sciences*, 12, pp.715-726.

HIRSCHMAN, A.O. (1970), *Exit, Voice, and Loyalty: Responses to Decline in Firms, Organizations, and States*, Cambridge, Harvard University Press.

IFEN (2006), *L'environnement en France*, Les Synthèses, octobre.

IFEN (2007a), « La facture d'eau domestique en 2004 », *le 4 pages*, n°117, mars.

IFEN (2007b), « Les services publics de l'eau en 2004.Volet eau potable », *Les dossiers*, n°7, octobre.

INRA (2004), « Une mesure de la délégation sur le prix de l'eau potable en France », *Inra sciences sociales*, n° 2, juillet 2004, 4 p.

JESSOP, B. (2004), « Multi-level Governance and Multi-level Metagovernance », in BACHE, I., FLINDERS, M. (2004), *Multi-level Governance*, New York, OUP, pp. 49-74.

JOBERT, B., MULLER, P. (1987), *L'État en action*. Paris, P.U.F.

KAIKA, M. (2003), « The Water Framework Directive: A new Directive for a changing Social, Political and economic European Framework", in *European Planning Studies*, vol. 11, n°3, pp. 299-316.

KAIKA, M., PAGE, B. (2003a), « The EU WFD: Part 1, European policy-making and the changing topography of lobbying », in *European Environment*, vol. 13, n°6, pp. 314-327.

KAIKA, M., PAGE, B. (2003b), « The EU WFD: Part 2, Policy innovation and the shifting choreography of governance », in *European Environment*, vol.13, n°6, pp. 328-343.

KINGDON, J.W. (1984), *Agendas, Alternatives and Public Policies*, Boston, Little Brown and Co.

LAIME, M. (2006), « LEMA (3) : les indicateurs de performance », 11 novembre, http://www.eauxglacees.com.spip.php ?page=imprime&id_article12, page consultée le 29/08/07.

LAMINE, C. (2008), *Les Intermittents du Bio. Pour une sociologie des choix alimentaires émergents*, Paris, Editions de la MSH.

LASCOUMES, P. (1990), « Normes juridiques et mise en œuvre des politiques publiques », in *L'Année sociologique*, vol. 40, pp. 43-71.

LASCOUMES, P. (1994), *L'éco-pouvoir. Environnements et politiques*, Paris, La Découverte.

LASCOUMES, P. (2008), « Les politiques environnementales », in BORRAZ, O., GUIRAUDON, V. (dir.), *Politiques publiques. 1. La France dans la gouvernance européenne*, Paris, Presses de Sciences Po, pp. 29-67.

LASCOUMES, P., LE BOURHIS, J-P. (1998), « Le bien commun comme construit territorial. Identités d'action et procédures », in *Politix*, n° 42, vol.1, pp. 37-66.

LASCOUMES, P. (dir.), LE GALES, P. (2004), *Gouverner par les instruments*, Paris, Presses de Sciences Po.

LASCOUMES, P., LE GALES, P. (2009), *Sociologie de l'action publique*, Paris, Armand Colin, 2ème édition.

LAUNAY, J. (2003), *La gestion de l'eau sur le territoire*, Rapport d'information n°1170, Délégation à l'Aménagement du Territoire et au Développement Durable des Territoires, Assemblée Nationale, 3 novembre.

LE GALES, P. (1995), « Du gouvernement des villes à la gouvernance urbaine », in *Revue Française de Science Politique*, n°45, pp. 57-95.

LE GALES, P. (2004), « Gouvernance », in BOUSSAGUET, L., JACQUOT, S., RAVINET, P. (dir.), *Dictionnaire des politiques publiques*, Paris, Presses de Sciences Po, pp. 242-250.

LE LIDEC, P. (2006), « Choix des modes de gestion des services publics et politiques de recrutement des communes : quelle place pour la variable partisane ? », in ARNAUD, L., LE BART, C. et PASQUIER, R., *Idéologies et action publique territoriale*, Rennes, Presses Universitaires de Rennes, pp. 35-49.

LE LIDEC, P. (2008), « La réforme des institutions locales », in BORRAZ, O., GUIRAUDON, V. (dir.), *Politiques publiques. 1. La France dans la gouvernance européenne*, Paris, Presses de Sciences Po, pp. 255-281.

LEROY, P., ARTS, B. (dir.) (2006), *Institutional Dynamics in Environmental Governance*, Springer.

LORRAIN, D. (dir.) (1995), *Gestions urbaines de l'eau*, Paris, Economica.

LORRAIN, D. (2004), « Les pilotes invisibles de l'action publique. Le désarroi du politique ? », in LASCOUMES, P., LE GALES, P., *Gouverner par les instruments*, Paris, Presses de Sciences Po, pp. 163-197.

LOTHE, P. (2007), « Proximité et efficacité : les maîtres mots de la réussite départementale», in *Pouvoirs locaux*, n° 75, décembre, pp. 48-53.

MABILEAU, A. (1989), « Les héritiers des notables », in *Pouvoirs*, n° 49, pp. 93-103.

MARSAC. A (2006), *Manuel de mise en œuvre des sanctions administratives et pénales dans le domaine de l'eau,* juriste stagiaire à la DRASS Midi-Pyrénées.

MILLS, C.W. (1977), *L'imagination sociologique*, (1ère éd. 1959), trad. fr, Paris, Maspero.

MINISTERE DE LA SANTE (2005), « L'eau potable en France 2002-2004», Eau et Santé, Guide technique, Ministère de la Santé et des solidarités, Paris.

MINISTERE DE LA SANTE (2008), « L'eau potable en France 2005-2006 », Etudes Eau et Santé, Ministère de la Santé, de la Jeunesse, des Sports et de la Vie associative, Paris, Septembre.

MINISTERE DE LA SANTE (2010), « Bilan de la qualité de l'eau au robinet du consommateur vis-à-vis des pesticides en 2008 », Ministère de la santé et des Sports, www.sante.gouv.fr, site consulté le 18 février.

MINISTERE DE LA SANTE (2009), « Protéger les captages destinés à la production d'eau potable », Bilan Eau et Santé, Ministère de la Santé et des Sports, Août.

MIQUEL, G. (2003), *Rapport sur la qualité de l'eau et de l'assainissement en France*, Office parlementaire d'évaluation des choix scientifiques et techniques, Sénat, Paris.

MORMONT, M. (2009), « Globalisations et écologisations des campagnes », in *Etudes rurales*, n°183, pp. 143-160.

NARCY, J-B. (2004), *Pour une gestion spatiale de l'eau. Comment sortir du tuyau ?*, Bruxelles, P.I.E.-Peter Lang.

NEVERS, J-Y. (1989), « L'activité relationnelle des conseillers généraux », in *Politix*, Vol. 2, n°7-8, pp. 51-57.

NEVERS, J-Y. (1990), « Montée et déclin des maires paysans dans les communes rurales », in COULOMB, P. *et al.* (eds), *Les agriculteurs et la politique*, Paris, Presses de Sciences Po, pp. 559-567.

NEVERS, J-Y. (1992), « La décentralisation contre la société bloquée », in HIRSCHHORN, M. (dir.), *La décentralisation : une évaluation sociologique*, Université d'Orléans, pp. 11-30.

NEVERS, J-Y, VIES, G. (1995), « L'intercommunalité en milieu rural, les stratégies des élus et le rôle des commissions départementales de coopération intercommunales », in NEVERS, J-Y, BAGES, R., BARTHE, L., SALLES, D., VIES, G., *Communes rurales, aménagement de l'espace et développement local*, CERTOP, Université Toulouse Le Mirail, Région Midi-Pyrénées, pp. 42-86.

NEVERS, J-Y. (1997), « Coopération et construction d'une capacité de gouvernement, le concept d'*urban regime* chez Clarence Stone », in GAUDIN, J-P., NOVARINA, G. (Eds), *Politiques publiques et négociations, Multipolarités, flexibilité, hiérarchies*, Éditions du CNRS-PIRVille, pp. 141-161.

NOIVILLE, C. (2003), *Du bon gouvernement des risques*, Paris, PUF.

NOTTE, O. (2008), Note de lecture de l'ouvrage de VAN TATENHOVEN, J., ARTS, B., LEROY, P. (2000), *Political modernisation and the environment, the renewal policy arrangements*, Kluwer Academic Publishers, Dordrecht, in *Natures, Sciences et Sociétés*, n°2, vol.16.

NOTTE, O. (2012), *L'institutionnalisation du public-témoin comme forme de gouvernementalité. La consultation du public de la Directive Cadre européenne sur l'Eau*, Thèse pour le doctorat de sociologie, Université Toulouse 2 Le Mirail.

OCDE (2001), *Comment encourager une croissance écologiquement durable en France ?*, Document de travail, n°134, Département des affaires économiques, ECO/WKP(2001) 40.

OCDE (2004), *La gouvernance réglementaire multi niveaux*, Direction de la gouvernance publique et du développement territorial, comité de la gouvernance publique, Groupe de travail sur la Gestion de la réglementation et de la réforme réglementaire, 27-28 septembre, Siège de l'OCDE, Paris.

OLLION, E. (2009), « (Que) faire de la sociologie publique ? », in *Actes de la recherche en sciences sociales*, n°176-177, pp. 114-120.

PAILLOTIN, G. (2000), *L'Agriculture raisonnée*, Rapport au ministre de l'Agriculture et de la Pêche, février.

PERETTI-WATEL, P (2000), *Sociologie du risque*, Paris, Armand Colin.

PEZON, C. (2000), *Le service de l'eau potable en France de 1850 à 1995*, Paris, Presses du CEREM.

PEZON, C. (2002), « La dérégulation discrète de la distribution d'eau potable en France et l'émergence d'un nouvel acteur collectif, les abonnés », in *Flux*, 48-49, avril-septembre.

PEZON C. (sous la direction) (2006), *Intercommunalité et Durabilité des services d'eau potable et d'assainissement en France et en Europe*, Engref, Montpellier.

PEZON, C., PETITET, S. (2004a), « L'intercommunalité en France de 1980 à 1999, la distribution d'eau potable en question », in Actes de la journée d'étude « Les territoires de l'eau », Université d'Artois, Arras, 26 mars.

PEZON, C., PETITET, S. (2004b), « Les nouvelles formes d'intercommunalité en France, un atout pour la durabilité des services d'eau potable ? », in Cybergeo, Séminaire de recherche du GDR Rés-Eau-Ville (CNRS 2524) « L'eau à la rencontre des territoires », Montpellier, France, 27-28 et 29 mai 2004, mis en ligne le 16 décembre 2004, modifié le 15 février 2007. URL : http://www.cybergeo.eu/index1467.html, Consulté le 30 mars 2009.

POQUET, G., MARESCA, B. (2006), « La consommation d'eau baisse dans les grandes villes européennes », *Consommation et Modes de Vie*, n°192, CRÉDOC, avril.

POUPEAU, F-M. (2001), « Libéralisation du service public et action publique locale. Le département dans la recomposition du système de distribution électrique français », in *Sociologie du travail*, n° 43, pp. 179-195.

POUPEAU, F-M. (2007), « La fabrique d'une solidarité nationale. État et élus ruraux dans l'adoption d'une péréquation des tarifs de l'électricité en France », in *Revue française de science politique*, vol.57, n°5, octobre, pp. 599-628.

POUPEAU, F-M. (2007), « Les départements, vecteurs d'une politique d'aménagement du territoire », in *Pouvoirs locaux*, n°75, pp. 78-83.

RADAELLI, C.M. (2004), « Européanisation », in BOUSSAGUET, L., JACQUOT, S. and RAVINET, P. (dir.), *Dictionnaire des politiques publiques*, Paris, Presses de Sciences Po, pp. 191-200.

RIBA, C. (2006), « Les périmètres de protection des captages à Oursebelille (65). La construction sociale d'une solution… technique », in SALLES, D. (Dir. sci.), BARRAQUE, B., BUSCA, D., GARIN, P., *Eau des villes, eau des champs. Négociation territoriale et génie de l'environnement*, Rapport au programme CNRS PIDUD, CERTOP-UTM.

ROBERT, C. (2008), « Expertise et action publique », in BORRAZ, O., GUIRAUDON, V. (dir.), *Politiques publiques.1, La France dans la gouvernance européenne*, Paris, Presses de Sciences Po, pp. 309-335.

RONDIN, J. (1985), *Le sacre des notables. La France en décentralisation*, Paris, Fayard.

ROUSSARY, A. (2004), *Gouvernance territoriale et préservation de la ressource en eau potable en Dordogne*, mémoire de DEA, Université Toulouse 2 Le Mirail.

ROUSSARY, A. (2006), « La création du syndicat de production intercommunal de l'eau potable (SPIDE) en Val d'Adour. Gestion institutionnelle d'un problème de pollution et sanctuarisation d'un site de captage », in SALLES, D. (dir. scientifique), BARRAQUE, B., BUSCA, D., GARIN, P., *Eaux des villes, eaux des champs. Négociation territoriale et génie de l'environnement*, Rapport du programme CNRS PIDUD, CERTOP-UTM.

ROUSSARY, A. (2010), *Vers une recomposition de la gouvernance de la qualité de l'eau potable en France. De la conformité sanitaire à l'exigence de qualité environnementale*, thèse pour le doctorat de sociologie, Université Toulouse 2 Le Mirail.

ROUSSARY, A., LEFELLE, E., SALLES, D. (2006), *Les périmètres de protection de captage d'eau potable : un outil de préservation de la santé des usagers*, CERTOP-UTM/UMR CNRS 5044, DRASS Midi-Pyrénées.

ROUSSARY, A., SALLES, D., AKERMANN, G. (2009), *ACT'eau : Acteurs des aires d'alimentation des captages et territoires de l'eau*, rapport d'étude sociologique, CERTOP-CNRS UMR 5044, Université Toulouse Le Mirail.

ROUSSARY, A., BUSCA, D., DUMONT, A., CARPY-GOULARD, F., SALLES, D. (2010), « L'incitation aux « pratiques améliorées » dans la conduite des traitements phytosanitaires agricoles : Action collective et pratiques individuelles au prisme d'une analyse sociologique et économique des plans d'action du GRAMIP », Colloque SFER « La réduction des pesticides agricoles. Enjeux, modalités et conséquences », Lyon, 11-12 mars.

SALLES, D. (1995), « Les communes rurales et l'aménagement de leur territoire, les plans d'occupation des sols », in NEVERS, J-Y, BAGES, R., BARTHE, L., SALLES, D., VIES, G., *Communes rurales, aménagement de l'espace et développement local*, CERTOP, Université Toulouse Le Mirail, région Midi-Pyrénées, pp. 6-41.

SALLES, D. (dir.), BARRAQUE, B., BUSCA, D., GARIN, P (2006), *L'Eau des Villes et L'Eau des Champs. Négociation territoriale et Génie de l'Environnement (EVEC)*, Programme Interdisciplinaire Développement Urbain Durable (PIDUD), Politiques territoriales et Développement Durable (D2RT), CERTOP, CEMAGREF, LATTS.

SALLES, D. (2006), *Les défis de l'environnement, démocratie et efficacité*, Paris, Ed. Syllepse.

SALLES, D. (2007), « Bassin versant arboricole : synthèse de l'analyse sociologique », in BUSCA D., CARPY-GOULARD F., DUMONT A., LABEDAN G., ROUSSARY A., SALLES D., *L'adoption de « pratiques améliorées » dans la conduite des traitements phytosanitaires. Une analyse sociologique et économique des plans d'action du GRAMIP*, CERTOP-UTM-UMR CNRS 5044, IE-Purpan, Agence de l'eau Adour Garonne.

SALLES, D. (2009), « Environnement : la gouvernance par la responsabilité ? » [en ligne], [consulté le 27/01/2010], in *VertigO - La revue électronique en sciences de l'environnement* [Ressource électronique], 2009, no Hors série 6, [en ligne].

SAPIRO, G. (2009), « Modèle d'intervention politique des intellectuels. Le cas français », in *Actes de la recherche en sciences sociales*, n°176-177, pp. 8-31.

SEBILLOTTE, M., HOFLACK, P., LECLERC, L.A., SEBILLOTTE, C. (2003), *Prospective : L'eau et les milieux aquatiques. Enjeux de sociétés et défis pour la recherche*, Paris, INRA ; Antony, Cemagref. 350 p.

SIDO, B. (2005), Rapport n°271 fait au nom de la commission des Affaires économiques sur le projet de loi modifié par l'Assemblée nationale sur l'eau et les milieux aquatiques, enregistré à la Présidence du Sénat le 30 mars 2005.

SIDO, B. (2006), Rapport n°461 fait au nom de la commission des Affaires économiques sur le projet de loi modifié par l'Assemblée nationale sur l'eau et les milieux aquatiques, enregistré à la Présidence du Sénat le 12 juillet 2006.

SMITH, A. (2008), « L'intégration européenne des politiques françaises », in BORRAZ, O., GUIRAUDON, V. (dir.), *Politiques publiques. 1. La France dans la gouvernance européenne*, Paris, Presses de Sciences Po, pp. 197-214.

TAVERNIER, Y. (2001), *Le financement et la gestion de l'eau*, Rapport d'information n°3081, Commission des Finances, de l'Économie générale et du Plan, Assemblée Nationale, Mai.

THEYS J. (2003), « La gouvernance, entre innovation et impuissance : le cas de l'environnement », in *Développement durable et territoires* [en ligne],

Dossier 2 : Gouvernance locale et Développement durable, mis en ligne le 01 novembre 2003, consulté le 3 avril 2009. URL : http://developpementdurable.revues.org/index1523.html.

UHALDE, M. (2008), « L'instrumentalisation de la sociologie en situation d'intervention ; analyse critique d'une notion ordinaire », in *Sociologies Pratiques*, « Agir en sociologue : comprendre, débattre, concevoir, accompagner, n°16, Paris, PUF, pp. 95-113.

VAN TATENHOVEN, J., ARTS, B., LEROY, P. (2000), *Political modernisation and the environment, the renewal policy arrangements*, Dordrecht, Kluwer Academic Publishers.

VEILLARD-COFFRE, S. (2001), « Gestion de l'eau et bassin versant. De l'évidente simplicité d'un découpage naturel à sa complexe mise en pratique », in *Hérodote*, n°102, pp. 139-156.

VILA, C. (2009), *La mise en œuvre négociée d'une mesure agri-environnementale portée par une coopérative agricole : un cas d'étude sur le bassin versant de la Gimone*, Master de sociologie, Université Toulouse Le Mirail.

VILAGRAN DE LEON, J.C. (2006), Vulnerability a conceptual and methodological review, in *SOURCE*, n°4.

VILLEY-DESMESERETS, F., BALLAY, D., TRICARD, D., HENRY DE VILLENEUVE, C. (2001), *La Politique de préservation de la ressource en eau destinée à la consommation humaine*, Rapport d'évaluation, Paris, La Documentation Française.

WEALE, A., PORTER, M, CINI, M., KONSTADAKOPULOS, D., PORTER, M., FLYNN, B. (2000), *Environmental Governance in Europe: An Ever Closer Ecological Union?*, Oxford, Oxford University Press.

WEAVER, R.K. (1986), « The politics of Blame avoidance », in *Journal of Public Policy*, 6, 4, octobre-décembre, pp. 371-398.

WILLEM VAN DER SCHANS, J. (2003), « The Concept of Resource Users'Self-governance », in BROUWER, F., HEINZ, I. and ZABEL, T. (Eds), *Governance of Water-related Conflicts in Agrienvironmental and Water Policies in the EU*, Dordrecht/Boston/London, Kluwer Academic Publishers, pp. 7-21.

WORMS, J-P (1966), « Le préfet et ses notables », in *Sociologie du Travail*, 1966, pp. 249-275.

ZAKEOSSIAN, D., et *al*. (2007), *Évaluation des actions préventives de lutte contre les pollutions diffuses dans les bassins d'alimentation de captages*, Rapport final, AScA, Agence de l'Eau Rhône-Méditerranée et Corse.

LISTE DES SIGLES ET DES ABREVIATIONS UTILISES

AAC : Aire d'Alimentation de Captage
ACT'eau : Acteurs des aires d'alimentation des captages et territoires de l'eau
ADASEA : Association Départementale pour l'Aménagement des Structures des Exploitations Agricoles
ADF : Assemblée des Départements de France
AEP : Alimentation en Eau Potable
AMF : Association des Maires de France
AQUADEP : Gouvernance départementale de l'eau destinée à la consommation humaine
ATTAC : Association pour la Taxation des Transactions financières et pour l'Action Citoyenne
BAC : Bassin d'Alimentation de Captage
CAs : Coopérative Agreements
CAD : Contrat Agriculture Durable
CCSPL : Commission Consultative des Services Publics Locaux
CCTP : Cahier des Clauses Techniques Particulières
CEMAGREF : Centre de recherche en ingénierie pour l'agriculture et l'environnement
CERTOP : Centre d'Étude et de Recherche Travail, Organisation, Pouvoir
CFE : Cercle Français de l'Eau
CGE : Compagnie Générale des Eaux, filiale de Véolia Environnement (ex-Vivendi)
CIVAM : Centre d'Initiatives pour Valoriser l'Agriculture et le Milieu rural
CNASEA : Centre National pour l'Aménagement des Structures des Exploitations Agricoles
CNE : Comité National de l'Eau
CNRS : Centre National de la Recherche Scientifique
CODERST : Conseil Départemental de l'Environnement et des Risques Sanitaires et Technologiques
CRC : Communiste Républicain Citoyen (groupe)
CTE : Contrat Territorial d'Exploitation
DCE : Directive Cadre Européenne sur l'Eau
DCH : Destinée à la Consommation Humaine
DDEA (DDT) : Direction Départementale de l'Equipement et de l'Agriculture (actuelle Direction Départementale des Territoires)
DDAF (DDT) : Direction Départementale de l'Agriculture et de la Forêt (actuelle Direction Départementale des Territoires)

DDASS (ARS) : Direction Départementale de l'Action Sanitaire et Sociale (actuelle Agence Régionale de Santé)
DGS : Direction Générale de la Santé
DIREN (DREAL) : Direction Régionale de l'Environnement (actuelle Direction Régionale de l'Environnement, de l'Aménagement et du Logement)
DRAF (DRAAF) : Direction Régionale de l'Agriculture et de la Forêt (actuelle Direction régionale de l'alimentation, de l'agriculture et de la forêt)
DRASS (ARS) : Direction Régionale de l'Action Sanitaire et Sociale (actuelle Agence Régionale de Santé)
DUP : Déclaration d'Utilité Publique
ECOBAG : Environnement, Écologie et Économie du Bassin Adour-Garonne
ENGEES : École Nationale du Génie de l'Eau et de l'Environnement de Strasbourg
ENGREF : École Nationale du Génie Rural des Eaux et des Forêts
EPCI : Établissement Public de Coopération Intercommunale
EPTB : Établissement Public Territorial de Bassin
ERU (Directive) : Eaux Résiduaires Urbaines (Directive)
EVEC : Eau des Villes, Eau des Champs
FDEA : Fonds Départemental pour l'Eau et l'Assainissement
FDSEA : Fédération Départementale des syndicats d'exploitants agricoles
FNCCR : Fédération Nationale des Collectivités Concédantes et Régies
FNDAE : Fonds National pour le Développement des Adductions d'Eau
FNSEA : Fédération Nationale des Syndicats d'Exploitants Agricoles
IFEN : Institut Français de l'Environnement
INRA : Institut National de la Recherche Agronomique
LATTS : Laboratoire Techniques, Territoires et Sociétés
LEMA : Loi sur l'Eau et les Milieux Aquatiques
LOLF : Loi Organique relative aux Lois de Finances
MAE (T) : Mesure Agri-Environnementale (Territorialisée)
MEDD (actuel MEDDTL) : Ministère de l'Écologie et du Développement Durable (Ministère de l'Écologie, du Développement Durable, du Transport et du Logement)
MISE : Mission Inter Services de l'Eau
OCDE : Organisation de Coopération pour le Développement Economique
OMS : Organisation Mondiale de la Santé
ONEMA : Office National de l'Eau et des Milieux Aquatiques
ONG : Organisation non gouvernementale
PAC : Politique Agricole Commune
PAT : Plan d'Action Territorial
PEPS : Politiques Environnementale et Pratiques Sociales
PLU : Plan Local d'Urbanisme
PMPOA : Programme de Maitrise des Pollutions d'Origine Agricole
PNSE : Plan National Santé Environnement

POS : Plan d'Occupation des Sols
PPC : Périmètre de Protection de Captage
PPE : Périmètre de Protection Éloigné
PPI : Périmètre de Protection Immédiat
PPR : Périmètre de Protection Rapproché
PRSE : Plan Régional Santé Environnement
PS : Parti Socialiste
RGPP : Révision Générale des Politiques Publiques
SAFER : Sociétés d'Aménagement Foncier et d'Établissement Rural
SAGE : Schéma d'Aménagement et de Gestion des Eaux
SATEP : Service d´Assistance Technique à l´Eau Potable
SATESE : Service d'Assistance Technique aux Exploitants de Station d'Épuration
SAU: Surface Agricole Utile
SAUR : Société d'Aménagement Urbain et Rural, filiale de Bouygues
SCOT: Schéma de Cohérence Territoriale
SDAEP : Schéma Départemental d'Alimentation en Eau Potable
SDAGE : Schéma Directeur d'Aménagement et de Gestion des Eaux
SDCE: Syndicat Départemental des Communes Électrifiées
SEDEA : Service d'Entretien des Distributions d'Eau et de l'Assainissement
SHEP : Syndicat d'Harmonisation en Eau Potable de Charente
SIAEP : Syndicat Intercommunal d'Alimentation en Eau Potable
SISE - Eaux : Système d'Information en Santé Environnement - Eaux
SIVOM : Syndicat Intercommunal à Vocation Multiple
SIVU : Syndicat Intercommunal à Vocation Unique
SMDEA : Syndicat Mixte Départemental d'alimentation en Eau et Assainissement
SOeS : Service de l'Observation et des Statistiques
SPEMA : Service de Police des Eaux et des Milieux Aquatique
SPIDE : Syndicat de Production Intercommunale et de Distribution de l'Eau
STEP : Station d'épuration
SUR : Solidarité Urbain-Rural
TGAP : Taxe Générale sur les Activités Polluantes
UC-UDF : Union Centriste - Union pour la démocratie française
UDAF : Union Départementale des Associations Familiales
UDI : Unité de Distribution
UE : Union Européenne
UFC : Union Française des Consommateurs
UMP : Union pour un Mouvement Populaire
UMR : Unité Mixte de Recherche
ZAP : Zone d'Action Prioritaire
ZSCE : Zone Soumise à Contrainte Environnementale

TABLES DES ILLUSTRATIONS

Table des tableaux :

Table des figures :

Tables des encadrés :

TABLE DES MATIERES

Environnement, Écologie et Développement aux éditions L'Harmattan

Dernières parutions

TERRES RARES : ENJEU GÉOPOLITIQUE DU XXIe SIÈCLE
Chine, Etats-Unis, Europe, Japon, Groenland
Degeorges Damien - Préface de Per Stig Moller, ancien ministre danois des Affaires étrangères (2001-2010) ; postface de Palle Christiansen, ministre groenlandais de l'Éducation, de la Recherche et de la Coopération nordique
Groupe de métaux aux caractéristiques indispensables pour de nombreuses applications civiles et militaires, les terres rares se retrouvent dans les technologies vertes ainsi que dans les technologies au coeur de notre société (téléphones portables, écrans plats). Elles revêtent une dimension géopolitique majeure depuis que la Chine, qui contrôle 97% de la production mondiale, a réduit ses exportations. États-Unis, Europe et économies de l'Asie-Pacifique se tournent désormais vers un des principaux eldorados en la matière : le Groenland.
(Coll. Un autre regard / Paris School of Business, 10.50 euros, 78 p.)
ISBN : 978-2-336-00222-4, ISBN EBOOK : 978-2-296-50837-8

DES EXTRÊMES DANS LE MONDE, DE DHAKA À DOHA
Le Quément Joël
Cet essai interpelle sur des réalités économiques et sociales fortement inégales dans le monde, en particulier en Asie et dans le golfe Persique. Le XXIe siècle se caractérise par une forte croissance de la population dans certaines régions du monde et par des flux migratoires puissants. Que dire des tensions nées de ces déséquilibres ? Comment répondre à l'explosion des besoins en alimentation, énergies, infrastructures ? Y a-t-il des formes nouvelles de partage des richesses possibles ?
(14.00 euros, 126 p.) *ISBN : 978-2-336-00313-9, ISBN EBOOK : 978-2-296-50933-7*

DIMENSION (LA) SACRIFICIELLE DE LA GUERRE
Essai sur la martyrologie politique
Mashimango Abou-Bar Abelard - Préface de Pascal Hintermeyer
Voici une analyse polémologique fondée sur une approche multidisciplinaire et une culture de la sociologie politique dont les suggestions - comme la ritualisation de la guerre, la martyrologie, les mythes, la question de l'honneur et du prestige, et la dimension sacrificielle des stratégies - conduisent, à la fois, à l'examen exploratoire de la dynamique guerrière et à une réflexion approfondie des conflits armés contemporains.
(Coll. Questions contemporaines, 22.50 euros, 226 p.)
ISBN : 978-2-336-00363-4, ISBN EBOOK : 978-2-296-50824-8

DIMENSIONS OF WAR – Understanding War as a Complex Adaptive System
Solvit Samuel
With today mutable identities and various kinds of warfare, how do we further our understanding of war? Reviewing influential war theories from Machiavelli to the present, this book analyses how they reduce war in terms of time, space, interaction, purpose, aim, and/or evolution. Considering war as a complex adaptive system allows us to increase our overall comprehension of contemporary wars.
(Coll. Diplomacy and Strategy, 15.50 euros, 152 p.)
ISBN : 978-2-296-99721-9, ISBN EBOOK : 978-2-296-50839-2

UN MONDE DE FEU – Réchauffement environnemental et surchauffe sociale
Berger Corinne, Roques Jean-Luc
Les phénomènes de surchauffe environnementaux et sociaux observés de nos jours semblent difficilement maîtrisables. Le monde est plus que jamais en feu. N'existe-t-il pas un certain

parallélisme entre réchauffement environnemental et embrasement social ? Pour se protéger, on assiste à un retour au foyer que l'on retrouve dans des dynamiques de ségrégations territoriales. Ces comportements n'attisent-ils pas le feu ? Existe-t-il des solutions ?
(Coll. Sociologies et Environnement, 20.00 euros, 202 p.)
ISBN : 978-2-336-00453-2, ISBN EBOOK : 978-2-296-50940-5

SOLIDARITÉS (LES) À L'ÉPREUVE DES CRISES
Sous la direction de Béatrice Muller, Jean-Claude Barbier, Maryse Bresson
Notre système de protection sociale n'a pas échappé aux réformes engagées en Europe dans le contexte de crise. Il est perçu à la fois comme un rempart à la crise et comme un obstacle à une reprise économique. Les auteurs tentent donc de comprendre comment ces différentes idées pénètrent les réalités des solidarités publiques et privées.
(Coll. Institut de la Ville et du Développement, 25.00 euros, 246 p.)
ISBN : 978-2-336-00322-1, ISBN EBOOK : 978-2-296-50987-0

ÉVALUATION (L') DES POLITIQUES PUBLIQUES – Défi d'une société en tension
Sous la direction de Gaëlle Baron et Nicolas Matyjasik
L'évaluation des politiques publiques constitue un instrument à disposition des pouvoirs publics pour engager les mutations nécessaires de leur action. Elle doit accompagner et si possible précéder ces évolutions. L'implication des citoyens et la diffusion grand public sont par exemple des réponses aux attentes de participation à la décision publique. L'évaluation doit aussi adapter ses méthodologies et identifier les priorités d'intervention.
(Coll. La Librairie des Humanités, 29.00 euros, 282 p.)
ISBN : 978-2-336-00445-7, ISBN EBOOK : 978-2-296-50864-4

ÉDUQUER À LA BIODIVERSITÉ POUR UN DÉVELOPPEMENT DURABLE – Réflexions et expérimentations
Matagne Patrick
Il était utile d'aborder d'une autre façon ce champ où biodiversité et développement s'entrecroisent dans une perspective pédagogique et expérimentale. Ce livre croise les scènes de la nature avec les scènes de l'homme et de la société. Voici un manuel utile aux étudiants, enseignants, formateurs, chercheurs et éducateurs en environnement et développement durable.
(Coll. Biologie, écologie, agronomie, 13.00 euros, 112 p.)
ISBN : 978-2-296-99354-9, ISBN EBOOK : 978-2-296-50914-6

TERRE (LA), QUESTION VITALE AU XXIe SIÈCLE
Sous la direction de Belkacem Belmekki, Madhu Benoit, Michel Naumann, Joëlle Weeks
Comment l'Inde et l'Afrique ont-elles construit le rapport de l'homme à la terre ? C'est la quête d'une unité perdue et celle d'une possible reconquête de la terre que restitue cette étude. Elle se décline en trois mouvements : mythologies et religions offrent à la réflexion contemporaine un cadre intellectuel, spirituel et écologique. Le récit se clôture sur le thème d'une reconquête vitale qui allie spiritualité et développement durable, économie et écologie, richesse linguistique et patrimoniale.
(Coll. Discours identitaires dans la mondialisation, 23.00 euros, 230 p.)
ISBN : 978-2-336-00120-3, ISBN EBOOK : 978-2-296-50991-7

GENRE, CHANGEMENTS AGRAIRES ET ALIMENTATION
Sous la direction de Christine Verschuur
Cet ouvrage propose de donner matière à réfléchir sur les processus d'appauvrissement des paysannes et paysans. Près d'un milliard de personnes ont faim dans le monde et paradoxalement 70 % d'entre elles font partie de familles paysannes. Les ressources naturelles et techniques sont pourtant suffisantes pour assurer une alimentation correcte de l'humanité. Cet éclairage nouveau prétend contribuer à expliquer les inégalités d'accès à l'alimentation dans le développement rural.
(Coll. Cahier du genre et développement, 47.00 euros, 480 p.)
ISBN : 978-2-296-99303-7, ISBN EBOOK : 978-2-296-50608-4

ÉCOLOGIE ET ÉVOLUTION DU MONDE VIVANT (Volume 1)
Le vie est une transmission d'information
Godron Michel
Comment résoudre les problèmes écologiques mondiaux qui se posent aujourd'hui ? Quels changements de nos mentalités et quelles innovations techniques seront nécessaires ? Ce volume répond à la question «Qu'est-ce que la vie ?» Depuis qu'elle est apparue sur terre, l'évolution des êtres vivants a suivi un «modèle» écologique et cybernétique très général, qui a conduit à la biodiversité actuelle, qui dépend elle-même des climats et des sols.
(Coll. Biologie, écologie, agronomie, 54.50 euros, 612 p.) *ISBN : 978-2-296-55870-0*

ÉCOLOGIE ET ÉVOLUTION DU MONDE VIVANT (Volume 2)
L'échelle crée le phénomène
Godron Michel
Comment résoudre les problèmes écologiques mondiaux qui se posent aujourd'hui ? Quels changements de nos mentalités et quelles innovations techniques seront nécessaires ? Ce volume présente l'étude statistique de la répartition écologique des plantes et des animaux à l'échelle biogéographique des continents et des étages de végétation ainsi qu'à l'échelle des communautés végétales et animales et des paysages.
(Coll. Biologie, écologie, agronomie, 38.00 euros, 388 p.) *ISBN : 978-2-296-55871-7*

ÉCOLOGIE ET ÉVOLUTION DU MONDE VIVANT (Volume 3)
Les problèmes écologiques actuels
Godron Michel
Comment résoudre les problèmes écologiques mondiaux ? Quels changements de nos mentalités et quelles innovations techniques seront nécessaires ? Ce volume retrace l'arrivée discrète de l'Homme dans la biosphère, amorcée depuis deux millions d'années, et son emprise écologique du Paléolithique à nos jours. Il se termine par l'analyse des problèmes écologiques actuels, qui sont surtout le fruit délétère de notre société de surconsommation.
(Coll. Biologie, écologie, agronomie, 61.00 euros, 750 p.) *ISBN : 978-2-296-55872-4*

ÉCONOMIE DE L'ENVIRONNEMENT
Outils de gestion économique de la biodiversité
Ngo Nonga Fidoline - Préface de Jacques Fame Ndongo - Avant-propos de Claude Njomgang
L'érosion de la biodiversité est effrayante. La dégradation des forêts tropicales s'accélère jour après jour, entraînant la disparition de nombreux actifs naturels. D'autres écosystèmes, fortement riches en biodiversité, subissent le même sort, ce qui met en péril les bases de la vie sur terre. Cette forte dégradation de la biodiversité appelle tous les humains à adopter des comportements conservateurs. Ce livre décrypte les principales problématiques de l'économie de l'environnement.
(Coll. Harmattan Cameroun, 31.00 euros, 306 p.) *ISBN : 978-2-296-99058-6*

POUR UNE SOCIO-ANTHROPOLOGIE DE L'ENVIRONNEMENT
Par-delà le local et le global (Tome 1)
Sous la direction de Sophie Poirot-Delpech et Laurence Raineau
Il s'agit de questionner une formule souvent associée aux questions écologiques : «penser global, agir local». Les contributions de ce volume abordent les problèmes soulevés par les conflits d'échelle de perception et de définition des questions environnementales. Elles donnent à voir des objets aussi variés que l'énergie, les déchets, les légumes «bio», la ville, l'eau ou les invasions biologiques.
(24.00 euros, 240 p.) *ISBN : 978-2-296-96758-8*

REGARDS SUR LA CRISE ÉCOLOGIQUE
Pour une socio-anthropologie de l'environnement (Tome 2)
Sous la direction de Sophie Poirot-Delpech et Laurence Raineau
Ce deuxième volume, en partant de l'étude de réponses locales et chaque fois singulières apportées aux problèmes environnementaux, propose une pluralité d'approches pour comprendre comment se nouent dans chaque cas des questions sociales, économiques,

psychologiques ou technoscientifiques distribuées sur différentes échelles d'appréhension.
(Coll. Logiques sociales, série Socio-Anthropo-Logiques, 23.00 euros, 228 p.)
ISBN : 978-2-296-96759-5

DÉVELOPPEMENT DURABLE ET SCIENCES SOCIALES
Traductions d'un concept polysémique de l'international au local
Coordonné par Marjorie Filliastre, Marion Mauger-Parat et Hélène-Yvonne Maynaud
L'étude pluridisciplinaire de la question du développement durable suscite de nouveaux questionnements à l'aune de la situation internationale et nationale. Les chercheur-e-s en sciences humaines et sociales en examinent les ressorts et étudient la manière dont les individus, seuls ou collectivement, membres d'organisations publiques ou privées, professionnels ou particuliers, se représentent ce phénomène ou encore oeuvrent pour sa mise en place.
(Coll. Dossiers Sciences Humaines et Sociales, 22.50 euros, 226 p.) *ISBN : 978-2-296-96536-2*

BOÎTE (LA) À IDÉES
Maous Thierry, Prost Richard
La «boîte à idées» : une *success-story* humaine qui ancre l'économie solidaire au rang de réalité. Agir. Tel est le mot d'ordre que s'est donné ce groupe de femmes et d'hommes, avec à leur tête François Marty, en mettant en place la SCOP Scierie et Palettes du littoral, implantée dans le Pas-de-Calais. Moteur de réinsertion sociale, cette entreprise, leader sur son marché, aide les exclus à retrouver leur dignité et le chemin de l'emploi dans une démarche de développement durable...
(20.00 euros) *ISBN : 978-2-296-13518-5*

MANUEL (LE) DU DÉVELOPPEMENT
25 ans d'expérience dans la coopération internationale
Madaule Stéphane
Comment s'insère le développement durable dans le périmètre de l'aide ? Quels sont les principaux acteurs du développement ? Quelles formes de coopération mettre en place avec les pays émergents au moment où le monde bascule vers le Sud ? Cet ouvrage est une synthèse technique et opérationnelle de près de 25 années d'expérience professionnelle dans le domaine de l'aide publique au développement. Il aborde toutes les grandes questions qui agitent la coopération internationale.
(45.00 euros, 592 p.) *ISBN : 978-2-296-97005-2*

COOPÉRATION INTERNATIONALE ET DÉVELOPPEMENT
Koch Dirk-Jan
En parcourant systématiquement les tentatives de coopération internationale et régionale concernant l'aide, le commerce, l'environnement, la migration, la sécurité et les dettes, l'auteur démontre que, dans la conjoncture actuelle, le manque de coopération est le frein le plus important face à l'essor des pays en voie de développement.
(15.00 euros, 146 p.) *ISBN : 978-2-296-96975-9*

L'HARMATTAN, ITALIA
Via Degli Artisti 15; 10124 Torino

L'HARMATTAN HONGRIE
Könyvesbolt ; Kossuth L. u. 14-16
1053 Budapest

ESPACE L'HARMATTAN KINSHASA
Faculté des Sciences sociales,
politiques et administratives
BP243, KIN XI
Université de Kinshasa

L'HARMATTAN CONGO
67, av. E. P. Lumumba
Bât. – Congo Pharmacie (Bib. Nat.)
BP2874 Brazzaville
harmattan.congo@yahoo.fr

L'HARMATTAN GUINÉE
Almamya Rue KA 028, en face du restaurant Le Cèdre
OKB agency BP 3470 Conakry
(00224) 60 20 85 08
harmattanguinee@yahoo.fr

L'HARMATTAN CAMEROUN
BP 11486
Face à la SNI, immeuble Don Bosco
Yaoundé
(00237) 99 76 61 66
harmattancam@yahoo.fr

L'HARMATTAN CÔTE D'IVOIRE
Résidence Karl / cité des arts
Abidjan-Cocody 03 BP 1588 Abidjan 03
(00225) 05 77 87 31
etien_nda@yahoo.fr

L'HARMATTAN MAURITANIE
Espace El Kettab du livre francophone
N° 472 avenue du Palais des Congrès
BP 316 Nouakchott
(00222) 63 25 980

L'HARMATTAN SÉNÉGAL
« Villa Rose », rue de Diourbel X G, Point E
BP 45034 Dakar FANN
(00221) 33 825 98 58 / 77 242 25 08
senharmattan@gmail.com

L'HARMATTAN TOGO
1771, Bd du 13 janvier
BP 414 Lomé
Tél : 00 228 2201792
gerry@taama.net

657080 - Juin 2016
Achevé d'imprimer par

1livre.com
du rêve à la réalité !

Made in United States
Orlando, FL
04 November 2026

90209486R00230